21 世纪全国本科院校土木建筑类创新型应用人才培养规划教材

材 料 力 学

主　编　章宝华　龚良贵
副主编　陈　莉
主　审　扶名福

内 容 简 介

本书是为适应应用型本科的教学改革需要而编写的高等学校规划教材之一，也是江西省省级精品课程"材料力学"的配套教材。本书共分13章，主要内容包括：绪论及基本概念，轴向拉伸、压缩与剪切，截面的几何性质，扭转，弯曲内力，弯曲应力，弯曲变形，应力状态和强度理论，组合变形的强度计算，压杆稳定，能量法，构件的动荷载强度，构件的疲劳强度。本书各章均附有思考题和习题，最后还附有习题参考答案。

本书结构紧凑，语言简练，内容由浅入深，注意联系工程实际，便于教学和自学。本书在编写过程中力求突出以下特色。

(1) 注重与中学力学、大学力学系列课程的联系，适应高中新的课程改革。
(2) 注重与后续专业课和实际工程的联系，加强应用能力的培养。
(3) 注重知识的分类、分层，注重对材料力学研究和计算方法的培养。

本书可作为高等学校工科类本科各专业的教材，也可作为高职高专以及成人教育的教学用书，还可作为广大工程技术人员的自学用书。

图书在版编目(CIP)数据

材料力学/章宝华，龚良贵主编. —北京：北京大学出版社，2011.8
(21世纪全国高等院校实用规划教材)
ISBN 978-7-301-19114-9

Ⅰ. ①材… Ⅱ. ①章…②龚… Ⅲ. ①材料力学—高等学校—教材 Ⅳ. ①TB 301

中国版本图书馆 CIP 数据核字(2011)第 119053 号

书 名：	材料力学
著作责任者：	章宝华 龚良贵 主编
策划编辑：	卢 东
责任编辑：	卢 东
标准书号：	ISBN 978-7-301-19114-9/TU·0159
出 版 者：	北京大学出版社
地 址：	北京市海淀区成府路 205 号 100871
网 址：	http://www.pup.cn http://www.pup6.com
电 话：	邮购部 62752015 发行部 62750672 编辑部 62750667 出版部 62754962
电子邮箱：	pup_6@163.com
印 刷 者：	北京虎彩文化传播有限公司
发 行 者：	北京大学出版社
经 销 者：	新华书店
	787 毫米×1092 毫米 16 开本 19 印张 443 千字
	2011 年 8 月第 1 版 2020 年 7 月第 5 次印刷
定 价：	45.00 元

未经许可，不得以任何方式复制或抄袭本书之部分或全部内容。
版权所有，侵权必究 举报电话：010-62752024
电子邮箱：fd@pup.pku.edu.cn

前　言

本书是为适应应用型本科土建类和机械类专业的教学改革需要而编写的高等学校规划教材之一，也是江西省省级精品课程"材料力学"的配套教材。

根据当前教育改革的要求，本书在编写过程中做了如下努力。

(1) 注重与中学力学、大学力学系列课程的联系，适应高中新的课程改革。

结合江西省高中新的课程改革的现状，在课程体系、教学内容上进行了改革和创新。把中学"物理"中的力学和大学"普通物理"中的力学、理论力学、材料力学、结构力学作为力学系列课程的一个相互连通的体系，增加了材料力学与其他力学课程衔接的内容，减少或删除了材料力学与其他力学课程衔接的重复的教学内容，删去了一些日常生活和工程实际中用处很小的内容，精简了次要内容。

(2) 注重与后续专业课和实际工程的联系，加强应用能力的培养。

在材料力学的教学内容、例题、思考题、习题设计中加入了后续专业课(如钢结构、基础工程、机械原理、机械设计等)及实际工程设计施工的有关内容，始终突出"理论联系实际"的方针，注重针对性、实用性和先进性。

(3) 注重知识的分类和分层，注重对材料力学研究和计算方法的培养。

在材料力学的例题、思考题、习题设计中把问题分成若干个类型，每种类型由浅入深，紧紧围绕专业和工程实际，注重培养学生学习和应用材料力学的能力。

(4) 在每章后面都附有小结、思考题和习题，在本书最后还附有习题参考答案，旨在指导学生学习，启发学生思考。

本书由章宝华、龚良贵担任主编，陈莉担任副主编。具体编写分工如下：第1章、第5章、第6章、第7章、第8章、第9章和附录由章宝华(南昌工程学院)编写；第2章、第4章、第10章、第12章和习题参考答案由龚良贵(南昌大学)编写；第3章、第11章和第13章由陈莉(南昌工程学院)编写。本书由章宝华统稿，扶名福(南昌工程学院)主审。

在本书的编写过程中，得到了南昌工程学院和南昌大学的大力支持，在此致以诚挚的谢意。

限于作者水平，加之时间仓促，书中难免存在缺点和不妥之处，恳请各位专家、同仁和广大读者批评指正。

编　者
2011年5月

目 录

第1章 绪论及基本概念 ………… 1
  1.1 材料力学的研究对象 ………… 2
  1.2 杆件的计算模型 ………… 2
  1.3 杆件的基本变形和组合变形 ………… 3
  1.4 材料力学的任务 ………… 5
  1.5 内力、截面法和应力的概念 ………… 7
  小结 ………… 10
  思考题 ………… 11
  习题 ………… 11

第2章 轴向拉伸、压缩与剪切 ………… 13
  2.1 轴力及轴力图 ………… 14
  2.2 轴向拉伸、压缩时的应力 ………… 16
  2.3 轴向拉伸、压缩时的变形 ………… 19
  2.4 轴向拉伸、压缩时材料的力学性能 ………… 21
  2.5 轴向拉伸、压缩时的强度计算 ………… 25
  2.6 轴向拉伸、压缩时的应变能 ………… 28
  2.7 轴向拉伸、压缩时的超静定问题 ………… 30
  2.8 应力集中的概念 ………… 33
  2.9 连接件的实用强度计算 ………… 33
  小结 ………… 38
  思考题 ………… 39
  习题 ………… 40

第3章 截面的几何性质 ………… 48
  3.1 截面的静矩(面积矩)和形心位置 ………… 49
  3.2 惯性矩、极惯性矩和惯性积 ………… 53
  3.3 组合截面的惯性矩和惯性积 ………… 56
  3.4 截面的主惯性轴和主惯性矩 ………… 59
  小结 ………… 62
  思考题 ………… 65

  习题 ………… 65

第4章 扭转 ………… 67
  4.1 外力偶矩的计算、扭矩及扭矩图 ………… 68
  4.2 薄壁圆筒的扭转 ………… 70
  4.3 圆轴扭转时的应力和强度计算 ………… 72
  4.4 圆轴扭转时的变形和刚度计算 ………… 77
  4.5 圆轴扭转时的应变能 ………… 80
  4.6 圆轴扭转时的超静定问题 ………… 81
  4.7 非圆截面杆扭转的概念 ………… 82
  小结 ………… 84
  思考题 ………… 86
  习题 ………… 87

第5章 弯曲内力 ………… 90
  5.1 平面弯曲的概念及梁的计算简图 ………… 91
  5.2 梁的剪力与弯矩、剪力图与弯矩图 ………… 92
  5.3 剪力 $F_S(x)$、弯矩 $M(x)$ 与荷载集度 $q(x)$ 间的关系及其应用 ………… 99
  5.4 作梁弯矩图的叠加法和分段叠加法 ………… 100
  5.5 作梁剪力图与弯矩图的控制截面法(简易法) ………… 102
  5.6 平面刚架、斜梁和曲杆的内力图 ………… 104
  小结 ………… 106
  思考题 ………… 108
  习题 ………… 108

第6章 弯曲应力 ………… 111
  6.1 概述 ………… 112
  6.2 梁横截面上的正应力和强度条件 ………… 112

6.3 梁横截面上的切应力和强度条件 …… 120
6.4 提高梁弯曲强度的措施 …… 125
小结 …… 128
思考题 …… 129
习题 …… 130

第7章 弯曲变形 …… 133
7.1 概述 …… 133
7.2 用积分法求梁的位移 …… 134
7.3 用叠加法求梁的位移 …… 142
7.4 梁的刚度计算和提高梁弯曲刚度的措施 …… 144
7.5 梁弯曲时的应变能 …… 146
7.6 简单超静定梁 …… 147
小结 …… 149
思考题 …… 150
习题 …… 151

第8章 应力状态和强度理论 …… 154
8.1 应力状态的概念 …… 155
8.2 二向应力状态下的应力分析 …… 157
8.3 梁的主应力迹线 …… 166
8.4 三向应力状态下的应力分析 …… 167
8.5 广义胡克定律 …… 169
8.6 强度理论及其应用 …… 172
小结 …… 178
思考题 …… 181
习题 …… 181

第9章 组合变形的强度计算 …… 184
9.1 组合变形的概念 …… 184
9.2 两相互垂直平面内的弯曲 …… 186
9.3 压缩(拉伸)与弯曲的组合 …… 189
9.4 扭转与弯曲的组合 …… 195
小结 …… 198
思考题 …… 199
习题 …… 200

第10章 压杆稳定 …… 203
10.1 压杆稳定的概念 …… 203
10.2 细长压杆的临界力 …… 204
10.3 压杆的临界应力及临界应力总图 …… 207
10.4 压杆的稳定计算 …… 210
10.5 提高压杆稳定性的措施 …… 213
小结 …… 214
思考题 …… 215
习题 …… 215

第11章 能量法 …… 218
11.1 应变能、余能 …… 219
11.2 卡氏定理 …… 228
11.3 用能量法解超静定问题 …… 231
小结 …… 232
思考题 …… 233
习题 …… 234

第12章 构件的动荷载强度 …… 236
12.1 考虑惯性力时的应力计算 …… 236
12.2 构件受冲击荷载时的应力和变形计算 …… 240
12.3 提高构件抗冲击能力的措施 …… 243
12.4 冲击韧性 …… 244
小结 …… 245
思考题 …… 246
习题 …… 247

第13章 构件的疲劳强度 …… 250
13.1 交变应力与应力循环特性疲劳破坏的概念 …… 251
13.2 疲劳极限及其测定 …… 255
13.3 影响构件疲劳极限的主要因素 …… 258
13.4 对称循环下的疲劳强度计算 …… 265
13.5 非对称循环下构件的疲劳强度计算 …… 268
小结 …… 271
思考题 …… 272
习题 …… 272

附录　型钢表 …… 274

习题参考答案 …… 287

参考文献 …… 294

主 要 符 号

A	面积，自由振动振幅	W	重量，功
b	宽度	W_P	扭转截面系数
C	形心	W_z	弯曲截面系数
d	力偶臂，直径，距离	α	线膨胀系数
E	弹性模量	β	角
f	频率	θ	梁横截面的转角
F	力，荷载	φ	相对扭转角
F_N	轴力	γ	切应变
F_{cr}	临界荷载	Δ	变形、位移
F_S	剪力	δ	厚度，伸长率
G	切变模量	ε	线应变
h	高度	$\varepsilon_e, \varepsilon_P$	弹性应变，塑性应变
I_P	极惯性矩	λ	柔度，长细比，频率比
I_y, I_z	截面对 y 轴，z 轴的惯性矩	μ	泊松比，长度系数
k	弹簧刚度系数	σ	正应力
K	应力集中系数	σ_b	抗拉（压）强度
$l、L$	长度、跨度	σ_{bs}	挤压应力
m	质量	σ_{cr}	临界应力
M	外力偶矩，弯矩	σ_e, σ_P	弹性极限，比例极限
n	转速	σ_t, σ_c	拉应力，压应力
P	功率	$\sigma_{0.2}$	条件屈服应力
q	分布荷载	σ_s	屈服极根
$r、R$	半径	τ	切应力
T	周期，动能	$[\sigma]$	许用正应力
V_ε	应变能	$[\tau]$	许用切应力

第1章
绪论及基本概念

教学目标

了解材料力学的研究对象
熟练掌握变形固体的基本假设
掌握杆件的基本变形和组合变形的概念
理解杆件的强度、刚度和稳定性要求
了解材料力学的任务
掌握内力、截面法和应力的概念
掌握位移与应变的概念

教学要求

知识要点	能力要求	相关知识
杆件的计算模型	(1) 了解几何形状的简化 (2) 熟练掌握杆件材料的简化	连续函数的概念
杆件的基本变形和组合变形	(1) 理解轴向拉伸和压缩、剪切、扭转、弯曲的概念 (2) 理解组合变形的概念	叠加原理
内力、截面法和应力的概念	(1) 理解内力的概念 (2) 掌握截面法 (3) 理解应力的概念	微分的概念 极限的概念
位移与应变的概念	(1) 理解位移的概念 (2) 理解应变的概念	微分的概念 极限的概念

引言

材料力学是一门很重要的技术基础课,它与土建、机械、航空、交通、水利等工程密切相关,它在基础课和专业课之间起着桥梁作用。材料力学的研究对象主要是杆件。本章主要介绍杆件的基本变形和组合变形的概念,讲述内力、截面法和应力的概念,讲述强度、刚度和稳定性要求及材料力学的任务,为学习后续章节指明学习方向。

1.1 材料力学的研究对象

工程结构或机械的各组成部分,如建筑物的梁、板、柱和机械的传动轴、连杆等,统称为构件(element)。实际工程中,构件的几何形状是各种各样的,简化后可大致归纳为四种:杆(bar)、板(plate)、壳(shell)和块体(body),如图1.1所示。

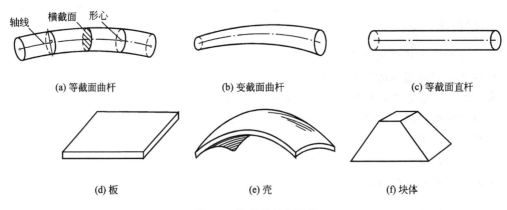

图 1.1 构件的几何形状

材料力学的研究对象主要是杆件(bar)。凡是长度方向尺寸远大于其他两个方向尺寸 [一般 $l \geqslant 5b$ 且 $l \geqslant 5h$(或 t)] 的构件均称为杆件,如建筑工程中的梁、柱及机械的传动轴等均属于杆类。杆的几何形状可用其轴线(截面形心的连线)和垂直轴线的几何图形(横截面)表示[图1.1(a)]。按轴线来分类,杆可分为直杆、曲杆和折杆。轴线为曲线的杆称为曲杆[图1.1(a)、(b)],轴线为直线的杆称为直杆[图1.1(c)],轴线为折线的杆称为折杆。按横截面来分类,杆件又可分为变截面(横截面是变化的)杆[图1.1(b)]和等截面(各横截面均相同)杆[图1.1(a)、(c)]。材料力学将着重讨论等截面直杆(等直杆)。

1.2 杆件的计算模型

实际工程结构或机械中的杆件几何形状、材料往往千差万别,要完全按实际工程结构或机械中的每一根杆件的实际情况进行力学分析,将是很困难的,也是不必要的。因此,在计算之前,往往需要对实际杆件加以简化,抓住杆件的主要特点,忽略对所研究问题影响不大的次要因素,用一个简化的计算模型来代替实际杆件。杆件的简化工作通常包括以下两个方面。

(1) 几何形状的简化:常以杆轴线和横截面表示杆件的几何形状。

(2) 杆件材料的简化:把组成杆件的材料视为均匀、连续的变形固体。在外力作用下,发生变形(包括形状和尺寸的改变)的固体称为变形固体(deformable body)或可变形体。变形固体的微观结构和性态都是很复杂的,在分析工程杆件的变形问题时,必须略去材料的次要性质,根据其主要性质作出假设,将它们抽象为一种理想模型。在材料力学中对变形固体作出如下基本假设。

1) 连续性假设(Continuity Assumption)

认为组成固体的物质毫无空隙地充满了固体的整个体积。实际上，从物质结构上看，材料内部存在着不同程度的空隙。但由于构件的尺寸远远大于物质的基本粒子及粒子之间的间隙，这些间隙的存在，在宏观的研究中完全可以忽略不计。根据这一假设，物体的很多力学量可用其位置坐标的连续函数来表示。

2) 均匀性假设(Homogenization Assumption)

认为在固体内任何部分的力学性能都完全相同。实际上，就使用最多的金属来说，组成金属的各晶粒的力学性能并不完全相同。但因构件或构件的任一部分都包含为数极多的晶粒，而且无规则地排列，固体的力学性能是各晶粒的力学性能的统计平均值，所以可以认为各部分的力学性能是均匀的。物体的力学性能可用固体内任一部位切取单元体(一般长、宽、高分别为 dx、dy、dz 微分长度的正六面体)来研究。

3) 各向同性假设(Isotropy Assumption)

认为固体沿各个方向的力学性能完全相同，即单元体的切取不受方向的影响。具备这种属性的材料称为各向同性材料。对于均匀的非晶体材料，一般都是各向同性的。对于由晶粒组成的固体材料(如金属)，沿不同方向晶粒的力学性能并不相同。但由于构件中包含的晶粒极多，而且各晶粒排列又无规则，在宏观的研究中，并不显示出方向的差异。因此，可以看成是各向同性的。常用的工程材料，如钢、铸铁、玻璃以及浇筑很好的混凝土等，都可以认为是各向同性材料。在各个方向上具有不同力学性能的材料称为各向异性材料，如木材、胶合板、纤维织品及纤维增强复合材料等。本书主要研究各向同性材料。

按照连续、均匀、各向同性假设而理想化了的变形固体称为理想变形固体。采用理想变形固体模型不仅使理论分析和计算得到了简化，而且计算所得的结果在大多数情况下能满足工程精度要求。

除以上三个基本假设外，本书中所研究的问题，仅限于变形的大小远小于构件的原始尺寸的情况。这样，在研究构件的平衡时，就可忽略构件的变形，而按变形前的原始尺寸进行分析计算，对变形的这一限制，称为小变形条件。

试验结果表明，如外力不超过一定限度，绝大多数材料在外力作用下都发生变形，在外力撤除后可恢复原状。但如外力过大，超过一定限度，则外力撤除后只能部分复原，而遗留下一部分不能消失的变形。随着外力撤除而消失的变形称为弹性变形；外力撤除后不能消失的变形称为塑性变形，也称为残余变形或永久变形。

综上所述，在材料力学中，是把组成杆件的材料视为均匀、连续的变形固体，且大多数情况下局限在小变形条件下和弹性变形范围内进行研究。

1.3 杆件的基本变形和组合变形

工程结构或机械中的杆件所受的外力是各种各样的，因此，杆件的变形也是多样的，但杆件变形总体可以归纳为拉、压、剪、扭、弯五种基本变形和由这几种基本变形产生的组合变形形式(如拉弯、压弯、拉扭、压扭、拉弯扭、压弯扭等)。下面介绍杆件基本变形的受力特征和变形特征。

（1）轴向拉伸和压缩(axial tension and compression)。杆件的轴向拉伸和压缩是工程中常见的一种变形。如图 1.2(a)所示的悬臂吊车，在荷载 F 作用下，AC 杆受到 A、C 两端的拉力作用 [图 1.2(b)]，BC 杆受到 B、C 两端的压力作用 [图 1.2(c)]。其受力特点是：作用在杆件上的力，其大小相等、方向相反，作用线与杆件的轴线重合。在这种外力作用下，其变形特点是：杆件的长度发生伸长或缩短。工程实际中起吊重物的钢索、桁架的杆件、液压油缸的活塞杆等的变形，都属于轴向拉伸或压缩变形。

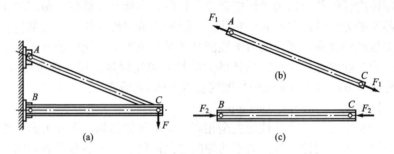

图 1.2 悬臂吊车

（2）剪切(shear)。图 1.3(a)所示为一铆钉连接，在力 F 作用下，铆钉即受剪切。其受力特点是：作用在构件两侧面上横向外力的合力大小相等、方向相反、作用线相距很近。在这种外力作用下，其变形特点是：两力间的横截面发生相对错动 [图 1.3(b)]，这种变形称为剪切变形。工程实际中常用的连接件，如螺栓、键、销钉等都有可能产生剪切变形。

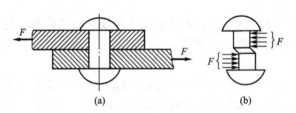

图 1.3 铆钉连接

（3）扭转(torsion)。图 1.4 所示的汽车转向轴 AB、图 1.5 所示的攻螺纹的丝锥等都是扭转变形的实例。

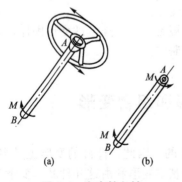

图 1.4 汽车转向轴

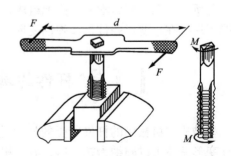

图 1.5 攻螺纹的丝锥

这些杆件的受力特点是：杆件两端受到两个在垂直于轴线平面内的力偶作用，两力偶大小相等、转向相反，计算简图可用图 1.6 表示。在这样一对力偶作用下，其变形特点是：各横截面绕轴线发生相对转动，这种变形称为扭转变形。此时，任意两横截面间有相对角位移，这种角位移称为扭转角，图 1.6 中 φ_{AB} 就是截面 B 相对于截面 A 的转角。以扭转变形为主要变形的杆件称为轴。

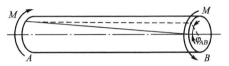

图 1.6　扭转杆件的计算简图

(4) 弯曲(bending)。图 1.7(a)所示的单梁吊车、图 1.8(a)所示的火车车轴等都是弯曲变形的实例。这些杆件的共同特点是：它们都可简化为一直杆，在通过轴线的平面内，受到垂直于杆件轴线的外力(横向力)或外力偶作用。在这样的外力作用下，其变形特点是：杆件的轴线将弯曲成一条曲线，如图 1.7(b)和图 1.8(b)中的虚线所示。这种变形形式称为弯曲。以弯曲为主要变形的杆件称为梁。

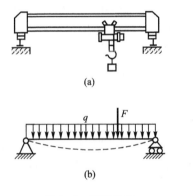

图 1.7　单梁吊车

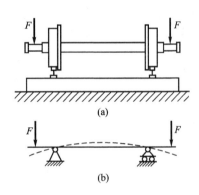

图 1.8　火车车轴

工程实际中的杆件可能同时承受不同形式的外力，常常同时发生两种或两种以上的基本变形，这种变形情况称为组合变形。本书将先分别讨论杆件的每一种基本变形，然后再分析比较复杂的组合变形问题。

1.4　材料力学的任务

1. 构件的强度、刚度和稳定性要求

要想使建筑物或机器设备正常地工作，就必须保证组成它们的每一个构件在荷载作用下都能正常地工作。为了保证构件正常安全地工作，对所设计的构件在力学上有一定的要求，这里归纳为如下三点。

1) 强度要求

强度(strength)是指材料或构件抵抗破坏的能力。材料强度高，是指这种材料比较坚固，不容易破坏；材料强度低，是指这种材料不够坚固，比较容易破坏。强度要求是指构件在规定的荷载作用下应不破坏(塑性屈服或脆性断裂)。例如，在一定荷载作用下，如果构件的尺寸、材料的性能与所受的荷载不相适应，如机器中传动轴的直径太小，当传递的功率较大时，传动轴就可能因强度不够而发生断裂；起吊货物的绳索过细，而货物过重时，绳索就可能因强度不够而发生断裂；储气罐内压力太大，焊缝就可能因强度不够而被撕裂，导致储气罐爆破。显然这些都是工程上绝不允许的。

2) 刚度要求

刚度（stiffness）是指构件抵抗变形的能力。刚度要求是指使构件在荷载作用下产生的变形不超过规定的范围。构件的刚度大，是指构件在荷载作用下不易变形，即抵抗变形的能力大；构件的刚度小，是指构件在荷载作用下易变形，即抵抗变形的能力小。在工程中，即使构件强度足够，如果变形过大，也会影响其正常工作。例如，楼板梁在荷载作用下产生的变形过大，下面的抹灰层就会开裂、脱落；行车梁受外力后，若产生过大的变形，则会使吊车不能正常行驶；车床主轴变形过大，则影响加工精度，破坏齿轮的正常啮合，引起轴承的不均匀磨损，从而造成机器不能正常工作。

3) 稳定性要求

受压的细长、中长杆和薄壁构件，当荷载增加时，还可能出现突然失去初始平衡形态的现象，称为丧失稳定，简称失稳。例如，受压的细长直杆当压力达到某一限度时，直杆会突然弯曲，甚至弯曲折断（失去初始的直线状平衡形态）而失去工作能力。因此，细长的受压构件，必须保证其具有足够的稳定性（stability）。稳定性要求就是要求这类受压构件应有足够的保持原有平衡形态的能力。

2. 材料力学的任务

每个构件均应满足强度、刚度和稳定性这三方面的要求。但对于某些具体构件来说，往往只有一个方面的要求是控制条件，只要控制条件满足后，其他方面的要求也能自行满足。

在工程设计中，构件不仅要满足强度、刚度和稳定性要求，同时还必须满足经济方面的要求。前者往往要求加大构件的横截面，多用材料，用强度高的材料；而后者却要求节省材料、避免大材小用、优材劣用等，应尽量降低成本。因此，安全与经济之间是存在矛盾的。材料力学是研究构件（主要是杆件）强度、刚度和稳定性的学科，它的任务是在保证杆件既安全又经济的前提下，为杆件选择合适的材料、确定合理的截面形状和尺寸，提供必要的理论基础和计算方法。

当然，在工程设计中解决安全适用和经济之间的矛盾，仅仅从力学观点考虑是不够的，还需综合考虑其他方面的条件，如便于加工、拆装和使用等。

构件满足强度、刚度和稳定性的问题与其所选用材料的力学性质有关，而材料的力学性质必须通过试验来测定。此外，还有些单靠现有理论解决不了的问题，必须通过试验来解决。因此，试验研究和理论分析同样重要，它们都是完成材料力学任务所必需的手段。

另外，随着生产的发展、新材料的使用、荷载情况以及工作条件的复杂化等，对构件的设计不断提出新的问题。例如，很多构件需要在随时间而交替变化的荷载作用下，或长期在高温环境下工作等，在这些情况下，对构件进行强度、刚度和稳定性的计算时，就得考虑更多的影响因素。又如，航天、航空事业的发展，出现了复合材料。为了解决这些新的问题，近年来产生了断裂力学和复合材料力学。这些学科的产生，既促进了生产的发展，又丰富了材料力学的内容。

1.5 内力、截面法和应力的概念

1. **内力**(Internal Force)

物体因受到外力作用而变形，其内部各部分之间的相对位置要发生改变，与此同时，各部分之间的相互作用力也会发生变化。这种因外力作用而引起的物体内部相互作用力的改变量，称为"附加内力"，简称内力。在材料力学里，研究杆件变形时所说的内力都是这样的附加内力。对于材料性能和截面形状一定的杆件，内力越大，变形也就越大。当内力超过一定限度时，杆件就会发生破坏。所以，内力的计算及其在杆件内的变化情况，是分析和解决杆件强度、刚度和稳定性等问题的基础。

2. **截面法**(Method of Sections)

截面法是计算内力的基本方法。

由于内力存在于杆件内部，为了求出杆件某一截面上的内力，可用一假想平面，沿此截面将杆件截开，分成两部分，这样内力就转化为外力而显示出来。任取一部分为研究对象，可用静力平衡条件求内力的大小和方向。这种方法称为截面法。在材料力学中，习惯把截面上分布内力系向截面形心简化后的结果——主矢与主矩，统称为内力。

图 1.9(a)所示的物体受多个外力作用，处于平衡状态。若要求任一截面 $m-m$ 上的内力，可以假想用 $m-m$ 平面将物体截分为 A、B 两部分〔图 1.9(b)〕，此时 A 部分的 $m-m$ 截面上将作用着 B 部分对它的作用力。这种作用力是以分布形式布满该截面，利用 A 部分的平衡可以求出这种分布力的合力。同样，如果以 B 部分为研究对象，也可以求出 A 部分对其作用的分布力的合力。根据作用与反作用定律，这两组合力大小相等而方向相反。

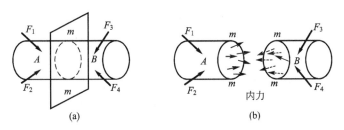

图 1.9 内力与外力

截面法是力学中研究受力构件内力的一个基本方法。其求解步骤可以概括为四个字：截、留、代、平。

截：在欲求内力的截面处，沿该截面假想地将杆件截分为两部分。

留：保留其中任何一部分为研究对象，抛弃另一部分。

代：用内力代替抛弃部分对保留部分的作用。

平：根据保留部分的平衡条件，确定该截面内力的大小和方向。

例 活塞在力 F_1、F_2 和 F_3 的作用下处于平衡状态，如图 1.10(a)所示。试求 1-1 截面上的内力。设 $F_1=100\text{kN}$、$F_2=30\text{kN}$ 和 $F_3=70\text{kN}$。

解：(1) 取研究对象。假想沿 1-1 截面将活塞分为两部分，取其中任一部分为研究对象。现取左端为研究对象。

(2) 画受力图。内力系用其合力表示。由于研究对象处于平衡，所以 1-1 截面的内力应与 F_1 共线 [图 1.10(b)]，并组成共线力系。

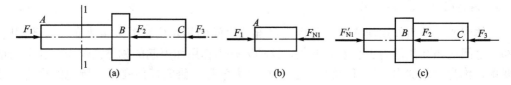

图 1.10 例 1.1 图

(3) 列平衡方程。由

$$\sum F = 0, \quad F_1 - F_{N1} = 0$$

得 $\quad F_{N1} = F_1$

1-1 截面的内力，也可通过取右端为研究对象 [图 1.10(c)] 求解，由平衡方程

$$\sum F = 0, \quad F'_{N1} - F_2 - F_3 = 0$$

$$F'_{N1} = F_2 + F_3 = 30 + 70 = 100 (\text{kN}) = F_{N1}$$

F_{N1} 与 F'_{N1} 是互为作用力与反作用力的关系，两者数值相等，同为 1-1 截面的内力。因此，为了方便，求内力时可取受力情况简单的一端为研究对象。

3. 应力(Stress)的概念

上面讨论了构件内力的概念及计算方法。但是，仅仅知道内力的大小还不能判断构件的强度是否足够。经验告诉我们，有两根材料相同的拉杆，一根较粗，一根较细，在相同的轴向拉力 F 作用下，内力相等，当力 F 增大时，细杆必先断。这是由于内力仅代表内力系的总和，而不能表明截面上各点受力的强弱程度。为了解决强度问题，不仅需要知道构件可能沿哪个截面破坏，而且还需要知道截面上哪个点处最危险。构件在一般受力情况下，其截面上的内力并不是均匀分布的。而且，大小相同的内力以不同方式分布在截面上，产生的效果也不同。这样，就需要进一步研究内力在截面上各点处的分布情况，因而引入了应力的概念，以确切地描述内力在截面上的分布规律及某一点处的强度问题。

如图 1.11(a)所示的构件，受任意力作用，$m-m$ 为任意截面。在截面 $m-m$ 上任一点 O 的周围取一微小面积 ΔA，设在 ΔA 上分布内力的合力为 ΔF，则 ΔF 与 ΔA 的比值称为 ΔA 上的平均应力，用 p_m 表示，即

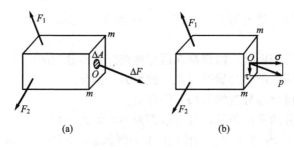

图 1.11 内力和应力

$$p_m = \frac{\Delta F}{\Delta A}$$

一般情况下，内力在截面上的分布并非均匀，ΔF 及平均应力 p_m 均随 ΔA 的大小而变化。

为了确切地描述 O 点处内力的分布集度，应使 ΔA 面积缩小并趋近于零，则平均应力 p_m 的极限值称为 m-m 截面上 O 点处的全应力，并用 p 表示，即

$$p = \lim_{\Delta A \to 0} \frac{\Delta F}{\Delta A} = \frac{dF}{dA}$$

全应力 p 相当于一个矢量，使用中常将其分解成垂直于截面的分量 σ 和与截面相切的分量 τ。σ 称为正应力，τ 称为切应力，如图 1.11(b)所示。

在国际单位制中，应力的单位为 Pa(帕)，$1Pa=1N/m^2$。在工程实际中，这一单位太小，常用 MPa(兆帕)和 GPa(吉帕)，其关系为 $1MPa=10^6 Pa$，$1GPa=10^9 Pa$。

4. 位移与应变的概念

材料力学是研究变形体的，在构件受外力作用后，整个构件及构件的每个局部一般都要发生形状与尺寸的改变，即产生了变形。变形的大小是用位移和应变这两个量来度量的。

1) 位移(Displacement)

位移是指位置的改变，即构件发生变形后，构件中各质点及各截面在空间位置上的改变。位移可分为线位移和角位移。在图 1.12 中，构件上的 A 点在构件变形后移到了 A' 点，A 与 A' 的连线 AA' 就称为 A 点的线位移，而构件上的平面在构件变形后所转过的角度则称为角位移。例如，图中的右截面 m-m 变形后移到了 m'-m' 的位置，其转过的角度 θ 就是 m-m 面的角位移。

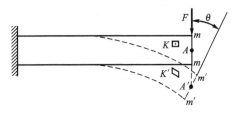

图 1.12 位移

不同点的线位移及不同截面的角位移一般都是各不相同的，它们都是位置的函数。

2) 应变(Strain)

构件在外力作用下的变形分为形状的改变及尺寸的改变，因此应变有线应变和切应变两种(图 1.13)。

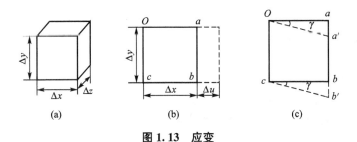

图 1.13 应变

(1) 线应变(normal strain)：如图 1.13(b)所示，沿 x 方向原长为 Δx，变形后变为 $\Delta x + \Delta u$，Δu 就是沿 x 方向的伸长量，称为绝对伸长。但 Δu 还不足以说明沿 x 方向的伸缩程度，因为 Δu 还与边长 Δx 的大小有关，因而取相对伸长 $\frac{\Delta u}{\Delta x}$ 来度量沿 x 方向的变形。$\frac{\Delta u}{\Delta x}$

实际上是在 Δx 范围内单位长度上的平均伸长量，仍与所取的 Δx 的长短有关，取下列极限

$$\varepsilon_x = \lim_{\Delta x \to 0} \frac{\Delta u}{\Delta x}$$

称为 K 点处沿 x 方向的线应变。构件伸长时，线应变为正值，反之为负值。

(2) 切应变(shearing strain)：如图 1.13(c)所示，棱边 Oa 和 Oc 间的夹角变形前为直角，变形后该直角减小，角度的改变量 γ，称为切应变。夹角减小时，切应变为正值，反之为负值。

线应变 ε_x 和切应变 γ 是度量一点处变形程度的两个基本量。它们都是无限小量，且均为无量纲的量。

小　　结

1. **材料力学的研究对象主要是杆件**

材料力学的研究对象主要是杆件。凡是长度方向尺寸远大于其他两个方向尺寸［一般 $l \geqslant 5b$ 且 $l \geqslant 5h$(或 t)］的构件称为杆件。如建筑工程中的梁、柱以及机械的传动轴等均属于杆。

2. **变形固体的基本假设**

在材料力学中对变形固体作出如下基本假设。
(1)连续性假设；(2)均匀性假设；(3)各向同性假设。

3. **杆件的基本变形和组合变形**

杆件上的外力作用方式各种各样，因而杆件的变形形式也各不相同，但杆件变形总可以归纳为拉、压、剪、扭、弯五种基本变形和几种基本变形同时产生的组合变形形式(如拉弯、压弯、拉扭、压扭、拉弯扭、压弯扭等)。

4. **材料力学的任务**

材料力学是研究构件(主要是杆件)强度、刚度和稳定性的学科，它的任务是在保证杆件既安全又经济的前提下，为杆件选择合适的材料、确定合理的截面形状和尺寸，提供必要的理论基础和计算方法。

5. **内力、截面法和应力的概念**

因外力作用而引起的物体内部相互作用力的改变量，称为"附加内力"，简称内力。在材料力学中，习惯把截面上分布内力系向截面形心简化后的结果——主矢与主矩，统称为内力。

由于内力存在于杆件内部，为了求出杆件某一截面上的内力，就必用一假想平面，沿此截面将杆件截开，分成两部分，这样内力就转化为外力而显示出来。任取一部分为研究对象，可用静力平衡条件求内力的大小和方向。这种方法称为截面法。截面法是计算内力的基本方法。

单位面积所受的内力称为应力。应力能确切地描述内力在截面上的分布规律及某一点处的强度问题。应力又分为正应力和切应力。

6. **位移与应变的概念**

位移是指位置的改变，即构件发生变形后，构件中各质点及各截面在空间位置上的改

变。位移可分为线位移和角位移。

构件在外力作用下的变形分为形状的改变及尺寸的改变，因此应变有线应变和切应变两种。

思 考 题

1.1 材料力学中对变形体作了哪些基本假设？为什么要作这些假设？它们的依据是什么？

1.2 杆、板、壳、块体的区别是什么？

1.3 根据可变形固体的均匀性假设，从物体内任一点处任意方向取出的体积单元，其力学性质均相同。因此，均匀性假设实际上包含了各向同性假设，试问上述说法是否正确？为什么？

1.4 在外力作用下，杆件的基本变形形式有哪几种？它们各有何特点？试举例说明。

1.5 刚体静力学中力的可传性原理是否可应用于变形体？为什么？

1.6 如图1.14(a)、(b)所示两个矩形微体，虚线表示其变形。试问微体左下 A 角处的切应变 γ 分别为何值？

1.7 试判断如图1.15所示杆件哪些属于轴向拉伸或压缩？

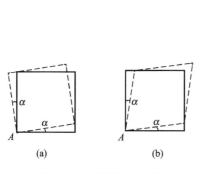

图 1.14 思考题 1.6 图

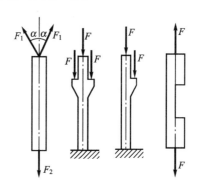

图 1.15 思考题 1.7 图

习 题

1.1 试求如图1.16所示结构 m-m 和 n-n 两截面上的内力，并指出 AB 和 BC 两杆的变形属于何类基本变形。

1.2 在如图1.17所示简易吊车的横梁上，F 力可以左右移动，试求截面 1-1 和 2-2 上的内力及其最大值。

1.3 如图1.18所示拉伸试样上 A、B 两点的距离 l 称为标距。受拉力作用后，用变形仪量出两点距离的增量 $\Delta l = 5 \times 10^{-2}$ mm。若 l 的原长为 $l = 100$ mm，试求 A 与 B 两点间的平均应变 ε_m。

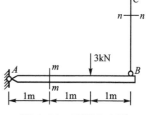

图 1.16 习题 1.1 图

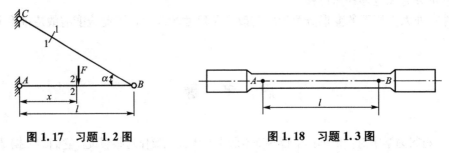

图 1.17　习题 1.2 图　　　　图 1.18　习题 1.3 图

1.4　如图 1.19 所示三角形薄板因受外力作用而变形，角点 B 垂直向上的位移为 0.03mm，但 AB 和 BC 保持直线。试求沿 OB 的平均应变 ε_m，并求 AB、BC 两边在 B 点的角度改变。

1.5　圆形薄板的半径为 R，变形后 R 的增量为 ΔR，如图 1.20 所示。若 $R=80$mm，$\Delta R=3\times 10^{-3}$mm，试求沿半径方向和外圆圆周方向的平均应变。

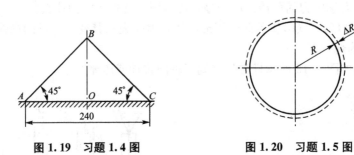

图 1.19　习题 1.4 图　　　　图 1.20　习题 1.5 图

第2章
轴向拉伸、压缩与剪切

教学目标

掌握求内力的截面法及轴力计算规则
掌握轴力图的绘制
掌握强度计算
理解胡克定律
掌握变形计算
理解材料的力学性质
掌握连接件的实用强度计算

教学要求

知识要点	能力要求	相关知识
轴力及轴力图	(1) 掌握求内力的截面法及轴力计算规则 (2) 熟练绘制轴力图	平衡的概念
强度计算	(1) 理解应力的概念 (2) 掌握强度条件的应用	微分的概念 极限的概念
变形的计算	(1) 理解胡克定律及其适用条件 (2) 掌握轴向拉、压杆变形的计算 (3) 理解泊松比、弹性模量的意义	弹性理论 材料的力学实验
材料的力学性质	(1) 理解低碳钢拉伸试验过程 (2) 理解比例极限、弹性极限、屈服极限和强度极限的意义 (3) 理解塑性材料和脆性材料的区别	土木工程材料
连接件的实用强度计算	(1) 理解切应力和挤压应力的概念 (2) 掌握强度条件的应用	微分的概念 极限的概念

引言

轴向拉伸和压缩是杆件的基本变形之一。在本章中，主要讨论杆件在轴向拉(压)力的作用下，内力、应力及变形的计算，理解材料的力学性质，重点掌握强度条件的建立及其应用。从本章开始，以后的各章研究对象都是变形物体，对变形物体的基本假设在绪论中都有讲解。本章的学习非常重要，它将为后面几章的学习奠定基础，建议同学们注重学习和掌握基本概念和基本方法。

工程中有许多构件，例如，钢木组合桁架中的钢拉杆(图 2.1)，内燃机在燃气爆发充程中的连杆(图 2.2)，这些杆件的外形虽然不同，加载方式各异，但它们有一个共同特点是：作用在杆件上的外力或外力合力的作用线与杆件的轴线重合。杆件的变形是沿着轴线方向伸长或缩短的，这种变形称为轴向拉伸或压缩。若把这些杆件的形状和受力情况进行简化，都可以简化成如图 2.3 所示的计算简图，图中虚线表示变形后的形状。在研究轴压拉、压杆的应力与强度、变形与刚度之前，有必要先分析杆件的内力。

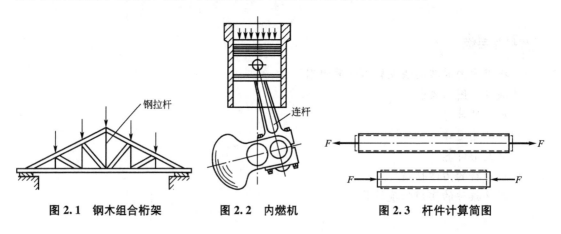

图 2.1　钢木组合桁架　　图 2.2　内燃机　　图 2.3　杆件计算简图

2.1　轴力及轴力图

1. 轴力(Axial Force)

图 2.4(a)所示为一轴向拉伸杆件，欲求任意横截面 m-m 上的内力，可采用截面法。假想地沿横截面 m-m 将杆件截分成两段，保留左段[图 2.4(b)]，抛弃右段，右段对左段的作用，用内力来代替，其合力为 F_N。由于杆件原来处于平衡状态，故截开后各部分仍应保持平衡。由左段的平衡条件

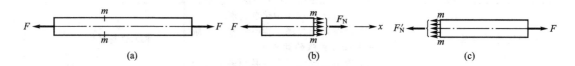

(a)　　　　　(b)　　　　　(c)

图 2.4　截面法求轴向拉伸杆件的内力

$$\sum F_x = 0, \quad F_N - F = 0$$

得
$$F_N = F$$

若保留右段，抛弃左段，则左段对右段的作用力为 F_N'，由右段的平衡条件

$$\sum F_x = 0, \quad F_N' - F = 0$$

得
$$F_N' = F$$

对于轴向拉伸(压缩)的杆件，由于外力合力的作用线与杆件轴线重合，因而内力的合

力 F_N(或 F'_N)的作用线也必与杆件轴线重合,即横截面上内力的方向均垂直于横截面,其合力作用线通过截面形心,这样的内力称为轴力。

由上述计算可见,保留左段或右段,所求得的内力大小相等而方向相反,这是由于它们是作用力和反作用力的关系。

为了使取左段和取右段研究时,求得的轴力不仅有相同的数值,而且有相同的正负号,通常根据杆件的变形(而不是按轴力的方向是否与坐标轴方向一致)规定轴力的正负号:拉伸时的轴力为正,即轴力 F_N(或 F'_N)背离截面时为正,此时的轴力称为拉力,如图 2.4(b)、(c)所示;压缩时的轴力为负,即轴力 F_N(或 F'_N)指向截面时为负,此时的轴力称为压力。这样,无论保留哪一段,求得轴力的正负号都相同。以后讨论中,不必区别 F_N 与 F'_N,一律表示为 F_N。通常在计算时都假设轴力为正,这样,只需根据计算结果的正负号便可确定轴力是拉力还是压力。

2. 轴力图(Axial Force Diagram)

当杆件受多个轴向外力作用时,杆件各部分横截面上的轴力不尽相同。为了表明轴力随横截面位置变化的情况,可绘制轴力图。即按选定的比例尺,用平行于杆件轴线的坐标表示横截面的位置,用垂直于杆件轴线的坐标表示横截面上的轴力,绘出表示轴力与横截面位置关系的图线,这种图线称为轴力图。

例 2.1 一等直杆受四个轴向外力作用,如图 2.5(a)所示,试求杆件横截面 1-1、2-2、3-3 上的轴力,并作轴力图。

解:(1)用截面法确定各段的轴力。在 AB 段内,沿截面 1-1 假想地将杆截分成两段,取左段为研究对象,假设横截面上的轴力为正[图 2.5(b)]。由平衡条件

$$\sum F_x = 0, \quad F_{N1} - F_1 = 0$$

得

$$F_{N1} = F_1 = 10 \text{(kN)}$$

F_{N1} 是正值,说明所设轴力为拉力是正确的。

同理,计算横截面 2-2 上的轴力,由截面 2-2 左边一段[图 2.5(c)]的平衡条件

$$\sum F_x = 0, \quad F_{N2} - F_1 - F_2 = 0$$

得

$$F_{N2} = F_1 + F_2 = 35 \text{(kN)}$$

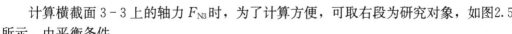

图 2.5 等直杆轴力图

计算横截面 3-3 上的轴力 F_{N3} 时,为了计算方便,可取右段为研究对象,如图2.5(d)所示。由平衡条件

$$\sum F_x = 0, \quad -F_4 - F_{N3} = 0$$

得

$$F_{N3} = -F_4 = -20 \text{(kN)}$$

F_{N3} 是负值,说明 F_{N3} 的实际方向与假设的方向相反,即为压力。

由以上用截面法和平衡条件可得出轴力计算规则:轴向拉(压)杆上某截面的轴力 F_N

等于该截面任意一侧所有外力在杆轴线上的投影代数和。当外力在杆轴线方向分力箭头离开该截面时产生正投影,当外力在杆轴线方向分力箭头指向该截面时产生负投影。

有了轴力计算规则,作轴向拉(压)杆轴力图就可不用截面法取脱离体,由平衡条件求轴力,只需用轴力计算规则就可直接算出各杆段上控制截面轴力,作轴力图。

(2) 作轴力图。用平行于轴线的 x 轴表示横截面的位置,与 x 轴垂直的坐标表示对应横截面的轴力,按比例作出轴力图,如图 2.5(e)所示。由此图可知,数值最大的轴力发生在 BC 段。

2.2 轴向拉伸、压缩时的应力

确定了内力,还不足以解决构件的强度问题,还必须知道截面单位面积所受的内力,即应力。

1. 轴向拉伸、压缩时横截面上的正应力(Normal Stress on Cross Section)

为了求得横截面上任意一点的应力,必须了解内力在截面上的分布规律。由于内力和变形之间存在一定的物理关系,故可通过试验观察变形的办法来了解内力的分布。

取一等截面直杆,试验前在杆件表面上画两条垂直于杆轴线的横向直线 ab 和 cd,并在两横线间画几条平行于杆轴的纵线,如图 2.6(a)所示;然后在杆件两端施加一对轴向拉力 F,使杆件发生变形。此时可以观察到直线 ab 和 cd 分别平移到 $a'b'$ 和 $c'd'$ 位置,且仍垂直于杆件的轴线,如图 2.6(b)所示。根据这一变形现象,通过由表及里的推理,可作如下假设:变形前的横截面,变形后仍为平面,仅沿轴线产生了相对平移,并仍与杆的轴线垂直。这个假设称为平面假设。平面假设意味着拉杆的任意两个横截面之间所有纵向线段的伸长相同。由材料的均匀性假设,可以推断出内力在横截面上的分布是均匀的,即横截面上各点处的应力大小相等,其方向与轴力 F_N 一致,垂直于横截面,称为正应力,如图 2.6(c)所示。设杆件横截面面积为 A,则正应力的计算公式为

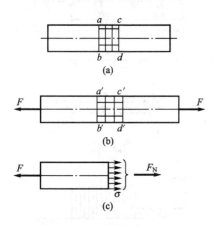

图 2.6 拉杆横截面上的正应力

$$\sigma = \frac{F_N}{A} \tag{2-1}$$

式(2-1)同样适用于轴向受压杆。正应力的正负号与轴力相对应,即拉应力为正,压应力为负。

例 2.2 简易旋臂式吊车如图 2.7(a)所示。已知斜杆 AB 直径为 $d=20\text{mm}$ 的钢材,荷载 $W=15\text{kN}$,不计两杆自重。求当 W 移到 A 点时,斜杆 AB 横截面上正应力。

解:(1) 受力分析。当 W 移到 A 点时,斜杆 AB 受到的拉力最大,设其值为 $F_{\max}$。取 AC 杆为分离体,在不计杆件自重及连接处的摩擦时,AC 杆受力如图 2.7(c)所示。根据平衡方程

$$\sum M_C = 0, \quad F_{\max}\sin\alpha \cdot AC - W \cdot AC = 0$$

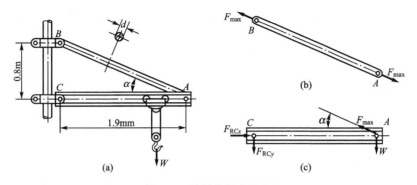

图 2.7 简易旋臂式吊车

解得

$$F_{\max}=\frac{W}{\sin\alpha}$$

由三角形 ABC 求出

$$\sin\alpha=\frac{BC}{AB}=\frac{0.8}{\sqrt{0.8^2+1.9^2}}=0.388$$

故有

$$F_{\max}=\frac{W}{\sin\alpha}=\frac{15}{0.388}=38.7(\mathrm{kN})$$

(2) 求应力。斜杆 AB 横截面上正应力为

$$\sigma=\frac{F_\mathrm{N}}{A}=\frac{F_{\max}}{A}=\frac{38.7\times10^3}{\frac{\pi}{4}\times20^2\times10^{-6}}=123\times10^6(\mathrm{Pa})=123(\mathrm{MPa})$$

例 2.3 长为 b、内径 $d=200\mathrm{mm}$、壁厚 $\delta=5\mathrm{mm}$ 的薄壁圆环,承受 $p=2\mathrm{MPa}$ 的内压力作用,如图 2.8(a)所示。试求圆环径向截面上的拉应力。

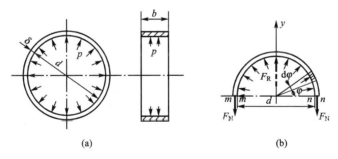

图 2.8 薄壁圆环

解:薄壁圆环在内压力作用下要均匀胀大,故在包含圆环轴线的任意径向截面上作用有相同的法向拉力 F_N。为求拉应力 σ,可假想地用一直径平面将圆环截分为二,并研究留下的半环[图 2.8(b)]的平衡。半环上的内压力沿 y 方向的合力为

$$F_\mathrm{R}=\int_0^\pi\left(pb\cdot\frac{d}{2}\mathrm{d}\varphi\right)\sin\varphi=\frac{pbd}{2}\int_0^\pi\sin\varphi\mathrm{d}\varphi=pbd$$

其作用线与 y 轴重合。

因壁厚远小于内径 d,故可近似地认为在环的每一个横截面 $m-m$ 或 $n-n$ 上各点处的

正应力相等。又由对称关系可知，此两横截面上的正应力必组成数值相等的合力。由平衡方程$\sum F_y=0$，求得

$$F_N=\frac{F_R}{2}$$

于是圆环径向截面上的拉应力为

$$\sigma=\frac{F_N}{A}=\frac{pbd}{2b\delta}=\frac{pd}{2\delta}=\frac{2\times 10^6\times 0.2}{2\times 5\times 10^{-3}}=40\times 10^6(\text{Pa})=40(\text{MPa})$$

2. 轴向拉伸、压缩时斜截面上的应力(Stress on An Inclined Plane)

轴向拉压杆的破坏有时不沿着横截面，例如铸铁压缩破坏时，其断面与轴线大致成45°。因此，为了全面分析拉压杆的强度，除了横截面上正应力以外，还需要进一步研究其他斜截面上的应力。

取一受轴向拉伸的等直杆，今研究与横截面成α角的斜截面$n-n$[图2.9(a)]上的应力情况。运用截面法，假想地将杆沿$n-n$截面切开，并研究左段的平衡，如图2.9(b)所示，则得到此斜截面$n-n$上的内力F_α为

$$F_\alpha=F \tag{2-2}$$

仿照求解横截面上正应力分布规律的过程，同样可以得到斜截面上各点处的全应力p_α相等的结论。于是有

$$p_\alpha=\frac{F_\alpha}{A_\alpha} \tag{2-3}$$

设横截面面积为A，则斜截面面积为$A_\alpha=\dfrac{A}{\cos\alpha}$，将此关系代入式(2-3)，并利用式(2-2)，可得

$$p_\alpha=\frac{F_\alpha}{A_\alpha}=\frac{F}{A/\cos\alpha}=\frac{F}{A}\cos\alpha=\sigma\cos\alpha \tag{2-4}$$

式中，$\sigma=\dfrac{F}{A}$为横截面上任一意点处的正应力。

将斜截面上任意一点K处的全应力p_α分解为垂直于斜截面的正应力σ_α和沿斜截面的切应力τ_α，这样，就可以用σ_α及τ_α两个分量来表示$n-n$斜截面上任意一点K的应力情况，如图2.9(c)所示。将p_α分解后，并利用式(2-4)，得到

$$\left.\begin{array}{l}\sigma_\alpha=p_\alpha\cos\alpha=\sigma\cos^2\alpha=\dfrac{\sigma}{2}(1+\cos2\alpha)\\[6pt] \tau_\alpha=p_\alpha\sin\alpha=\sigma\cos\alpha\sin\alpha=\dfrac{\sigma}{2}\sin2\alpha\end{array}\right\} \tag{2-5}$$

由式(2-5)可见，σ_α与τ_α都是α角的函数，所以截面的方位不同，截面上的应力也就不同。讨论：

(1) 当$\alpha=0°$时，斜截面$n-n$成为垂直于轴线的横截面，正应力达到最大值，即$\sigma_\alpha=\sigma_{\max}=\sigma$，而切应力为零；

(2) 当$\alpha=45°$时，切应力达到最大值，即

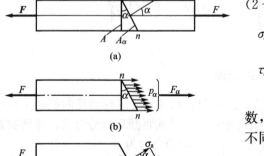

图2.9 拉杆斜截面上的应力

$\tau_\alpha = \tau_{max} = \dfrac{\sigma}{2}$,而正应力不等于零,为 $\sigma_\alpha = \dfrac{\sigma}{2}$;

(3) 当 $\alpha = 90°$ 时,正应力 σ_α 和切应力 τ_α 均为零,表明轴向拉压杆在平行于杆轴的纵向截面上无任何应力。

在应用式(2-5)时,应注意 σ_α、τ_α 和角度 α 的正负号。正应力 σ_α 仍以拉应力为正,压应力为负;切应力 τ_α 的正负,以斜截面外法线按顺时针方向转过 $90°$ 后与其所示方向一致时为正,反之为负;α 角则以横截面外法线转到斜截面外法线时,逆时针转为正,顺时针转为负。

2.3 轴向拉伸、压缩时的变形

轴向拉伸与压缩时,直杆的主要变形是轴向尺寸的改变,同时其横向尺寸也要发生改变。

1. 纵向变形(Axial Deformation)

设等直圆截面杆原长为 l,直径为 d,受轴向拉力 F 后,变形为如图 2.10 虚线所示的形状。纵向长度由 l 变为 l_1,则杆的纵向绝对变形为

$$\Delta l = l_1 - l$$

绝对变形不能准确地衡量杆件的变形程度,为此引入相对变形的概念。将绝对变形除以原长记为

图 2.10 轴向受拉杆的变形

$$\varepsilon = \dfrac{\Delta l}{l} = \dfrac{l_1 - l}{l} \tag{2-6}$$

ε 表示杆件单位长度的纵向变形,称为纵向线应变(axial strain)。它是一个无量纲的量,拉伸时为正,压缩时为负。

2. 横向变形(Lateral Deformation)

圆杆受轴向拉力 F 后,横向尺寸由 d 变为 d_1,如图 2.10 所示。则杆的横向绝对变形为

$$\Delta d = d_1 - d$$

横向线应变(lateral strain)为

$$\varepsilon' = \dfrac{\Delta d}{d} = \dfrac{d_1 - d}{d} \tag{2-7}$$

ε' 的正负号与 ε 相反,即拉伸时为负,压缩时为正。

3. 泊松比(Poisson's Ratio)

实验表明,对于同一种材料,当应力不超过某一限度时,横向线应变 ε' 与纵向线应变 ε 之比的绝对值为一常数,即

$$\mu = \left| \dfrac{\varepsilon'}{\varepsilon} \right| = -\dfrac{\varepsilon'}{\varepsilon} \tag{2-8}$$

或

$$\varepsilon' = -\mu\varepsilon \qquad (2-9)$$

式中，μ 称为泊松比或横向变形系数，是一个无量纲的量。

4. 胡克定律(Hooke's Law)

实验表明，受轴向拉伸或压缩的杆件，当外力不超过某一限度时，材料在弹性范围之内工作，其轴向绝对变形 Δl 与轴力 F_N 及杆件原长 l 成正比，与杆件的横截面面积 A 成反比。即

$$\Delta l \propto \frac{F_N l}{A}$$

引进比例常数 E，得

$$\Delta l = \frac{F_N l}{EA} \qquad (2-10)$$

该式称为胡克定律。其中常数 E 称为材料的弹性模量(modulus of elasticity)。弹性模量 E 和泊松比 μ 都是材料的弹性常数，其数值随材料的不同而异，可由实验测定。常用工程材料的弹性模量和泊松比约值在表 2-1 中给出。

表 2-1 常用工程材料的弹性模量和泊松比约值

材料名称	牌号	E(GPa)	μ
低碳钢	Q235	200~210	0.24~0.28
中碳钢	45	205	
低合金钢	16Mn	200	0.25~0.30
合金钢	40CrNiMoA	210	
灰口铸铁		60~162	0.23~0.27
球墨铸铁		150~180	
铝合金	LY12	71	0.33
硬质合金		380	
混凝土		15.2~36	0.16~0.18
木材(顺纹)		9~12	

由式(2-10)可以看出，当其他条件不变时，弹性模量 E 越大，杆件的绝对变形 Δl 就越小，所以 E 是衡量材料抵抗弹性变形能力的一个指标。当 F_N、l 值不变时，EA 值越大，绝对变形 Δl 就越小。故 EA 表示杆件抵抗拉(压)变形的能力，称为杆的抗拉(压)刚度(rigidity)。

将 $\dfrac{F_N}{A} = \sigma$ 和 $\dfrac{\Delta l}{l} = \varepsilon$ 代入式(2-10)，则得胡克定律的另一表达形式

$$\sigma = E\varepsilon \qquad (2-11)$$

因此，胡克定律又可表述为：当应力不超过某一极限值时，材料在弹性范围之内工作，

应力与应变成正比。由于 ε 是一个无量纲的量,所以 E 的单位与 σ 相同,其常用单位是 GPa(吉帕)。

例 2.4 一等截面钢杆,受力及几何尺寸如图 2.11 所示。已知材料的弹性模量 $E=210\text{GPa}$,试绘制钢杆的轴力图,并求:(1)每段杆的伸长量;(2)每段杆的线应变;(3)全杆的总伸长量。

解: 绘制轴力图。杆的轴力图如图 2.11 所示。

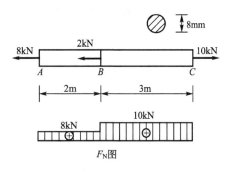

图 2.11 杆的变形

(1)计算每段杆的伸长量。应用胡克定律求出各段杆的变形

$$\Delta l_{AB} = \frac{F_{N,AB} l_{AB}}{EA} = \frac{8\times 10^3 \times 2}{210\times 10^9 \times \frac{\pi \times 8^2 \times 10^{-6}}{4}} = 1.52\times 10^{-3}\,(\text{m})$$

$$\Delta l_{BC} = \frac{F_{N,BC} l_{BC}}{EA} = \frac{10\times 10^3 \times 3}{210\times 10^9 \times \frac{\pi \times 8^2 \times 10^{-6}}{4}} = 2.84\times 10^{-3}\,(\text{m})$$

(2)计算每段杆的线应变。应用胡克定律求出各段杆的线应变

$$\varepsilon_{AB} = \frac{\Delta l_{AB}}{l_{AB}} = \frac{1.52\times 10^{-3}}{2} = 7.6\times 10^{-4},\quad \varepsilon_{BC} = \frac{\Delta l_{BC}}{l_{BC}} = \frac{2.84\times 10^{-3}}{3} = 9.47\times 10^{-4}$$

(3)全杆的总伸长量。杆的总变形等于各段变形之和

$$\Delta l = \Delta l_{AB} + \Delta l_{BC} = 1.52\times 10^{-3} + 2.84\times 10^{-3} = 4.36\times 10^{-3}\,(\text{m}) = 4.36\,(\text{mm})$$

2.4 轴向拉伸、压缩时材料的力学性能

材料的力学性能也称为机械性质,是指材料在受力过程中在强度和变形方面所表现出的性能,如弹性、塑性、强度、韧性、硬度等。为了进行杆件的强度计算,必须研究材料的力学性能。材料的力学性能都是通过试验测出的。同样的材料在不同的温度和加载方式下也会显示出不同的力学性能。低碳钢和铸铁在一般工程中应用比较广泛,它们在拉伸或压缩时的力学性能也比较典型,故本节主要介绍这两种材料在常温(指室温)、静载(指加载速度缓慢平稳)情况下的力学性能。

2.4.1 轴向拉伸时材料的力学性能

拉伸试验的试件要按国家标准规定的形状和尺寸,做成标准试件,以便比较不同材料的试验结果。对于金属材料,通常采用如图 2.12 所示的圆柱形标准试件。试件中部等截面段的直径为 d,试件中段用来测量变形的长度 l 称标距(original gage length)。标距 l 与直径 d 之比,一般规定有 $l=10d$ 和 $l=5d$ 两种。试验所用的主要设备有万能材料试验机或电子万能材料试验机和测量变形的引伸计。试验

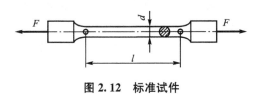

图 2.12 标准试件

时,将试件的两端装卡在试验机上,然后在其上施加缓慢增加的拉力,直到把试件拉断为止。

工程中常见的材料品种很多,下面以低碳钢和铸铁为主要代表,介绍拉伸时材料的力学性能。

1. 低碳钢的拉伸试验

在拉伸的过程中,自动绘图仪或计算机能自动绘出荷载 F 与相应的伸长变形 Δl 之间的关系曲线,称为拉伸图,如图 2.13(a)所示。

试件的拉伸图与试件的几何尺寸有关。为了消除试件几何尺寸的影响,将拉伸图的纵坐标除以试件的原始横截面面积 A,横坐标除以标距 l,则得应力 σ 与应变 ε 的关系曲线,如图 2.13(b)所示。从 σ-ε 图和试验中观察到的现象可以知道,低碳钢拉伸试验分为四个阶段。

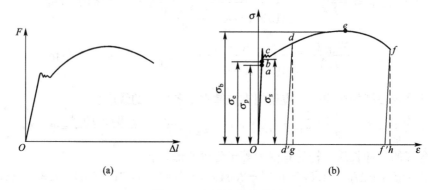

图 2.13 低碳钢的拉伸图

(1) 弹性阶段。从图 2.13(b)中可以看出,在拉伸的初始阶段,σ 与 ε 的关系为直线 Oa,表示在这一阶段内,应力与应变成正比,即

$$\sigma = E\varepsilon$$

这就是拉伸或压缩的胡克定律。式中 E 为与材料有关的比例常数,称为弹性模量。与 a 点对应的应力,即应力 σ 与应变 ε 成正比时应力的最高值,称为材料的比例极限(proportional limit),以 σ_p 表示。低碳钢的比例极限大约为 200MPa。

超过比例极限后,从 a 到 b,σ 与 ε 之间的关系不再是直线,但解除拉力后变形仍完全消失,材料的变形是弹性的。与 b 点对应的应力称为弹性极限(elastic limit),用 σ_e 表示。由于弹性极限与比例极限非常接近,所以在实际应用中通常将两者视为相等,即将 a 和 b 视为同一点。

(2) 屈服阶段。当应力超过弹性极限后,图 2.13(b)上出现接近水平的小锯齿形波动段 bc,说明此时应力基本保持不变,但应变却迅速增加,表明材料暂时失去了抵抗变形的能力。这种应力几乎不变,应变却不断增加,从而产生明显变形的现象,称为材料的屈服或流动。bc 段对应的过程称为屈服阶段,屈服阶段的最低应力值 σ_s 称为材料的屈服点或屈服极限(yielding limit)或屈服点。低碳钢的屈服极限 $\sigma_s = 220 \sim 240$MPa。在屈服阶段,如果试件表面光滑,可以看到试件表面有与轴线大约成 45°的条纹,称为滑移线。一般认为,这些条纹是材料内部的晶粒沿最大切应力方向相互错动引起的。在这一阶段,如果卸载，将出现不能消失的塑性变形。这在工程中一般是不允许的。所以屈服极限是衡量材料强度的一个重要指标。

（3）强化阶段。经过屈服阶段以后，从 c 点开始曲线又逐渐上升，材料又恢复了抵抗变形的能力，要使它继续变形，必须增加应力。这种现象称为材料的强化。从 c 点至 e 点称为强化阶段。曲线的最高点 e 所对应的应力称为强度极限（Strength limit），以 σ_b 表示。低碳钢的强度极限大约为 400MPa。强度极限是衡量材料强度的另一个重要指标。

在强化阶段内任一点 d，若缓慢卸载，曲线 σ-ε 将沿着与 Oa 近似平行的直线回到 d' 点，如图 2.13(b)所示。$d'g$ 是消失了的弹性变形，而 Od' 是残留下来的塑性变形。若卸载后立即重新加载，应力-应变曲线将沿着 $d'd$ 变化。比较曲线 $Oabcdef$ 和 $d'def$ 可见，重新加载时，材料的比例极限和屈服极限都将提高，但断裂后的塑性变形将减少。这种将材料预拉到强化阶段，使之出现塑性变形后卸载，再重新加载时，出现比例极限和屈服极限提高而塑性变形降低的现象，称为冷作硬化。工程上常利用冷作硬化提高材料在弹性阶段的承载能力，如冷拉钢筋、冷拔钢丝可以提高材料的强度；但它也有不利的一面，即降低了材料的塑性。

（4）局部变形阶段。当应力达到强度极限前试件标距段内的变形是均匀的；当应力超过强度极限后，变形集中在试件的某一局部，该处横截面面积显著减小，出现颈缩(necking)现象，如图 2.14(a)所示。由于局部横截面面积显著减小，试件迅速被拉断。

（5）伸长率和截面收缩率。试件拉断后，弹性变形消失了，只剩下塑性变形。工程中常用伸长率(percent elongation)表示材料的塑性，即

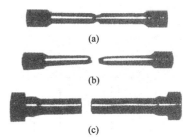

图 2.14 颈缩与断裂后的试件

$$\delta = \frac{l_1 - l}{l} \times 100\% \qquad (2-12)$$

式中，l_1 是试件拉断后的标距，l 是原标距。通常把 $\delta \geqslant 5\%$ 的材料称为塑性材料(ductile materials)，把 $\delta < 5\%$ 的材料称为脆性材料(brittle materials)。低碳钢的伸长率很高，其平均值为 20%~30%，说明低碳钢的塑性很好。它是典型的塑性材料。铸铁、混凝土、石料等没有明显的塑性变形，都是脆性材料。

另外还可以用截面收缩率(percent reduction in area) ψ 来表示材料的塑性，即

$$\psi = \frac{A - A_1}{A} \times 100\% \qquad (2-13)$$

式中，A_1 为试件断口处的最小横截面面积，A 为试件的原始横截面面积。显然，材料的塑性越大，其 δ、ψ 值也就越大，因此，伸长率和截面收缩率是衡量材料塑性性质的两个重要指标。

2. 其他塑性材料的拉伸试验

其他金属材料的拉伸试验和低碳钢拉伸试验的方法相同，图 2.15 给出了锰钢、退火球墨铸铁、低碳钢、青铜等材料的应力-应变曲线。由图中可见，当应力较小时，这四种材料的应力与应变也成直线关系，符合胡克定律，其次，它们的伸长率虽各不相同，但都

大于10%，故都是塑性材料。不过与低碳钢相比，其他三种塑性材料并没有明显的屈服阶段，因此得不到明确的屈服极限。

对于没有明显屈服阶段的塑性材料，工程上规定，取试件产生0.2%的塑性应变时的应力值为材料的名义屈服极限，以$\sigma_{0.2}$表示，如图2.16所示。

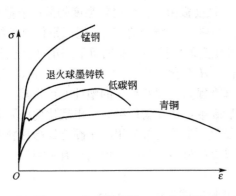

图2.15 几种材料的σ-ε曲线图

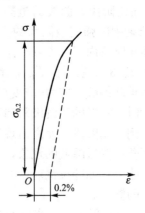

图2.16 名义屈服应力

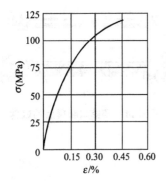

图2.17 铸铁拉伸时的σ-ε曲线图

3. 铸铁的拉伸试验

铸铁可作为脆性材料的代表，其拉伸时的σ-ε曲线如图2.17所示。从图中可以看出，铸铁拉伸时图中没有明显的直线阶段，也没有屈服阶段。断裂是突然发生的，断口与轴线垂直，塑性变形很小。衡量铸铁强度的唯一指标是抗拉强度σ_b。由于铸铁的σ-ε图中没有明显的直线部分，所以它不符合胡克定律。但由于铸铁构件总是在较小的应力范围内工作，故这时可近似认为，胡克定律在较小应力的范围内可以近似地使用。

2.4.2 轴向压缩时材料的力学性能

金属材料的压缩试件一般做成圆柱形，且试件的高度为直径的1.5～3.0倍。在图2.18中画出了低碳钢压缩时的σ-ε曲线，图中虚线为低碳钢拉伸时的σ-ε曲线。可以看出，低碳钢材料压缩时的比例极限、弹性模量及屈服点都和拉伸时相同，只是超过屈服点后，试件被愈压愈扁，不可能压断，故得不到强度极限。

图2.19是铸铁压缩时的σ-ε曲线，整个图形与拉伸时相似。但压缩时的伸长率比拉伸时大，压缩时的强度极限是拉伸时的4～5倍，压缩破坏面与试件轴线大致成45°角。

从以上试验结果可知，低碳钢等塑性材料的抗拉和抗压能力都较强，塑性较好，适用于制造受拉构件和在工作中可能承受冲击、振动荷载的构件，如拉杆、齿轮、轴等。铸铁等脆性材料抗压性能好，但塑性差，适用于做受压构件，如机器的基座、外壳、建筑物的基础等。

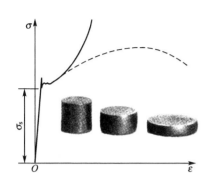
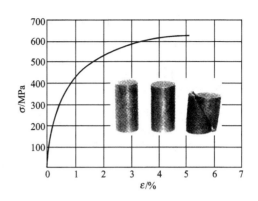

图 2.18 低碳钢压缩时的 σ-ε 曲线图   图 2.19 铸铁压缩时的 σ-ε 曲线图

由材料的力学性能和工程实践可知,对于塑性材料的构件,当工作应力达到屈服极限时,会因产生较大的塑性变形而不能正常工作;对于脆性材料的构件来说,当工作应力达到强度极限时,会发生断裂破坏。材料因过大的塑性变形或断裂而丧失工作能力时的应力,称为极限应力(limit stress),用 σ^0 表示。塑性材料的极限应力是屈服极限 σ_s(或名义屈服极限 $\sigma_{0.2}$);脆性材料的极限应力是强度极限 σ_b。

设计构件时,考虑到荷载估计的准确程度、应力计算方法的精确程度、材料的均匀程度以及构件的重要性等因素,为了保证构件安全可靠地工作,应使它的工作应力小于材料的极限应力,并使构件留有适当的强度储备。为此将材料的极限应力除以一个大于 1 的系数 n,作为构件允许达到的最大应力值,称为许用应力(allowable stress),以符号 $[\sigma]$ 表示。即

$$[\sigma]=\frac{\sigma^0}{n} \qquad (2-14)$$

式中,n 称为安全系数(factor of safety),它表示材料的安全储备程度或强度的富余程度。

正确地选取安全系数,关系到构件的安全与经济这一对矛盾的正确处理。过大的安全系数会浪费材料,太小的安全系数则又可能使构件不能安全工作。各种不同工作条件下构件安全系数 n 的选取,可参照有关工程手册来确定。一般对于塑性材料,取 $n=1.3\sim2.0$;对于脆性材料,取 $n=2.0\sim3.5$。

2.5 轴向拉伸、压缩时的强度计算

杆件是由各种材料制成的。材料所能承受的应力是有限度的,若超过某一极限值,杆件便会发生破坏或产生过大的塑性变形,因强度不够而丧失正常的工作能力。因此,工程中对各种材料,规定了保证杆件具有足够的强度所允许承担的最大应力值,称为材料的许用应力,用符号 $[\sigma]$ 表示。显然,只有当杆件中的最大应力小于或等于材料的许用应力时,杆件才具有足够的强度。即

$$\sigma_{\max}=\frac{F_N}{A}\leqslant[\sigma] \qquad (2-15)$$

式(2-15)称为杆件在轴向拉伸(或压缩)时的强度条件。其中 F_N 为危险截面上的轴力;A 为危险截面的面积。所谓危险截面,指的是产生最大工作应力的截面。在进行强度计算时,要准确找出危险截面,若危险截面满足了强度条件,则整个杆件就具备了足够的强度。

根据强度条件可解决以下三类问题。

1. 校核强度(Check the Intensity)

已知杆件的材料、截面尺寸和所受的荷载,校核杆件是否满足强度条件式(2-15),从而判断杆件能否安全地工作。

2. 设计截面(Determine the Allowable Dimension)

根据杆件所受的荷载和材料的许用应力,按下式

$$A \geqslant \frac{F_N}{[\sigma]}$$

确定杆件的横截面面积,然后再根据工程上的其他要求确定横截面的几何形状尺寸。

3. 求许可荷载(Determine the Allowable Load)

已知杆件的横截面面积和材料的许用应力,可按下式

$$F_{Nmax} \leqslant A[\sigma]$$

计算杆件允许的最大轴力,再由轴力与外力的关系确定它能承受的许可荷载。

在强度计算中,可能出现最大应力稍大于许用应力的情况,设计规范规定,超过值只要在5%以内都是允许的。

在以上计算中,都要用到材料的许用应力。工程上常见材料在一般情况下的许用应力约值在表2-2中给出。

表2-2 常用工程材料的许用应力约值

材料名称	牌号	许用应力(MPa)	
		轴向拉伸	轴向压缩
低碳钢	Q235	170	170
低合金钢	16Mn	230	230
灰口铸铁		34~54	160~200
混凝土	C20	0.44	7
	C30	0.6	10.3
木材(顺纹)		6.4	10

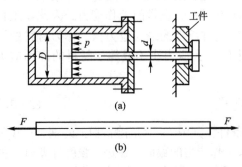

图2.20 气动夹具

例2.5 如图2.20(a)所示气动夹具,已知气缸内径 $D = 140$mm,缸内气压力 $p = 0.6$MPa,活塞杆材料的许用应力 $[\sigma] = 80$MPa,活塞杆直径 $d = 14$mm。试校核活塞杆的强度。

解:(1)受力分析。活塞杆左端承受活塞上气体的压力,右端承受工件阻力,两端外力合力的作用线与杆的轴线重合,所以活塞杆为轴向拉伸杆件,如图2.20(b)所示。拉力

F 可由气体压强及活塞面积求得

$$F = p\frac{\pi}{4}(D^2 - d^2) = 0.6 \times 10^6 \times \frac{\pi}{4} \times (140^2 - 14^2) \times 10^{-6} = 9\ 139.28(\text{N})$$

(2) 校核强度。活塞杆的轴力为 $F_N = F = 9\ 139.28\text{N}$，活塞杆的正应力为

$$\sigma = \frac{F_N}{A} = \frac{4F_N}{\pi d^2} = \frac{4 \times 9\ 139.28}{\pi \times 14^2 \times 10^{-6}} = 59.4(\text{MPa}) < [\sigma]$$

所以强度足够。

例 2.6 图 2.21(a)所示为某冷锻机的曲柄滑块机构。锻压机工作时，当连杆接近水平位置时锻压力最大为 $F = 3\ 780\text{kN}$。连杆的横截面为矩形，高宽之比 $h/b = 1.4$，材料的许用应力 $[\sigma] = 90\text{MPa}$。试设计连杆横截面的尺寸 h 和 b。

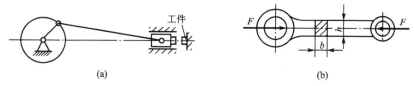

图 2.21 某冷锻机的曲柄滑块机构

解：(1) 计算轴力。锻压机连杆位于水平位置时，其轴力最大，为

$$F_N = F = 3\ 780(\text{kN})$$

(2) 选择截面尺寸。由强度条件得

$$A \geqslant \frac{F_N}{[\sigma]} = \frac{3\ 780 \times 10^3}{90 \times 10^6} = 42 \times 10^{-3}(\text{m}^2) = 42 \times 10^3(\text{mm})^2$$

连杆为矩形截面，$A = bh$，且 $h = 1.4b$，代入上式得

$$1.4b^2 \geqslant 42 \times 10^3(\text{mm})^2$$

$$b \geqslant 173(\text{mm})$$

$$h \geqslant 1.4 \times 173 = 242.2(\text{mm})$$

例 2.7 简易旋臂式吊车如图 2.22(a)所示。斜杆由两根 5 号等边角钢组成，每根角钢的横截面面积 $A_1 = 4.80 \times 10^2 \text{mm}^2$，$\alpha = 30°$；水平横杆由两根 10 号槽钢组成，每根槽钢的横截面面积 $A_2 = 1.274 \times 10^2 \text{mm}^2$。材料都是 Q235 钢，许用应力 $[\sigma] = 120\text{MPa}$，电动葫芦能沿水平横杆移动。试求当电动葫芦处在图 2.22(a)所示位置时，吊车的最大起重量 W（两杆的自重不计）。

解：(1) 受力分析。取 B 点为分离体，在不计杆件自重及连接处的摩擦时，B 点受力如图 2.22(b)所示。根据平衡方程

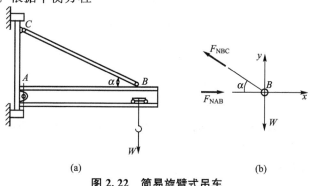

图 2.22 简易旋臂式吊车

$$\sum F_x = 0, \quad F_{NAB} - F_{NBC}\cos\alpha = 0$$
$$\sum F_y = 0, \quad F_{NBC}\sin\alpha - W = 0$$

得

$$F_{NBC} = \frac{W}{\sin\alpha} = \frac{W}{\sin 30°} = 2W$$
$$F_{NAB} = F_{NBC}\cos\alpha = 2W\cos 30° = 1.73W$$

(2) 确定最大起重量。各杆的许可轴力为

$$F_{NBC} \leqslant 2[\sigma]A_1 = 2 \times 120 \times 10^6 \times 4.80 \times 10^2 \times 10^{-6} = 115.2 \text{(kN)}$$
$$F_{NAB} \leqslant 2[\sigma]A_2 = 2 \times 120 \times 10^6 \times 12.74 \times 10^2 \times 10^{-6} = 305.8 \text{(kN)}$$

按角钢的强度条件计算最大起重量：将 $F_{NBC} = 2W$ 代入 $F_{NBC} \leqslant 115.2\text{kN}$ 得

$$W \leqslant 57.6\text{kN}$$

按槽钢的强度条件计算最大起重量：将 $F_{NAB} = 1.73W$ 代入 $F_{NAB} \leqslant 305.8\text{kN}$ 得

$$W \leqslant 176.8\text{kN}$$

为保证两杆强度均足够，应取 $W = 57.6\text{kN}$。

2.6 轴向拉伸、压缩时的应变能

固体受外力作用而变形。在变形过程中，外力所做的功将转变为储存于固体内的能量。当外力逐渐减小时，变形逐渐恢复，固体又将释放出储存于固体内的能量而做功。固体在外力作用下，因变形而储存的能量称为应变能(strain energy)。

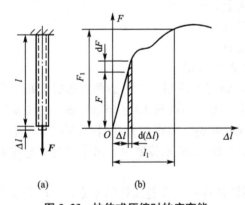

图 2.23 拉伸或压缩时的应变能

现在讨论轴向拉伸或压缩时的应变能。设受拉杆件上端固定 [图 2.23(a)]，作用于下端的拉力由零开始缓慢增加。拉力为 F 时，杆件的伸长为 Δl，如再增加一个 dF，杆件相应的变形增量为 $d(\Delta l)$，于是已知作用于杆件上的力 F 因位移 $d(\Delta l)$，而做功，且所做的功为

$$dW = Fd(\Delta l)$$

容易看出，dW 等于图 2.23(b) 中阴影部分的微面积。拉力所做的总功 W 应为一系列微面积的总和，它等于 $F-\Delta l$ 曲线下面的面积，即

$$W = \int_0^{\Delta l_1} Fd(\Delta l) \tag{2-16}$$

在应力小于比例极限的范围内，F 与 Δl 的关系是一条直线，斜直线下面的面积是一个三角形，故有

$$W = \frac{1}{2}F\Delta l \tag{2-17}$$

根据功能原理，拉力所做的功应等于杆件储存的能量，对缓慢增加的静荷载，杆件的动能并无明显变化。金属杆件受拉虽也会引起热能的变化，但数量甚微，可省略不计。这样，就可认为杆件内只储存应变能 V_ε，其数量就等于拉力所做的功。线弹性范围内，外力

做的功等于杆件应变能,即

$$V_\varepsilon = W = \frac{1}{2}F\Delta l$$

由胡克定律,$\Delta l = \dfrac{Fl}{EA}$,上式又可写成

$$V_\varepsilon = W = \frac{1}{2}F\Delta l = \frac{F^2 l}{2EA} \tag{2-18}$$

应变能的单位为 J(焦耳)。

由于在拉杆的各横截面上所有点处的应力相同,故杆的单位体积内所储存的应变能,可由杆的应变能 V_ε 除以杆的体积 V 来计算。这种单位体积内的应变能,称为应变能密度,用 v_ε 表示,于是

$$v_\varepsilon = \frac{V_\varepsilon}{V} = \frac{\frac{1}{2}F\Delta l}{Al} = \frac{1}{2}\sigma\varepsilon \tag{2-19a}$$

利用胡克定律,$\sigma = E\varepsilon$,上式又可写成

$$v_\varepsilon = \frac{\sigma^2}{2E} \tag{2-19b}$$

或

$$v_\varepsilon = \frac{E\varepsilon^2}{2} \tag{2-19c}$$

应变能密度单位为 J/m³(焦耳/米³)。

例 2.8 简易起重机如图 2.24 所示。BD 杆为无缝钢管,外径为 90mm,壁厚为 2.5mm,杆长 $l=3$m,弹性模量 $E=210$GPa,BC 是一条横截面面积为 172mm² 的钢索,弹性模量 $E_1 = 177$GPa。若不考虑立柱的变形,试求 B 点的垂直位移(设 $P=30$kN)。

解: 从三角形 BCD 中解出 BC 和 CD 的长度分别为

$$BC = l_1 = 2.20\text{m}, \quad CD = 1.55\text{m}$$

算出 BC 和 BD 两杆的横截面面积分别为

$$A_1 = 2 \times 172\text{mm}^2 = 344(\text{mm})^2, \quad A = \frac{\pi}{4} \times (90^2 - 85^2)\text{mm}^2 = 687(\text{mm})^2$$

由 BD 杆的平衡方程,求得钢索 BC 的拉力为

$$F_{N1} = 1.41P$$

BD 杆的压力为

$$F_{N2} = 1.93P$$

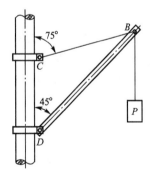

图 2.24 简易起重机

把简易起重机看作是由 BC 和 BD 两杆组成的简单弹性杆系,当荷载 P 从零开始缓慢地作用于杆系上时,P 与 B 点的垂直位移 δ 的关系也与图 2.23(b)一样,是一条斜直线。P 所完成的功也是这条斜直线下的面积。即

$$W = \frac{1}{2}P\delta$$

P 所完成的功在数值上应等于杆系的应变能,即等于 BC 和 BD 两杆应变能的总和。故

$$\frac{1}{2}P\delta = \frac{F_{N1}^2 l_1}{2E_1 A_1} + \frac{F_{N2}^2 l}{2EA} = \frac{(1.41P)^2 l_1}{2E_1 A_1} + \frac{(1.93P)^2 l}{2EA}$$

由此求得

$$\delta = 4.48 \times 10^{-3} \text{m} = 4.48 \text{mm}$$

2.7 轴向拉伸、压缩时的超静定问题

1. 超静定问题及其解法

前面所讨论的问题，其支座反力和内力均可由静力平衡条件完全确定，这类问题称为静定问题，如图 2.25(a)所示。在某些情况下，作用于研究对象上的未知力个数，多于静力平衡方程的数目，这时就不能单凭静力平衡方程来求出未知力，这种问题称为超静定问题或静不定问题，如图 2.25(b)所示。未知力多于静力平衡方程的数目，称为超静定的次数(degrees of statically indeterminate problem)。如图 2.25(b)所示的杆系，节点的静力平衡方程为两个，而未知力为三个，所以是一次超静定问题。

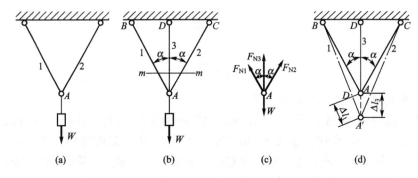

图 2.25 超静定桁架

解超静定问题，除列出静力平衡方程外，还需要找出足够数目的补充方程。这些补充方程可由结构变形的几何关系以及力和变形间的物理关系来建立。由补充方程和静力平衡方程即可求得全部的未知力。

下面通过例子来说明超静定问题的解法。

例 2.9 试求图 2.25(b)所示杆系中各杆的轴力。已知杆 1 和杆 2 的长度、材料及横截面面积均相同，即 $l_1=l_2$，$A_1=A_2$，$E_1=E_2$；杆 3 的长设为 l_3，抗拉刚度为 $E_3 A_3$，1、2 两杆与 3 杆的夹角均为 α，悬挂重量为 W。

解：(1) 列平衡方程。取节点 A 为研究对象，设三根杆的轴力分别为 F_{N1}、F_{N2}、F_{N3}[图 2.25(c)]，由平衡方程 $\sum F_x = 0$，$\sum F_y = 0$ 可得

$$F_{N1} \sin\alpha - F_{N2} \sin\alpha = 0 \tag{a}$$

$$F_{N3} + F_{N1} \cos\alpha + F_{N2} \cos\alpha - W = 0 \tag{b}$$

(2) 变形几何关系。由图 2.25(d)可知，由于结构左右对称，杆 1 和杆 2 的抗拉刚度相同，所以节点 A 只能垂直下移。设变形后各杆汇交于 A' 点，则 $AA' = \Delta l_3$；由 A 点作 $A'B$ 的垂线 AD，则有 $DA' = \Delta l_1$。在小变形条件下，$\angle BA'A \approx \alpha$，于是变形几何关系为

$$\Delta l_1 = \Delta l_2 = \Delta l_3 \cos\alpha$$

(3) 物理关系。由胡克定律应有

$$\Delta l_1 = \frac{F_{N1} l_1}{E_1 A_1}, \quad \Delta l_3 = \frac{F_{N3} l_3}{E_3 A_3}$$

(4) 补充方程。将物理关系式代入几何方程中，得到补充方程

$$\frac{F_{N1} l_1}{E_1 A_1} = \frac{F_{N3} l_3}{E_3 A_3} \cos\alpha = \frac{F_{N3} l_1}{E_3 A_3} \cos^2\alpha$$

即

$$F_{N1} = \frac{F_{N3} E_1 A_1}{E_3 A_3} \cos^2\alpha \tag{c}$$

(5) 求解各杆轴力。联立求解(a)、(b)、(c)，可得

$$F_{N1} = F_{N2} = \frac{W \cos^2\alpha}{\frac{E_3 A_3}{E_1 A_1} + 2\cos^2\alpha}, \quad F_{N3} = \frac{W}{1 + 2\frac{E_1 A_1}{E_3 A_3} \cos^3\alpha}$$

由上述答案可见，杆的轴力与各杆间的刚度比有关。一般说来，增大某杆的抗拉（压）刚度 EA，则该杆的轴力亦相应增大。这是超静定问题的一个重要特点，而静定结构的内力与其刚度无关。

2. 装配应力(Initial Stresses)

所有构件在制造中都会有一些误差，这种误差，在静定结构中不会引起任何内力，而在超静定结构中则不然。如图 2.26 所示的三杆桁架结构，若杆 3 制造时短了 δ，为了能将三根杆装配在一起，必须将杆 3 拉长，杆 1 和杆 2 压短，这种强行装配会在杆 3 中产生拉应力，而在杆 1 和杆 2 中产生压应力。如误差 δ 较大，这种应力会达到很大的数值。这种由于装配而引起杆内产生的应力，称为装配应力。装配应力是在荷载作用前结构中已经具有的应力，因而是一种初应力。

在工程结构中，装配应力的存在有时是不利的，应予以避免；但有时我们也有意识地利用它，比如机械制造中的紧密配合和土木结构中的预应力钢筋混凝土等。

例 2.10 吊桥链条的一节由三根长为 l 的钢杆组成，如图 2.27 所示。若三杆的横截面面积、材料均相同，$E = 200\text{GPa}$，中间钢杆略短于名义长度，且加工误差为 $\delta = \frac{l}{2\,000}$，试求各杆的装配应力。

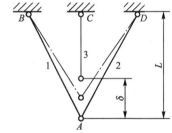

图 2.26 制造误差引起装配应力

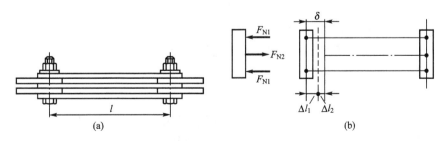

图 2.27 吊桥链条受力图

解：如不计两端连螺栓的变形，可将链条的一节简化成如图 2.27(b) 所示的超静定结构。当把较短的中间杆与两侧杆一同固定于两端的钢体时，中间杆将受到拉伸，而两侧杆将受到压缩。最后在虚线位置上，三杆的变形相互协调。设两侧杆的轴向压力为 F_{N1}，中间杆的轴向拉力为 F_{N2}。平衡方程应为

$$F_{N2} - 2F_{N1} = 0 \tag{a}$$

若两侧杆的缩短为 Δl_1，中间杆的伸长为 Δl_2，则 Δl_1 与 Δl_2 的绝对值之和应等于 δ，即

$$\Delta l_1 + \Delta l_2 = \delta = \frac{l}{2\,000} \tag{b}$$

由胡克定律，得

$$\Delta l_1 = \frac{F_{N1} l_1}{EA}, \quad \Delta l_2 = \frac{F_{N2} l_2}{EA}$$

代入(b)式，得

$$F_{N1} + F_{N2} = \frac{EA}{2\,000} \tag{c}$$

由(a)、(c)两式解得

$$F_{N1} = \frac{EA}{6\,000}, \quad F_{N2} = \frac{EA}{3\,000}$$

于是两侧杆和中间杆的装配应力分别为

$$\sigma_1 = \frac{F_{N1}}{A} = \frac{E}{6\,000} = 33.3 \text{(MPa)}$$

$$\sigma_2 = \frac{F_{N2}}{A} = \frac{E}{3\,000} = 66.7 \text{(MPa)}$$

3. 温度应力(Temperature Stresses)

在工程实际中，杆件遇到温度的变化，其尺寸将有微小的变化。当温度升高(降低) ΔT 时，杆件伸长(缩短) Δl 为

$$\Delta l = \alpha l \Delta T \tag{2-20}$$

在静定结构中，由于杆件能自由变形，整个结构均匀的温度变化不会在杆内产生应力。但在超静定结构中，由于杆件受到相互制约而不能自由变形，温度变化将使其内部产生应力。这种因温度变化而引起的杆内应力，称为温度应力。温度应力也是一种初应力，对于两端固定的杆件，当温度升高(降低) ΔT 时，杆内引起的温度应力为

$$\sigma = E\alpha \Delta T \tag{2-21}$$

式中，E 为材料的弹性模量，α 为材料的线膨胀系数。

比如，某材料的弹性模量 $E=200\text{GPa}$，线膨胀系数 $\alpha=12.5\times10^{-6}\,1/℃$，当温度升高 $\Delta T=70℃$ 时，杆内的温度应力为

$$\sigma = E\alpha \Delta T = 200\times10^9 \times 12.5\times10^{-6} \times 70 = 175 \text{(MPa)}$$

可见温度应力的影响是不容忽视的。在工程上常采取一些措施来降低或消除温度应力。例如，在蒸汽管道中设置伸缩节，在铁道两段钢轨间预先留有适当空隙，在钢桥桁架一端采用活动铰链支座等，都是为了避免产生过大的温度应力而采取的措施。

2.8 应力集中的概念

等截面直杆受轴向拉伸或压缩时,距杆端稍远处横截面上的正应力是均匀分布的。但由于工程实际需要,有些杆件必须切槽、开孔或制成阶梯状等,以致在这些部位上截面尺寸发生突然变化。实验和理论分析都表明,在这些突变处横截面上的应力并不是均匀分布的。如图 2.28 所示开有圆孔的板条,在轴向拉伸时,孔边的应力比离孔稍远处的应力大得多。这种由于截面尺寸的突变而产生的应力局部骤增的现象,称为应力集中(stress concentrations)。工程上以应力集中系数(stress-concentration factor) K 来描述应力集中的程度,它是应力集中处的最大应力和同一截面上的平均应力之比,即

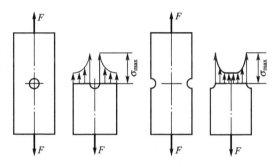

图 2.28 应力集中现象

$$K = \frac{\sigma_{max}}{\sigma} \tag{2-22}$$

K 是一个大于 1 的系数。大量分析表明,构件的截面尺寸改变得越急剧,切口尖角越小,应力集中的程度就越严重。

各种材料对应力集中的敏感程度并不相同。低碳钢等塑性材料因有屈服阶段存在,当局部的最大应力 σ_{max} 到达屈服极限时,该处材料首先屈服,σ_{max} 暂时不再增加。当外力继续增加时,处在弹性阶段的其他部分的应力继续增长,直至整个截面上的应力都达到屈服极限时才达到了杆的极限状态,即材料的塑性具有缓和应力集中的作用。因此在静荷载作用下,应力集中对塑性材料构件承载能力的影响不大;但对脆性材料,因它没有屈服阶段,当应力集中处的最大应力 σ_{max} 达到 σ_b 时,杆件就会在该处首先开裂,所以应力集中使脆性材料构件的承载能力大为降低。但铸铁等类组织不均匀的脆性材料,因其内部本身就存在严重的应力集中,故由截面尺寸急剧改变而引起的应力集中对强度的影响并不敏感。

对于在冲击荷载或周期性变化的交变应力作用下的构件,应力集中对各种材料的强度都有较大的影响。

2.9 连接件的实用强度计算

工程上常用螺栓、铆钉、键、销钉等连接构件,将构件连接起来,以实现力和运动的传递。当结构工作时,连接件将发生剪切变形,如图 2.29 所示。若外力过大,连接件会沿剪切面被剪断,使连接破坏。

在连接件发生剪切变形的同时,连接件和被连接件的接触面将相互压紧,这种现象称为挤压现象,其接触面叫挤压面。当挤压力过大时,连接件或被连接件在接触的局部范围内将产生塑性变形,甚至被压溃,造成连接松动,如图 2.30 所示。

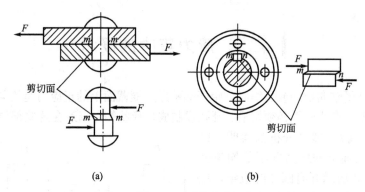

(a)   (b)

图 2.29 受剪构件

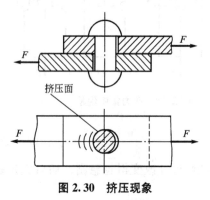

图 2.30 挤压现象

为了保证连接件不发生剪切破坏，结构不发生挤压破坏，必须对其进行剪切和挤压强度计算。

1. 剪切实用强度计算

现以图 2.31(a)所示的螺栓连接为例进行分析。螺栓的受力如图 2.31(b)所示。为分析螺栓在剪切面上的强度，沿剪切面 $m-m$ 截开并取任一部分为研究对象，如图 2.31(c)所示。由平衡条件可知，两个截面上必有与截面相切的内力 F_S，且 $F_S=F$，F_S 称为剪力(shearing force)。相应地，截面上必有切应力(shearing stress)。

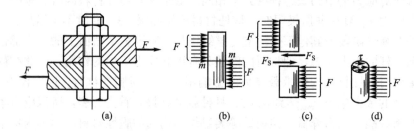

图 2.31 螺栓连接受力情况

切应力在剪切面上的分布情况比较复杂，如图 2.31(d)所示，为了计算简便，工程中通常采用以试验、经验为基础的实用计算，即近似地认为切应力在剪切面上均匀分布，于是有

$$\tau = \frac{F_S}{A} \qquad (2-23)$$

式中，τ 为切应力；F_S 为剪切面上的剪力；A 为剪切面面积(area in shear)。

要保证连接件不发生剪切破坏，切应力 τ 不应超过材料的许用切应力(allowable shearing stress of a material) $[\tau]$，所以剪切强度条件为

$$\tau = \frac{F_S}{A} \leqslant [\tau] \qquad (2-24)$$

$[\tau]$ 由材料的剪切极限应力(ultimate shearing stress) τ_u 除以安全系数(factor of safety) n 得出。根据剪切强度条件便可进行强度计算。

例 2.11 图 2.32(a)为拖拉机挂钩,已知牵引力 $F=15\text{kN}$,挂钩的厚度为 $\delta=8\text{mm}$,被连接的板件厚度为 $1.5\delta=12\text{mm}$,插销的材料为 20 号钢,材料的许用切应力为 $[\tau]=30\text{MPa}$,直径 $d=20\text{mm}$。试校核插销的剪切强度。

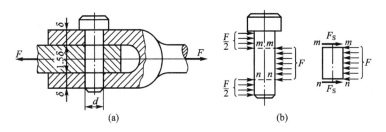

图 2.32 拖拉机挂钩

解:插销受力如图 2.32(b)所示。根据受力情况,插销中段相对于上、下两段,沿 m-m、n-n 两个面向右错动。所以有两个剪切面,成为双剪切。由平衡方程可求得剪力

$$F_\text{S}=\frac{F}{2}$$

插销横截面上的切应力为

$$\tau=\frac{F_\text{S}}{A}=\frac{15\times10^3/2}{\frac{\pi}{4}\times20^2\times10^{-6}}=23.9\times10^6(\text{Pa})=23.9(\text{MPa})<[\tau]$$

故插销的剪切强度足够。

例 2.12 已知钢板的厚度为 $\delta=10\text{mm}$,其剪切极限为 $\tau_\text{u}=300\text{MPa}$。用冲床将钢板冲出直径为 $d=25\text{mm}$ 的孔,如图 2.33 所示,问需要多大的冲剪力 F?

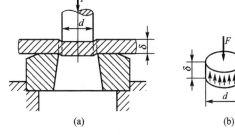

解:剪切面是钢板内被冲头冲出的圆饼体的圆柱形侧面,如图 2.33(b)所示。其面积为

$$A=\pi d\delta=\pi\times25\times10\times10^{-6}=785\times10^{-6}(\text{m}^2)$$

图 2.33 钢板冲孔

冲孔所需的冲剪力应为

$$F\geqslant A\tau_\text{u}=785\times10^{-6}\times300\times10^6=236\times10^3(\text{N})=236(\text{kN})$$

2. 挤压实用强度计算

挤压面上的压力称为挤压力(bearing force),用 F_bs 表示。挤压面上的压强称为挤压应力(bearing stress),用 σ_bs 表示。挤压应力在挤压面上的分布较复杂,在实用计算中假定挤压面上的挤压应力均匀分布,其强度条件为

$$\sigma_\text{bs}=\frac{F_\text{bs}}{A_\text{bs}}\leqslant[\sigma_\text{bs}] \tag{2-25}$$

式中,A_bs 为挤压面面积(area in bearing),其计算视接触面的情况而定。当连接件与被连接件的接触面为平面时,如图 2.34(a)所示的连接件为键,挤压面即为接触面,$A_\text{bs}=hl/2$。当连接件与被连接件的接触面为圆柱面时,如图 2.34(b)所示螺栓、铆钉、销钉等,挤压应力的分布大致如图 2.34(c)所示,中点的挤压应力值最大。若以圆柱面的正投影面

积 $A_{bs}=hd$ [图 2.34(d)] 去除挤压力,则所得应力与圆柱接触面上的实际最大应力值大致相等,故挤压面面积按 $A_{bs}=hd$ 计算,称为名义挤压面积。$[\sigma_{bs}]$ 为材料的许用挤压应力(allowable bearing stress),其数值由试验结果计算确定。

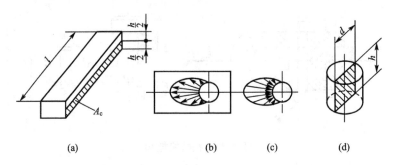

图 2.34 挤压面及其分布

必须注意,如果连接件和被连接件的材料不同,应对材料的许用应力较低者进行挤压强度计算。下面以例题说明具体计算方法。

例 2.13 齿轮与轴用平键连接,如图 2.35(a)所示。已知轴的直径 $d=50\text{mm}$,键的尺寸为 $b \times h \times l = 20\text{mm} \times 12\text{mm} \times 100\text{mm}$,传递的力矩 $M=1000\text{N}\cdot\text{m}$,键和轴的材料为 45 号钢,其 $[\tau]=60\text{MPa}$,$[\sigma_{bs}]_1=100\text{MPa}$;齿轮材料为铸铁,其 $[\sigma_{bs}]_2=53\text{MPa}$。试校核键连接的强度。

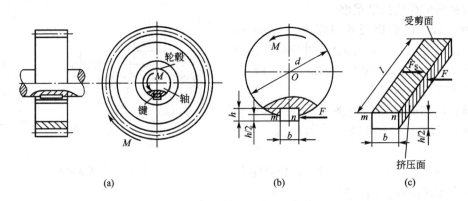

图 2.35 轮和轴的键连接受力情况

解 (1) 计算键所受的外力 F。取轴和键为研究对象,其受力如图 2.35(b)所示,根据对轴心的力矩平衡方程

$$\sum M_O(F)=0, \quad F \times \frac{d}{2} - M = 0$$

可得

$$F = \frac{2M}{d} = \frac{2 \times 1\,000}{50 \times 10^{-3}} = 40(\text{kN})$$

(2) 校核键的抗剪强度。键的剪切面积 $A=20 \times 100\text{mm}^2 = 2\,000\text{mm}^2$,剪力 $F_S = F = 40\text{kN}$,所以

$$\tau = \frac{F_S}{A} = \frac{40 \times 10^3}{2\,000 \times 10^{-6}} = 20(\text{MPa}) < [\tau]$$

故剪切强度足够。

（3）校核键的挤压强度。如图 2.35(c)所示，键所受的挤压力 $F_{bs}=F=40$kN，挤压面积 $A_{bs}=\dfrac{h}{2}\times l=\dfrac{12}{2}\times 100=600(\text{mm}^2)$，由于齿轮材料的许用挤压应力较低，因此只需对齿轮的轮毂进行挤压强度校核。

$$\sigma_{bs}=\dfrac{F_{bs}}{A_{bs}}=\dfrac{40\times 10^3}{600\times 10^{-6}}=66.7(\text{MPa})>[\sigma_{bs}]_2$$

故齿轮的挤压强度不够，而键和轴的挤压强度足够。

例 2.14 图 2.36(a)为一铆钉连接钢板。钢板和铆钉的材料相同，许用拉应力 $[\sigma]=160$MPa，许用切应力 $[\tau]=140$MPa，许用挤压应力 $[\sigma_{bs}]=320$MPa。铆钉直径 $d=16$mm，钢板厚度 $\delta=10$mm，钢板宽度 $b=90$mm。当钢板承受拉力 $F=110$kN 时，试校核连接的强度。

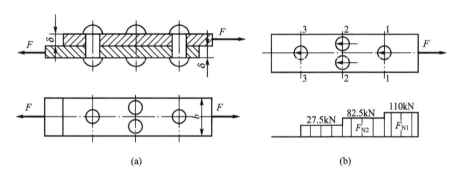

图 2.36 铆钉连接的受力情况

解： 实际的铆钉连接常常是由若干个铆钉组成的。当各铆钉直径相等，材料相同，且排列与荷载作用线成对称时，如图 2.36(a)所示，可以假设每个铆钉所受的力相等。本例中每个铆钉所受的力均为 $F/4$。

（1）校核铆钉的剪切强度

$$\tau=\dfrac{F_S}{A}=\dfrac{F/4}{\pi d^2/4}=\dfrac{110\times 10^3}{\pi\times 16^2\times 10^{-6}}=136.8(\text{MPa})<[\tau]$$

故铆钉满足剪切强度要求。

（2）校核铆钉的挤压强度

$$\sigma_{bs}=\dfrac{F_{bs}}{A_{bs}}=\dfrac{F/4}{d\delta}=\dfrac{110\times 10^3}{4\times 16\times 10\times 10^{-6}}=172(\text{MPa})<[\sigma_{bs}]$$

故铆钉满足挤压强度要求。

（3）校核主板的拉伸强度。取上主板为研究对象，画出其受力图及相应的轴力图，如图 2.36(b)所示。由受力图及轴力图可知：1-1 截面上轴力最大，2-2 截面上轴力较大，而且截面削弱最严重，所以应对这两个截面进行拉伸强度校核。这时计算出的 σ_{1-1}、σ_{2-2} 均为名义拉伸正应力。

截面 1-1 处

$$\sigma_{1-1}=\dfrac{F_{N1}}{A_1}=\dfrac{F_{N1}}{(b-d)\delta}=\dfrac{110\times 10^3}{(90-16)\times 10\times 10^{-6}}=149(\text{MPa})<[\sigma]$$

截面 2-2 处

$$\sigma_{2-2} = \frac{F_{N2}}{A_2} = \frac{F_{N2}}{(b-2d)\delta} = \frac{82.5 \times 10^3}{(90-2\times 16)\times 10 \times 10^{-6}} = 142(\text{MPa}) < [\sigma]$$

故主板满足拉伸强度要求。

整个连接结构安全。

小　　结

1. 轴力及轴力图

轴向拉伸(压缩)的杆件，由于外力或外力的合力作用线与杆件轴线重合，因而内力的合力作用线也必与杆件轴线重合，这样的内力称为轴力。当杆件受多个轴向外力作用时，杆件各部分横截面上的轴力不尽相同。为了表明轴力随横截面位置变化的情况，可绘制轴力图。轴力与横截面位置关系的图线，称为轴力图。

2. 拉伸、压缩时的应力

横截面上只有正应力，且为均匀分布的。横截面上正应力的计算公式为 $\sigma = \frac{F_N}{A}$。关于正应力的正负符号，一般规定：拉应力为正，压应力为负。

斜截面上的应力为

$$\begin{cases} \sigma_\alpha = \sigma\cos^2\alpha \\ \tau_\alpha = \sigma\cos\alpha\sin\alpha \end{cases}$$

3. 拉伸、压缩时的变形

(1) 纵向变形：$\Delta l = l_1 - l$，$\varepsilon = \frac{\Delta l}{l}$

(2) 横向变形：$\Delta d = d_1 - d$，$\varepsilon' = \frac{\Delta d}{d}$

(3) 泊松比：ε 和 ε' 分别为轴向受力杆的纵向线应变和横向线应变，则材料的泊松比是：$\mu = -\frac{\varepsilon'}{\varepsilon} = \left|\frac{\varepsilon'}{\varepsilon}\right|$。对同种材料，泊松比是一个常数。

(4) 胡克定律：当正应力不超过比例极限时，正应力与线应变成正比，即 $\sigma = E\varepsilon$，这就是轴向拉伸或压缩时的胡克定律。

轴向拉伸或压缩时轴向变形公式为 $\Delta l = \frac{F_N l}{EA}$，这是胡克定律的另一种表达形式。

4. 拉伸、压缩时材料的力学性能

材料的力学性能主要是指材料在外力作用下，在强度和变形方面表现出来的性质，它是通过实验进行研究的。低碳钢和铸铁是工程中广泛使用的两种材料。

5. 拉伸、压缩时的强度计算

使材料丧失正常工作能力的应力称为极限应力。塑性材料和脆性材料的极限应力分别是屈服极限 σ_s(或名义屈服极限 $\sigma_{0.2}$)和强度极限 σ_b。极限应力除以安全系数，称为材料的许用应力，即 $[\sigma] = \frac{\sigma^0}{n}$，它是工程计算中材料允许承受的最大应力。

为了确保杆件在工作中有足够的强度，要求杆内的最大工作应力不得超过材料的许用应力，即 $\sigma_{\max} \leqslant [\sigma]$，这就是强度条件。利用这个条件可以解决三方面问题：①校核强度；

②确定荷载；③设计截面尺寸。

6. 应变能

固体受外力作用而变形。在变形过程中，外力所做的功将转变为储存于固体内的能量。当外力逐渐减小时，变形逐渐恢复，固体又将释放出储存于固体内的能量而做功。固体在外力作用下，因变形而储存的能量称为应变能。轴向拉伸、压缩时，杆的应变能为 $V_\varepsilon = \dfrac{F^2 l}{2EA}$。应变能密度为 $v_\varepsilon = \dfrac{1}{2}\sigma\varepsilon$，或 $v_\varepsilon = \dfrac{\sigma^2}{2E}$，或 $v_\varepsilon = \dfrac{E\varepsilon^2}{2}$。

7. 拉伸、压缩时超静定问题

当未知力的数目多于独立平衡方程的数目时，仅仅根据平衡方程是不能确定全部未知力的，称这类问题为超静定问题。求解超静定问题的关键在于建立数目与超静定次数相等的补充方程，而要建立补充方程，必须研究杆系变形的几何关系，建立起变形协调关系。求解超静定问题的步骤为：

(1) 根据静力学知识，建立静力学平衡方程；
(2) 分析杆系的几何变形关系，建立变形协调关系；
(3) 使用物理关系(即变形公式)将变形协调关系转为补充方程；
(4) 联立静力学平衡方程和补充方程，求解全部未知力。

装配应力：因强行装配而引起的杆件内的应力，称为装配应力。
温度应力：因温度变化而引起的杆件内的应力，称为温度应力。

8. 应力集中的概念

因构件外形突然变化，而引起局部应力急剧增大的现象，称为应力集中。

9. 连接件的实用强度计算

(1) 剪切的实用计算。剪切面上的内力因其作用线位于剪切面上，故称之为剪力。剪切的受力和变形相当复杂，因此在工程中通常采用实用计算。即假设切应力在剪切面上是均匀分布的。剪应力计算公式为 $\tau = \dfrac{F_S}{A}$。为了保证连接件不被剪切破坏，要求最大剪应力不得超过材料的许用应力，即 $\tau \leqslant [\tau]$，这就是剪切强度条件。

(2) 挤压的实用计算。引起挤压的压力称为挤压力，挤压力是连接件与被连接件之间的相互作用力，在性质上属于外力，习惯上把挤压面上的压强称为挤压应力。考虑到挤压应力在挤压面上分布的复杂性，因此在工程中通常采用实用计算，即取实际挤压面在垂直于挤压力的平面上的正投影面积作为名义挤压面积，并假设挤压应力在名义挤压面上是均匀分布的。挤压应力计算公式为 $\sigma_{bs} = \dfrac{F_{bs}}{A_{bs}}$。为了保证连接件不被挤压破坏，要求最大挤压应力不得超过材料的许用挤压应力，即 $\sigma_{bs,max} \leqslant [\sigma_{bs}]$，这就是挤压强度条件。

思 考 题

2.1 两根长度、横截面面积相同，但材料不同的等截面直杆。当它们所受轴力相等时，试说明：(1)两杆横截面上的应力是否相等？(2)两杆的强度是否相同？(3)两杆的总变形是否相等？

2.2 钢的弹性模量 $E=200\mathrm{GPa}$,铜的弹性模量 $E=74\mathrm{GPa}$。试比较:在应力相同的情况下,哪种材料的应变大?在相同应变的情况下,哪种材料的应力大?

2.3 拉伸时塑性材料呈杯口状断口,脆性材料沿横截面断裂,压缩时脆性材料沿与轴线成 $45°$ 的方向断裂。试用斜截面上的应力情况分析说明断裂现象的原因。

2.4 什么是许用应力?什么是强度条件?应用强度条件可以解决哪些方面的问题?

2.5 胡克定律有哪两种表达方式?在什么条件下适用?截面抗拉(压)刚度是什么?

2.6 一根钢筋试样,其弹性模量为 $E=210\mathrm{GPa}$,比例极限为 $\sigma_\mathrm{P}=210\mathrm{MPa}$,在轴向拉力 F 作用下,纵向线应变为 $\varepsilon=0.001$。试求钢筋横截面上的正应力。若加大轴向拉力 F,使试样的纵向线应变增加到 $\varepsilon=0.01$。试问此时钢筋横截面上的正应力能否由胡克定律确定,为什么?

2.7 在受力物体内某点处,若测得 x 和 y 两方向均有线应变,试问在 x 和 y 两方向上是否一定有正应力?若仅测得 x 方向有线应变,试问 y 方向上是否一定没有正应力?若测得 x 和 y 两方向均没有线应变,试问在 x 和 y 两方向上是否一定没有正应力?为什么?

2.8 三根试件的尺寸相同,但材料不同,其 σ-ε 曲线如图 2.37 所示。试说明哪一种材料强度高,哪一种材料的弹性模量大,哪一种材料的塑性好。

2.9 试分析图 2.38 中钉盖的受剪面和挤压面,并写出受剪面和挤压面的面积。

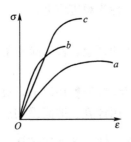

图 2.37 思考题 2.8 图

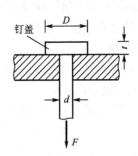

图 2.38 思考题 2.9 图

习 题

2.1 用截面法求如图 2.39 所示各杆指定截面的轴力。

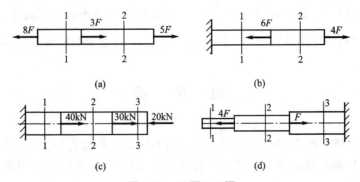

图 2.39 习题 2.1 图

2.2 试画出如图 2.40 所示各杆的轴力图。

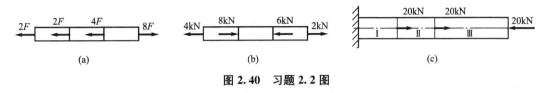

图 2.40 习题 2.2 图

2.3 在圆钢杆上铣去一槽,如图 2.41 所示。已知钢杆受拉力 $F=20\text{kN}$ 作用,钢杆直径 $d=20\text{mm}$。试求 1-1 和 2-2 截面上的应力(铣去槽的面积可近似看成矩形,暂不考虑应力集中)。

2.4 直径为 10mm 的圆杆,受拉力 $F=10\text{kN}$ 作用,如图 2.42 所示。试求杆内最大切应力,并求与横截面的夹角为 $\theta=30°$ 的斜截面上的正应力及切应力。

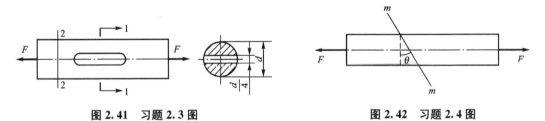

图 2.41 习题 2.3 图   图 2.42 习题 2.4 图

2.5 如图 2.43 所示结构中,AB 为刚性杆,CD 为圆形截面木杆,其直径为 $d=120\text{mm}$,力 $F=8\text{kN}$。试求 CD 杆的应力。

2.6 在如图 2.44 所示结构中,所有杆件都是钢制的,横截面面积均为 $A=3\times10^{-3}\text{m}^2$,力 $F=100\text{kN}$。试求各杆的应力。

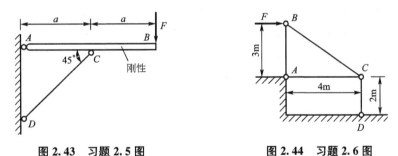

图 2.43 习题 2.5 图   图 2.44 习题 2.6 图

2.7 变截面直杆如图 2.45 所示,图示尺寸单位:mm。已知横截面面积分别为 $A_1=8\text{cm}^2$,$A_2=6\text{cm}^2$,弹性模量为 $E=200\text{GPa}$。试求杆的总变形 Δl。

2.8 如图 2.46 所示结构中,AB 杆为圆截面钢杆,其直径 $d=12\text{mm}$,在竖直力 F 作用下,测得 AB 杆的轴向线应变 $\varepsilon=0.0002$。已知钢材的弹性模量 $E=200\text{GPa}$,试求力 F 的大小。

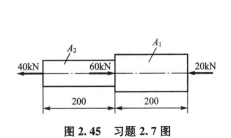

图 2.45 习题 2.7 图   图 2.46 习题 2.8 图

2.9 如图 2.47 所示的厂房柱子，受到屋顶作用的荷载 $F_1=120\text{kN}$，起重机作用的荷载 $F_2=100\text{kN}$，柱子的弹性模量 $E=18\text{GPa}$，$l_1=3\text{m}$，$l_2=7\text{m}$，横截面面积 $A_1=4\times10^4\text{mm}^2$，$A_2=6\times10^4\text{mm}^2$。试绘制其轴力图，并求：(1)各段横截面上的应力；(2)最大切应力；(3)柱子的总变形 Δl。

2.10 一板状试件如图 2.48 所示，在其表面贴上纵向和横向的电阻应变片来测定试件的应变。已知 $h=4\text{mm}$，$b=30\text{mm}$，当施加 3kN 的拉力时，测得试件的纵向线应变 $\varepsilon_1=120\times10^{-6}$，横向线应变 $\varepsilon_1'=120\times10^{-6}$。求试件材料的弹性模量 E 和泊松比 μ。

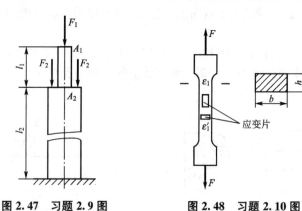

图 2.47　习题 2.9 图　　　图 2.48　习题 2.10 图

2.11 一根直径 $d=10\text{mm}$ 的圆截面直杆，在轴向拉力 $F=14\text{kN}$ 作用下，直径减小了 0.0025mm。已知材料的弹性模量 $E=200\text{GPa}$，试求材料的横向变形系数 μ。

2.12 一木桩受力如图 2.49 所示，木桩的横截面为边长 $a=200\text{mm}$ 的正方形，材料可认为符合胡克定律，其弹性模量 $E=10\text{GPa}$，如不计木桩自重，试绘制木桩的轴力图。并求：(1)各段柱横截面上的应力；(2)各段柱的纵向线应变；(3)柱的变形。

2.13 如图 2.50 所示实心圆钢杆 AB 和 AC 在 A 点以铰链相连接，在 A 点作用有铅垂向下的力 $F=35\text{kN}$。已知杆 AB 和 AC 的直径分别为 $d_1=12\text{mm}$，$d_2=15\text{mm}$，钢的弹性模量 $E=210\text{GPa}$。试求 A 点在铅垂方向的位移。

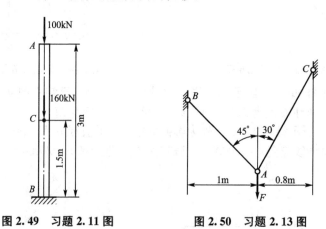

图 2.49　习题 2.11 图　　　图 2.50　习题 2.13 图

2.14 如图 2.51 所示混凝土桩，已知混凝土的密度 $\rho=2.25\times10^3\text{kg/m}^3$，许用压应力 $[\sigma]=2\text{MPa}$。试按照强度条件确定混凝土桩所需的横截面面积 A_1 和 A_2。若混凝土的弹性模量 $E=20\text{GPa}$。试求桩顶 A 的位移。

2.15 一内半经为 r、壁厚为 δ，宽度为 b 的薄壁圆环，在圆环的内表面承受均匀分布的压力 p 作用，材料的弹性模量为 E，如图 2.52 所示。试求：(1)由内压力引起的圆环径向截面上的应力；(2)由内压力引起的圆环半径的伸长。

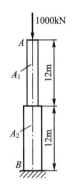

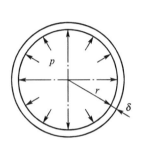

图 2.51 习题 2.14 图　　　图 2.52 习题 2.15 图

2.16 设 CG 为刚体梁，BC 为铜杆，DG 为钢杆，两杆的横截面面积分别为 A_1 和 A_2，弹性模量分别为 E_1 和 E_2。今在 CG 梁上作用一力 F，如图 2.53 所示，如果要求 CG 始终保持水平位置，试求 x。

2.17 某悬臂吊车如图 2.54 所示，最大起重荷载 $F=15\text{kN}$，AB 杆为 Q235 钢，许用应力 $[\sigma]=120\text{MPa}$。试设计 AB 杆的直径 d。

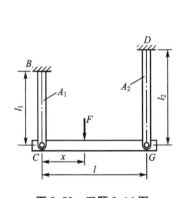

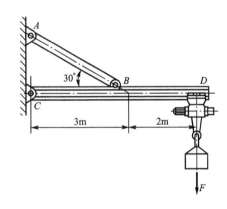

图 2.53 习题 2.16 图　　　图 2.54 习题 2.17 图

2.18 如图 2.55 所示结构中，杆①和杆②均为圆截面钢杆，其直径分别为 $d_1=16\text{mm}$ 和 $d_2=20\text{mm}$，力 $F=40\text{kN}$，钢材的许用应力 $[\sigma]=160\text{MPa}$。试分别校核杆①和杆②的强度。

2.19 在如图 2.56 所示简易吊车中，AB 为木杆，BC 为钢杆。木杆 AB 的横截面面积 $A_1=100\text{cm}^2$，许用应力 $[\sigma]_1=7\text{MPa}$；钢杆 BC 的横截面面积 $A_2=6\text{cm}^2$，许用应力 $[\sigma]_2=160\text{MPa}$，两杆的自重不计。试求许可吊重 F。

2.20 一汽缸如图 2.57 所示，其内径 $D=560\text{mm}$，汽缸内的气体压强 $p=2.4\text{MPa}$，活塞杆的直径 $d_1=100\text{mm}$，所用材料的屈服极限 $\sigma_s=300\text{MPa}$。(1)求活塞杆的工作安全系数。(2)若连接汽缸与汽缸盖的螺栓直径 $d=30\text{mm}$，螺栓所用材料的许用应力 $[\sigma]=$

60MPa，求所需的螺栓数。

2.21 一刚性杆 AB 的左端铰支，两根长度相等、横截面面积相同的钢杆 CD 和 EF 使该刚性杆处于水平位置，如图 2.58 所示。如果 $F=50$kN，两根钢杆的横截面面积 $A=1\,000$mm^2，试求两杆的轴力和应力。

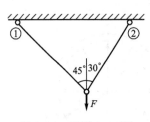

图 2.55 习题 2.18 图

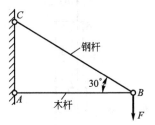

图 2.56 习题 2.19 图

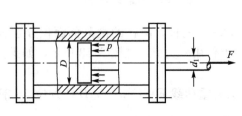

图 2.57 习题 2.20 图

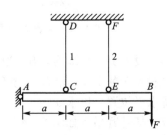

图 2.58 习题 2.21 图

2.22 如图 2.59 所示刚性梁受均布荷载作用，梁在 A 端铰支，在 B 点和 C 点由两根钢杆 BD 和 CE 支撑。已知钢杆 BD 和 CE 的横截面面积 $A_2=200$mm^2，$A_1=400$mm^2，钢的许用应力 $[\sigma]=170$MPa。试校核钢杆的强度。

2.23 如图 2.60 所示梁 AB 受集中力 F 作用，已知 AD、CE 和 BF 的横截面面积均为 A，材料的许用应力为 $[\sigma]$，梁 AB 可视为刚体。试求图示结构的许可荷载 $[F]$。

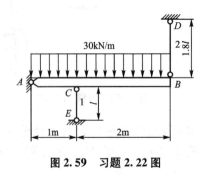

图 2.59 习题 2.22 图

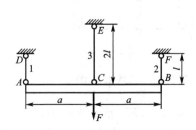

图 2.60 习题 2.23 图

2.24 横截面为 250mm×250mm 的短木桩，用四根 40mm×40mm×5mm 的等边角钢加固，并承受压力 F 作用，如图 2.61 所示。已知角钢的许用应力 $[\sigma]_1=160$MPa，弹性模量 $E_1=200$GPa，木桩的许用应力 $[\sigma]_2=12$MPa，弹性模量 $E_2=10$GPa。试求短木桩的许可荷载 $[F]$。

2.25 如图 2.62 所示阶梯钢杆，$A_1=1\,000$mm^2，$A_2=500$mm^2，在 $t_1=5$℃ 时将该杆的两端固定，试求当温度升高到 $t_2=25$℃ 时，该杆各段的温度应力。

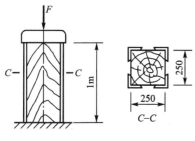
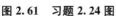

图 2.61 习题 2.24 图

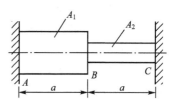

图 2.62 习题 2.25 图

2.26 设铺设铁轨时的温度为 10℃，夏天铁轨的最高温度是 60℃，每根铁轨长 8m，线膨胀系数 $\alpha=125\times10^{-7}1/℃$，$E=200\text{GPa}$。为了使轨道在夏天不发生挤压，问在铁轨之间应留多大的空隙？

2.27 两根材料不同但截面尺寸相同的杆件，同时固定连接于两端的刚性板上，且知，$E_1>E_2$，如图 2.63 所示。若使两杆都为均匀拉伸，试求拉力 P 的偏心距 e。

2.28 如图 2.64 所示杆 1 为钢杆，$E_1=210\text{GPa}$，$\alpha_1=12.5\times10^{-6}(1/℃)$，横截面面积为 $A_1=30\text{cm}^2$；杆 2 为铜杆，$E_2=105\text{GPa}$，$\alpha_2=19\times10^{-6}(1/℃)$，横截面面积为 $A_2=30\text{cm}^2$。设 $P=50\text{kN}$，若 AB 为刚杆，且始终保持水平，试问温度是升高还是降低？并求温度的改变值。

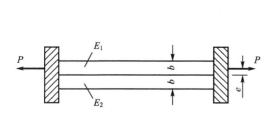
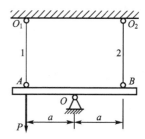

图 2.63 习题 2.27 图   图 2.64 习题 2.28 图

2.29 设杆 1、2、3 的横截面面积和弹性模量均相同，$A=2\text{cm}^2$，$E=200\text{MPa}$，设计时长度也相同，$l=1\text{m}$，但在制造时杆 3 却短了 $\delta=0.08\text{cm}$，如图 2.65 所示。试计算安装后各杆的内力。（横梁自重和变形不计。）

2.30 如图 2.66 所示，两块厚度为 $\delta=10\text{mm}$ 的钢板，用两个直径为 $d=17\text{mm}$ 的铆钉搭接在一起，钢板受拉力 $F=35\text{kN}$。已知铆钉的 $[\tau]=80\text{MPa}$，$[\sigma_{bs}]=280\text{MPa}$。试校核铆钉的强度。

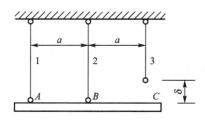
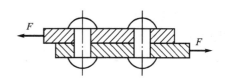

图 2.65 习题 2.29 图   图 2.66 习题 2.30 图

2.31 已知钢板的厚度为 $\delta=5\mathrm{mm}$，其剪切极限为 $\tau_\mathrm{u}=300\mathrm{MPa}$。用冲床将钢板冲出如图 2.67 所示形状的孔，问需要多大的冲剪力 F？

2.32 如图 2.68 所示螺钉受拉力作用，已知图中尺寸 $D=32\mathrm{mm}$，$d=20\mathrm{mm}$，$h=12\mathrm{mm}$，材料的许用切应力 $[\tau]=100\mathrm{MPa}$，许用挤压应力 $[\sigma_\mathrm{bs}]=150\mathrm{MPa}$。试校核螺钉的剪切强度和挤压强度。

2.33 如图 2.69 所示螺钉受拉力作用，已知材料的剪切许用应力 $[\tau]$ 和拉伸许用应力 $[\sigma]$ 之间的关系为 $[\tau]=0.6[\sigma]$。试求螺钉直径 d 与钉头高度 h 的合理比值。

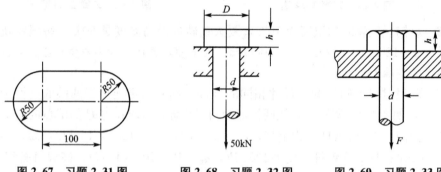

图 2.67 习题 2.31 图　　图 2.68 习题 2.32 图　　图 2.69 习题 2.33 图

2.34 木榫接头如图 2.70 所示。已知 $a=b=12\mathrm{cm}$，$h=35\mathrm{cm}$，$c=4.5\mathrm{cm}$，$F=40\mathrm{kN}$。试求接头的剪切应力和挤压应力。

2.35 如图 2.71 所示的键连接，轴的直径 $d=80\mathrm{mm}$，键的尺寸 $b=24\mathrm{mm}$，$h=14\mathrm{mm}$，键的许用应力 $[\tau]=40\mathrm{MPa}$，$[\sigma_\mathrm{bs}]=90\mathrm{MPa}$。若轴通过键所传递的力矩 $M=2.8\mathrm{kN\cdot m}$，求键的长度 l。

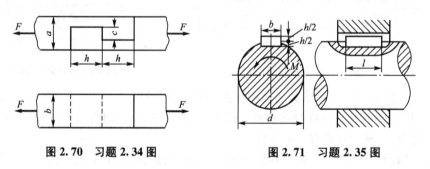

图 2.70 习题 2.34 图　　图 2.71 习题 2.35 图

2.36 水轮发电机组的卡环尺寸如图 2.72 所示（尺寸单位：mm）。已知轴向荷载 $F=1450\mathrm{kN}$，卡环材料的许用切应力 $[\tau]=50\mathrm{MPa}$，许用挤压应力 $[\sigma_\mathrm{bs}]=150\mathrm{MPa}$。试校核卡环的强度。

2.37 正方形截面的混凝土桩，其横截面边长为 200mm，其基底部为边长 $a=1\mathrm{m}$ 的正方形混凝土板。混凝土桩承受轴向压力 $F=100\mathrm{kN}$ 作用，如图 2.73 所示。假设地基对混凝土板的支反力为均匀分布，混凝土的许用切应力 $[\tau]=1.5\mathrm{MPa}$，混凝土桩自重不计。试问为使混凝土桩不穿过板，混凝土板所需的最小壁厚为 δ 应为多少？

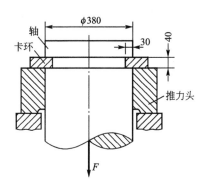 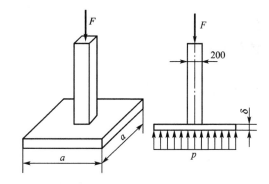

图 2.72 习题 2.36 图　　　　图 2.73 习题 2.37 图

2.38 如图 2.74 所示一螺栓接头，已知拉力 $F=40\text{kN}$，螺栓的许用切应力 $[\tau]=130\text{MPa}$，许用挤压应力 $[\sigma_{bs}]=300\text{MPa}$。试按强度条件计算螺栓所需的直径。

2.39 如图 2.75 所示一螺栓接头。已知拉力 $F=80\text{kN}$，图中尺寸 $b=80\text{mm}$，$\delta=10\text{mm}$，$d=22\text{mm}$，螺栓的许用切应力 $[\tau]=130\text{MPa}$，许用挤压应力 $[\sigma_{bs}]=300\text{MPa}$，许用拉应力 $[\sigma]=170\text{MPa}$。试校核接头的强度。

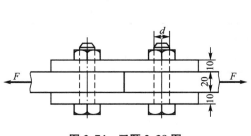 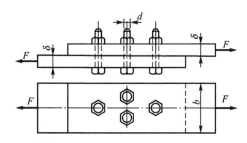

图 2.74 习题 2.38 图　　　　图 2.75 习题 2.39 图

第3章
截面的几何性质

教学目标

理解截面的静矩、极惯性矩、惯性矩、惯性积的概念
熟练掌握由截面的静矩求形心的方法
熟练掌握矩形、圆形、圆环形截面惯性矩、极惯性矩的计算方法
掌握用惯性矩平行移轴公式求组合平面惯性矩
了解惯性矩和惯性积的转轴公式

教学要求

知识要点	能力要求	相关知识
静矩	(1) 理解截面静矩的概念 (2) 利用积分式或静矩与形心坐标间的关系，求整个截面或部分截面对轴的静矩	形心的概念 积分的概念
极惯性矩和惯性矩	(1) 理解截面极惯性矩、惯性矩的概念 (2) 掌握矩形、圆形、圆环形截面惯性矩和极惯性矩的计算方法	积分的概念
惯性积	(1) 理解截面惯性积的概念	积分的概念
平行移轴公式	(1) 理解截面极惯性矩、惯性矩的概念 (2) 利用平行移轴公式计算组合截面的惯性矩、惯性积	积分的概念
转轴公式	(1) 了解惯性矩和惯性积的转轴公式 (2) 利用转轴公式，确定形心主轴的方位	形心的概念 积分的概念

引言

材料力学所研究的各种杆件，其横截面都是具有一定几何形状的平面图形，例如，矩形、圆形、工字形、T形、槽形等。工程实践证明，杆件的强度、刚度和稳定性均与截面的几何形状和尺寸有关。比如在分析轴向拉压问题时，用到了杆件横截面面积A，在材料的许用应力$[\sigma]$相同的条件下，截面积A

越大,则杆件承受拉伸或压缩的能力也越强;在材料、杆长及受力情况不变的条件下,截面积 A 越大,杆件的变形就越小。在即将讲到的扭转、弯曲、组合变形、压杆稳定等问题的研究中还将出现静矩、惯性矩、惯性半径等,这些只与杆件截面形状和尺寸有关的几何量统称为截面几何性质。本章主要介绍截面几何性质的定义与计算方法。

3.1 截面的静矩(面积矩)和形心位置

1. 重心与形心

物体的重力就是地球对物体的引力。若将物体视为无数微元的集合,每个微元均受重力作用,则物体所受的地心引力可以近似认为是一空间平行力系,此平行力系的合力即为物体的重力。实验证明,无论物体怎样放置,它所受的平行力系的合力永远通过物体内一个确定的点,这一点称为重心。

图 3.1 所示为受重力 W 作用的物体,在 $Oxyz$ 坐标系中,其重心 C 的坐标为 x_C、y_C、z_C。任一微元的重力为 ΔW_i,其作用点为 $C_i(x_i, y_i, z_i)$。根据合力矩定理,合力 W 对某一轴之矩等于各个分力对同轴之矩的代数和。

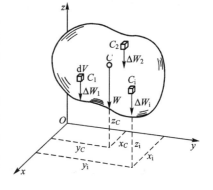

图 3.1 物体的重心

对于 y 轴有

$$M_y(W) = \sum_{i=1}^{n} M_y(\Delta W_i)$$

即

$$W \cdot x_C = \sum_{i=1}^{n} (\Delta W_i \cdot x_i)$$

$$x_C = \frac{\sum_{i=1}^{n} (\Delta W_i \cdot x_i)}{W}$$

同理可求 y_C、z_C

$$\left. \begin{array}{l} y_C = \dfrac{\sum_{i=1}^{n} (\Delta W_i \cdot y_i)}{W} \\[2mm] z_C = \dfrac{\sum_{i=1}^{n} (\Delta W_i \cdot z_i)}{W} \end{array} \right\}$$

若使 $n \to \infty$,则重心坐标的一般公式为

$$\left.\begin{aligned} x_C &= \frac{\int_V \rho g x \, dV}{\int_V \rho g \, dV} \\ y_C &= \frac{\int_V \rho g y \, dV}{\int_V \rho g \, dV} \\ z_C &= \frac{\int_V \rho g z \, dV}{\int_V \rho g \, dV} \end{aligned}\right\} \tag{3-1}$$

式(3-1)的各式中，ρg 为物体单位体积的重量(N/m^3)，称为重度，dV 为微元体积。对于均质材料物体，ρg 为常数，于是重心坐标公式可以简化为

$$\left.\begin{aligned} x_C &= \frac{\int_V x \, dV}{V} \\ y_C &= \frac{\int_V y \, dV}{V} \\ z_C &= \frac{\int_V z \, dV}{V} \end{aligned}\right\} \tag{3-2}$$

由此可知，均质物体的重心位置仅决定于物体的几何形状和尺寸。这时，重心又可视为物体的形心，或者说均质物体的重心与形心重合。

对于均质等厚度平板(图 3.2)，$dV = t \, dA$，$V = tA$（t 为板厚），重心或形心的坐标表达式为

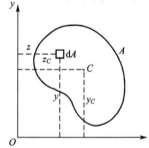

图 3.2 平面图形的形心

$$\left.\begin{aligned} y_C &= \frac{\int_A y \, dA}{A} \\ z_C &= \frac{\int_A z \, dA}{A} \end{aligned}\right\} \tag{3-3}$$

式中，dA 为平板的微面积。

对于平面图形，其形心公式显然与式(3-3)相同。同时，我们也可以根据截面对称轴的情况，使用观察法确定截面的形心位置。

(1) 若截面具有两条对称轴，则两条对称轴的交点必为截面的形心，如图 3.3 所示。

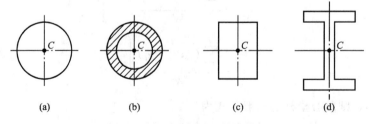

图 3.3 具有两条对称轴的截面

(2) 若截面只有一条对称轴,则形心必为该轴上的一点,只需求出这一点的另一坐标就可确定其形心位置,如图 3.4 所示。

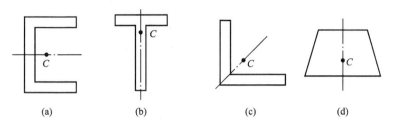

图 3.4 具有一条对称轴的截面

2. 静矩(The First Moment of the Area)

图 3.2 为任意形状的截面图形,其截面面积为 A,y 轴和 z 轴为该图形所在平面内的坐标轴。在图形内任取一微面积 dA,其坐标分别为 y、z,则乘积 zdA 和 ydA 分别称为微面积 dA 对于 y 轴和 z 轴的静矩,积分

$$\left. \begin{array}{l} S_y = \int_A z \mathrm{d}A \\ S_z = \int_A y \mathrm{d}A \end{array} \right\} \tag{3-4}$$

分别称为截面图形对于 y 轴和 z 轴的静矩。

截面的静矩是对一定的轴而言的,同一截面对于不同的轴,其静矩不同。从式(3-4)可知,静矩的值可正,可负,也可为零。静矩的量纲为[长度]^3,其常用单位为 m^3 或 mm^3。

截面图形的形心坐标也可以表示成静矩的形式,由式(3-3)和式(3-4)可得

$$\left. \begin{array}{l} y_C = \dfrac{S_z}{A} \\ z_C = \dfrac{S_y}{A} \end{array} \right\}$$

或改写为

$$\left. \begin{array}{l} S_y = A z_C \\ S_z = A y_C \end{array} \right\} \tag{3-5}$$

由以上两式可知,若已知截面图形的面积及其对 y 轴与 z 轴的静矩时,则可确定该截面图形的形心坐标;反之亦然。据此可得到如下结论:

(1) 若截面对于某一轴的静矩等于零,则该轴必定通过截面形心。
(2) 截面对于通过形心的轴的静矩恒等于零。

3. 组合截面的静矩与形心

在工程结构中,常碰到一些形状比较复杂的截面,例如图 3.5 所示的一些截面,此类截面可视为由若干个简单图形(如矩形、圆形、三角形等)或标准型材截面组合而成,这种截面称为组合截面。

由于简单图形的面积及其形心位置均为已知,而且,由静矩的定义可知,截面图形对某一轴的静矩,等于其所有组成部分对该轴静矩的代数和。因此,可按式(3-5)先计算出每一简单图形的静矩,然后求其代数和,得到整个截面图形的静矩。即

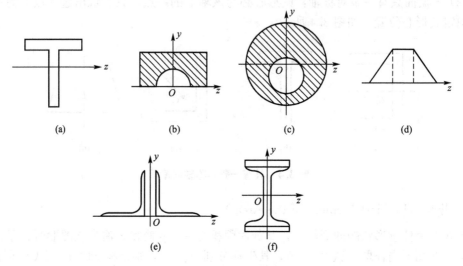

图 3.5 组合截面

$$
\left.\begin{aligned}
S_y = \sum_{i=1}^{n} S_{yi} = \sum_{i=1}^{n} A_i z_{Ci} \\
S_z = \sum_{i=1}^{n} S_{zi} = \sum_{i=1}^{n} A_i y_{Ci}
\end{aligned}\right\} \tag{3-6}
$$

式中，A_i 和 y_{Ci}、z_{Ci} 分别代表各简单图形的面积和形心坐标，n 为简单图形的个数。将该式代入(3-5)，可得计算组合截面形心(centroid of an area)坐标的公式，即

$$
\left.\begin{aligned}
y_C = \frac{\sum_{i=1}^{n} A_i y_{Ci}}{\sum A_i} \\
z_C = \frac{\sum_{i=1}^{n} A_i z_{Ci}}{\sum A_i}
\end{aligned}\right\} \tag{3-7}
$$

例 3.1 图 3.6 所示三角形，其直角边分别与 y 轴、z 轴重合，计算此三角形对 y、z 轴的静矩及它的形心坐标。

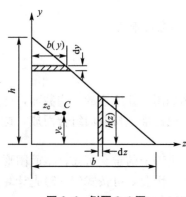

图 3.6 例题 3.1 图

解： 计算静矩 S_z 时，可取平行于 z 轴的狭长条作为微面积，其上各点的 y 坐标相等，$dA = b(y)dy$，如图 3.6 所示。由几何关系可知，$b(y) = \frac{b}{h}(h-y)$，因此 $dA = \frac{b}{h}(h-y)dy$，由静矩定义，得

$$S_z = \int_A y\,dA = \int_0^h \frac{b}{h}(h-y)y\,dy = \frac{bh^2}{6}$$

同理，计算 S_y 时，可取平行于 y 轴的狭长条作为微面积，即 $dA = h(z)dz$，其中，$h(z) = \frac{h}{b}(b-z)$，由静矩定义，得

$$S_y = \int_A z\,dA = \int_0^b \frac{h}{b}(b-z)z\,dz = \frac{hb^2}{6}$$

由式(3-5)，得形心坐标

$$y_C = \frac{S_z}{A} = \frac{bh^2/6}{bh/2} = \frac{h}{3}$$

$$z_C = \frac{S_y}{A} = \frac{hb^2/6}{bh/2} = \frac{b}{3}$$

例3.2 图3.7为一对称的T形截面。试求该截面的形心位置。

解：本题是计算组合截面形心坐标的问题。图3.7所示截面有竖向对称轴，为计算方便，选取图3.7所示坐标系，其形心必在对称轴 y 上，故 $z_C = 0$。将该组合截面分成Ⅰ、Ⅱ两个矩形，则

$A_1 = 20 \times 120 = 2\,400 (\text{mm}^2)$，$y_{C1} = 10\,\text{mm}$

$A_2 = 120 \times 20 = 2\,400 (\text{mm}^2)$，$y_{C2} = 80\,\text{mm}$

由式(3-7)计算组合截面图形的形心坐标为

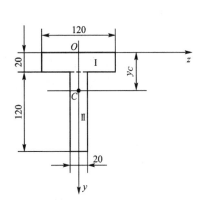

图3.7 例题3.2图

$$y_C = \frac{\sum_{i=1}^n A_i y_{Ci}}{\sum_{i=1}^n A_i} = \frac{A_1 y_{C1} + A_2 y_{C2}}{A_1 + A_2} = \frac{2\,400 \times 10 + 2\,400 \times 80}{2\,400 + 2\,400} = 45(\text{mm})$$

3.2 惯性矩、极惯性矩和惯性积

1. 惯性矩（Moment of Inertia）

任意截面图形如图3.8所示，其面积为 A，在截面所在平面内建立任意的正交坐标系 Oyz。在坐标为 (y, z) 的任一点处，取一微面积 dA，则 $y^2 dA$、$z^2 dA$ 分别称为微面积 dA 对于 z 轴和 y 轴的惯性矩，积分

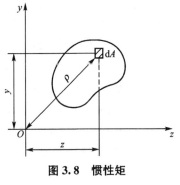

图3.8 惯性矩

$$\left.\begin{array}{l}I_z = \int_A y^2 dA \\ I_y = \int_A z^2 dA\end{array}\right\} \quad (3-8)$$

分别称为整个图形对于 z 轴和 y 轴的惯性矩，也称为整个图形对于 x 轴和 y 轴的二次轴矩。由上述定义可以看出同一截面对不同坐标轴的惯性矩一般也是不同的，但恒为正值。惯性矩的量纲为［长度］^{4}，其常用单位为 m^4 或 mm^4。

2. 惯性半径（Radius of Gyration of the Area）

力学计算中，有时把惯性矩写成图形面积 A 与某一长度的平方的乘积，即

$$I_z = A \cdot i_z^2, \quad I_y = A \cdot i_y^2 \quad (3-9)$$

或者改写为

$$i_z=\sqrt{\frac{I_z}{A}}, \quad i_y=\sqrt{\frac{I_y}{A}} \tag{3-10}$$

式中，i_z、i_y 分别称为图形对于 z 轴和 y 轴的惯性半径。惯性半径的量纲为 [长度]，其常用单位 m 或 mm。

3. **极惯性矩**(Polar Moment of Inertia)

当采用极坐标系时，图形微面积 dA 与其距极坐标原点 O 的距离 ρ（图 3.8）的平方的乘积的积分，称为此图形对坐标原点 O 的极惯性矩或截面二次极矩。即

$$I_P = \int_A \rho^2 dA \tag{3-11}$$

由上述定义可知，截面的极惯性矩也恒为正，量纲为 [长度]^4，其常用单位为 m^4 或 mm^4。由图 3.8 可以看出，$\rho^2=z^2+y^2$，代入式(3-11)，有

$$I_P = \int_A \rho^2 dA = \int_A (z^2+y^2)dA = \int_A z^2 dA + \int_A y^2 dA = I_y + I_z$$

即

$$I_P = I_z + I_y \tag{3-12}$$

式(3-12)表明，截面图形对其所在平面内任一点的极惯性矩 I_P，等于此图形对过此点的一对正交轴 z、y 的惯性矩 I_z、I_y 之和。

4. **惯性积**(Product of Inertia)

在图 3.8 中，微面积 dA 与其两个坐标 (z,y) 的乘积 $zydA$ 称为微面积 dA 对 z、y 轴的惯性积，则下述积分

$$I_{yz} = \int_A yz \, dA \tag{3-13}$$

称为整个图形对于 y、z 轴的惯性积。由上述定义可知，惯性积的量纲为 [长度]^4，其常用单位为 m^4 或 mm^4。

同惯性矩一样，同一截面对不同坐标轴的惯性积一般也是不同的。由于坐标乘积 yz 可能为正、也可能为负，因此，I_{yz} 的数值可能为正，可能为负，也可能等于零。例如，当整个截面位于第一象限时，由于所有微面积 dA 的 z、y 坐标均为正值，所以截面对这两个坐标轴的惯性积也必为正值。又如当整个截面位于第二象限时，由于所有微面积 dA 的 z 坐标为负，而 y 坐标为正，因而截面对这两个坐标轴的惯性积必为负值。若坐标轴中有一个是图形的对称轴，例如图 3.9 中的 y 轴，图中 y 轴两侧对称位置上的两块微面积 dA 的 y 坐标等值同号，而 z 坐标等值反号，致使两面积元素 dA 的惯性积 $zydA$ 等值反号。又因整个截面的惯性积等于 y 轴两侧所有微面积的惯性积之和，正负一一抵消，所以整个截面对 z、y 轴的惯性积必等于零。

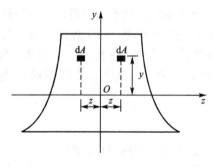

图 3.9 惯性积

由式(3-8)、式(3-12)、式(3-13)可得出如下

结论：

(1) 极惯性矩 I_P 和惯性矩 I_z、I_y 恒为正值，而惯性积 I_{yz} 可能为正值或负值，也可能等于零。

(2) 如果图形有一个(或一个以上)对称轴，则图形对包含此对称轴的正交轴系的惯性积 I_{yz} 必为零。

极惯性矩 I_P、惯性矩 I_z 和 I_y、惯性积 I_{yz} 的量纲均为 [长度]^4，常用单位为 m^4 或 mm^4。

例 3.3 求如图 3.10 所示矩形截面，对通过其形心且与边平行的 z、y 轴的惯性矩 I_z、I_y 和惯性积 I_{yz}。

解： 取一平行于 z 轴的窄长条，其面积为 $dA = b\,dy$，则由惯性矩的定义，积分得

$$I_z = \int_A y^2 dA = \int_{-h/2}^{h/2} y^2 b\,dy = \frac{b}{3} y^3 \Big|_{-h/2}^{h/2} = \frac{bh^3}{12}$$

同理可得

$$I_y = \frac{hb^3}{12}$$

因为 z、y 轴均为对称轴，故 $I_{yz} = 0$。

例 3.4 求如图 3.11 所示直径为 d 的圆，对过圆心的任意轴(直径轴)的惯性矩 I_z、I_y 和对圆心 O 的极惯性矩 I_P。

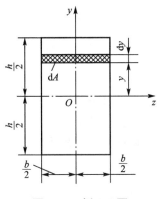

图 3.10 例 3.3 图

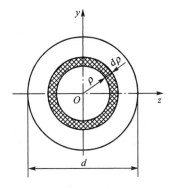

图 3.11 例 3.4 图

解： 首先求对圆心的极惯性矩。在离圆心 O 为 ρ 处作宽度为 $d\rho$ 的薄圆环，其面积为 $dA = 2\pi\rho\,d\rho$，则圆截面对圆心的极惯性矩为

$$I_P = \int_A \rho^2 dA = \int_0^{d/2} \rho^2 2\pi\rho\,d\rho = 2\pi \frac{\rho^4}{4}\Big|_0^{d/2} = \frac{\pi d^4}{32}$$

由于圆形对任意直径轴都是对称的，故 $I_z = I_y$。根据式(3-12)，并利用上式结果，可得

$$I_z = I_y = \frac{1}{2} I_P = \frac{\pi d^4}{64}$$

例 3.5 计算图 3.12 所示三角形截面对与底边重合的 z 轴的惯性矩。

解： 取平行于 z 轴的狭长条为微面积 dA，即

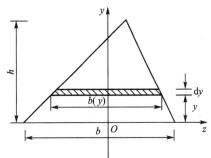

图 3.12 例 3.5 图

由图中可以看到
$$dA = b(y)dy$$
$$\frac{b(y)}{b} = \frac{h-y}{h}$$

由此得
$$dA = \frac{h-y}{h}b\,dy$$

故三角形截面对 z 轴的惯性矩为
$$I_z = \int_A y^2 dA = \int_0^h y^2 \frac{h-y}{h} b\,dy = \frac{bh^3}{12}$$

3.3 组合截面的惯性矩和惯性积

1. 组合截面的惯性矩和惯性积

当一个截面图形是由若干个简单图形组成时，根据惯性矩的定义，整个截面图形对某一轴的惯性矩和惯性积等于各个简单图形对同一轴的惯性矩和惯性积的和。

即
$$I_z = \sum_{i=1}^n I_{zi}, \quad I_y = \sum_{i=1}^n I_{yi}, \quad I_{zy} = \sum_{i=1}^n I_{zyi} \qquad (3-14)$$

同理，截面图形对某点的极惯性矩等于各个简单图形对同一点的极惯性矩的和。即
$$I_P = \sum_{i=1}^n I_{Pi} \qquad (3-15)$$

例 3.6 计算图 3.13 所示空心圆截面对于形心轴 z、y 轴的惯性矩和 O 点的极惯性矩。

解： 图中所示截面可视为直径为 D 的大圆减去直径为 d 的小圆，则
$$I_z = I_y = \frac{1}{64}\pi(D^4 - d^4) = \frac{1}{64}\pi D^4(1-\alpha^4)$$

设 α 为内外径之比，则
$$\alpha = \frac{d}{D}$$
$$I_P = \frac{1}{32}\pi(D^4 - d^4) = \frac{1}{32}\pi D^4(1-\alpha^4)$$

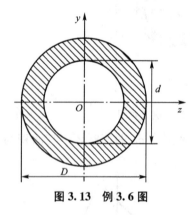

图 3.13 例 3.6 图

2. 惯性矩和惯性积的平行移轴公式

由惯性矩的定义可知，同一截面对于不同坐标轴的惯性矩、惯性积一般不相同，本节研究截面对任意轴以及与其平行的形心轴的两个惯性矩和惯性积之间的关系，即惯性矩和惯性积的平行移轴定理。

设一面积为 A 的任意形状的截面如图 3.14 所示。截面对任意的 z、y 两坐标轴的惯性矩和惯性积分别为 I_z、I_y 和 I_{yz}。另外，z_0、y_0 轴为过形心 C 的一对正交轴（形心轴），

z_O、y_O 轴分别与 z、y 轴平行，C 点在 z、y 坐标系中的坐标为 (b,a)。截面上任意一微面积元素 dA 在两坐标系内的坐标 $(z、y)$ 和 $(z_O、y_O)$ 之间的关系为

$$z=z_0+b, \quad y=y_0+a$$

根据惯性矩的定义

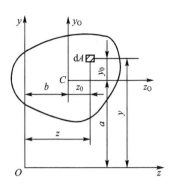

图 3.14 平行移轴公式

$$I_z = \int_A y^2 dA = \int_A (a+y_0)^2 dA$$
$$= a^2 \int_A dA + 2a\int_A y_0 dA + \int_A y_0^2 dA$$
$$I_y = \int_A z^2 dA = \int_A (b+z_0)^2 dA$$
$$= b^2 \int_A dA + 2a\int_A z_0 dA + \int_A z_0^2 dA$$

$$I_{zy} = \int_A zy dA = \int_A (b+z_0)(a+y_0)dA = ab\int_A dA + b\int_A y_0 dA + a\int_A z_0 dA + \int_A z_0 y_0 dA$$

式中 $\int_A dA = A$。因 $z_O、y_O$ 轴通过形心，有

$$\left.\begin{array}{l}\int_A z_0 dA = 0 \\ \int_A y_0 dA = 0\end{array}\right\}, \quad \left.\begin{array}{l}\int_A y_0^2 dA = I_{z_O} \\ \int_A z_0^2 dA = I_{y_O}\end{array}\right\}$$

故

$$\left.\begin{array}{l}I_z = I_{z_O} + a^2 A \\ I_y = I_{y_O} + b^2 A \\ I_{zy} = I_{z_O y_O} + abA\end{array}\right\} \qquad (3-16)$$

式(3-16)称为平行移轴公式（parallel-axis theorem）。使用条件：两互移轴必须平行，且两轴中必须有一轴为形心轴。

不难看出，在互相平行的坐标轴中，截面对形心轴的惯性矩最小。

截面对任意轴的惯性矩，等于对与其平行的形心轴的惯性矩加上截面面积与两轴间距离平方的乘积；截面对某正交轴系 $z、y$ 的惯性积，等于对与之相平行的一对正交形心轴 $z_O、y_O$ 的惯性积，再加上形心 C 的坐标 (b,a) 与面积三者的乘积。但在使用中应注意，在惯性积的移轴公式中，$a、b$ 是截面形心点在 Ozy 坐标系中的坐标，是有正负的。

应用平行移轴公式，可使较复杂的组合图形的惯性矩计算大为简化。下面举例说明这一公式的应用和组合截面惯性矩的计算。

例 3.7 图 3.15 所示工字形截面，由上、下翼缘与腹板组成，试计算截面对水平形心轴 z 的惯性矩。

解：将截面划分为矩形Ⅰ、矩形Ⅱ和矩形Ⅲ三部分。

设矩形Ⅰ的形心点为 C_1，水平形心轴为 z_1，则由式(3-16)可知，矩形Ⅰ对 z 轴的惯性矩为

$$I_z^{\text{I}} = I_{z_1}^{\text{I}} + A_1 b_1^2 = \frac{3ab^3}{12} + 3ab\left(\frac{3}{2}b\right)^2 = 7ab^3$$

矩形Ⅱ的形心点与整个截面的形心 C 重合，故该矩形对 z 轴的惯性矩为

$$I_z^{II} = \frac{1}{12}a(2b)^3 = \frac{2}{3}ab^3$$

由于对称关系，矩形Ⅲ和矩形Ⅰ对 z 轴的惯性矩相等。

于是，整个截面对 z 轴的惯性矩为

$$I_z = I_z^{I} + I_z^{II} + I_z^{III} = 2I_z^{I} + I_z^{II} = 2\times 7ab^3 + \frac{2}{3}ab^3 = \frac{44}{3}ab^3$$

例 3.8 求如图 3.16 所示图形对其水平形心轴 z 的惯性矩。

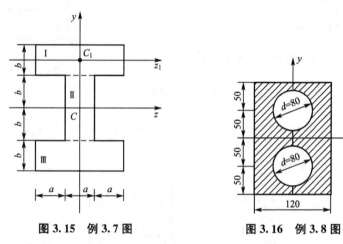

图 3.15　例 3.7 图　　　　图 3.16　例 3.8 图

解： 图形对 z 轴的惯性矩 I_z，等于整个矩形对 z 轴的惯性矩 I_{z1} 减去被挖空的两个圆形对 z 轴的惯性矩 I_{z2}，即 $I_z = I_{z1} - I_{z2}$。而

$$I_{z1} = \frac{bh^3}{12} = \frac{1}{12}\times 120\times 200^3 \text{ mm}^4 = 80\times 10^6 \text{ mm}^4$$

$$I_{z2} = 2\times\left(\frac{\pi D^4}{64} + Aa^2\right) = 2\times\left(\frac{\pi}{64}\times 80^4 + 50^2\times\frac{\pi}{4}\times 80^2\right)\text{mm}^4 = 29.15\times 10^6 \text{ mm}^4$$

由此得

$$I_z = I_{z1} - I_{z2} = (80 - 29.15)\times 10^6 \text{ mm}^4 = 50.85\times 10^6 \text{ mm}^4$$

为便于组合截面惯性矩的计算，表 3-1 给出了一些简单图形的形心位置及其对形心轴的惯性矩。各种型钢的惯性矩则可直接由型钢规格表中查得。

表 3-1　几种图形的形心位置和惯性矩

图形及形心 C	面积 A	惯性矩 I	惯性半径 i
矩形	bh	$I_z = \dfrac{bh^3}{12}$ $I_{z_1} = \dfrac{bh^3}{3}$ $I_y = \dfrac{hb^3}{12}$	$i_z = \dfrac{\sqrt{3}}{6}h$ $i_y = \dfrac{\sqrt{3}}{6}b$
三角形	$\dfrac{1}{2}bh$	$I_z = \dfrac{bh^3}{12}$ $I_{z_C} = \dfrac{bh^3}{36}$	$i_{z_C} = \dfrac{\sqrt{2}}{6}h$

(续)

图形及形心 C	面积 A	惯性矩 I	惯性半径 i
圆形（直径 D）	$\dfrac{\pi}{4}D^2$	$I_y=I_z=\dfrac{\pi}{64}D^4$	$i_y=i_z=\dfrac{D}{4}$
圆环（外径 D，内径 d）	$\dfrac{\pi}{4}(D^2-d^2)$	$I_y=I_z=\dfrac{\pi}{64}(D^4-d^4)$ $=\dfrac{\pi}{64}D^4(1-\alpha^4)$ $\alpha=d/D$	$i_y=i_z=\dfrac{D}{4}\sqrt{1+\alpha^2}$
半圆（形心距底 $\dfrac{4R}{3\pi}$）	$\dfrac{\pi}{2}R^2$	$I_z=I_y=\dfrac{\pi}{8}R^4$ $I_{z_C}=\left(\dfrac{\pi}{8}-\dfrac{8}{9\pi}\right)R^4$	$i_y=\dfrac{R}{2}$ $i_{z_C}=\dfrac{R}{6\pi}\sqrt{9\pi^2-64}$
椭圆	πab	$I_z=\dfrac{\pi}{4}a^3b$ $I_y=\dfrac{\pi}{4}b^3a$	$i_z=\dfrac{a}{2}$ $i_y=\dfrac{b}{2}$

3.4 截面的主惯性轴和主惯性矩

1. 惯性矩和惯性积的转轴公式

如图 3.17 所示的平面图形对 y、z 轴的惯性矩分别为 I_y、I_z，其惯性积是 I_{yz}。现将坐标绕 O 点旋转 α 角，旋转时取逆时针方向转动的 α 角为正值，旋转后得新坐标轴 y_1、z_1。

新、旧坐标系下的坐标变换公式为

$$\left.\begin{array}{l} z_1=z\cos\alpha+y\sin\alpha \\ y_1=y\cos\alpha-z\sin\alpha \end{array}\right\}$$

于是有

$$\begin{aligned} I_{z_1} &= \int_A y_1^2 \mathrm{d}A = \int_A (y\cos\alpha-z\sin\alpha)^2 \mathrm{d}A \\ &= \cos^2\alpha\int_A y^2\mathrm{d}A + \sin^2\alpha\int_A z^2\mathrm{d}A - 2\sin\alpha\cos\alpha\int_A yz\,\mathrm{d}A \\ &= I_z\cos^2\alpha + I_y\sin^2\alpha - I_{yz}\sin2\alpha \end{aligned}$$

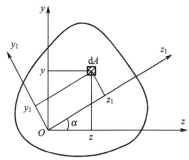

图 3.17 惯性矩和惯性积的转轴公式

由于 $\begin{cases} \sin^2\alpha = \dfrac{1}{2}(1-\cos2\alpha) \\ \cos^2\alpha = \dfrac{1}{2}(1+\cos2\alpha) \end{cases}$，上式可得

$$I_{z_1} = \frac{I_y + I_z}{2} + \frac{I_z - I_y}{2}\cos2\alpha - I_{yz}\sin2\alpha \tag{3-17}$$

同理可得

$$I_{y_1} = \frac{I_y + I_z}{2} - \frac{I_z - I_y}{2}\cos2\alpha + I_{yz}\sin2\alpha \tag{3-18}$$

$$I_{y_1 z_1} = \frac{I_z - I_y}{2}\sin2\alpha + I_{yz}\cos2\alpha \tag{3-19}$$

以上三式称为转轴公式，它们确定了惯性矩与惯性积随转角 α 变化的规律。

将式(3-17)与式(3-18)相加，得

$$I_{y_1} + I_{z_1} = I_y + I_z = 常数 = I_P$$

该式表明，截面图形对于过同一点的任意一对正交坐标轴的惯性矩之和为一常数，同时也等于截面图形对该点的极惯性矩 I_P。

2. 主惯性轴和主惯性矩

如前所述，同一截面对不同坐标轴的惯性矩 I_y、I_z 和惯性积 I_{yz} 的值各不相同；I_y、I_z 恒为正值；而 I_{yz} 可为正值、负值或零，主要视所选取的正交坐标系的位置而定。由于通过截面所在平面内的任一点可作无数个正交坐标系，因而可求出无数组 I_y、I_z 和 I_{yz} 的值。但是可以肯定，其中必然有一对特殊的正交坐标系，恰使截面对此正交坐标轴的惯性积 I_{yz} 为零。使截面图形的惯性积为零的一对互相垂直的轴为主惯性轴(principal axes)，简称主轴。截面对主轴的惯性矩称为主惯性矩(principal moment of inertia)。当一对主惯性轴的交点与截面形心重合时，则称这一对主惯性轴为形心主惯性轴(centroidal principal axes)，简称形心主轴。截面对这一对轴的惯性矩称为形心主惯性矩(centroidal principal moment of inertia)，它们是弯曲等问题中常用的重要几何性质。

由式(3-19)可知，$I_{y_1 z_1}$ 是 α 的连续函数，随 α 角的变化，总可以找到这样一对正交的坐标轴 z_0、y_0，即截面对这对轴的惯性积 $I_{y_0 z_0} = 0$。这一对正交轴 z_0、y_0 即为截面的主轴。

设 z_0，y_0 轴的方位角为 α_0，则有

$$I_{y_0 z_0} = 0$$

$$I_{y_0 z_0} = \frac{I_y - I_z}{2}\sin2\alpha_0 + I_{yz}\cos2\alpha_0$$

$$\tan2\alpha_0 = -\frac{2I_{yz}}{I_y - I_z} \tag{3-20}$$

满足式(3-20)的角度 α_0 和 $\alpha_0 + \dfrac{\pi}{2}$，它们共同确定了主轴的位置。

此外，I_{y_1} 也是 α 的连续函数，惯性矩取得极值的坐标轴位置可由式 $\dfrac{dI_{y_1}}{d\alpha} = 0$ 确定。即

$$\frac{dI_{y_1}}{d\alpha} = -(I_y - I_z)\sin2\alpha - 2I_{yz}\cos2\alpha = 0$$

$$\tan 2\alpha = -\frac{2I_{yz}}{I_y - I_z} = \tan 2\alpha_0$$

$$\alpha = \alpha_0$$

由上述分析可知，惯性矩在主轴处取得极值，即两个主惯性矩 I_y、I_z，一个是极大值，另一个是极小值。

由式(3-20)，可求得 $\cos 2\alpha_0$ 和 $\sin 2\alpha_0$ 的表达式，如下

$$\cos 2\alpha_0 = \frac{1}{\sqrt{1+\tan^2 2\alpha_0}} = \frac{I_z - I_y}{\sqrt{(I_z - I_y)^2 + 4I_{yz}^2}}$$

$$\sin 2\alpha_0 = \tan 2\alpha_0 \cos 2\alpha_0 = \frac{-2I_{yz}}{\sqrt{(I_z - I_y)^2 + 4I_{yz}^2}}$$

将上式代入式(3-17)和式(3-18)中，可得主惯性矩 I_{y_0} 和 I_{z_0}。

若 $I_{y_0} > I_{z_0}$，则有

$$I_{\max} = I_{y_0} = \frac{I_z + I_y}{2} + \sqrt{\left(\frac{I_z - I_y}{2}\right)^2 + I_{yz}^2} \tag{3-21}$$

$$I_{\min} = I_{z_0} = \frac{I_z + I_y}{2} - \sqrt{\left(\frac{I_z - I_y}{2}\right)^2 + I_{yz}^2} \tag{3-22}$$

一对正交坐标轴中只要有一条为截面的对称轴，截面图形对于该坐标轴的惯性积恒等于零，所以可根据截面的对称轴情况来确定截面图形的形心主轴位置。

(1) 如果截面具有三条或三条以上的对称轴，过该截面形心的任何轴都是形心主轴，且截面对于任一形心主轴的惯性矩相等，如图 3.18(a)～(e)所示。

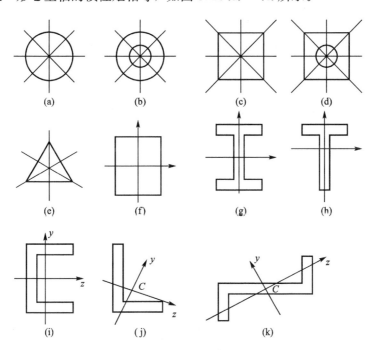

图 3.18 形心主轴

(2) 如果截面只有两条对称轴，则这两条轴就为截面的形心主轴，如图 3.18(f)、(g)所示。

(3) 如果截面只有一条对称轴，则该轴必为截面的形心主轴，而另一条形心主轴通过形心，并与此轴垂直，如图 3.18(h)、(i)所示。

(4) 如果截面没有对称轴，则由式(3-20)、式(3-21)和式(3-22)通过计算确定形心主轴的位置及主惯性矩的值，如图 3.18(j)、(k)所示。

一般情况下，确定非对称截面形心主轴及形心主惯性矩的步骤如下：

(1) 确定截面形心 C 点的位置。计算形心坐标时，通常选与截面周边重合的轴为参考坐标轴。

(2) 选择一对正交的形心轴 z_C、y_C（通常取与截面周边平行的形心轴为 z_C、y_C 轴），用组合截面惯性矩计算及平行移轴公式得到截面对 z_C、y_C 轴的惯性矩和惯性积 I_{y_C}、I_{z_C} 和 $I_{y_C z_C}$。

(3) 用式(3-20)计算形心主轴 z_0、y_0 的方位角 α_0，从而确定形心主轴的位置。

(4) 用式(3-21)和式(3-22)计算形心主惯性矩 I_{y_0}、I_{z_0}。

小 结

1. 研究的意义

构件截面的几何性质（截面的形状尺寸、形心位置等）与强度、刚度、稳定性密切相关，在工程中常用改变构件截面几何性质的方法，提高构件的强度、刚度、稳定性，来满足构件的安全条件。

2. 基本概念

形心、静矩、惯性矩、极惯性矩、惯性半径、惯性积、主惯性轴、主惯性矩、形心主轴、形心主惯性矩。

(1) 形心

对于均质等厚度平板（平面图形），重心或形心的坐标表达式为

$$\left. \begin{array}{l} y_C = \dfrac{\int_A y \mathrm{d}A}{A} \\ z_C = \dfrac{\int_A z \mathrm{d}A}{A} \end{array} \right\}$$

组合截面形心坐标的公式为

$$\left. \begin{array}{l} z_C = \dfrac{\sum\limits_{i=1}^{n} A_i z_{Ci}}{\sum A_i} \\ y_C = \dfrac{\sum\limits_{i=1}^{n} A_i y_{Ci}}{\sum A_i} \end{array} \right\}$$

(2) 静矩

截面图形对于 y 轴和 z 轴的静矩

$$S_y = \int_A z\,\mathrm{d}A \Bigg\} $$
$$S_z = \int_A y\,\mathrm{d}A \Bigg\}$$

截面图形的形心坐标也可以表示成静矩的形式

$$\left.\begin{array}{l} z_C = \dfrac{S_y}{A} \\ y_C = \dfrac{S_z}{A} \end{array}\right\} \quad 或 \quad \left.\begin{array}{l} S_z = Ay_C \\ S_y = Az_C \end{array}\right\}$$

① 若截面对于某一轴的静矩等于零，则该轴必定通过截面形心。
② 截面对于通过形心的轴的静矩恒等于零。

(3) 惯性矩

截面图形对于 z 轴和 y 轴的惯性矩为

$$\left.\begin{array}{l} I_z = \int_A y^2\,\mathrm{d}A \\ I_y = \int_A z^2\,\mathrm{d}A \end{array}\right\}$$

(4) 极惯性矩

截面图形对坐标原点 O 的极惯性矩或截面二次极矩为

$$I_P = \int_A \rho^2\,\mathrm{d}A = \int_A (z^2 + y^2)\,\mathrm{d}A = I_z + I_y$$

(5) 惯性半径

$$i_z = \sqrt{\dfrac{I_z}{A}}, \quad i_y = \sqrt{\dfrac{I_y}{A}}$$

(6) 惯性积

截面图形对 z、y 轴的惯性积为

$$I_{zy} = \int_A zy\,\mathrm{d}A$$

① 极惯性矩 I_P 和惯性矩 I_z、I_y 恒为正值，而惯性积 I_{zy} 可能为正值、负值，也可能等于零。
② 如果图形有一个(或一个以上)对称轴，则图形对包含此对称轴的正交轴系的惯性积 I_{zy} 必为零。
③ 整个截面图形对某一轴的惯性矩和惯性积等于各个简单图形对同一轴的惯性矩和惯性积的和，即

$$I_z = \sum_{i=1}^n I_{zi}, \quad I_y = \sum_{i=1}^n I_{yi}, \quad I_{zy} = \sum_{i=1}^n I_{zyi}$$

截面图形对某点的极惯性矩等于各个简单图形对同一点的极惯性矩的和，即

$$I_P = \sum_{i=1}^n I_{Pi}$$

(7) 主惯性轴

截面图形对某对坐标轴惯性积为零，这对坐标轴称为该图形的主轴。
主轴方位角为

$$\tan 2\alpha_0 = -\frac{2I_{yz}}{I_y - I_z}$$

(8) 主惯性矩

截面对主轴的惯性矩称为主惯性矩。

$$\left. \begin{array}{l} I_{y_0} = \dfrac{I_z + I_y}{2} + \sqrt{\left(\dfrac{I_z - I_y}{2}\right)^2 + I_{yz}^2} \\[2mm] I_{z_0} = \dfrac{I_z + I_y}{2} - \sqrt{\left(\dfrac{I_z - I_y}{2}\right)^2 + I_{yz}^2} \end{array} \right\}$$

(9) 形心主轴、形心主惯性矩

当一对主惯性轴的交点与截面形心重合时，则称这一对主惯性轴为形心主惯性轴，简称形心主轴。截面对这一对轴的惯性矩称为形心主惯性矩。

上述平面图形的几何性质都是对确定的坐标系而言的：静矩和惯性矩都是对一个坐标轴而言的；而惯性积则是对过一点的一对互相垂直的坐标轴而言的；极惯性矩则是对某一坐标原点而言的。

3. 知识要点

1) 平行移轴公式

同一平面图形对于平行的两对坐标轴的惯性矩和惯性积并不相同。

平行移轴公式为

$$\left. \begin{array}{l} I_z = I_{z_O} + a^2 A \\ I_y = I_{y_O} + b^2 A \\ I_{zy} = I_{z_O y_O} + abA \end{array} \right\}$$

使用条件：两互移轴必须平行，且两轴中必须有一轴为形心轴。

(1) 图形对任意轴的惯性矩等于图形对于与该轴平行的形心轴的惯性矩，再加上图形面积与二轴间距离平方的乘积。

(2) 图形对任意一对直角坐标轴的惯性积等于图形对平行于该坐标轴的一对通过形心的直角坐标轴的惯性积，再加上图形面积与两对坐标轴之间距离的乘积。

因为面积恒为正，而 a^2 和 b^2 恒为正，故自形心轴移至与之平行的其他任意轴时，其惯性矩总是增加的；而自任意轴移至与之平行的形心轴时，其惯性矩总是减少的。

因为 a 和 b 为原坐标原点在新坐标系中的坐标，故二者同号时 abA 项为正值；二者异号时为负值。所以，移轴后的惯性积有可能增加，也有可能减少。

2) 转轴公式

$$I_{y_1} = \frac{I_y + I_z}{2} - \frac{I_z - I_y}{2}\cos 2\alpha + I_{yz}\sin 2\alpha$$

$$I_{z_1} = \frac{I_y + I_z}{2} + \frac{I_z - I_y}{2}\cos 2\alpha - I_{yz}\sin 2\alpha$$

$$I_{y_1 z_1} = \frac{I_z - I_y}{2}\sin 2\alpha + I_{yz}\cos 2\alpha$$

式中，α 角以 y 轴为始边并以逆时针转向为正，反之为负。

思 考 题

3.1 什么是截面的静矩，其量纲是什么？截面对什么轴的静矩为零？什么是截面的惯性矩与惯性积，它们的量纲是什么？在什么情况下，截面的惯性积为零？

3.2 如何确定组合截面的形心的位置？什么是惯性半径？如何计算？

3.3 轴惯性矩与极惯性矩存在何种关系？

3.4 如图 3.19 所示，图(a)、(b)中阴影面积与非阴影面积的 S_z 有什么关系？为什么？图(c)、(d)中阴影面积Ⅰ与Ⅱ的 S_y，S_z 有什么关系？为什么？

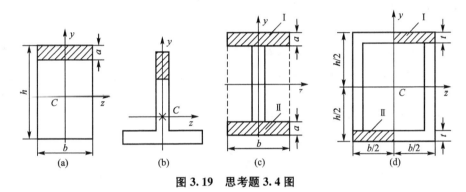

图 3.19 思考题 3.4 图

3.5 上题图 3.19(c)、(d)中阴影面积Ⅰ与Ⅱ的惯性矩 I_y、I_z 有什么关系？惯性积 I_{yz} 有什么关系？

3.6 形心轴与形心主轴有何区别？对称截面的形心主轴位于何处？

3.7 什么是平行移轴公式？有何用处？

习 题

3.1 试求图 3.20 所示平面图形的形心坐标 y_C。

3.2 求图 3.21 所示图形阴影部分的面积对 z 轴的静矩 S_z。

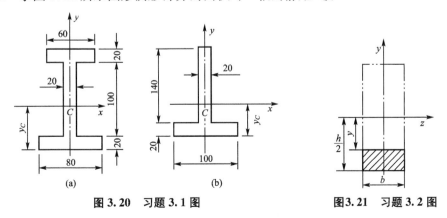

图 3.20 习题 3.1 图　　　　图 3.21 习题 3.2 图

3.3 求图3.22所示图形对z轴的静矩S_z，并确定其形心坐标y_C。

3.4 如图3.23所示三角形ABC，已知$I_{z_1}=\dfrac{bh^3}{12}$，$z_2 /\!/ z_1$，试求I_{z_2}。

3.5 已知三角形截面的底和高为b和h，如图3.24所示。试求通过形心轴x_C的惯性矩I_{x_C}。

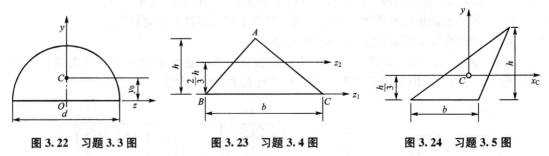

图3.22 习题3.3图　　图3.23 习题3.4图　　图3.24 习题3.5图

3.6 如图3.25所示矩形截面图形，试求图形中阴影部分的面积对x轴、y轴的惯性矩I_x、I_y。

3.7 试求图3.26所示平面图形的形心主惯性矩。

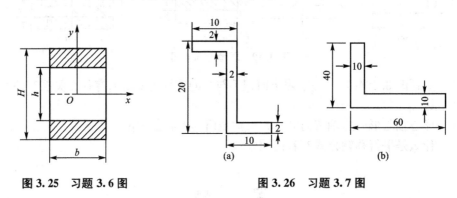

图3.25 习题3.6图　　图3.26 习题3.7图

第4章 扭 转

教学目标

掌握扭矩的计算和扭矩图的绘制
了解薄壁圆筒扭转时的切应力、切应力互等定理、剪切胡克定律
掌握强度计算
掌握刚度计算
了解非圆截面杆扭转的概念

教学要求

知识要点	能力要求	相关知识
扭矩及扭矩图	(1) 掌握截面法求扭矩的步骤 (2) 熟练绘制扭矩图	平衡的概念
薄壁圆筒扭转	(1) 了解切应力 (2) 了解切应力互等定理 (3) 了解剪切胡克定律	静力学的概念 平衡的概念 弹性理论
强度计算	(1) 掌握圆轴扭转时切应力的概念 (2) 掌握强度条件的应用	微分的概念 极限的概念
刚度计算	(1) 掌握圆轴扭转时的变形计算 (2) 掌握强度条件的应用	微分的概念 极限的概念

引言

杆件的两端作用大小相等、方向相反且作用平面垂直于杆件轴线的力偶,致使杆件的任意两个横截面两端都发生绕轴线的相对转动,这就是扭转变形。

本章主要研究圆轴扭转时横截面上的切应力计算和扭转角计算;圆轴扭转时的强度条件和刚度条件;为此,首先通过薄壁圆筒的扭转,介绍两个基本定理(定律)——切应力互等定理和剪切胡克定律。

为了说明扭转变形,以汽车转向轴为例,如图4.1所示,轴的上端受到经由方向盘传来的力偶作用,下端则又受到来自转向器的阻抗力偶作用。再以攻丝锥的受力情况为例,如图4.2所示,通过绞丝下端则受到工件的阻抗力偶作用。这些都是扭转变形的实例。

图4.1 汽车转向轴

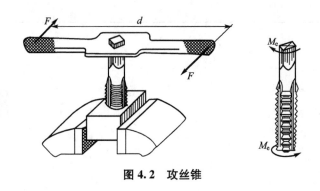

图 4.2 攻丝锥

4.1 外力偶矩的计算、扭矩及扭矩图

4.1.1 外力偶矩的计算

在研究杆件的扭转变形时,首先要确定作用在轴上的外力偶矩及横截面上的内力。而作用在轴上的外力偶矩往往不是直接给出的,通常给出的是轴所传递的功率和轴的转速。为了分析圆轴的受力情况,必须导出功率 P、转速 n 及外力偶矩 M 之间的关系。

在工程中,转速 n 的单位为转/分(r/min),轴的角速度为 $\omega = \dfrac{2\pi n}{60} = \dfrac{\pi n}{30}$。外力偶矩 M 在时间 dt 内转过的角度为 $d\varphi$,所做的功为 $dW = Md\varphi$,于是功率为

$$P = \frac{dW}{dt} = \frac{Md\varphi}{dt} = M\omega = \frac{M\pi n}{30}$$

从而得

$$M = \frac{30P}{\pi n} \tag{4-1a}$$

这是功率 P(W)、转速 n(r/min)与外力偶矩 M(N·m)之间的基本关系式。

当功率用 kW(千瓦)作单位时,则

$$M = 9\,549\,\frac{P}{n} \tag{4-1b}$$

当功率用 PS(马力)作单位时,则

$$M = 7\,024\,\frac{P}{n} \tag{4-1c}$$

由此可见,轴所承受的力偶矩与其传递的功率成正比,与轴的转速成反比,轴在传递同样的功率时,低速轴所受的力偶矩比高速轴的大。

4.1.2 扭矩及扭矩图

1. 扭矩(Torque)

确定外力偶矩后,便可以用截面法求任意横截面上的内力。如图 4.3(a)所示的圆截面

杆在两个等值反向的外力偶作用下发生扭转变形,为了确定任意一横截面 $m-m$ 上的内力,沿截面 $m-m$ 假想地将杆截开,保留左段[图4.3(b)],作用在左段上的外力只有一力偶 M,为了维持平衡,分布在横截面 $m-m$ 上的内力,必然构成一个内力偶与它平衡,该内力偶矩用 M_T 表示,可由平衡条件求其大小。列平衡方程

$$\sum M_x = 0, \quad M_T - M = 0$$

可得

$$M_T = M$$

M_T 称为 $m-m$ 横截面上的扭矩,它是该截面上分布内力的合力偶矩。

如保留右段[图4.3(c)],由平衡方程也可求得 $m-m$ 截面上的扭矩,其数值与取左段求得的相同,但方向相反。

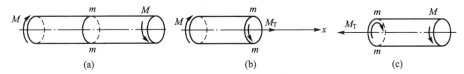

图4.3 截面法求轴向拉伸杆件的内力

为了使取左段和取右段研究时,求得的扭矩不仅有相同的数值,而且有相同的正负号。对扭矩的正负号也可根据变形情况作如下规定:按右手螺旋法则,把扭矩用矢量表示,矢量背离截面时的扭矩为正,矢量指向截面时的扭矩为负。根据此规则,图4.3(a)中 $m-m$ 横截面上的扭矩无论是取左段还是右段,都是正的。

2. 扭矩图(Torque Diagram)

当轴上同时有几个外力偶作用时,则不同轴段上扭矩不相同。为了表示扭矩随横截面位置变化的情况,可以作出扭矩图,作扭矩图的方法与作轴力图类似。

例4.1 一传动轴的计算简图如图4.4(a)所示,主动轮 A 输入功率为 $P_A = 36.8 \text{kW}$,从动轮 B、C、D 的输出功率分别为 $P_B = P_C = 11.0 \text{kW}$,$P_D = 14.8 \text{kW}$,轴的转速为 $n = 300 \text{r/min}$。试作该传动轴的扭矩图。

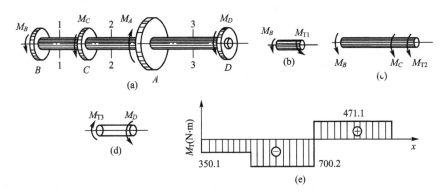

图4.4 传动轴扭矩图

解:(1)计算作用于各轮上的外力偶矩

$$M_A = 9\,549 \frac{P_A}{n} = 9\,549 \times \frac{36.8}{300} = 1\,171.3 (\text{N} \cdot \text{m})$$

$$M_B = M_C = 9\,549\frac{P_B}{n} = 9\,549 \times \frac{11.0}{300} = 350.1(\text{N}\cdot\text{m})$$

$$M_D = 9\,549\frac{P_D}{n} = 9\,549 \times \frac{14.8}{300} = 471.1(\text{N}\cdot\text{m})$$

(2) 用截面法计算各段内的扭矩。在 BC 段内，沿 1-1 横截面截开，取左段为研究对象，设截开截面上的扭矩 M_{T1} 为正，如图 4.4(b) 所示，由平衡方程

$$\sum M_x = 0, \quad M_{T1} + M_B = 0$$

得

$$M_{T1} = -M_B = -350.1(\text{N}\cdot\text{m})$$

得 M_{T1} 是负值，说明该截面上扭矩的转向与假设相反，即实际该截面上的扭矩为负。

同理，在 CA 段内，如图 4.4(c) 所示，由平衡方程

$$\sum M_x = 0, \quad M_{T2} + M_C + M_B = 0$$

得

$$M_{T2} = -M_B - M_C = -700.2(\text{N}\cdot\text{m})$$

在 AD 段内 [图 4.4(d)]，由平衡方程

$$\sum M_x = 0, \quad -M_{T3} + M_D = 0$$

得

$$M_{T3} = M_D = 471.1(\text{N}\cdot\text{m})$$

(3) 作扭矩图。以平行于轴线的横坐标表示横截面位置，以垂直于轴线的纵坐标表示对应横截面的扭矩，画扭矩图。由于在每一段内扭矩是不变的，所以扭矩图由三段水平线组成，如图 4.4(e) 所示。由图可见，绝对值最大的扭矩 700.2N·m 发生在中间段内。

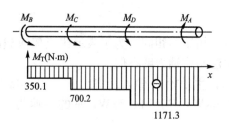

图 4.5 主动轮 A 安装在右端时轴的扭矩图

对同一根轴来说，若把主动轮 A 安置于轴的一端，例如放在右端，则轴的扭矩图如图 4.5 所示。这时，轴的绝对值最大扭矩为 1171.3N·m。可见，传动轴上主动轮和从动轮安置的位置不同，轴所承受的最大扭矩也就不同。两者相比，显然图 4.4 所示布局比较合理。

4.2 薄壁圆筒的扭转

4.2.1 薄壁圆筒扭转时的切应力

取一薄壁圆筒，在其表面画上若干等间距的圆周线和纵向线，形成许多小矩形，如图 4.6(a) 所示，然后，在圆筒的两端面上施加一对大小相等转向相反的外力偶，使其发生扭转变形，如图 4.6(b) 所示。在小变形下，可以观察到以下变形现象：

(1) 各圆周线的形状、大小、间距均未改变，只是彼此绕轴线发生了相对转动。

(2) 各纵向线都倾斜了相同的一个微小角度 γ，原来的小矩形变成平行四边形。

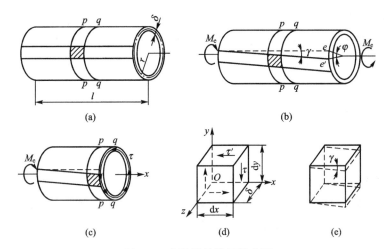

图 4.6 薄壁圆筒的扭转变形

根据上述试验现象,现在来分析薄壁圆筒扭转时的应力和变形。

(1) 由于圆周线的间距不变,且其形状和大小也不变,这表明横截面和纵向截面上均没有正应力。

(2) 用横截面和直径截面从筒中取出一个无限小的正六面体,称为单元体,如图 4.6(d)所示。据试验知,圆筒扭转时,单元体左右(或上下)两平面会发生相对错动,这种变形形式称为剪切;此时单元体的直角将产生微小改变,此改变量 γ 称为切应变(用弧度度量)。单元体左右两平面错动的方向垂直于横截面半径。

(3) 单元体发生剪切变形时,其左右面上(即薄壁圆筒的横截面)上必有切应力作用,如图 4.6(d)所示。由于各纵向线倾角相等,圆周线上各点处的切应力应相同;又因圆筒壁厚很薄,可认为切应力沿壁厚均布。切应力的方向垂直于横截面半径。

综上所述,薄壁圆筒扭转时,横截面上将产生切应力,其方向垂直于横截面半径,沿圆周和壁厚均匀分布。

切应力的数值,可由图 4.6(c)所示截面上的切应力合成结果,即扭矩这一静力学关系求得。

即由
$$M_T = 2\pi r \delta \tau r = 2\pi r^2 \delta \tau$$
得
$$\tau = \frac{M_T}{2\pi r^2 \delta} \tag{4-2}$$

扭转角 φ 与切应变 γ 的关系,可由几何关系求得,由图 4.6(b)可见
$$ee' = r\varphi \approx l\gamma$$
则得
$$\gamma = r\frac{\varphi}{l} \tag{4-3}$$

4.2.2 切应力互等定理(Shearing Stress Theorem)

设图 4.6(d)所示单元体各边的长度分别为 dx、dy 和 δ。由前面分析知,在单元体垂

直于 x 轴的两个平面上有切应力 τ，它们组成一个顺时针转向的力偶，其力偶矩为 $(\tau\delta dy)dz$，这个力偶将使单元体发生顺时针方向的转动。但是，实际上单元体仍处于平衡状态，所以在单元体垂直于 y 轴的两个平面上，必然有切应力 τ' 存在，并由它们组成另一个逆时针转向的力偶，其力偶矩为 $(\tau'\delta dx)dy$，以保持单元体的平衡。由平衡方程 $\sum M_z=0$ 得

$$(\tau'\delta dx)dy - (\tau\delta dy)dx = 0$$

可得

$$\tau = \tau'$$

这表明：在单元体两两相垂直的平面上，切应力必同时存在，且它们的大小相等，方向同时指向（或背离）两截面的交线。这个规律称为切应力互等定理。这种在单元体各个平面上只有切应力而无正应力作用的应力状态称为纯剪切(pure shear)。

4.2.3 剪切胡克定律(Hooke's Law for Shear)

通过薄壁圆筒扭转试验可以得到材料在纯剪切下切应力与切应变间的关系。从零开始逐渐增加扭矩 M_T，并且记录对应的扭转角 φ，然后按式(4-2)和式(4-3)算出一系列的 τ 和 γ 的对应数值，便可在直角坐标系中画出 τ-γ 曲线。图 4.7 所示为低碳钢材料的 τ-γ 曲线。由试验结果可知，当切应力不超过材料的剪切比例极限时，切应力与切应变之间成正比关系，如图 4.7 中的直线部分。这一关系称为剪切胡克定律，其表达式为

$$\tau = G\gamma \tag{4-4}$$

式中，G 为材料的剪切弹性模量或切变模量，它表示材料抵抗剪切变形的能力，其量纲与应力相同。

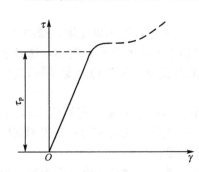

图 4.7 低碳钢扭转时的 τ-γ 曲线

到目前为止，已知材料的三个弹性常数：弹性模量 E，切变模量 G，泊松比 μ。一般来说，材料的弹性常数要通过试验确定。理论和试验均可证明，对于各向同性材料来说，三个弹性常数之间存在下列关系

$$G = \frac{E}{2(1+\mu)} \tag{4-5}$$

所以，只要知道其中的任意两个弹性常数，就可确定第三个弹性常数。

4.3 圆轴扭转时的应力和强度计算

4.3.1 圆轴扭转时横截面上的切应力

分析圆轴扭转时横截面上的应力，需综合考虑变形几何关系、物理关系和静力学关系三个方面。

1. 几何关系（Geometrical Relationship）

先在圆轴表面画上许多圆周线和纵向线，形成许多小矩形，如图 4.8(a)所示。扭转后可观察到与薄壁圆筒扭转相同的变形现象：即各圆周线的形状、大小和间距均未改变，仅绕轴线作相对转动；各纵向线倾斜了同一微小角度 γ，仍近似为直线，如图 4.8(b)所示。

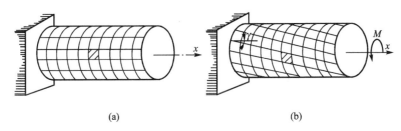

图 4.8 圆轴的扭转变形

根据观察到的表面变形现象，可假设：圆轴的横截面，在扭转后仍保持为平面，其形状和大小不变，半径仍保持为直线。这就是圆轴扭转时的平面假设。按照这一假设，在圆轴扭转变形时，各横截面就像刚性平面一样，绕轴线旋转了一个角度。

由此可以推论，圆轴扭转变形时横截面上不存在正应力，只有切应力，其方向与所在半径垂直，且与扭矩 M_T 的转向一致。

如图 4.9(a)所示，用相距为 dx 的两个横截面以及夹角很小的两个径向截面，从轴中截出一楔形体，如图 4.9(b)所示。设其左右两横截面相对扭转角为 $d\varphi$，距圆心为 ρ 的 g 点的切应变为 γ_ρ，根据式(4-3)有

$$\gamma_\rho = \rho \frac{d\varphi}{dx} \tag{4-6a}$$

式中，$\dfrac{d\varphi}{dx}$ 称为单位长度扭转角，一般与横截面的位置有关，但对于一个给定的横截面为常量。

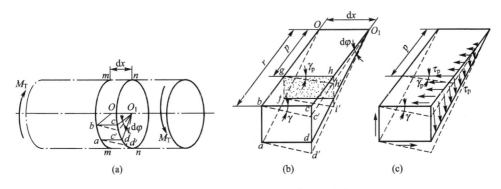

图 4.9 圆轴扭转时的切应力与切应变

2. 物理关系（Physical Relationship）

根据剪切胡克定律，在弹性范围内

$$\tau = G\gamma$$

将式(4-6a)代入上式，得

$$\tau_\rho = G\rho \frac{\mathrm{d}\varphi}{\mathrm{d}x} \qquad (4-6\mathrm{b})$$

式(4-6b)表明，横截面上任意点的切应力 τ_ρ 与该点到圆心的距离 ρ 成正比。因而，所有与圆心等距离的点，其切应力均相同，且切应力的方向与半径相垂直。实心圆轴横截面上的切应力分布规律如图 4.10 所示。

3. 静力学关系(Static Relationship)

如图 4.11 所示，圆轴横截面微面积 $\mathrm{d}A$ 上的微内力为 $\tau_\rho \mathrm{d}A$，它对圆心的微力矩为 $\tau_\rho \mathrm{d}A \rho$。整个横截面上所有微力矩之和应等于该截面上的扭矩 M_T。即

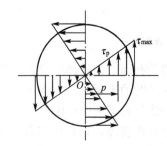 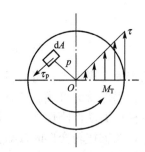

图 4.10　切应力分布规律　　　图 4.11　圆轴切应力的计算

$$M_\mathrm{T} = \int_A \rho \tau_\rho \mathrm{d}A = \int_A G \frac{\mathrm{d}\varphi}{\mathrm{d}x} \rho^2 \mathrm{d}A = G \frac{\mathrm{d}\varphi}{\mathrm{d}x} \int_A \rho^2 \mathrm{d}A \qquad (4-6\mathrm{c})$$

令 $I_\mathrm{P} = \int_A \rho^2 \mathrm{d}A$，称为横截面的极惯性矩，将其代入式(c)得

$$M_\mathrm{T} = G I_\mathrm{P} \frac{\mathrm{d}\varphi}{\mathrm{d}x}$$

或

$$\frac{\mathrm{d}\varphi}{\mathrm{d}x} = \frac{M_\mathrm{T}}{G I_\mathrm{P}} \qquad (4-6\mathrm{d})$$

式(4-6d)表示单位长度扭转角与扭矩间关系，是计算圆轴扭转角的基本公式。将该式代入式(4-6b)，即得圆轴扭转时横截面上任一点处切应力的计算公式。即

$$\tau_\rho = \frac{M_\mathrm{T} \rho}{I_\mathrm{P}} \qquad (4-7)$$

显然，当 $\rho = 0$ 时，$\tau_\rho = 0$；当 $\rho = \rho_{\max} = R$ 时，切应力有最大值

$$\tau_{\max} = \frac{M_\mathrm{T} R}{I_\mathrm{P}}$$

令

$$W_\mathrm{P} = \frac{I_\mathrm{P}}{R}$$

则上式可改写为

$$\tau_{\max} = \frac{M_\mathrm{T}}{W_\mathrm{P}} \qquad (4-8)$$

式中，W_P 为抗扭截面系数(section modulus under torsion)。

式(4-7)及式(4-8)是在平面假设的基础上并应用了剪切胡克定律推导出来的,故只适用于圆轴(空心或实心),且只有当其τ_{max}不超过材料的比例极限时方可应用。

4. 极惯性矩和抗扭截面系数

极惯性矩I_P和抗扭截面系数W_P可按其定义通过积分求得。下面介绍其计算方法。

对于实心圆轴[图4.12(a)],可在横截面上距圆心为ρ处取厚度为$d\rho$的环形面积作为微面积dA,于是$dA=2\pi\rho d\rho$,从而可得实心圆截面的极惯性矩为

$$I_P = \int_A \rho^2 dA = \int_0^{\frac{D}{2}} \rho^2 2\pi\rho d\rho = \frac{\pi D^4}{32}$$

抗扭截面系数为

$$W_P = \frac{I_0}{D/2} = \frac{\pi D^3}{16}$$

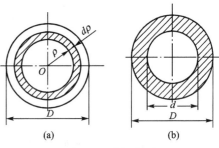

图4.12 求极惯性矩

如为空心圆轴[图4.12(b)],则有

$$I_P = \int_A \rho^2 dA = \int_{\frac{d}{2}}^{\frac{D}{2}} \rho^2 2\pi\rho d\rho = \frac{\pi D^4}{32} - \frac{\pi d^4}{32} = \frac{\pi D^4}{32}(1-\alpha^4)$$

式中,$\alpha=\dfrac{d}{D}$为空心圆轴内外径之比。空心圆轴截面的抗扭截面系数为

$$W_P = \frac{I_P}{D/2} = \frac{\pi D^3}{16}(1-\alpha^4)$$

极惯性矩I_P的量纲是长度的四次方,常用单位为mm^4或m^4。抗扭截面系数W_P的量纲是长度的三次方,常用单位为mm^3或m^3。

4.3.2 圆轴扭转时的强度计算

对于受多个外力偶作用的等直圆轴,最大切应力发生在最大扭矩M_{Tmax}所在截面的周边各点处。为了保证轴能正常工作,必须使其工作时的最大切应力τ_{max}不超过材料的许用切应力$[\tau]$,于是等直圆轴扭转时的强度条件为

$$\tau_{max} = \frac{M_T}{W_P} \leqslant [\tau] \tag{4-9}$$

对于阶梯轴,因为各段W_P不同,所以τ_{max}不一定发生在M_{Tmax},必须综合考虑W_P及M_{Tmax}两个因素来确定。

许用切应力$[\tau]$可据静荷载下薄壁圆筒扭转试验来确定。

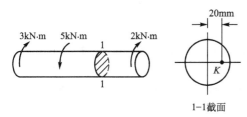

图4.13 圆轴扭转

例4.2 图4.13所示圆轴,直径$d=60mm$,试求1-1截面上K点的切应力。

解: 1-1截面的扭矩为$M_T=-2kN\cdot m$。
1-1截面上K点的切应力为

$$\tau_\rho = \frac{M_T \rho}{I_P} = \frac{M_T \rho}{\pi d^4/32} = \frac{2\times 10^{-3} \times 20 \times 10^{-3}}{\pi \times 0.06^4/32}$$
$$= 31.4(MPa)$$

计算切应力时，扭矩 M_T 以绝对值代入。因为切应力的正、负无实用意义，一般只计算其绝对值。

例 4.3 图 4.14(a)圆轴受力如图，已知直径 $d=60$mm，材料的许用切应力 $[\tau]=100$MPa。试校核该轴的强度。

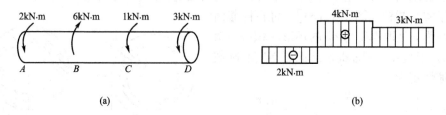

图 4.14 圆轴扭转

解：(1)绘制扭矩图。圆轴的扭矩图如图 4.14(b)所示。由图可知，圆轴的最大扭矩为 $M_{Tmax}=4$kN·m。

(2)强度校核

$$\tau_{max}=\frac{M_T}{W_P}=\frac{16M_T}{\pi d^3}=\frac{16\times 4\times 10^3}{\pi \times 60^3\times 10^{-9}}=94.4(\text{MPa})\leqslant[\tau]$$

故强度足够。

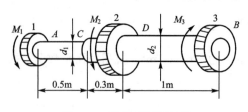

图 4.15 阶梯形圆轴扭转

例 4.4 如图 4.15 所示，阶梯形圆轴直径分别为 $d_1=40$mm，$d_2=70$mm，轴上装有三个带轮。已知由轮 3 输入的功率为 $P_3=30$kW，轮 1、轮 2 的输出功率分别为 $P_1=13$kW，$P_2=17$kW，轴的转速 $n=200$r/min，材料的许用切应力 $[\tau]=60$MPa。试校核轴的强度。

解：(1) 计算扭矩

AC 段 $\qquad M_{T1}=M_1=9\,549\,\dfrac{P_1}{n}=9\,549\times\dfrac{13}{200}=621(\text{N}\cdot\text{m})$

BD 段 $\qquad M_{T2}=M_3=9\,549\,\dfrac{P_3}{n}=9\,549\times\dfrac{30}{200}=1\,432(\text{N}\cdot\text{m})$

(2)强度校核

AC 段 $\qquad \tau_{max}=\dfrac{M_{T1}}{W_{P1}}=\dfrac{16M_{T1}}{\pi d_1^3}=\dfrac{16\times 621}{\pi\times 40^3\times 10^{-9}}=49.4(\text{MPa})\leqslant[\tau]$

BD 段 $\qquad \tau_{max}=\dfrac{M_{T2}}{W_{P2}}=\dfrac{16M_{T2}}{\pi d_2^3}=\dfrac{16\times 1\,432}{\pi\times 70^3\times 10^{-9}}=21.3(\text{MPa})\leqslant[\tau]$

故强度足够。

例 4.5 已知解放牌汽车传动轴如图 4.16(b)所示，传递的最大扭矩 $M=1930$N·m，传动轴用外径 $D=89$mm，壁厚 $\delta=2.5$mm 的无缝钢管做成，材料为 20 钢，其许用切应力 $[\tau]=70$MPa。(1)试校核轴的强度。(2)如将传动轴改为实心轴，试在相同条件下确定轴的直径。(3)比较实心轴和空心轴的质量。

解：(1) 校核传动轴的强度。由已知条件可得传动轴内径为

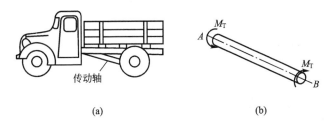

图 4.16 汽车传动轴扭转

$$d = D - 2\delta = 89 - 2 \times 2.5 = 84 \text{(mm)}$$

空心圆轴内外径比为

$$\alpha = \frac{d}{D} = \frac{84}{89} = 0.944$$

代入强度条件式(4-9),得

$$\tau_{\max} = \frac{M_T}{W_P} = \frac{M_T}{\frac{\pi D^3 (1-\alpha^4)}{16}} = \frac{16 \times 1\,930}{\pi \times 89^3 \times 10^{-9} \times (1-0.944^4)} = 66.7 \text{(MPa)} \leqslant [\tau]$$

所以该轴的强度是足够的。

(2) 确定实心轴的直径。若实心轴与空心轴的强度相同,则两轴的抗扭截面系数应相等。设实心轴的直径为 D_1,则由

$$\frac{\pi D_1^3}{16} = \frac{\pi D^3}{16}(1-\alpha^4)$$

可得

$$D_1 = D \cdot \sqrt[3]{1-\alpha^4} = 89 \times \sqrt[3]{1-0.944^4} = 53 \text{(mm)}$$

(3) 比较空心轴与实心轴的质量。两轴的材料和长度相同,它们的质量之比就等于横截面面积之比,则有

$$\frac{A_1}{A_2} = \frac{\frac{\pi}{4}(D^2-d^2)}{\frac{\pi}{4}D_1^2} = \frac{D^2-d^2}{D_1^2} = \frac{89^2-84^2}{53^2} = 0.31$$

可见,在其他条件相同的情况下,空心轴的质量仅为实心轴质量的 31%,节省材料的效果明显。这是因为切应力沿半径呈线性分布,实心轴圆心附近处应力较小,材料未能充分发挥作用。改为空心轴相当于把轴心处的材料移向边缘,从而提高了轴的强度。

4.4 圆轴扭转时的变形和刚度计算

4.4.1 圆轴扭转时的变形

由式(4-6d),即 $\dfrac{\mathrm{d}\varphi}{\mathrm{d}x} = \dfrac{M_T}{GI_P}$ 可求得相距为 $\mathrm{d}x$ 的两横截面间的相对扭转角为

$$\mathrm{d}\varphi = \frac{M_\mathrm{T}}{GI_\mathrm{P}}\mathrm{d}x$$

积分便得相距为 l 的两横截面间的扭转角

$$\varphi = \int \mathrm{d}\varphi = \int \frac{M_\mathrm{T}}{GI_\mathrm{P}}\mathrm{d}x \qquad (4-10)$$

对于等截面圆轴在两端面上受外力偶作用的情况，在长度 l 上 M_T、G、I_P 均为常量，则两端面间的扭转角为

$$\varphi = \frac{M_\mathrm{T} l}{GI_\mathrm{P}} \qquad (4-11)$$

式中，GI_P 反映了截面抵抗扭转变形的能力，称为截面的抗扭刚度。GI_P 越大，则扭转角 φ 就越小。扭转角的单位是弧度。

若在两横截面之间的扭矩 M_T 或抗扭刚度 GI_P 为变量时，则应通过积分或分段计算出各段的扭转角，然后代数相加。

4.4.2 圆轴扭转时的刚度计算

机器中的某些轴类零件，除应满足强度要求外，对其扭转变形还应加以限制，即还要满足刚度要求。例如，车床主轴的扭转角过大，会引起较大的振动，影响被加工工件的表面粗糙度值。对于精密机械，刚度要求往往起着主要作用。

从式(4-11)可以看出，φ 的大小与 l 的长短有关。为了消除长度 l 的影响，工程中采用单位长度的扭转角(angle of twist per unit length)φ' 来表示扭转变形程度。由式(4-6d)可得

$$\varphi' = \frac{\mathrm{d}\varphi}{\mathrm{d}x} = \frac{M_\mathrm{T}}{GI_\mathrm{P}} \qquad (4-12\mathrm{a})$$

φ' 的单位为弧度/米(rad/m)，工程中常用度/米(°/m)。由于 1 弧度 $=\dfrac{180°}{\pi}$，所以

$$\varphi' = \frac{\mathrm{d}\varphi}{\mathrm{d}x} = \frac{M_\mathrm{T}}{GI_\mathrm{P}} \times \frac{180°}{\pi} \qquad (4-12\mathrm{b})$$

对圆轴进行刚度计算时，要求其单位长度的最大扭转角 $\varphi'_{\max}$ 不超过单位长度的许用扭转角 $[\varphi']$，故刚度条件为

$$\varphi'_{\max} = \frac{M_\mathrm{T}}{GI_\mathrm{P}} \times \frac{180°}{\pi} \leqslant [\varphi'] \qquad (4-13)$$

许用扭转角 $[\varphi']$ 的数值，根据荷载性质、生产要求和不同的工作条件等因素确定。在一般情况下，对精密机械的轴，取 $[\varphi']=0.15°\sim0.50°/\mathrm{m}$；一般传动轴，取 $[\varphi']=0.5°\sim1.0°/\mathrm{m}$；精密度较低的轴，可取 $[\varphi']=1.0°\sim2.5°/\mathrm{m}$。具体的数值可查阅有关资料和手册。

例 4.6 图 4.17(a)中钢制圆轴的直径 $d=70\mathrm{mm}$，材料的切变模量 $G=80\mathrm{GPa}$，单位长度圆轴的许用扭转角 $[\varphi']=0.8°/\mathrm{m}$。(1)试求 A、C 两截面的相对扭转角；(2)校核此轴刚度。

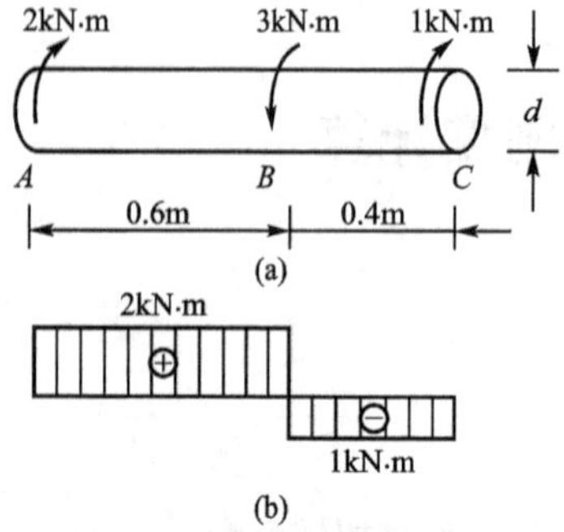

图 4.17 钢制圆轴扭转

解：(1) 计算扭矩，画扭矩图。由截面法求得 AB、BC 两段的扭矩分别为
$$M_{T1}=2\text{kN}\cdot\text{m}, \quad M_{T2}=-1\text{kN}\cdot\text{m}$$
作出扭矩图，如图 4.17(b) 所示。

(2) 求 A、C 两横截面的相对扭转角 φ_{AC}。两段轴扭矩不同，应分段计算 φ_{AB} 和 φ_{BC}，然后求其代数和。由式 (4-11) 得
$$\varphi_{AB}=\frac{M_{T1}l_1}{GI_P}=\frac{2\times10^3\times0.6\times32}{80\times10^9\times\pi\times80^4\times10^{-12}}=0.373\times10^{-2}(\text{rad})$$
$$\varphi_{BC}=\frac{M_{T2}l_2}{GI_P}=\frac{-1\times10^3\times0.4\times32}{80\times10^9\times\pi\times80^4\times10^{-12}}=-0.124\times10^{-2}(\text{rad})$$
因而有
$$\varphi_{AC}=\varphi_{AB}+\varphi_{BC}=0.373\times10^{-2}-0.124\times10^{-2}=0.249\times10^{-2}(\text{rad})$$

(3) 校核刚度。AB 段扭矩 M_{T1} 大于 BC 段的扭矩 M_{T2}，因此校核 AB 段刚度。由式 (4-13) 得
$$\varphi'_{\max}=\varphi'_{AB}=\frac{M_{T1}}{GI_P}\times\frac{180°}{\pi}=\frac{2\times10^3\times32}{80\times10^9\times\pi\times80^4\times10^{-12}}\times\frac{180°}{\pi}=0.356(°/\text{m})<[\varphi']$$
此轴满足刚度条件。

例 4.7 某机器的传动轴如图 4.18(a) 所示。已知 $[\tau]=40\text{MPa}$，$[\varphi']=0.3°/\text{m}$，$G=80\text{GPa}$，传动轴转速 $n=300\text{r/min}$，主动轮输入功率 $P_1=367\text{kW}$，三个从动轮输出功率分别为 $P_2=P_3=110\text{kW}$，$P_4=147\text{kW}$。试设计轴的直径。

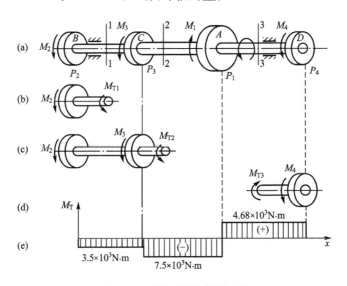

图 4.18 某机器传动轴扭转

解：(1) 计算外力偶矩
$$M_1=9\,549\frac{P_1}{n}=9\,549\times\frac{367}{300}=11.68\times10^3(\text{N}\cdot\text{m})$$
$$M_2=M_3=9\,549\frac{P_2}{n}=9\,549\times\frac{110}{300}=3.50\times10^3(\text{N}\cdot\text{m})$$
$$M_4=9\,549\frac{P_4}{n}=9\,549\times\frac{147}{300}=4.68\times10^3(\text{N}\cdot\text{m})$$

(2) 作扭矩图。用截面法求得 BC、CA、AD 各段的扭矩分别为
$$M_{T1}=-M_2=-3.50\times10^3(\text{N}\cdot\text{m})$$
$$M_{T2}=-M_2-M_3=-7.0\times10^3(\text{N}\cdot\text{m})$$
$$M_{T3}=M_4=4.68\times10^3(\text{N}\cdot\text{m})$$
作出扭矩图如图 4.18(e)所示。从扭矩图上可以看出，$|M_T|_{\max}=7.0\times10^3\text{N}\cdot\text{m}$。

(3) 确定直径 d。按强度条件式(4-9)得
$$d\geqslant\sqrt[3]{\frac{16|M_T|_{\max}}{\pi[\tau]}}=\sqrt[3]{\frac{16\times7.0\times10^3}{\pi\times40\times10^6}}=0.096(\text{m})=96(\text{mm})$$

按照刚度条件式(4-13)得
$$d\geqslant\sqrt[4]{\frac{|M_T|_{\max}\times180\times32}{G[\varphi']\pi^2}}=\sqrt[4]{\frac{7.0\times10^3\times180\times32}{80\times10^9\times0.3\times3.14^2}}=0.115(\text{m})=115(\text{mm})$$

为了同时满足强度和刚度要求，最后选取轴的直径 $d=115\text{mm}$。

4.5 圆轴扭转时的应变能

圆轴为等直圆杆。当圆杆扭转时，杆内将储存应变能。由于杆件各截面上的扭矩可能变化，同时，横截面上各处的切应力也随该点到圆心的距离而变化，因而对于杆内应变能的计算，应先求出纯剪切应力状态下的应变能。

图 4.19 所示单元体，处于纯剪切应力状态下，设其左侧面固定，则单元体在变形后右侧面将向下移动 $\gamma\text{d}x$。由于切应变 γ 很小，因此，在变形过程中，上、下两面上的外力将不做功，只有由侧面上的外力 $\tau\text{d}y\text{d}z$ 对相应的位移 $\gamma\text{d}x$ 做功。当材料在线弹性范围内工作时，单元体上外力做功为
$$\text{d}W=\frac{1}{2}(\tau\text{d}y\text{d}z)(\gamma\text{d}x)=\frac{1}{2}\tau\gamma(\text{d}x\text{d}y\text{d}z)$$

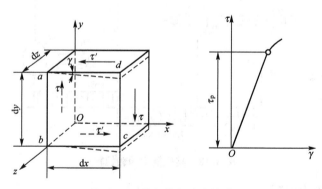

图 4.19 单元体上外力的功

由于单元体内所储存的应变能 $\text{d}V_\varepsilon$ 数值上等于 $\text{d}W$，于是，可得单位体内的应变能即应变能密度 ν_ε 为
$$\nu_\varepsilon=\frac{\text{d}V_\varepsilon}{\text{d}V}=\frac{\text{d}W}{\text{d}x\text{d}y\text{d}z}=\frac{1}{2}\tau\gamma \qquad (4-14\text{a})$$

由剪切胡克定律，$\tau=G\gamma$，上式又可写成

$$\nu_\varepsilon = \frac{\tau^2}{2G} \tag{4-14b}$$

或

$$\nu_\varepsilon = \frac{G\gamma^2}{2} \tag{4-14c}$$

求得纯剪切应力状态下的应变能密度 ν_ε 后，等直圆杆在扭转时储存在杆中的应变能 V_ε 即可由积分计算。

$$V_\varepsilon = \int_V \nu_\varepsilon \mathrm{d}V = \int_l \int_A \nu_\varepsilon \mathrm{d}A \mathrm{d}x \tag{4-15}$$

式中，V 为杆的体积，A 为杆的横截面面积，l 为杆长。

若等直圆杆的两端受外力偶矩 M_e 作用而发生扭转［图 4.20(a)］，则可将代入式(4-14b)，其中的切应力 $\tau_\rho = \dfrac{M_T \rho}{I_P}$。由于杆任一横截面上的扭矩 M_T 均相同，因此，杆内的应变能为

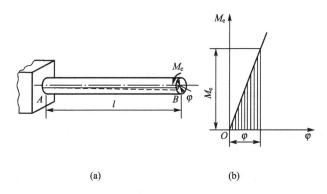

图 4.20 扭转角 φ 与外力偶矩 M_e 关系

$$V_\varepsilon = \int_l \int_A \frac{\tau^2}{2G} \mathrm{d}A \mathrm{d}x = \frac{l}{2G}\left(\frac{M_T}{I_P}\right)^2 \int_A \rho^2 \mathrm{d}A = \frac{M_T^2 l}{2GI_P} \tag{4-16a}$$

由于 $M_T = M_e$，上式又可写成

$$V_\varepsilon = \frac{M_e^2 l}{2GI_P} \tag{4-16b}$$

又由相对扭转角 $\varphi = \dfrac{M_T l}{GI_P}$，杆的应变能 V_ε 也可改写成用相对扭转角的表达形式

$$V_\varepsilon = \frac{GI_P}{2l}\varphi^2 \tag{4-16c}$$

以上应变能表达式也可利用外力功与应变能数值上相等的关系，直接从作用在杆端的外力偶矩 M_e 在杆发生扭转过程中所做的功 W 算得。当杆在线弹性范围内工作时，截面 B 相对于 A 的相对扭转角 φ 与外力偶矩 M_e 在加载工程中成正比，如图 4.20(b)所示，仿照轴向拉伸、压缩的应变能中所用方法，即可推导出以上应变能表达式。

4.6 圆轴扭转时的超静定问题

扭转时的超静定问题解法，和拉伸、压缩时超静定问题解法相同，同样是综合考虑几

何关系，物理关系和静力平衡方程。下面通过一个例题来说明其解法。

例 4.8　两端固定的圆截面杆 AB，在截面 C 处受到一扭转力偶矩 M_e 作用，如图 4.21(a)所示。已知杆的扭转刚度为 GI_P，试求杆两端的支反力偶矩。

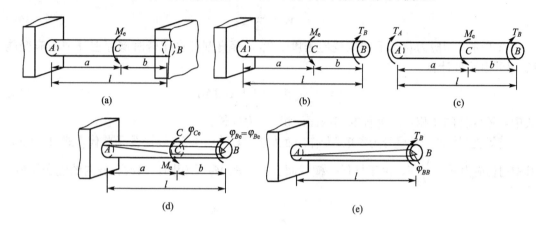

图 4.21　圆截面杆扭转

解：有 2 个未知的支反力偶矩，而静力平衡方程只有 1 个，故为一次超静定问题。

设想固定端 B 为多余约束，解除后加上相应的多余未知力偶矩 T_B，得基本静定系，如图 4.21(b)所示。

（1）列平衡方程。研究 AB 杆，受力分析如图 4.21(c)所示。于是平衡方程为

$$\sum M_x = 0, \quad T_A + T_B - M_e = 0 \tag{a}$$

（2）变形几何关系。M_e 单独作用时在 C 处引起扭转角 φ_{Ce}，同时也使 B 端作刚性转动，其转角 $\varphi_{Be} = \varphi_{Ce}$ [图 4.21(d)]；T_B 单独作用时在 B 处引起扭转角 φ_{BB} [图 4.21(e)]。由于 B 端原来是固定端，所以其扭转角等于零，即

$$\varphi_B = \varphi_{Ce} + \varphi_{BB} = 0 \tag{b}$$

其中，$\varphi_{Ce} = \dfrac{M_e a}{GI_P}$，$\varphi_{BB} = -\dfrac{T_B l}{GI_P}$。代入(b)式，得补充方程

$$\frac{M_e a}{GI_P} - \frac{T_B l}{GI_P} = 0 \tag{c}$$

联立(a)、(c)得

$$T_A = \frac{M_e b}{l}, \quad T_B = \frac{M_e a}{l}$$

结果为正，表明原来所设的方向是正确的。

4.7　非圆截面杆扭转的概念

以前各节讨论了圆形截面杆的扭转，但有些受扭杆件的横截面并非圆形。例如农业机械中有时采用方轴作为转动轴，又如曲轴的曲柄承受扭转，而其横截面是矩形的。

圆形截面杆扭转时的应力和变形的计算公式，是根据试验现象作了平面假设得到的，但是在研究矩形截面杆的扭转时，通过类似的试验观察到所有的横截面在扭转后不再是平

面。例如，图 4.22(a)所示的矩形截面杆，变形前在其表面刻上一系列纵向直线和横向直线，扭转变形后可以看到，所有横向直线都变为曲线［图 4.22(b)］，这说明原来为平面的横截面，变形后成为曲面，即截面上的各点在发生横向位移的同时还发生纵向位移，而纵向位移可能引起正应力。这种现象称为翘曲，凡是非圆截面杆在扭转时都会发生翘曲。

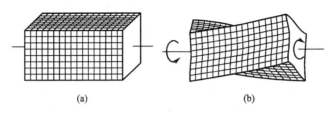

图 4.22 矩形截面杆扭转

非圆截面杆的扭转可分为自由扭转(free torsion)和约束扭转(constraint torsion)。若杆件各横截面的翘曲都相同，即杆的纵向线段虽有纵向位移但其长度无变化，因而横截面上无正应力而只有切应力。这种情况称为自由扭转，否则为约束扭转。等直杆两端无约束并受一对平衡力偶矩作用的情况就属于自由扭转。

由于矩形截面杆在扭转时横截面发生翘曲而变为曲面，而对曲面作简单的假设是困难的，因此用材料力学的方法不能解决这一问题，而必须用弹性力学的方法来解决。下面仅将矩形截面杆在自由扭转时，由弹性力学研究的主要结果简述如下。

(1) 矩形截面杆在自由扭转时，横截面上只有切应力而无正应力。

(2) 周边上各点的切应力的方向与周边平行，在对称轴上各点的切应力垂直对称轴，如图 4.23 所示。

(3) 在截面中心和四角点处，切应力为零。

(4) 最大切应力 τ_{max} 发生在截面长边的中点处。此外，短边的中点处切应力也较大，它们分别为

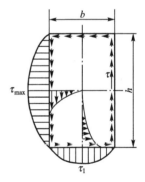

$$\tau_{max} = \frac{M_T}{\alpha hb^2} = \frac{M_T}{W_t} \tag{4-17}$$

$$\tau_1 = \nu \tau_{max} \tag{4-18}$$

图 4.23 矩形截面杆应力

式中，$W_t = \alpha hb^2$，称为杆件的抗扭截面系数。

强度条件为

$$\tau_{max} = \frac{M_T}{\alpha hb^2} \leqslant [\sigma] \tag{4-19}$$

杆件两端相对扭转角的计算公式为

$$\varphi = \frac{M_T l}{G\beta hb^3} = \frac{M_T l}{GI_t} \tag{4-20}$$

式中，$GI_t = G\beta hb^3$，称为杆件的抗扭刚度。

单位长度扭转角为

$$\varphi' = \frac{M_T}{G\beta hb^3} = \frac{M_T}{GI_t} \tag{4-21}$$

刚度条件为

$$\varphi' \leqslant [\varphi'] \qquad (4-22)$$

若采用工程单位制,则刚度条件为

$$\varphi' = \frac{180°}{\pi} \times \frac{M_T}{G\beta hb^3} \leqslant [\varphi'] \qquad (4-23)$$

α、β、ν 是一个与比值 h/b 有关的系数,已列入表 4-1 中。

表 4-1 矩形截面杆自由扭转时的

h/b	1	1.2	1.5	2.0	2.5	3.0	4.0	6.0	8.0	10.0	∞
α	0.208	0.219	0.231	0.246	0.258	0.267	0.282	0.299	0.307	0.313	0.333
β	0.141	0.166	0.196	0.229	0.249	0.263	0.281	0.299	0.307	0.313	0.333
ν	1.000	0.930	0.858	0.796	0.767	0.753	0.745	0.743	0.743	0.743	0.743

当 $h/b > 10$,截面成为狭长矩形。这时,$\alpha = \beta \approx \frac{1}{3}$。如果 δ 表示狭长矩形的短边的长度,则式(4-17)和式(4-20)化为

$$\tau_{\max} = \frac{M_T}{\frac{1}{3}h\delta^2} \qquad (4-24)$$

$$\varphi = \frac{M_T l}{G \frac{1}{3}h\delta^3} \qquad (4-25)$$

例 4.9 一矩形截面等直钢杆,承受一对外力偶矩 $M_e = 4\,000\text{N}\cdot\text{m}$ 作用,其横截面尺寸为 $h = 100\text{mm}$,$b = 50\text{mm}$,长度为 $l = 2\text{m}$。已知材料的许用切应力 $[\tau] = 120\text{MPa}$,许用单位长度扭转角 $[\varphi'] = 1°/\text{m}$,切变模量 $G = 80\text{GPa}$。试校核该杆的强度和刚度。

解:由截面法求得扭矩为 $M_T = M_e = 4\,000\text{N}\cdot\text{m}$。由 $\frac{h}{b} = \frac{100}{50} = 2$,查表 4.1 知:$\alpha = 0.246$,$\beta = 0.249$。于是由式(4-19)和式(4-23)分别求得

$$\tau_{\max} = \frac{M_T}{\alpha hb^2} = \frac{4\,000}{0.246 \times 0.1 \times 0.05^2} = 65(\text{MPa}) \leqslant [\tau]$$

$$\varphi' = \frac{180°}{\pi} \times \frac{M_T}{G\beta hb^3} = \frac{180°}{\pi} \times \frac{4\,000}{80 \times 10^9 \times 0.249 \times 0.1 \times 0.05^3} = 0.92(°/\text{m}) \leqslant [\varphi']$$

以上结果表明,杆满足强度条件和刚度条件。

小 结

1. 外力偶矩·扭矩及扭矩图

功率 P、转速 n 及外力偶矩 M 之间的关系,当功率用千瓦(kW)作单位时,外力偶矩为 $M = 9\,549\frac{P}{n}$;当功率用马力(PS)作单位时,则 $M = 7\,024\frac{P}{n}$。

外力只有力偶,用一假想平面,沿此截面将杆件截开,分成两部分,为了维持平衡,分布在横截面上的内力,必然构成一个内力偶与外力偶平衡,该内力偶矩称为扭矩,用

M_T 表示。当轴上同时有几个外力偶作用时，则不同轴段上扭矩不相同。为了表示扭矩随横截面位置变化的情况，可以作出扭矩图，作扭矩图的方法与作轴力图类似。

2. 薄壁圆筒的扭转

(1) 薄壁圆筒扭转时的切应力。薄壁圆筒扭转时横截面上的切应力是均匀分布的，其方向垂直于半径。切应力的计算公式为 $\tau = \dfrac{M_T}{2\pi r^2 \delta}$。

(2) 切应力互等定律。在相互垂直的两个截面上，垂直于截面交线的剪应力大小相等、方向同时指向或背离两截面的交线，这就是切应力互等定律。在单元体的四个侧面上，只有切应力而无正应力，这种情况称为纯剪切。

(3) 剪切胡克定律。当切应力不超过材料的剪切比例极限时，切应力与切应变成正比，这就是剪切胡克定律，即 $\tau = G\gamma$。

弹性常数：弹性模量 E，切变模量 G，泊松比 μ。对于各向同性材料，三个弹性常数之间关系为：$G = \dfrac{E}{2(1+\mu)}$。

3. 圆轴扭转时的切应力和强度计算

根据几何关系、物理关系、静力学关系可以推导出圆轴扭转时横截面上切应力计算公式，即 $\tau_\rho = \dfrac{M_T \rho}{I_P}$。截面上各点剪应力与该点到圆心的距离成正比。

圆轴截面边缘上的切应力为最大，最大值为 $\tau_{max} = \dfrac{M_T}{W_P}$。为了保证圆轴扭转时不会因强度不足而破坏，要求轴内的最大切应力不得超过材料的许用应力，即 $\tau_{max} \leq [\tau]$，这就是圆轴扭转的强度条件。利用这个条件可以解决三方面的问题。

4. 圆轴扭转时的变形和刚度计算

扭转角为 $\varphi = \dfrac{M_T l}{G I_P}$；轴的刚度条件为 $\varphi'_{max} = \dfrac{180}{\pi} \times \dfrac{M_T}{G I_P} \leq [\varphi'] (°/m)$。

5. 应变能

当圆杆扭转时，杆内将储存应变能。等直圆杆扭转时，杆内的应变能为 $V_\varepsilon = \dfrac{M_e^2 l}{2 G I_P}$，或 $V_\varepsilon = \dfrac{G I_P}{2l} \varphi^2$。应变能密度为 $\nu_\varepsilon = \dfrac{1}{2}\tau\gamma$，或 $\nu_\varepsilon = \dfrac{\tau^2}{2G}$，或 $\nu_\varepsilon = \dfrac{G\gamma^2}{2}$。

6. 超静定问题

扭转时的超静定问题解法，和拉伸、压缩时超静定问题解法相同，同样是综合考虑几何关系、物理关系和静力平衡方程。

7. 非圆截面杆扭转的概念

矩形截面杆在自由扭转时，由弹性力学研究的主要结果简述如下。

(1) 矩形截面杆在自由扭转时，横截面上只有切应力而无正应力。

(2) 周边上各点的切应力的方向与周边平行，在对称轴上各点的切应力垂直对称轴。

(3) 在截面中心和四角点处，切应力为零。

(4) 最大切应力 τ_{max} 发生在截面长边的中点处。此外，短边的中点处切应力也较大，它们分别为 $\tau_{max} = \dfrac{M_T}{\alpha h b^2}$ 和 $\tau_1 = \nu \tau_{max}$。

（5）杆件两端相对扭转角的计算公式为 $\varphi = \dfrac{M_T l}{G\beta h b^3} = \dfrac{M_T l}{G I_P}$。

思 考 题

4.1 两根轴的直径 d 和长度 l 相同，而材料不同，在相同的扭矩作用下，它们的最大切应力是否相同？扭转角是否相同？为什么？

4.2 用 Q235 钢制成的扭转轴，发现原设计轴的扭转角超过许用值。欲选用优质钢来降低扭转角，此方法是否有效？

4.3 一空心圆轴的外径为 D，内径为 d，它的极惯性矩 I_P 和抗扭截面系数 W_P 可否按下式计算（已知 $\alpha = \dfrac{d}{D}$）？

$$I_P = \dfrac{\pi D^4}{32} - \dfrac{\pi d^4}{32} = \dfrac{\pi D^4}{32}(1-\alpha^4), \quad W_P = \dfrac{\pi D^3}{16} - \dfrac{\pi d^3}{16} = \dfrac{\pi D^3}{16}(1-\alpha^3)$$

4.4 如图 4.24 所示各杆，哪些产生纯扭转变形？

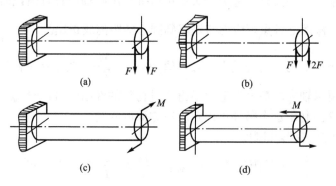

图 4.24 思考题 4.4 图

4.5 判断如图 4.25 所示的切应力分布图，其中正确的扭转切应力分布是哪个图？

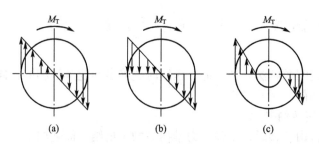

图 4.25 思考题 4.5 图

4.6 为什么同一减速器中，高速轴的直径较小，而低速轴的直径较大？

4.7 有铝和钢两根圆轴，尺寸相同，所受外力偶矩相同。钢的切变模量为 G_1，铝的切变模量为 G_2，且 $G_1 = 3G_2$。试分析两轴的切应力、扭转角的关系。

4.8 从力学角度解释，为什么说空心圆轴要比实心圆轴较合理？

习 题

4.1 试绘出如图 4.26 所示各轴的扭矩图，并求 $|M_T|_{max}$。

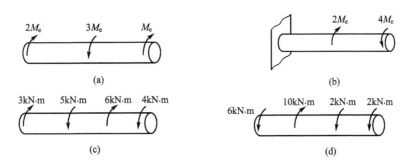

图 4.26 习题 4.1 图

4.2 某薄壁圆筒，外直径 $D=44$mm，内直径 $d=40$mm，横截面上扭矩 $M_T=750$N·m。试求扭转时横截面上的切应力。

4.3 圆轴的直径 $d=50$mm，转速 $n=120$r/min，若该轴的最大切应力为 $\tau_{max}=60$MPa。求所能传递的功率是多少。

4.4 如图 4.27 所示受扭圆轴中，直径 $d=80$mm。试求 1-1 截面上 K 点的切应力和杆中的最大切应力。

4.5 如图 4.28 所示受扭圆轴中，直径 $d=100$mm，材料的许用切应力 $[\tau]=40$MPa。试校核该轴的强度。

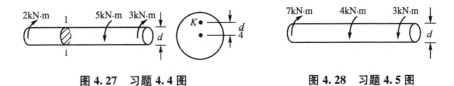

图 4.27 习题 4.4 图　　　图 4.28 习题 4.5 图

4.6 横截面相等的两根圆轴，一根为实心，许用切应力为 $[\tau]_1=80$MPa，另一根为空心，内外直径比 $\alpha=0.6$，许用切应力为 $[\tau]_2=50$MPa，若仅从强度条件考虑，哪一根圆轴能承受较大的扭矩？

4.7 如图 4.29 所示圆轴受外力作用，已知传递功率分别为 $P_A=15$kW，$P_B=30$kW，$P_C=10$kW，$P_D=5$kW，转速为 $n=500$r/min，许用应力为 $[\tau]=40$MPa，试设计该圆轴的直径。

4.8 船用推进轴如图 4.30 所示，一端是实心的，其直径 $d_1=28$cm；另一端是空心

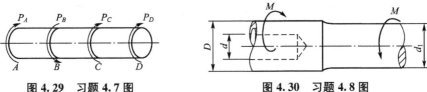

图 4.29 习题 4.7 图　　　图 4.30 习题 4.8 图

的，其内径 $d=14.8$cm，外径 $D=29.6$cm，受力偶矩 $M=200$kN·m。若 $[\tau]=50$MPa，试校核此轴的强度。

4.9 有一减速器如图 4.31 所示。已知电动机转速 $n=960$r/min，功率 $P=6$kW；轴材料的许用切应力 $[\tau]=40$MPa。试按扭转强度计算减速器第 1 轴的直径。

4.10 汽车的转向轴如图 4.32 所示，方向盘的直径 $D_1=52$cm，驾驶员每只手作用于方向盘上的最大切向力 $F_P=200$N，转向轴材料的许用切应力 $[\tau]=50$MPa，试设计实心转向轴的直径。若改为 $\alpha=\dfrac{d}{D}=0.8$ 的空心轴，则空心轴的内径和外径各多大？并比较两者的质量。

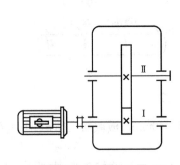

图 4.31 习题 4.9 图

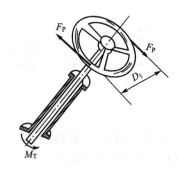

图 4.32 习题 4.10 图

4.11 实心轴直径 $d=50$mm，材料的许用切应力 $[\tau]=55$MPa，轴的转速 $n=300$r/min，试按扭转强度确定此轴所能传递的最大功率，并分析当转速升高为 $n=600$r/min 时，能传递的功率如何变化？

4.12 某空心圆轴，外直径 $D=100$mm，内直径 $d=50$mm，若要求轴在 2m 内的最大扭转角为 $1.5°$，设 $G=82$GPa。求所能承受的最大扭矩是多少？并求此时横截面上最大切应力。

4.13 某空心圆轴，外直径 $D=100$mm，内直径 $d=90$mm，长度 $l=2$m，最大切应力 $\tau_{max}=70$MPa，切变模量 $G=80$GPa，受扭矩 M_T 作用。试求：(1)两端面的相对扭转角；(2)若换成实心轴，在相同应力条件下，实心轴的直径为多少？

4.14 一直径为 30mm 的实心圆轴受到扭矩 $M_T=0.25$kN·m 作用后，在 2m 长度内产生 $3.74°$ 的相对扭转角。求材料的切变模量 G。

4.15 如图 4.33 所示为受扭圆轴，直径 $d=80$mm，材料的切变模量 $G=80$GPa。试分别求出 B、C 两截面的相对扭转角，以及 D 截面的扭转角。

4.16 如图 4.34 所示为受扭圆轴，已知材料的许用切应力 $[\tau]=40$MPa，切变模量 $G=80$GPa，单位长度的许用扭转角 $[\varphi']=1.2°$/m。试求轴所需的直径。

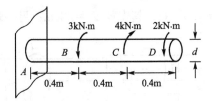

图 4.33 习题 4.15 图

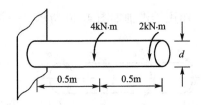

图 4.34 习题 4.16 图

4.17 如图 4.35 所示一等直圆轴,已知直径 $d=40$mm,$a=400$mm,$\varphi_{DB}=1°$,材料的切变模量 $G=80$GPa。试求:(1)最大切应力;(2)截面 A 相对于截面 D 的扭转角。

4.18 如图 4.36 所示为一等直圆轴,已知外力偶矩 $M_A=2.99$kN·m,$M_B=7.20$kN·m,$M_C=4.21$kN·m,材料的许用切应力 $[\tau]=70$MPa,许用单位长度扭转角 $[\varphi']=1°/$m,材料的切变模量 $G=80$GPa。试确定该轴的直径。

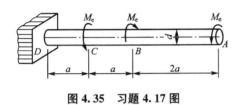

图 4.35 习题 4.17 图

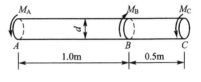

图 4.36 习题 4.18 图

4.19 如图 4.37 所示为一阶梯圆轴,AE 段为空心,外径 $D=140$mm,内径 $d=100$mm,BC 段为实心,直径 $d=100$mm,已知外力偶矩 $M_A=18$kN·m,$M_B=32$kN·m,$M_C=14$kN·m,材料的许用切应力 $[\tau]=80$MPa,许用单位长度扭转角 $[\varphi']=1.2°/$m,切变模量 $G=80$GPa。试校核该轴的强度和刚度。

4.20 一端固定的圆轴 AB,承受集度为 m_e 的均布外力偶矩作用,如图 4.38 所示。已知圆轴直径为 d,杆长为 l,材料的切变模量为 G,试求杆内积蓄的应变能。

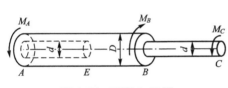

图 4.37 习题 4.19 图

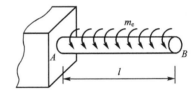

图 4.38 习题 4.20 图

4.21 如图 4.39 所示为一两端固定的阶梯状圆轴 AB,在截面突变处承受外力偶矩 M_e 作用。若直径 $d_1=2d_2$,试求固定端的支反力偶矩 M_A 和 M_B,并作扭矩图。

4.22 如图 4.40 所示为一两端固定的钢圆轴 AB,其直径 $d=60$mm,在 C 截面处承受一外力偶矩 $M_e=3.8$kN·m 作用。已知钢的切变模量 $G=80$GPa。试求:(1)截面 C 两侧横截面上的最大切应力;(2)截面 C 的扭转角。

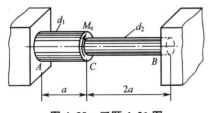

图 4.39 习题 4.21 图

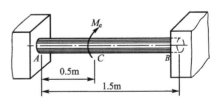

图 4.40 习题 4.22 图

4.23 如图 4.41 所示矩形截面钢杆承受一对外力偶矩 $M_e=3$kN·m 作用。已知材料的切变模量 $G=80$GPa。试求:(1)杆内最大切应力的大小和位置;(2)横截面短边中点处的切应力;(3)杆的单位长度扭转角。

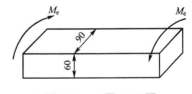

图 4.41 习题 4.23 图

第5章
弯曲内力

> **教学目标**

理解平面弯曲、剪力、弯矩的概念
掌握作梁的剪力图、弯矩图的截面法(即列方程法)
理解弯矩 $M(x)$、剪力 $F_S(x)$、分布荷载集度 $q(x)$ 之间的关系
掌握叠加法、分段叠加法作弯矩图的原理
熟练掌握控制截面法作梁的剪力图、弯矩图
了解控制截面法作平面刚架的剪力图、轴力图和弯矩图
了解曲杆内力图的作法

> **教学要求**

知识要点	能力要求	相关知识
作梁的剪力图、弯矩图的截面法(即列方程法)	(1) 掌握作梁的剪力图、弯矩图的截面法(即列方程法)的步骤 (2) 熟练绘制剪力图、弯矩图	平面一般力系的平衡条件
弯矩 $M(x)$、剪力 $F_S(x)$、分布荷载集度 $q(x)$ 之间的关系	(1) 熟练掌握弯矩 $M(x)$、剪力 $F_S(x)$ 与分布荷载集度 $q(x)$ 之间的关系 (2) 掌握应用弯矩 $M(x)$、剪力 $F_S(x)$ 与分布荷载集度 $q(x)$ 之间的关系绘梁段剪力图、弯矩图。	积分的概念 求导数的概念
叠加法、分段叠加法作弯矩图	(1) 理解叠加法、分段叠加法的适用条件 (2) 熟练掌握叠加法、分段叠加法作弯矩图	叠加原理
控制截面法作梁的剪力图、弯矩图和刚架剪力图、轴力图和弯矩图	(1) 熟练掌握控制截面法作梁的剪力图、弯矩图 (2) 了解控制截面法作平面刚架的剪力图、轴力图和弯矩图	平面一般力系的平衡条件

> **引言**

弯曲是杆件十分重要的基本变形之一,在实际中的梁、板是以弯曲变形为主的构件。在这章中,主要讨论梁在横向力作用下,剪力图、弯矩图绘制的截面法(即列方程法)、叠加法、分段叠加法和控制截

面法,重点掌握控制截面法。本章的学习非常重要,它将为后面学习梁的应力、梁的变形、组合变形以及压杆稳定的临界应力奠定基础,建议同学们注重学习和掌握基本概念和基本方法。

5.1 平面弯曲的概念及梁的计算简图

5.1.1 平面弯曲的概念

在工程中常遇到这样一类杆件,它们承受的外力(荷载和约束反力)是作用线垂直于杆轴线的平衡力系。在外力作用下,杆轴线由直线变成曲线,这种变形称为弯曲(bending)。以弯曲变形为主的杆件称为梁(beam)。梁的用途非常广泛,例如房屋建筑物中的楼层梁[图5.1(a)]和阳台梁[图5.1(b)];桥式起重机的钢梁[图5.1(c)];公路桥的纵梁和桥面板梁[图5.1(d)]等均为受弯杆件。拱坝的拱冠梁[图5.1(e)]在拱坝承受水压力时,也发挥梁的作用。

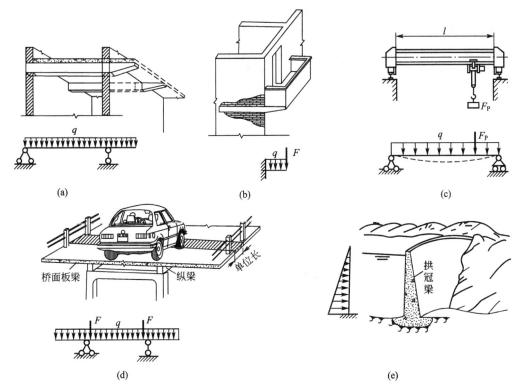

图 5.1 工程中梁的实例

工程中常见的梁多采用具有竖向对称轴的横截面,例如矩形、圆形、工字形、T形等(图 5.2),而外力一般作用在梁的纵向对称面内,在这种情况下,梁弯曲变形表现出以下特点:梁的轴线与外力保持在同一纵向对称面内,即梁变形后的轴线成为一条在纵向对称面内的平面曲线(图 5.3),这类弯曲称为平面弯曲(plane bending)。本章和后两章主要研究直梁平面弯曲问题。

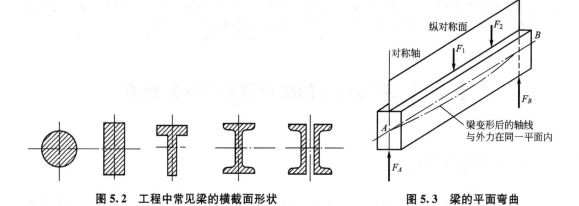

图 5.2 工程中常见梁的横截面形状　　　　图 5.3 梁的平面弯曲

5.1.2 梁的计算简图

在实际工程中，梁的截面形状和尺寸多种多样，荷载和支承情况也千变万化，要去研究每一个特定的梁是不现实的，也是没有必要的。通常把实际的梁合理地进行简化，作出梁的计算简图，按支承情况不同把单跨静定梁分为悬臂梁(cantilever beam)、简支梁(simply supported beam)和外伸梁(overhanging beam)三种基本形式，图 5.4(a)、(b)、(c)所示的梁分别为这三种梁的计算简图，它们的支座约束反力数目等于独立的平衡方程数目，仅用平衡方程就可确定其所有的支座约束反力，这种梁称为静定梁。有时为了工程上的需要，对一根梁设置较多的支座 [图 5.4(d)、(e)]，因而梁的支座约束反力数目多于独立的平衡方程的数目，此时仅用平衡方程就无法确定其所有的支座约束反力，这种梁称为超静定梁。

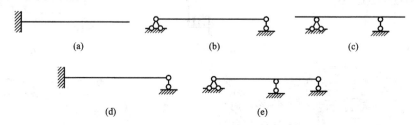

图 5.4 梁的计算简图

梁在两支座间的部分称为跨，其长度则称为梁的跨度。常见的静定梁大多是单跨的。接下来就要以计算简图为依据，进行力学计算。

5.2 梁的剪力与弯矩、剪力图与弯矩图

梁在外力作用下发生弯曲变形时，各横截面上将产生内力，确定梁的内力仍用截面法。

5.2.1 剪力与弯矩

如图 5.5(a)所示简支梁 AB 受集中力 F 的作用，欲求距 A 端 x 处 m-m 横截面上的

内力。为此，先求出梁的支座反力 F_A、F_B，然后用截面法沿 m-m 横截面假想地把梁截分为两部分，取左段为研究对象［图 5.5(b)］。由于整个梁处于平衡状态，左段也应保持平衡，故在 m-m 横截面上必定有一个作用线与 F_A 平行而指向与 F_A 相反的切向内力 F_S 存在；同时 F_A 与 F_S 形成一力偶，其力偶矩为 $F_A x$，使左段有顺时针转动的趋势，因此在该横截面上还应有一个逆时针转向的内力偶矩 M 存在，才能使左段平衡。也就是说，在抛弃右段梁之后，右段梁对左段梁的作用，可以用截开截面上的内力 F_S 和内力偶 M 来代替，其大小由平衡方程确定。即由

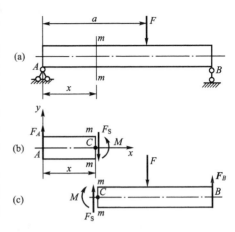

图 5.5 用截面法求梁的内力

$$\sum F_y=0, \quad F_A-F_S=0$$

可得

$$F_S=F_A$$

$$\sum M_C=0, \quad M-F_A x=0$$

可得

$$M=F_A x$$

式中，F_S 称为 m-m 横截面上的剪力（shear force），它是该横截面上切向分布力的合力；M 称为 m-m 横截面上的弯矩（bending moment），它是该截面上法向分布内力的合力偶矩。这里的矩心 C 是横截面的形心。

若取右段为研究对象［图 5.5(c)］，则由右段梁上的外力所计算出的该截面剪力和弯矩，在数值上与上述结果相等，但其方向均相反。这一结果是必然的，因为它们是作用力与反作用力的关系。

为了使以左段梁或右段梁为研究对象时，求得的同一横截面 m-m 上的内力不仅大小相等，而且有相同的正负号，与拉压、扭转类似，梁弯曲时也可根据变形来规定内力的正负号。在横截面 m-m 处，从梁内取出长为 dx 的微段，并规定：在图 5.6(a)所示变形情况下，即微段有"左上右下"相对错动时，横截面 m-m 上的剪力为正（即任一截面上剪力以对杆段另一端横截面形心产生顺时针力矩时为正），反之为负（即任一截面上剪力以对杆段另一端横截面形心产生逆时针力矩时为负）［图 5.6(b)］。在图 5.6(c)所示的变形情况下，即当微段的弯曲为"下凸上凹"时，此横截面上的弯矩为正（即任一截面上弯矩以使梁段下侧纵向纤维拉长，上侧压短时为正），反之为负（即任一截面上弯矩以使梁段上侧纵向纤维拉长，下侧压短时为负）［图 5.6(d)］。按上述符号规定，计算某截面内力时，无论保留左段或右段，所得结果的数值与符号都是一样的。

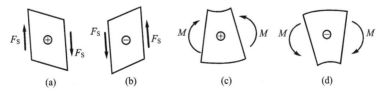

图 5.6 剪力、弯矩正负号规定

例 5.1 试求图 5.7(a)所示外伸梁指定横截面 1-1、2-2、3-3、4-4 上的剪力和弯矩。

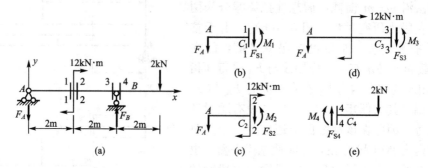

图 5.7 例 5.1 图

解：(1) 求支座反力。取整体为研究对象，由平衡方程

$$\sum M_A = 0, \quad 12 - F_B \times 4 + 2 \times 6 = 0$$
$$\sum F_y = 0, \quad -F_A + F_B - 2 = 0$$

可得

$$F_A = 4 (\text{kN}), \quad F_B = 6 (\text{kN})$$

此梁在竖向荷载和集中力偶作用下，在固定铰支座 A 处所受的水平约束力显然为零。

(2) 用截面法计算梁指定截面上的内力。

① 求 1-1 截面上的内力。假想将梁沿 1-1 截面截开，取 1-1 截面左半部分为研究对象，作受力图（假设 1-1 截面上的剪力 F_{S1} 与弯矩 M_1 均为正方向），如图 5.7(b)所示，由平衡方程

$$\sum F_y = 0, \quad -F_A - F_{S1} = 0$$

可得

$$F_{S1} = -F_A = -4 (\text{kN})$$
$$\sum M_{C_1} = 0, \quad F_A \times 2 + M_1 = 0$$

可得

$$M_1 = -F_A \times 2 = -8 (\text{kN} \cdot \text{m})$$

F_{S1} 和 M_1 均为负值，表示实际方向与假设相反。

② 求 2-2 截面上的内力。假想将梁沿 2-2 截面截开，取 2-2 截面左半部分为研究对象，作受力图（假设 2-2 截面上的剪力 F_{S2} 与弯矩 M_2 均为正方向），如图 5.7(c)所示，由平衡方程

$$\sum F_y = 0, \quad -F_A - F_{S2} = 0$$

可得

$$F_{S2} = -F_A = -4 (\text{kN})$$
$$\sum M_{C_2} = 0, \quad F_A \times 2 + -12 + M_2 = 0$$

可得

$$M_2 = -F_A \times 2 + 12 = 4 (\text{kN} \cdot \text{m})$$

F_{S2} 为负值，表示实际方向与假设相反。M_2 为正值，表示实际方向与假设相同。

1-1 和 2-2 两个横截面分别在集中力偶作用面的左侧和右侧，将这两个截面上的内力 F_{S1} 与 F_{S2} 以及 M_1 和 M_2 分别进行比较，则发现：在集中力偶两侧的相邻横截面上，剪

力相同而弯矩发生突变,且突变量等于集中力偶的大小。

③ 求3-3截面上的内力。假想将梁沿3-3截面截开,取3-3截面左半部分为研究对象,作受力图(假设3-3截面上的剪力F_{S3}与弯矩M_3均为正方向),如图5.7(d)所示,由平衡方程,

$$\sum F_y=0, \quad -F_A-F_{S3}=0$$

可得

$$F_{S3}=-F_A=-4(\text{kN})$$
$$\sum M_{C_3}=0, \quad F_A\times 4+M_3-12=0$$

可得

$$M_3=12-F_A\times 4=-4(\text{kN}\cdot\text{m})$$

F_{S3}和M_3均为负值,表示实际方向与假设相反。

④ 求4-4截面上的内力。假想将梁沿4-4截面截开,取4-4截面右半部分为研究对象,作受力图(假设4-4截面上的剪力F_{S4}与弯矩M_4均为正方向),如图5.7(e)所示,由平衡方程,

$$\sum F_y=0, \quad F_{S4}-2=0$$

可得

$$F_{S4}=2(\text{kN})$$
$$\sum M_{C_4}=0, \quad M_4+2\times 2=0$$

可得

$$M_4=-4(\text{kN}\cdot\text{m})$$

F_{S4}为正值,表示实际方向与假设相同。M_4为负值,表示实际方向与假设相反。

3-3和4-4两个横截面分别在集中力作用面的左侧和右侧,将这两个截面上的内力F_{S3}与F_{S4}和M_3与M_4分别进行比较,则发现:在集中力两侧的相邻横截面上,弯矩相同而剪力发生突变,且突变量等于集中力的大小。

通过上面的计算和进一步平衡分析,可以得出以下内力计算规则:

(1) 某横截面上的剪力F_S等于作用在该横截面任一侧(左侧或右侧)梁上所有外力在该横截面及其延展面上的投影代数和。对该横截面形心产生顺时针力矩的外力,在该横截面及其延展面上的投影取正,反之取负。

(2) 某横截面上的弯矩M等于作用在该横截面任一侧(左侧或右侧)梁上所有外力对该横截面形心的力矩代数和。外力对该横截面形心产生的力矩使该横截面下侧纵向纤维拉长时取正,反之取负。据此规则,在实际计算中可不必将梁假想地截开,取研究对象,而直接从横截面的任意一侧梁上的外力来求该横截面上的剪力和弯矩。

5.2.2 剪力方程与弯矩方程和剪力图与弯矩图

梁横截面上的剪力和弯矩一般是随横截面位置而变化的,为了描述其变化规律,可以用坐标x表示横截面沿梁轴线变化的位置,则梁各横截面上的剪力和弯矩可以表示为x坐标的函数,即

$$F_S=F_S(x), \quad M=M(x)$$

这两个函数表达式分别称为梁的剪力方程和弯矩方程(shear-force & bending-moment equations)。

根据剪力和弯矩方程,以平行于梁轴线的横坐标 x 表示横截面的位置,以纵坐标表示各对应横截面上的剪力值和弯矩值,画出 $F_S=F_S(x)$,$M=M(x)$ 关系曲线,这样的图线称为梁的剪力图和弯矩图(shear-force & bending-moment diagrams)。在画梁的剪力图和弯矩图时特别要注意:画剪力图时,对于所有专业,正剪力都画在杆轴线上方,负剪力都画在杆轴线下方。画弯矩图时,对于土建类专业,正弯矩都画在杆轴线下方,负弯矩都画在杆轴线上方;但对于机械类专业,正弯矩都画在杆轴线上方,负弯矩都画在杆轴线下方。所有专业,作剪力图、弯矩图时,都不要在剪力、弯矩值前加"+"、"-"号,剪力、弯矩"+"、"-"号一律标于图中圆圈内。本书以土建类专业的规定来作梁的弯矩图,机械类专业只须把弯矩图上下倒转即可。

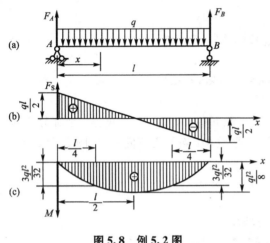

图 5.8 例 5.2 图

例 5.2 图 5.8(a)所示为一简支梁,在全梁上受集度为 q 的均布荷载作用。试作此梁的剪力图和弯矩图。

解:(1) 求支座反力。由对称性可知梁的两个支座反力相等

$$F_A=F_B=\frac{1}{2}ql$$

(2) 列剪力方程和弯矩方程。取 A 为原点,在距 A 点 x 处取一横截面,根据该截面左侧梁上的外力直接计算该截面的剪力和弯矩,即可得梁的剪力方程和弯矩方程

$$F_S(x)=F_A-qx=\frac{1}{2}ql-qx \quad (0<x<l) \qquad (5-1)$$

$$M(x)=F_Ax-qx \cdot \frac{x}{2}=\frac{1}{2}ql-\frac{1}{2}qx^2 \quad (0 \leqslant x \leqslant l) \qquad (5-2)$$

(3) 作剪力图和弯矩图。由式(5-1)可知剪力是 x 的线性函数,因而剪力图为一斜直线,只需确定其上两点,如 $x=0$ 处,$F_S=\frac{1}{2}ql$,$x=l$ 处,$F_S=-\frac{1}{2}ql$,便可绘出剪力图[图 5.8(b)]。

由式(5-2)可知弯矩是 x 的二次函数,弯矩图为二次抛物线,要绘出此曲线至少需确定曲线上的三点。在 $x=0$ 和 $x=l$ 处,$M=0$;在 $x=\frac{l}{2}$ 处,$M=\frac{1}{8}ql^2$。由此可绘出弯矩图[图 5.8(c)]。

由剪力图和弯矩图可见,在两支座内侧横截面上剪力的绝对值最大,其值为 $|F_S|_{max}=\frac{1}{2}ql$;在梁的中点横截面上,剪力 $F_S=0$,弯矩值最大,其值为 $|M|_{max}=\frac{1}{8}ql^2$。

例 5.3 图 5.9(a)所示为一简支梁,在 C 点处受集中力 F 作用。作此梁的剪力图和弯矩图。

解:(1) 求支座反力。以整个梁为研究对象,由平衡方程求得

$$F_A = \frac{Fb}{l}, \quad F_B = \frac{Fa}{l}$$

(2) 列剪力方程和弯矩方程。由于在 C 处有集中力 F 作用,将梁分为 AC 和 CB 两段,两段梁的剪力方程和弯矩方程不同,需分段写出。

AC 段。在 AC 段任取一横截面,假设该横截面距 A 端距离为 x,根据该横截面左侧上梁的外力,由内力计算规则可列出该横截面的剪力方程和弯矩方程

$$F_{S1} = F_A = \frac{Fb}{l} \quad (0 < x < a) \tag{5-3}$$

$$M_1 = F_A x = \frac{Fb}{l} x \quad (0 \leqslant x \leqslant a) \tag{5-4}$$

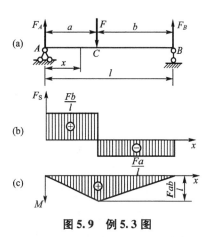

图 5.9　例 5.3 图

CB 段。在 CB 段任取一横截面,仍假设该横截面距 A 端距离为 x,根据该横截面右侧上梁的外力,由内力计算规则可列出该横截面的剪力方程和弯矩方程

$$F_{S2} = -F_B = -\frac{Fa}{l} \quad (a < x < l) \tag{5-5}$$

$$M_2 = F_B(l-x) = \frac{Fa}{l}(l-x) \quad (a \leqslant x \leqslant l) \tag{5-6}$$

(3) 作剪力图和弯矩图。由式(5-3)、式(5-5)可知,AC 和 CB 两段梁的剪力图均为一水平直线;由式(5-4)、式(5-6)可知,这两段梁的弯矩图各是一条倾斜直线。根据这些方程,作出全梁的剪力图和弯矩图,如图 5.9(b)、(c)所示。从图中可见,在集中力两侧的相邻横截面上,弯矩图线只发生转折,而剪力图发生突变,且突变量等于集中力的大小。

由图 5.9 可见,在 $a \leqslant b$ 的情况下,在 AC 段剪力的绝对值最大,其值为 $|F_S|_{\max} = \frac{Fb}{l}$;而在集中力作用处的横截面上弯矩最大,其值为 $M_{\max} = \frac{Fab}{l}$。若集中力 F 作用于梁的中点,即 $a = b = \frac{l}{2}$ 时,则 $F_{S\max} = \frac{F}{2}$,$M_{\max} = \frac{Fl}{4}$。

例 5.4　图 5.10(a)所示为一简支梁,在 C 点处受一集中力偶 M_e 作用,作此梁的剪力图和弯矩图。

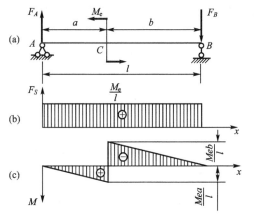

图 5.10　例 5.4 图

解:(1) 求支座反力。以整体为研究对象,由平衡方程求得

$$F_A = F_B = \frac{M_e}{l}$$

方向如图 5.10(a)所示。

(2) 列剪力方程和弯矩方程。由于 C 处有集中力偶 M_e 作用,应将梁分为 AC 和 CB 两段,分别在两段内取截面,根据截面左侧梁上的外力列出剪力方程和弯矩方程

AC 段。

$$F_{S1} = F_A = \frac{M_e}{l} \quad (0 < x \leqslant a) \tag{5-7}$$

$$M_1 = F_A x = \frac{M_e}{l}x \quad (0 \leqslant x < a) \tag{5-8}$$

CB 段。

$$F_{S2} = F_A = \frac{M_e}{l} \quad (a \leqslant x < l) \tag{5-9}$$

$$M_2 = F_A x - M_e = \frac{M_e}{l}x - M_e \quad (a < x \leqslant l) \tag{5-10}$$

(3) 作剪力图和弯矩图。由式(5-7)、式(5-9)可知,AC 段和 CB 段各横截面上的剪力相同,两段的剪力图为同一水平线;由式(5-8)、式(5-10)可知,两段梁的弯矩图为倾斜直线。作出梁的剪力图和弯矩图,如图 5.10(b)、(c)所示。从图中可见,在集中力偶两侧的相邻横截面上,剪力图线既无突变也无转折,而弯矩图发生突变,且突变量等于集中力偶的大小。全梁横截面上的剪力均为 $\frac{M_e}{l}$;在 $a < b$ 的情况下,绝对值最大的弯矩在 C 点稍右的截面上,其值为 $|M|_{max} = \frac{M_e b}{l}$。

简支梁、悬臂梁和外伸梁在常见荷载作用下的剪力图和弯矩图的形状、最大剪力值、最大弯矩值及其正负号等均应熟记,这是即将学习的"按叠加原理作梁的弯矩图"的基础,也是今后学习结构力学课程的基础。为了便于读者复习、记忆和查阅,现将常见的十二个简单静定梁的荷载及内力图列于表 5-1。

表 5-1 常见的静定梁内力图

一、简支梁			
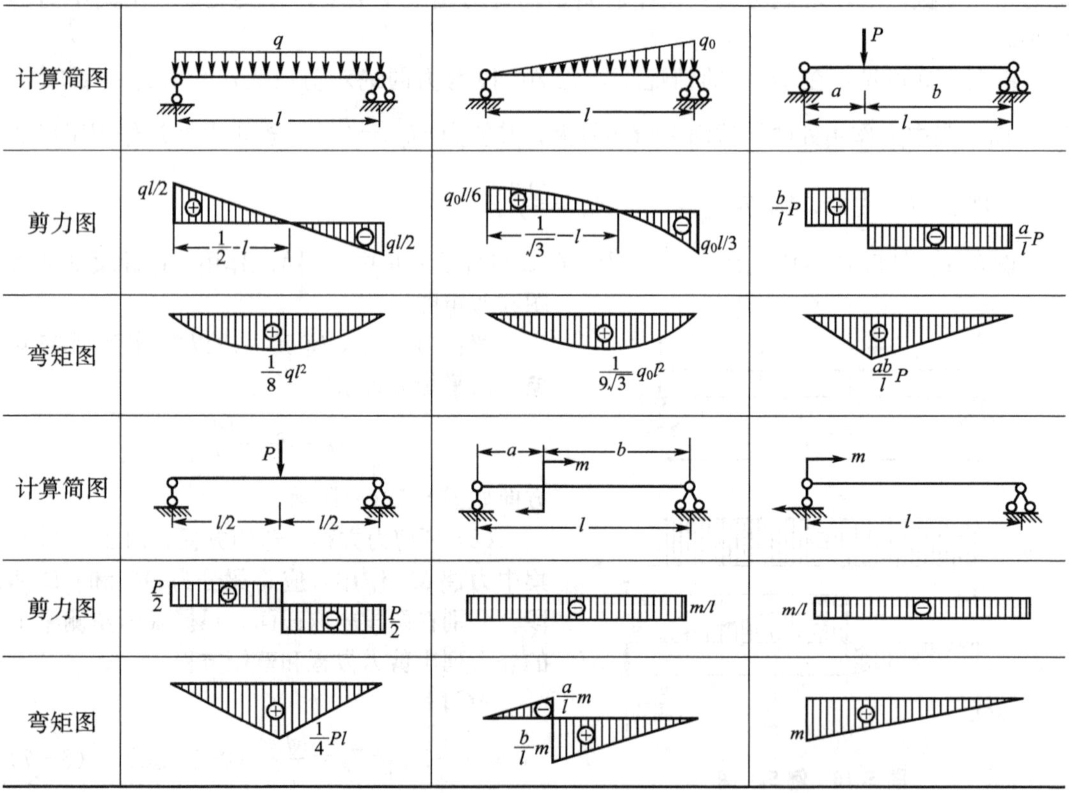 计算简图	均布荷载 q,跨长 l	三角形荷载 q_0,跨长 l	集中力 P,距左端 a,距右端 b,跨长 l
剪力图	$ql/2$,$\frac{1}{2}l$,$ql/2$	$q_0 l/6$,$\frac{1}{\sqrt{3}}l$,$q_0 l/3$	$\frac{b}{l}P$,$\frac{a}{l}P$
弯矩图	$\frac{1}{8}ql^2$	$\frac{1}{9\sqrt{3}}q_0 l^2$	$\frac{ab}{l}P$
计算简图	集中力 P 于跨中,$l/2$,$l/2$	集中力偶 m,距左 a,距右 b	集中力偶 m 于右端,跨长 l
剪力图	$\frac{P}{2}$,$\frac{P}{2}$	m/l	m/l
弯矩图	$\frac{1}{4}Pl$	$\frac{a}{l}m$,$\frac{b}{l}m$	m

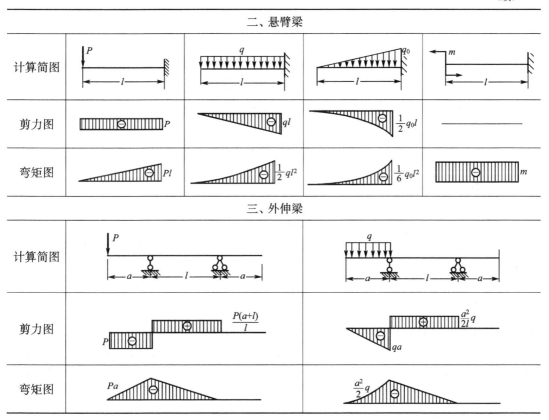

5.3 剪力 $F_S(x)$、弯矩 $M(x)$ 与荷载集度 $q(x)$ 间的关系及其应用

设一梁上作用有任意的分布荷载，其集度为 $q(x)$，它是 x 的连续函数，并规定以向上为正。取梁的左端横截面形心 O 为坐标系原点 [图 5.11(a)]，用坐标为 x 的 $m-m$ 横截面和坐标为 $x+dx$ 的 $n-n$ 横截面假想地截取一长为 dx 的微段。因 dx 非常小，可忽略荷载集度沿 dx 长度的变化而视为均匀分布的，设截面 $m-m$ 上产生了正向内力分别为 $F_S(x)$ 和 $M(x)$，截面 $n-n$ 上的正向内力分别为 $F_S(x)+dF_S(x)$ 和 $M(x)+dM(x)$，则微段受力情况如图 5.11(b) 所示。

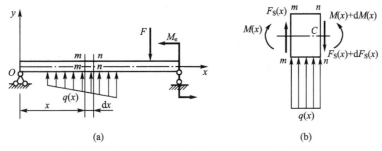

图 5.11 剪力、弯矩与分布荷载集度间的微分关系

由平衡方程
$$\sum F_y = 0, \quad F_S(x) + q(x)dx - [F_S(x) + dF_S(x)] = 0$$
可得
$$\frac{dF_S(x)}{dx} = q(x) \quad (5-11)$$

即剪力对 x 的一阶导数等于梁上相应位置处分布荷载的集度。式(5-11)也表明剪力图在 x 截面处切线的斜率等于分布荷载在 x 截面的集度。

由平衡方程
$$\sum M_C = 0, \quad -M(x) - q(x)dx \times \frac{dx}{2} - F_S(x)dx + [M(x) + dM(x)] = 0$$

略去二阶微量 $q(x)dx\frac{dx}{2}$，可得
$$\frac{dM(x)}{dx} = F_S(x) \quad (5-12)$$

即弯矩对 x 的一阶导数等于梁上相应截面上的剪力。上式也表明弯矩图在 x 截面处切线的斜率等于 x 截面的剪力。

由式(5-11)和式(5-12)又可得到
$$\frac{d^2M(x)}{dx^2} = q(x) \quad (5-13)$$

即弯矩对 x 的二阶导数等于梁上相应相应位置处分布荷载的集度。

式(5-11)、式(5-12)、式(5-13)分别表示梁在同一截面处的荷载集度 $q(x)$、剪力 $F_S(x)$ 和弯矩 $M(x)$ 间的微分关系。应用上面的微分关系，就能根据梁上荷载情况，来分析和判断剪力图和弯矩图的图形特征。

对于无横向荷载作用的杆段，$q(x)=0$，因而
$$F_S(x) = \int dF_S(x) = \int q(x)dx = \int 0 dx = C$$
$$M(x) = \int dM(x) = \int F_S(x)dx = \int \left[\int q(x)dx\right]dx = \int \left[\int 0 dx\right]dx = \int C dx = Cx + D$$

即杆段上剪力图为与杆轴线平行的直线，弯矩图为斜率为 C 的直线。

对于均匀分布横向荷载作用的杆段，$q(x)=C$，因而
$$F_S(x) = \int dF_S = \int q(x)dx = \int C dx = Cx + D$$
$$M(x) = \int dM(x) = \int F_S(x)dx = \int \left[\int q(x)dx\right]dx = \int (Cx + D)dx = \frac{1}{2}Cx^2 + Dx + E$$

即杆段上剪力图为斜率为 C 的直线，弯矩图为二次抛物线。对于土建类专业，由于规定正弯矩画在杆轴线下方，则均匀分布横向荷载作用的杆段，弯矩图为与杆轴线变形方向一致的二次抛物线；而对于机械类专业，由于规定正弯矩画在杆轴线上方，则均匀分布横向荷载作用的杆段，弯矩图为与杆轴线变形方向相反的二次抛物线。

5.4 作梁弯矩图的叠加法和分段叠加法

1. 按叠加原理作梁的弯矩图

当梁在荷载作用下的变形很小时，其跨度的改变可以忽略不计。因而在求梁的支座反

力、剪力和弯矩时,均可按变形前的原始尺寸来计算,且所得的结果均与梁上的荷载成线性关系。例如图 5.12(a) 所示悬臂梁受集中荷载 F 和均布荷载 q 共同作用,距左端为 x 的任意横截面上的弯矩为

$$M(x) = Fx - \frac{q}{2}x^2$$

式中第一项为集中荷载 F 单独作用时所引起的弯矩;第二项为分布荷载 q 单独作用时所引起的弯矩。

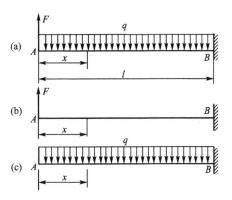

图 5.12 悬臂梁受集中荷载和均布荷载共同作用

由此可知:梁在几个荷载共同作用下的弯矩值,等于各荷载单独作用时弯矩的代数和。

实际上这里应用了具有普遍意义的叠加原理(superposition principle),即当所求某量(内力、应力或位移)与梁上荷载为线性关系时,由多个荷载共同作用时引起的某量(内力、应力或位移),就等于每个荷载单独作用时所引起的该量(内力、应力或位移)叠加。叠加原理应用范围是材料在线弹性范围工作。

由于弯矩可以叠加,故表达弯矩沿梁长度变化情况的弯矩图也可以按叠加原理作图,即可先分别作出各荷载单独作用下梁的弯矩图,然后将其相应的纵坐标叠加,即得梁在所有荷载共同作用下的弯矩图。当单跨梁上荷载不多时,用叠加法作弯矩图或求应力、位移既清楚又方便。

例 5.5 试按叠加原理作图 5.13(a)所示简支梁的弯矩图。

解: 分别作出梁在只有集中力偶 M_{e1} [图 5.13(b)]、M_{e2} [图 5.13(d)]和均匀分布荷载 q [图 5.15(f)]单独作用下的弯矩图,如图 5.13(c)、(e)、(g)所示。然后把三个图相叠加,即得三个荷载共同作用下的 M 图,如图 5.13(h)所示。

注意,叠加法作弯矩图是将各个荷载单独作用下的弯矩图中对应截面的弯矩纵标代数相加,而不是弯矩图的简单拼合。

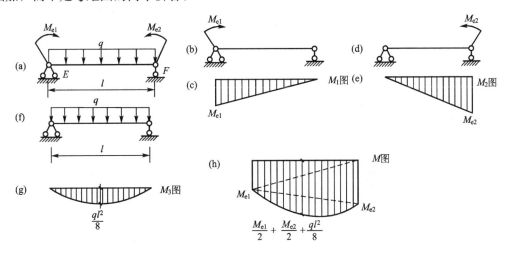

图 5.13 例 5.5 图

2. 分段叠加法作均布荷载作用下梁段的弯矩图

由上例叠加过程和结果可以看出，若把 5.13(a) 所示简支梁看成结构上（包括梁）上一个受弯杆段，M_{e1}、M_{e2} 看成杆段两端弯矩，支座反力看成杆段两端剪力，均布荷载为作用在杆段上的荷载，仍为一平面一般平衡力系，则不难引申出结构上（包括梁）上任一段均布荷载作用下的受弯杆段弯矩图的叠加画法（分段叠加法）：由内力计算规则求出受弯杆段两端弯矩，把两端弯矩纵标连虚线，在虚线基础上叠加同跨度简支梁在均布荷载作用下的弯矩图，梁段中央在虚线基础上叠加弯矩值 $\dfrac{ql^2}{8}$。土建类专业，要求均布荷载作用下杆段二次抛物线形的弯矩图凸出的方向与杆段变形一致；而机械类专业，则要求均布荷载作用下杆段二次抛物线形的弯矩图凸出的方向与杆段变形相反；本书以土建类专业的规定来作梁的弯矩图。

5.5 作梁剪力图与弯矩图的控制截面法（简易法）

利用剪力、弯矩和分布荷载集度间的关系，可以不必再列出梁的剪力方程和弯矩方程，而用控制截面法能更加简捷地画出梁的剪力图和弯矩图。控制截面法作梁的剪力图和弯矩图的步骤如下：

(1) 取分离体，求支座反力（悬臂梁可不求）。

(2) 用内力计算规则求各控制截面剪力、弯矩值。所谓控制截面为集中力、集中力偶作用点的左右两侧截面，分布力、分布力偶的起点和终点位置的截面。

(3) 利用剪力 $F_S(x)$、弯矩 $M(x)$ 和分布荷载集度 $q(x)$ 间的关系及分段叠加法作梁剪力图和弯矩图。

下面通过一个例题说明用控制截面法作梁的剪力图和弯矩图。

例 5.6 用控制截面法作出图 5.14(a) 所示外伸梁的剪力图和弯矩图。

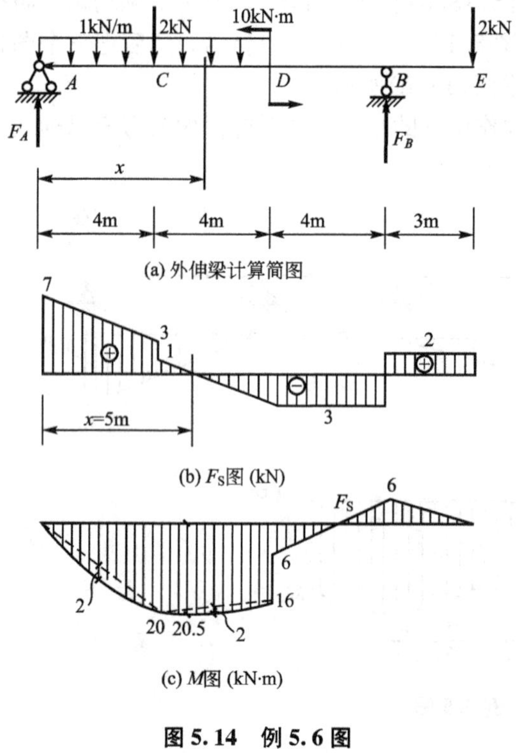

解：(1) 求支座反力。取梁整体为研究对象，由平衡方程

$$\sum M_B = 0,$$
$$F_A \times 12 - 1 \times 8 \times 8 - 2 \times 8 - 10 + 2 \times 3 = 0$$

得 $\qquad F_A = 7\text{kN}$

$$\sum F_y = 0, \quad F_A - 1 \times 8 - 2 + F_B - 2 = 0$$

得 $\qquad F_B = 5\text{kN}$

(2) 计算各控制截面的内力值。

由于梁仅承受竖向外力及外力偶作用，故所有截面上都不存在轴力。选择各杆段

图 5.14 例 5.6 图

的两端截面为控制截面,由内力计算规则求各控制截面内力值。

剪力 F_S 值:

AC 段:$F_{SA右}=F_A=7\text{kN}$,$F_{SC左}=F_A-1\times4=3\text{kN}$;

CD 段:$F_{SC右}=F_A-1\times4-2=1\text{kN}$,$F_{SD左}=F_A-1\times8-2=-3\text{kN}$;

DB 段:$F_{SD右}=F_A-1\times8-2=-3\text{kN}$,$F_{SB左}=F_A-1\times8-2=-3\text{kN}$;

BE 段:$F_{SB右}=F_A-1\times8-2+F_B=2\text{kN}$,$F_{SE左}=F_A-1\times8-2+F_B=2\text{kN}$。

弯矩 M 值:

AC 段:$M_{A右}=F_A\times0=0$,$M_{C左}=F_A\times4-1\times4\times2=20\text{kN}\cdot\text{m}$;

CD 段:$M_{C右}=F_A\times4-1\times4\times2=20\text{kN}\cdot\text{m}$;

$M_{D左}=F_A\times8-1\times8\times4-2\times4=16\text{kN}\cdot\text{m}$;

DB 段:$M_{D右}=F_A\times8-1\times8\times4-2\times4-10=6\text{kN}\cdot\text{m}$;

$M_{B左}=F_A\times12-1\times8\times8-2\times8-10=-6\text{kN}\cdot\text{m}$;

BE 段:$M_{B右}=F_A\times12-1\times8\times8-2\times8-10+F_B\times0=-6\text{kN}\cdot\text{m}$,

$M_{E左}=F_A\times15-1\times8\times11-2\times11-10+F_B\times3=0$。

实际上,任一截面的内力,既可以把截面左侧外力应用内力计算规则来计算,也可以把截面右侧外力应用内力计算规则来计算,所得到的内力值是相同的。本例题是从左侧外力应用内力计算规则来计算各控制截面内力值的。从计算结果还可看出:无集中力作用处,左、右侧两截面剪力值相同,无集中力偶作用处,左、右两侧截面弯矩值相同。

(3) 作内力图。

剪力图只需分两步作出。第一步:将各控制截面剪力值用垂直于杆轴线的纵标线表示,表示正剪力值的纵标线画在杆轴线上方,表示负剪力值的纵标线画在杆轴线下方。第二步:由各杆段剪力 $F_S(x)$ 与分布荷载集度 $q(x)$ 间的关系作各杆段剪力图。对于无荷载或有均布荷载的杆段,剪力图均为直线,只须将杆段两端纵标线之间分别连直线,然后把各控制截面剪力值标于对应位置,并在图中标明"+"、"-"号,即得全梁剪力图,如图[5.14(b)]所示。

弯矩图需分两步作出。第一步:将各控制截面弯矩值用垂直于杆轴线的纵标线表示,表示正弯矩值的纵标线画在杆轴线下方,表示负弯矩值的纵标线画在杆轴线上方。第二步:由各杆段弯矩 $M(x)$ 与分布荷载集度 $q(x)$ 间的关系作各杆段弯矩图。对于无荷载的杆段,弯矩图为直线,只须将杆段两端纵标线之间分别连实直线,对于均布荷载的杆段,弯矩图为二次抛物线,可先将杆段两端纵标线之间分别连虚直线,然后以虚直线为基线,叠加跨度等于杆段长度的简支梁在均布荷载作用的弯矩,杆段中央在虚线基础上叠加弯矩值 $\dfrac{ql^2}{8}$(注意:叠加是纵标值的相加,因此叠加值必须垂直于杆轴线方向画出,而不是垂直于虚线)。然后把各控制截面弯矩值标于对应位置,并在图中标明"+"、"-"号,即得全梁弯矩图,如图[5.14(c)]所示。

(4) 求出均布荷载作用的杆段极值弯矩。

对于均布荷载作用的杆段,极值弯矩必须求出并标出,因为它是杆段设计的重要依据。由 $\dfrac{\text{d}M(x)}{\text{d}x}=F_S(x)$ 可知,在 $F_S(x)=0$ 的截面有极值弯矩。由剪力图的几何关系,可得产生极值弯矩的截面位置,再由内力计算规则算出均布荷载作用的杆段极值弯矩 $M_{\max}^+$ 或

$M_{\max}^-$,并标于图中。本题均布荷载作用的杆段 $F_S(x)=0$ 的截面 $x=5\text{m}$,该截面极值弯矩 $M_{\max}^+$ 可由内力计算规则算出,$M_{\max}^+=F_A\times 5-1\times 5\times \dfrac{5}{2}-2\times 1=20.5(\text{kN}\cdot\text{m})$。在弯矩图上标出如图 [5.14(c)] 所示。

(5) 作校核。

对梁的内力图进行下述三点校核是很必要的,一般来说这样校核基本上能保证内力图的正确。

① 用另一个平衡方程校核支座反力,这一点要在求出支座反力后及时进行;
② 在各区段上用 $F_S(x)$、$M(x)$ 和 $q(x)$ 间的关系检查图线的性质;
③ 在各集中力和集中力偶处检查内力值的突变情况。

5.6 平面刚架、斜梁和曲杆的内力图

刚架(也称框架)是由梁和柱组成的杆件结构,它的重要特点是具有刚结点(全部或部分)。如果刚架所有杆件的轴线都在同一个平面内,且荷载也作用于该平面内,这样的刚架称为平面刚架。平面刚架各杆的内力,除了剪力和弯矩外,还有轴力。刚架轴力计算规则为:某横截面上的轴力 F_N 等于作用在该横截面任一侧(左侧或右侧)梁上所有外力在该横截面法线上的投影代数和。当外力箭头离开该横截面时,该外力在该横截面法线上的投影取正,反之取负。刚架剪力、弯矩计算规则与前述相同。习惯上按下列约定:

(1) 刚架的弯矩图画在各杆纵向纤维的受拉一侧,不注明正、负号。
(2) 刚架的剪力图及轴力图可画在刚架杆轴线的任一侧(通常正值画在刚架的外侧),须注明正、负号。
(3) 斜梁、曲杆横截面上的内力情况及其内力图的绘制方法,与刚架的相类似。

例 5.7 图 5.15(a)所示为下端固定的刚架,在其轴线平面内受集中荷载 F_1 和 F_2 作用。试绘制刚架的内力图。

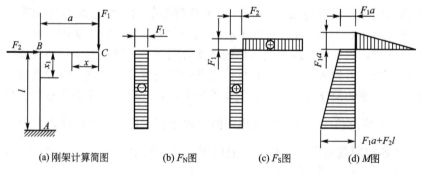

(a) 刚架计算简图　(b) F_N图　(c) F_S图　(d) M图

图 5.15　例 5.7 图

解: 计算内力时,一般应先求刚架的反力。本题中刚架的 C 点为自由端。若取包含自由端部分为研究对象 [图 5.15(a)],就可不求支反力。下面分别列出各段杆内力方程为

CB 段:
$$F_N(x)=0$$

$$F_S(x) = F_1$$
$$M(x) = -F_1 x \quad (0 \leqslant x \leqslant a)$$

BA 段：
$$F_N(x_1) = -F_1$$
$$F_S(x_1) = F_2$$
$$M(x_1) = -F_1 a - F_2 x_1 \quad (0 \leqslant x_1 \leqslant l)$$

根据各段杆的内力方程，即可绘出轴力、剪力和弯矩图，分别如图 5.15(b)、(c)、(d)所示。

例 5.8 简支斜梁 AB 轴线倾角为 α，水平方向直线跨度为 l，受均布荷载 q 作用，见图 5.16(a)。试绘制该斜梁内力图。

解：(1) 选坐标系，计算支座反力。将坐标原点选在梁左端 A 支座上，x 轴线水平向右为正方向。分析斜梁整体平衡：

由 $\sum F_x = 0$ 得 $X_A = 0$ \hfill (5-14)

由 $\sum M_B = 0$ 得 $Y_A l - q l \dfrac{l}{2} = 0$

$$Y_A = \frac{1}{2} q l \hfill (5-15)$$

由 $\sum F_y = 0$ 得 $Y_B + Y_A - q l = 0$

$$Y_B = q l - Y_A = \frac{1}{2} q l \hfill (5-16)$$

从式(5-14)、式(5-15)、式(5-16)可知，当简支斜梁与简支水平梁的荷载和跨度相同时，梁的支座反力也相同。

(2) 列内力方程 取 x 段为研究对象，其垂直梁轴线方向的外力有 $qx\cos\alpha$ 和 $Y_A\cos\alpha$，沿梁轴线方向的外力有 $qx\sin\alpha$ 和 $Y_A\sin\alpha$，故由剪力、轴力和弯矩计算规则可列出该截面的内力方程：

$$F_S(x) = Y_A\cos\alpha - qx\cos\alpha = \frac{1}{2}ql\cos\alpha - qx\cos\alpha$$
$$= \left(\frac{1}{2}ql - qx\right)\cos\alpha \hfill (5-17)$$

$$F_N(x) = -Y_A\sin\alpha + qx\sin\alpha = -\frac{1}{2}ql\sin\alpha + qx\sin\alpha$$
$$= -\left(\frac{1}{2}ql - qx\right)\sin\alpha \hfill (5-18)$$

$$M(x) = Y_A x - \frac{1}{2}qx^2 = \frac{1}{2}qlx - \frac{1}{2}qx^2 \hfill (5-19)$$

(3) 绘制内力图。以平行斜梁轴线的直线为横坐标，以与横坐标垂直的坐标轴为内力坐标绘制内力图。其中剪力图和轴力图应注明正负号，弯矩图则绘于斜梁受拉纤维的一侧，见图 5.16(b)、(c)、(d)。

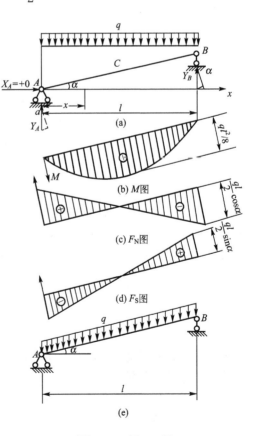

图 5.16 例 5.8 图

本例题斜梁上的分布荷载集度 q 沿水平方向计算。但有时均布荷载集度 q' 沿斜杆轴线方向计算。例如斜杆自重产生的荷载等，见图 5.16(e)。为使这种荷载作用下的斜杆的内力计算仍能直接利用式(5.17)、式(5.18)、式(5.19)进行计算，可根据作用在杆上的荷载值不变的原则，将沿杆轴线均匀分布的荷载集度 q'，转化为沿水平方向均布的荷载集度 q，使 $q'l'=ql$。式中 l' 为斜杆轴线长度，l 为斜杆轴线的水平投影长度。故

$$q=\frac{l'}{l}q'=q'/\cos\alpha$$

图 5.16(e)所示斜杆荷载如此转化后，就可用图 5.16(a)作为计算简图，进行内力计算。

例 5.9 作图 5.17 所示曲杆的内力图。

解：本例题曲杆所受的外力虽是一不变的铅垂方向的集中力 F，但曲杆 AB 各横截面的方位均随 θ 值而变化，故以极坐标表示其内力方程。即

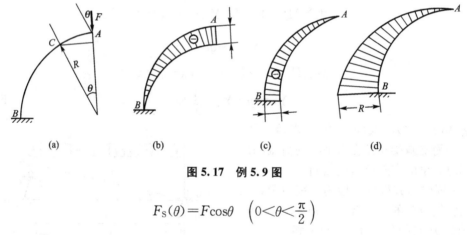

图 5.17 例 5.9 图

$$F_S(\theta)=F\cos\theta \quad \left(0<\theta<\frac{\pi}{2}\right)$$

$$F_N(\theta)=-F\sin\theta \quad \left(0<\theta<\frac{\pi}{2}\right)$$

$$M(\theta)=FR\sin\theta \quad \left(0<\theta<\frac{\pi}{2}\right)$$

作三个曲杆轴线图，以此图为基线，将各 θ 值所对应的剪力、轴力和弯矩值标在与横截面相应的半径线上，连接这些点，作出光滑曲线，即为该曲杆的内力图。剪力图和轴力图要注明正负号，弯矩图不注正负号，画在曲杆的受拉侧。

小 结

本章将讨论材料力学中构件受力后的另一种基本变形，即弯曲变形。当作用于杆件上的外力垂直于杆件的轴线，使原来的轴线变为曲线，这种形式的变形称为弯曲变形，以弯曲变形为主的杆件习惯上称为梁。在本章的学习中要求熟练掌握建立剪力、弯矩方程和绘制剪力弯矩图的方法。并深刻理解剪力、弯矩和分布荷载集度间的微分关系，以及掌握用该关系绘制或检验梁的剪力、弯矩图的方法。本章具体内容概要为：

1. 静定梁的基本形式
(1) 简支梁：一端固定，一端活动。
(2) 外伸梁：简支梁的一端或两端伸出支座外。
(3) 悬臂梁：一端固定，一端自由。
2. 弯曲内力及其符号

梁的弯曲内力分量包括剪力 F_S 和弯矩 M。仍采用截面法确定其值的大小。

内力分量符号的规定。任一截面上剪力以对杆段另一端横截面形心产生顺时针力矩时为正，以对杆段另一端横截面形心产生逆时针力矩时为负。任一截面上弯矩以使梁段下侧纵向纤维拉长，上侧压短时为正；以使梁段上侧纵向纤维拉长，下侧压短时为负。

3. 剪力、弯矩计算规则

(1) 某横截面上的剪力 F_S 等于作用在该横截面任一侧（左侧或右侧）梁上所有外力在该横截面及其延展面上的投影代数和。对该横截面形心产生顺时针力矩的外力，在该横截面及其延展面上的投影取正，反之取负。

(2) 某横截面上的弯矩 M 等于作用在该横截面任一侧（左侧或右侧）梁上所有外力对该横截面形心的力矩代数和。外力对该横截面形心产生的力矩使该横截面下侧纵向纤维拉长时取正，反之取负。据此规则，在实际计算中可不必将梁假想地截开，取研究对象，而直接从横截面的任意一侧梁上的外力来求该横截面上的剪力和弯矩。

4. 弯曲内力的表示方式

任一截面上的弯曲内力均可采用剪力和弯矩方程，或剪力图和弯矩图表示。采用截面法即可列出剪力方程和弯矩方程。至于剪力图和弯矩图其定义方式和轴力图是类似的。

5. 集中力、集中力偶两侧受力情况

在集中力两侧的相邻横截面上，弯矩相同而剪力发生突变，且突变量等于集中力的大小。在集中力偶两侧的相邻横截面上，剪力相同而弯矩发生突变，且突变量等于集中力偶的大小。

6. 剪力、弯矩与分布荷载集度间的微分关系

(1) 对于一段梁内，若无荷载作用，即 $q(x)=0$，则在这段梁内剪力 $F_S(x)=$ 常数，剪力图是平行于 x 轴的直线，由 $\dfrac{d^2M(x)}{dx^2}=q(x)=0$，知 $M(x)$ 是一次函数，弯矩图是斜直线。

(2) 对于一段梁，若作用均布荷载，即 $q(x)=$ 常数，则 $\dfrac{d^2M(x)}{dx^2}=\dfrac{dF_S}{dx}=q(x)=$ 常数，在这段梁内 $F_S(x)$ 是一次函数，$M(x)$ 是二次函数，故剪力图是斜直线，弯矩图是二次抛物线。

(3) 对一段梁，若 $F_S(x)=\dfrac{dM(x)}{dx}=0$，则在这一截面上弯矩有一极小值或极大值，即弯矩的极值发生在剪力为零的截面上。

7. 刚架、斜梁和曲杆的内力方程和内力图

刚架和曲杆的平面问题一般有三个内力：轴力、剪力和弯矩。刚架轴力计算规则为：某横截面上的轴力 F_N 等于作用在该横截面任一侧（左侧或右侧）梁上所有外力在该横截面

法线上的投影代数和。当外力箭头离开该横截面时,该外力在该横截面法线上的投影取正,反之取负。刚架剪力、弯矩计算规则与前述相同。习惯上按下列约定:

(1) 刚架的弯矩图画在各杆纵向纤维的受拉一侧,不注明正、负号。

(2) 刚架的剪力图及轴力图可画在刚架杆轴线的任一侧(通常正值画在刚架的外侧),须注明正、负号。

(3) 斜梁、曲杆横截面上的内力情况及其内力图的绘制方法,与刚架的相类似。

思 考 题

5.1 试问:(1)在图 5.18(a)所示梁中,AC 段和 CB 段剪力图图线的斜率是否相同?为什么?

(2) 在图 5.18(b)所示梁的集中力偶作用处,左、右两段弯矩图图线的切线斜率是否相同?

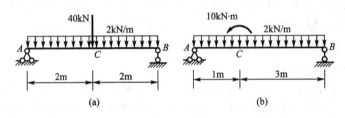

图 5.18 思考题 5.1 图

5.2 具有中间铰的矩形截面梁上有一活动荷载 F 可沿全梁 l 移动,如图 5.19 所示。试问如何布置中间铰 C 和可动铰支座 B,才能充分利用材料的强度?

5.3 简支梁的半跨长度上承受集度为 m 的均布外力偶作用,如图 5.20 所示。试作梁的 F_S、M 图。

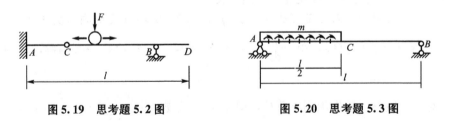

图 5.19 思考题 5.2 图   图 5.20 思考题 5.3 图

习 题

5.1 试求如图 5.21 所示各梁指定截面上的剪力和弯矩(各截面无限趋近集中荷载作用点或支座)。

5.2 试列出如图 5.22 所示各梁的剪力方程和弯矩方程,作剪力图和弯矩图,并求 $|F_S|_{max}$ 和 $|M|_{max}$。

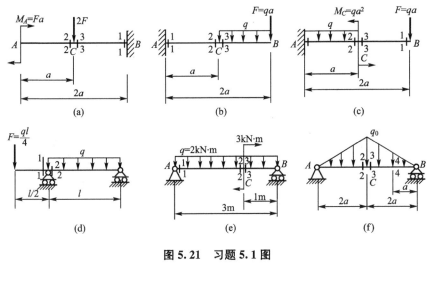

图 5.21 习题 5.1 图

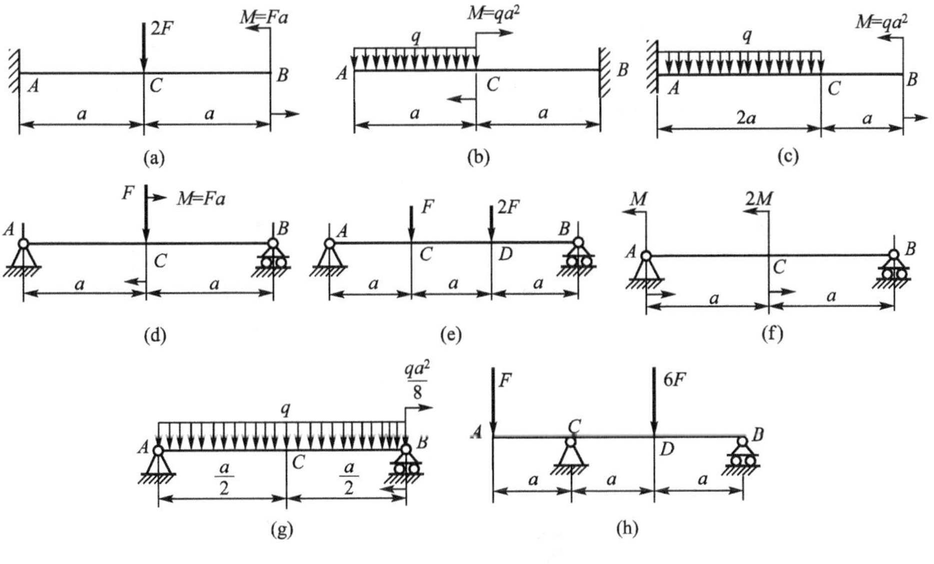

图 5.22 习题 5.2 图

5.3 用控制截面法作出图 5.23 所示外伸梁的剪力图和弯矩图,并求 $|F_S|_{max}$ 和 $|M|_{max}$。

5.4 用叠加法作如图 5.24 所示各梁的弯矩图。

5.5 设梁的剪力图如图 5.25 所示,试根据荷载集度 $q(x)$、剪力 $F_S(x)$ 和弯矩 $M(x)$ 间的微分关系作弯矩图及荷载图。已知梁上没有作用集中力偶。

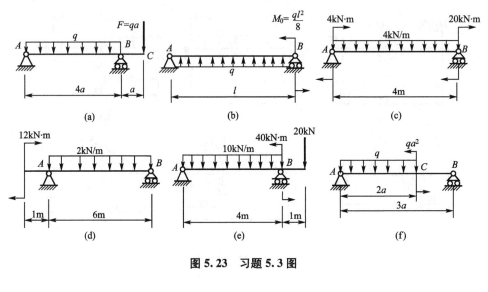

图 5.23 习题 5.3 图

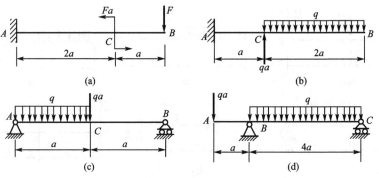

图 5.24 习题 5.4 图

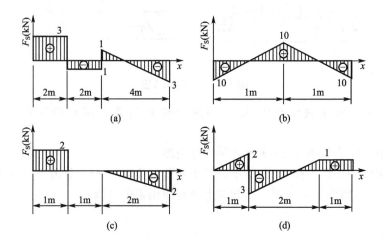

图 5.25 习题 5.5 图

第 6 章 弯 曲 应 力

教学目标

掌握纯弯曲横截面上的应力的推导过程
熟练掌握横力弯曲梁的正应力及正应力强度计算方法
熟练掌握横力弯曲梁的弯曲正应力及剪应力强度计算方法
理解梁的合理设计的概念
掌握电测试验应力的基本原理和方法
了解两种材料的组合梁正应力、剪应力强度计算方法

教学要求

知识要点	能力要求	相关知识
纯弯曲横截面上的应力	（1）掌握纯弯曲横截面上的应力的推导过程 （2）掌握矩形、圆形、圆环形、箱形、组合工字形、T形截面惯性矩 I_z、抗弯截面系数 W_z 的计算方法	积分的概念 空间一般力系的合成
横力弯曲梁的正应力及正应力强度计算方法	（1）熟练掌握横力弯曲梁的正应力在横截面上的分布规律 （2）熟练掌握横力弯曲梁的正应力强度计算方法	组合平面的形心 惯性矩平行移轴公式
横力弯曲梁的弯曲切应力及切应力强度计算方法	（1）理解横力弯曲梁横截面上的切应力推导过程 （2）熟练掌握横力弯曲梁的切应力在横截面上的分布规律 （3）熟练掌握横力弯曲梁的切应力强度计算方法	积分的概念 空间一般力系的合成 平面图形对轴的静矩
梁的合理设计的概念	（1）理解提高梁弯曲强度的措施 （2）理解等强度梁的概念	塑性材料、脆性材料抗拉及抗压特性

引言

直梁弯曲时，横截面上一般会产生两种内力——剪力和弯矩，这种既有弯矩又有剪力的杆件弯曲称为横力弯曲；在某些情况下，梁的某区段或整个梁内，横截面上只有弯矩而无剪力，这种只有弯矩而无

剪力的杆件弯曲称为纯弯曲。

本章主要研究横力弯曲梁的正应力及正应力强度计算方法；横力弯曲梁的弯曲切应力及切应力强度计算方法；为此，首先推导纯弯曲横截面上的应力公式，然后根据弹性力学的精确分析计算结果把纯弯曲横截面上的应力公式推广到横力弯曲截面上。本章的学习非常重要，它是将来学习杆件组合变形时横截面上的应力的基础，也是将来学习《钢结构》、《混凝土结构》中梁的强度校核和截面设计的基础。

6.1 概　　述

第5章详细讨论了梁横截面上的剪力和弯矩，梁的剪力、弯矩与梁的截面尺寸、形状以及梁的材料性质无关。但实践证明，剪力和弯矩相同的两个梁，虽然横截面的面积相等，若几何形状不同，其强度和刚度却不同，如图6.1(a)、(b)所示。而且即使横截面的尺寸和几何形状均相同，若梁的放置方位不同(如有卧放与竖放之分)其强度和刚度也不同，如图6.1(c)、(d)所示。这说明梁的强度不仅与其内力数值有关，而且与横截面形状及内力在横截面上的分布情况有关，因此必须研究梁的弯曲应力。

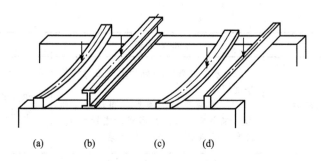

图 6.1　梁的强度与截面形状及放置方位有关

因为剪力是横截面上切向分布内力的合力；弯矩是横截面上法向分布内力的合力偶矩，所以一般梁的横截面上既有切向应力，即切应力 τ，又有法向应力，即正应力 σ。本章研究等截面直梁在平面弯曲时横截面上的正应力和剪应力的计算方法，以及相应的正应力强度条件和切应力强度条件。

6.2 梁横截面上的正应力和强度条件

6.2.1　梁横截面上的正应力

直梁弯曲时，横截面上一般会产生两种内力——剪力和弯矩，这种既有弯矩又有剪力的杆件弯曲称为横力弯曲(nonuniform bending)；在某些情况下，梁的某区段或整个梁内，横截面上只有弯矩而无剪力，这种只有弯矩而无剪力的杆件弯曲称为纯弯曲(pure bending)。

如图 6.2(a)所示的简支梁，承受对称于梁中点的集中力 F 作用，其计算简图如图 6.2(b)所示。剪力图和弯矩图如图 6.2(c)、(d)所示。在 AC、BD 段的横截面上，剪力和弯矩同时存在，为横力弯曲；而在 CD 段的横截面上，剪力为零，弯矩 $M=Fa$ 为常量，为纯弯曲。

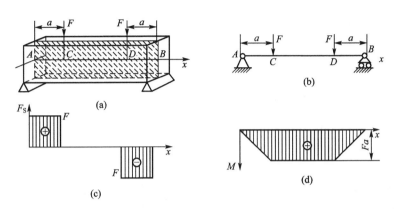

图 6.2 简支梁受力情况

梁横力弯曲时，横截面上既有剪力，又有弯矩，相对应地，横截面上必然同时存在两种应力——切应力和正应力。但当梁发生纯弯曲时，因横截面上只有弯矩，则只存在正应力，而无切应力。下面我们先针对纯弯曲情况来分析正应力与弯矩的关系，导出纯弯曲梁的正应力计算公式。以矩形截面梁为例，分析时需综合考虑变形几何关系、物理关系和静力学关系三方面。

1. 变形几何关系（Deformation Geometric Relation）

首先通过试验观察梁的变形。取一矩形截面梁，在其中段的侧面上，画两条平行于轴线的纵向直线 PP、SS，垂直于轴线的横向直线 mm、nn ［图 6.3(a)］，然后按图 6.3(b)所示的方式加载，梁的中段便处于纯弯曲状态。此时可观察到下列变形现象 ［图 6.3(b)］。

(1) 纵向直线 PP、SS 变成圆弧线 $P'P'$、$S'S'$，且 $P'P'$ 比 PP 缩短，$S'S'$ 比 SS 伸长。

(2) 横向直线 mm、nn 仍为直线，只是相对转过一个角度，但仍与 $P'P'$、$S'S'$ 弧线垂直。

根据上述梁表面的变形现象，运用推理方法，可认为侧面上的横向直线反映整个横截面的变形，于是对梁的内部变形作出如下假设❶：梁的横截面在纯弯曲变形时仍保持为平面，并且仍垂直于变形后梁的轴线，只是绕横截面上某一轴转过了一个角度。此假设称为平面假设。

在平面假设的基础上，若设想梁由多层纵向纤维组成，则梁弯曲变形时，上部纤维缩短，下部纤维伸长。由于变形的连续性，中间必有一层纤维层既不伸长，也不缩短。这一纤维层称为中性层，中性层与横截面的交线称为中性轴，如图 6.3(c)所示。

下面进行几何分析，以找出梁纵向线应变沿横截面高度的变化规律。为此，从图 6.3

---

❶ 该假设之所以能成立，是因为根据这些假设所推导出的应力和变形的计算公式的可靠性已为试验所证实，而且用弹性力学可以分析证明纯弯曲时梁的横截面是保持为平面的。

所示的梁中取出 dx 一段,如图 6.4 所示。设梁变形后该微段两端面相对转过 $d\varphi$ 角,中性层曲率半径为 ρ,横截面对称轴为 y 轴,中性轴为 z 轴。现研究微段上距中性轴为 y 处纤维 ab 的线应变。

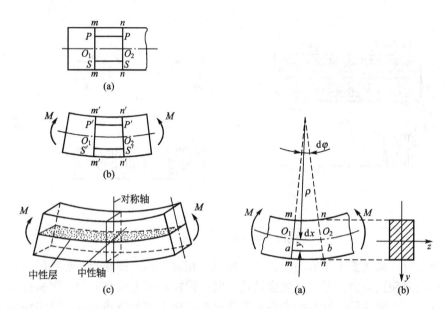

图 6.3 矩形截面梁纯弯曲时的变形现象　　图 6.4 纯弯曲时梁的微段变形

变形前,$ab=dx=O_1O_2=\rho d\varphi$,变形后,$ab=(\rho+y)d\varphi$,因此 ab 纤维的线应变为

$$\varepsilon=\frac{(y+\rho)d\varphi-\rho d\varphi}{\rho d\varphi}=\frac{y}{\rho} \tag{6-1}$$

在取定截面处,曲率 $1/\rho$ 为常量,故式(6-1)表明梁的纵向线应变 ε 与纤维到中性轴的距离 y 成正比。

2. 物理关系(Physical Relationship)

在小变形下,梁纯弯曲时纵向纤维之间的相互挤压作用可忽略不计,即认为各纵向纤维均处于单向拉伸或压缩的受力状态。因此,当弯曲正应力不超出材料的比例极限时,纵向纤维上的正应力与线应变服从胡克定律。

$$\sigma=E\varepsilon$$

将式(6-1)代入上式得

$$\sigma=\frac{E}{\rho}y \tag{6-2}$$

由式(6-2)可见,横截面上任一点处的正应力与该点到中性轴的距离 y 成正比,与 z 坐标无关。即弯曲正应力沿横截面高度按线性规律分布,如图 6.5 所示。

3. 静力学关系(Static Relationship)

式(6-2)虽解决了弯曲正应力 σ 的分布规律,但还不能直接用来计算正应力。因为曲率 $1/\rho$ 与弯矩的关系未知,中性轴 z 的位置尚未确定。这可由静力学关系来解决。

在横截面上坐标为 (y,z) 处取微面积 dA,其上作用着法向微内力 σdA,如图 6.6 所示。

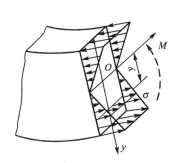 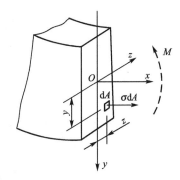

图 6.5 矩形截面梁横截面上正应力分布情况　　　图 6.6 正应力与内力分量间的关系

整个横截面各点处这样的微内力组成空间平行力系。由于纯弯曲时梁内仅存在位于纵向对称平面内的弯矩 M，$M=M_z$，根据静力合成法则，此空间平行力系应满足下列三个式子

$$F_N = \int_A \sigma dA = 0 \tag{6-3}$$

$$M_y = \int_A z\sigma dA = 0 \tag{6-4}$$

$$M_z = \int_A y\sigma dA = M \tag{6-5}$$

由式(6-3)、式(6-4)、式(6-5)三个式子可确定中性轴位置，得到正应力计算公式。

将式(6-2)代入式(6-3)，有

$$\frac{E}{\rho}\int_A y dA = \frac{E}{\rho} S_z = 0 \tag{6-6}$$

式中，S_z 为截面静矩，$S_z = \int_A y dA$。

式(6-6)中 $\frac{E}{\rho}$ 不会等于零，则必有 $S_z = Ay_C = 0$，即 $y_C = 0$。这表明中性轴必通过截面形心，从而确定了中性轴位置。

当 y 轴为对称轴时，式(6-4)是自行满足的。

将式(6-2)代入式(6-5)，并引入记号 $I_z = \int_A y^2 dA$，称为截面对中性轴的惯性矩，得

$$\frac{E}{\rho}\int_A y^2 dA = \frac{E}{\rho} I_z = M$$

从而确定了中性层的曲率为

$$\frac{1}{\rho} = \frac{M}{EI_z} \tag{6-7}$$

式(6-7)建立了曲率 $1/\rho$ 与弯矩 M 间的关系，是研究梁弯曲变形的基本公式。式中 EI_z 称为截面的抗弯刚度。再将式(6-7)代入式(6-2)，即得等直梁纯弯曲时横截面上任一点正应力的计算公式

$$\sigma = \frac{My}{I_z} \tag{6-8}$$

在应用式(6-8)时，M 和 y 可用代数值代入，并以所得结果的正负来辨别正应力的正负。也可将 M 和 y 的绝对值代入，再根据梁的截面上弯矩符号来判别正应力是拉应力还是压应力，即以中性层为界，当截面上弯矩为正值时，中性轴以下各点处是拉应力，中性轴以上各点处是压应力，当截面上弯矩为负值时，中性轴以下各点处是压应力，中性轴以上各点处是拉应力。

最后指出，式(6-8)是在纯弯曲条件下推导出来的。在横力弯曲情况下，由于横截面上还有切应力作用，截面将发生翘曲，平面假设不再成立，即切应力的存在将影响正应力分布规律。但是，由弹性力学的精确分析计算结果可知：对于跨度与横截面高度之比 $\left(\dfrac{l}{h}\right)$ 大于等于 5 倍的细长梁在横力弯曲时，用式(6-8)计算所得正应力的误差甚微。例如受均布荷载作用的矩形截面简支梁，当 $\dfrac{l}{h}=5$ 时，正应力的误差仅为 1%。工程中常用的梁，其 $\dfrac{l}{h}$ 之比远大于 5，因此用式(6-8)计算正应力，满足精度要求。对于少数 $\dfrac{l}{h}<5$ 的深梁，则须用弹性力学有关理论和方法进行计算。梁在纯弯曲时，各横截面上的弯矩相等，因此梁的最大正应力就发生在各个横截面距中性轴最远的边缘上。但横力弯曲时，横截面上的弯矩值随截面位置而变化，计算梁的最大正应力须首先分析并确定最大正应力发生在哪个横截面的哪个点处，即首先确定梁正应力的危险截面和危险点的位置，然后计算危险点处的正应力值。现举例说明。

例 6.1 矩形截面悬臂梁如图 6.7 所示，$F=1\text{kN}$。试计算 1-1 截面上 A、B、C 各点的正应力，并指明是拉应力还是压应力。

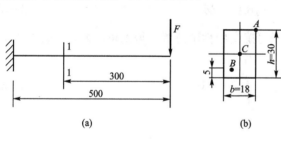

图 6.7 例 6.1 图

解：（1）求 1-1 截面的弯矩。由截面法得
$$M_1 = -1\times 10^3 \times 300 \times 10^{-3} = -300\text{N}\cdot\text{m}$$

（2）计算截面惯性矩
$$I_z = \dfrac{bh^3}{12} = \dfrac{18\times 30^3}{12} = 4.05\times 10^4 (\text{mm}^4)$$

（3）计算应力。由式(6-8)得

A 点 $\quad \sigma_A = \dfrac{M_1 y_A}{I_z} = \dfrac{-300\times(-15)\times 10^{-3}}{4.05\times 10^{-4}\times 10^{-12}} = 111(\text{MPa})$

B 点 $\quad \sigma_B = \dfrac{M_1 y_B}{I_z} = \dfrac{-300\times 10\times 10^{-3}}{4.05\times 10^{-4}\times 10^{-12}} = -71.1(\text{MPa})$

C 点 $\quad \sigma_C = \dfrac{M_1 y_C}{I_z} = \dfrac{-300\times 0}{4.05\times 10^{-4}\times 10^{-12}} = 0(\text{MPa})$

求得的 A 点的应力为正值，表明该点为拉应力，B 点的应力为负值，表明该点为压应力，C 点无应力。当然，求得的正应力是拉应力还是压应力，也可根据梁的变形情况来判别。

6.2.2 梁的正应力强度条件

由式(6-8)可知，对于某一横截面来说，最大正应力 $\sigma_{\max}$ 位于 $y_{\max}$ 处；而对于等截面直梁来说，最大弯矩 M_{max} 所在的截面最危险。因此，对全梁而言，截面上、下对称时，最大正应力发生在最大弯矩所在的横截面上距中性轴最远的各点处，即

$$\sigma_{max} = \frac{M_{max} y_{max}}{I_z}$$

令

$$W_z = \frac{I_z}{y_{max}}$$

则上式可改写成

$$\sigma_{max} = \frac{M_{max}}{W_z} \qquad (6-9)$$

根据强度要求，梁的最大工作应力 σ_{max} 不得超过材料的许用弯曲正应力，即

$$\sigma_{max} \leqslant [\sigma] \qquad (6-10)$$

式(6-10)就是梁的正应力强度条件。式中 W_z 称为抗弯截面系数，有时简写为 W，它与截面的形状和尺寸有关，是衡量截面抗弯强度的一个几何量。常用单位是 mm^3、cm^3 或 m^3。显然，W_z 值越大，从强度角度看，就越有利。

对于高度为 h、宽度为 b 的矩形截面，$W_z = \frac{1}{6} bh^2$；对于直径为 d 的圆形截面，$W_z = \frac{\pi d^3}{32}$；对于外直径为 D，内直径为 d 的空心圆形截面，$W_z = \frac{\pi D^3}{32}(1-\alpha^4)$，其中 α 称为直径比，$\alpha = \frac{d}{D}$；各种标准型钢的 W_z 值可从型钢表中查得，见附录Ⅰ。

应当指出，对于铸铁这类脆性材料，由于其抗拉和抗压强度不同，应对最大拉应力 $\sigma_{t,max}$ 和最大压应力 $\sigma_{c,max}$ 分别进行强度计算。这时强度条件应写成

$$\sigma_{t,max} = \frac{M_{max} y_t}{I_z} \leqslant [\sigma_t] \qquad (6-11a)$$

$$\sigma_{c,max} = \frac{M_{max} y_c}{I_z} \leqslant [\sigma_c] \qquad (6-11b)$$

式中，$[\sigma_t]$ 和 $[\sigma_c]$ 分别为弯曲时的许用拉应力和许用压应力。

利用梁的正应力强度条件，可解决梁的三类强度计算问题。

1. 校核强度(Check the Intensity)

已知梁的截面形状尺寸、材料及所受荷载，验证梁的强度是否满足式(6-10)或式(6-11a)、式(6.11b)。

2. 设计截面(Determine the Allowable Dimension)

已知梁的材料及所受荷载，先按下式

$$W_z \geqslant \frac{M_{max}}{[\sigma]}$$

求出抗弯截面系数 W_z，再根据 W_z 确定截面尺寸。

3. 求许可荷载(Determine the Allowable Load)

已知梁的截面形状尺寸及所用材料，先按下式

$$M_{max} \leqslant W_{max}[\sigma]$$

求出最大弯矩 $M_{\max}$，然后据 $M_{\max}$ 与荷载的关系确定梁能承受的最大荷载。

例 6.2 某矩形截面简支梁，承受 $F_1=40\text{kN}$，$F_2=60\text{kN}$ 两个集中荷载作用，如图 6.8(a)所示，其弯矩图如图 6.8(b)所示，试确定该梁在以下情况的最大正应力值：(1)横截面积为 $b\times h=100\times150=1.5\times10^4(\text{mm}^2)$，梁立放，如图 6.8(c)所示。(2)矩形梁的横截面边长不变，但将梁卧放，如图 6.8(d) 所示。(3)横截面面积为 $1.5\times10^4\text{mm}^2$ 的圆形截面，如图 6.8(e) 所示。(4)横截面面积接近为 $1.5\times10^4\text{mm}^2$ 的工字形型钢截面如图 6.8(f)所示。

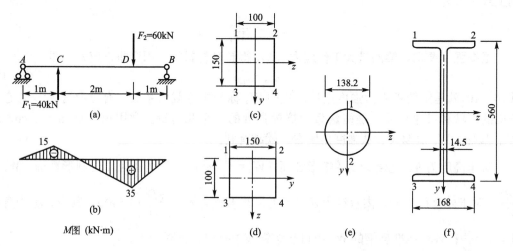

图 6.8 例 6.2 图

解：(1)确定危险截面和危险点的位置。对横截面有水平对称轴的等直梁，其任一横截面上正的与负的绝对值相等，故当横截面上弯矩的绝对值最大时，该横截面就是危险截面，危险截面的上、下边缘处各点就是危险点。本例题 D 点处的横截面是危险截面，该横截面上 1-2 线和 3-4 线上各点是危险点，如图 6.8(c)、(d)、(f)所示。圆形横截面梁的危险点在 1、2 两点，如图 6.8(e)所示。

(2)计算危险点处的正应力

① 竖放的矩形截面梁，中性轴为 z 轴，平行于矩形的短边。

$$\sigma_{\max}=\frac{M_{\max}}{W_z}=\frac{35\times10^3}{\frac{1}{6}\times100\times150^2\times10^{-9}}=93.3\times10^6(\text{Pa})=93.3(\text{MPa})$$

② 卧放的矩形截面梁，中性轴为 y 轴平行于矩形的长边。

$$\sigma_{\max}=\frac{M_{\max}}{W_y}=\frac{35\times10^3}{\frac{1}{6}\times150\times100^2\times10^{-9}}=140\times10^6(\text{Pa})=140(\text{MPa})$$

③ 圆形截面梁，当圆面积 $A=150\times10^3\text{mm}^2$ 时，圆直径 $D=\sqrt{\dfrac{4A}{\pi}}=\sqrt{\dfrac{4\times1.5\times10^4}{\pi}}=138.2(\text{mm})$ 其中：$W_z=\dfrac{\pi}{32}D^3=\dfrac{\pi}{32}\times138.2^3=259\,133(\text{mm}^3)$，所以

$$\sigma_{\max}=\frac{M_{\max}}{W_z}=\frac{35\times10^3}{259\,133\times10^{-9}}=135\times10^6(\text{Pa})=135(\text{MPa})$$

④ 工字形截面梁，由型钢表查得横截面积与 $150 \times 10^3 \mathrm{mm}^2$ 最接近的工字钢是 I56b 号，其横截面积为 $A = 1.466 \times 10^4 \mathrm{mm}^2$，$W_z = 2\,450 \times 10^3 \mathrm{mm}^3$，所以

$$\sigma_{\max} = \frac{M_{\max}}{W_z} = \frac{35 \times 10^3}{2\,450 \times 10^3 \times 10^{-9}} = 14.3 \times 10^6 (\mathrm{Pa}) = 14.3 (\mathrm{MPa})$$

本题中，在横截面积近似相等时，采用矩形竖放、矩形卧放、圆形、工字形截面时，最大正应力之比为 $1 : 1.5 : 1.45 : 0.153$。

由上述比较可见，横截面面积相同而形状分别为矩形(竖放)、圆形和工字形的三种梁中，圆形截面梁的正应力最大，工字形截面梁最小；同为矩形截面的梁，卧放使用比竖放使用时的正应力大。因此应十分重视梁截面形状的选择和使用。

例 6.3 T 形铸铁梁，受力和截面尺寸如图 6.9(a)、(c)所示，材料的许用拉应力 $[\sigma_t] = 40\mathrm{MPa}$，许用压应力 $[\sigma_c] = 160\mathrm{MPa}$。试校核梁的强度。

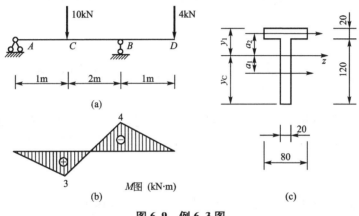

图 6.9 例 6.3 图

解：(1) 作梁的 M 图，如图 6.9(b)所示。

(2) 确定中性轴的位置、截面惯性矩 I_z。

中性轴到底边的距离

$$y_C = \frac{\sum A_i y_i}{\sum A_i} = \frac{20 \times 120 \times 60 + 80 \times 20 \times 130}{20 \times 120 + 80 \times 20} = 88 (\mathrm{mm})$$

中性轴到顶边的距离

$$y_1 = 140 - 88 = 52 (\mathrm{mm})$$

截面惯性矩 I_z，因为

$$a_1 = 88 - \frac{120}{2} = 28 (\mathrm{mm}), \quad a_2 = 52 - \frac{20}{2} = 42 (\mathrm{mm})$$

所以

$$I_z = \sum I_{zi} = \left[\frac{20 \times 120^3}{12} + (-28)^2 \times 20 \times 120\right] + \left[\frac{80 \times 20^3}{12} + 42^2 \times 80 \times 20\right] = 764 \times 10^4 (\mathrm{mm}^4)$$

(3) 验算最大正应力

由于铸铁的抗拉、抗压性能不同，因此须计算最大拉应力和最大压应力，按式(6-11a)、式(6-11b)验算梁的抗拉强度和抗压强度。

在 B 截面上，弯矩 M_B 为负的最大值，梁上凸变形，最大拉应力发生在该截面上边缘处，最大压应力发生在该截面下边缘处，其值分别为

B 截面上边缘点有 $\quad \sigma_{t,max1} = \left|\dfrac{M_B y_1}{I_z}\right| = \left|\dfrac{-4\times 10^3 \times 52\times 10^{-3}}{764\times 10^{-8}}\right| = 27.2 \text{(MPa)}$

B 截面下边缘点有 $\quad \sigma_{c,max1} = \left|\dfrac{M_B y_C}{I_z}\right| = \left|\dfrac{-4\times 10^3 \times 88\times 10^{-3}}{764\times 10^{-8}}\right| = 46.1 \text{(MPa)}$

在 C 截面上,弯矩 M_C 为正的最大值,梁下凸变形,最大拉应力发生在该截面下边缘处,最大压应力发生在该截面上边缘处,其值分别为

C 截面上边缘点有 $\quad \sigma_{c,max2} = \left|\dfrac{M_C y_1}{I_z}\right| = \dfrac{3\times 10^3 \times 52\times 10^{-3}}{764\times 10^{-8}} = 27.23 \text{(MPa)}$

C 截面下边缘点有 $\quad \sigma_{t,max2} = \left|\dfrac{M_C y_C}{I_z}\right| = \dfrac{3\times 10^3 \times 88\times 10^{-3}}{764\times 10^{-8}} = 34.6 \text{(MPa)}$

由此可见,全梁的最大拉应力为 $\sigma_{t,max} = \sigma_{t,max2} = 34.6 \text{MPa} \leqslant [\sigma_t]$,发生在 C 截面下缘处,全梁的最大压应力为 $\sigma_{c,max} = \sigma_{c,max1} = 46.1 \text{MPa} \leqslant [\sigma_c]$,发生在 B 截面下缘处。所以全梁满足正应力强度条件。

6.3 梁横截面上的切应力和强度条件

横力弯曲时,梁横截面上不仅有正应力,同时还有切应力。本节首先以矩形截面梁为例,说明研究弯曲切应力的方法,然后介绍几种常见截面梁的切应力计算公式,以及切应力强度计算问题。

6.3.1 梁横截面上的切应力(Shear Stresses in Beams)

1. 矩形截面梁

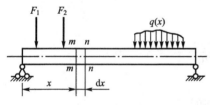

图 6.10 矩形截面梁受任意横向荷载作用

图 6.10 为一矩形截面梁受任意横向荷载作用。以 m-m 和 n-n 两横截面假想地从梁中取出长为 $\mathrm{d}x$ 的微段,在一般情况下,该两横截面上的弯矩并不相等,因而两横截面上同一 y 坐标处的正应力也不相等。再用平行于中性层的纵截面 AA_1BB_1 假想地从梁段上截出体积元素 mB_1 [图 6.11(a)、(b)],

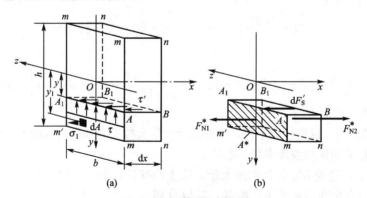

图 6.11 矩形截面梁受力情况

则在端面 mA_1 和 nB_1 上，与正应力对应的法向内力也不相等。因此，为维持体积元素 mB_1 的平衡，在纵面 AB_1 上必有沿 x 方向的切向内力，故在纵面上就存在相应的切应力 τ' [图 6.11(a)]。

为了推导切应力的表达式，对于矩形截面梁横截面上的切应力分布，一般可作如下两个假设：

(1) 横截面上各点处切应力的方向都平行于剪力 F_S；
(2) 切应力沿截面宽度均匀分布，即距中性轴等距离各点处的切应力相等。

弹性力学中已证明，对于狭长矩形梁，这两个假设完全可用；对于高度大于宽度的矩形截面梁，根据以上假设也能得到足够精确的解答。

有了以上两条假设，以及对弯曲正应力的研究结果，再运用静力平衡条件即可导出切应力计算公式。设在图 6.10 中距左端为 x 和 $x+\mathrm{d}x$ 处横截面 m-m 和 n-n 上的弯矩分别为 M 和 $M+\mathrm{d}M$，两截面上距中性轴为 y_1 处的正应力分别为 σ_1 和 σ_2，于是，可得两端面上的法向内力 F_{N1}^* 和 F_{N2}^* [图 6.11(b)] 为

$$F_{N1}^* = \int_{A^*} \sigma_1 \mathrm{d}A = \int_{A^*} \frac{My_1}{I_z}\mathrm{d}A = \frac{M}{I_z}\int_{A^*} y_1 \mathrm{d}A = \frac{M}{I_z}S_z^* \tag{6-12}$$

$$F_{N2}^* = \int_{A^*} \sigma_2 \mathrm{d}A = \int_{A^*} \frac{(M+\mathrm{d}M)y_1}{I_z}\mathrm{d}A = \frac{M+\mathrm{d}M}{I_z}S_z^* \tag{6-13}$$

纵面 AB_1 上由切应力 τ' 所组成的切向内力为

$$\mathrm{d}F_S' = \tau' b \mathrm{d}x \tag{6-14}$$

将式(6-12)、式(6-13)、式(6-14)代入平衡方程

$$\sum F_x = 0, \quad F_{N2}^* - F_{N1}^* - \mathrm{d}F_S' = 0$$

经化简后即得

$$\tau' = \frac{\mathrm{d}M}{\mathrm{d}x} \times \frac{S_z^*}{I_z b}$$

由于 $\frac{\mathrm{d}M}{\mathrm{d}x} = F_S$，并根据切应力互等定理 $(\tau = \tau')$，可得

$$\tau = \frac{F_S S_z^*}{I_z b} \tag{6-15}$$

式中，F_S 为横截面上的剪力；I_z 为横截面对中性轴 z 的惯性矩；b 为横截面的宽度；S_z^* 为横截面上距中性轴为 y 的横线与同侧边缘线围成的面积 [图 6.11(b)中阴影线面积] 对中性轴的静矩。

式(6-15)就是矩形截面梁横截面上任一点处切应力的计算公式。

应用式(6-15)时，F_S 和 S_z^* 均以绝对值代入，切应力的方向与 F_S 的方向相同。

下面讨论切应力沿截面高度的分布规律。对于矩形截面，式(6-15)中的 F_S 和 I_z 和 b 均为常量，只有静矩 S_z^* 随欲求应力计算点的位置不同而变化，是坐标 y 的函数。

$$S_z^* = \int_A y_1 \mathrm{d}A = \int_y^{\frac{h}{2}} y_1 b \mathrm{d}y_1 = \frac{b}{2}\left(\frac{h^2}{4} - y^2\right)$$

或由图 6.12 得

$$S_z^* = A^* y_0 = b\left(\frac{h}{2} - y\right) \times \frac{1}{2}\left(\frac{h}{2} + y\right) = \frac{b}{2}\left(\frac{h^2}{4} - y^2\right)$$

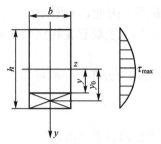

图 6.12 矩形截面梁切应力分布

把以上 S_z^* 表达式代入(6-15)式，得

$$\tau=\frac{F_S}{2I_z}\left(\frac{h^2}{4}-y^2\right)$$

由此可见，切应力大小沿截面高度按二次抛物线规律变化。当 $y=\pm\frac{h}{2}$ 时，$\tau=0$，即截面上、下边缘处的切应力为零；当 $y=0$ 时

$$\tau_{\max}=\frac{3F_S}{2bh}=1.5\frac{F_S}{A}=1.5\bar{\tau} \qquad (6-16)$$

即中性轴上的切应力最大，其值为矩形截面梁上的最大切应力为平均切应力的 1.5 倍。

2. 工字形、槽形、T形和箱形截面梁

(1) 组合工字形截面梁

组合工字形截面梁由上下翼缘和腹板组成，在翼缘和腹板上都有切应力。但翼缘上的切应力分布情况比较复杂，且工字形截面上的剪力主要由腹板承担，因此我们只介绍腹板上的切应力。

腹板为狭长矩形，故对于矩形截面切应力分布的两个假设仍然适用。按照矩形截面切应力计算公式相同的推导方法，可导出工字形截面切应力的计算公式，其形式与矩形截面的相同，工字形截面腹板上切应力仍沿腹板高度按二次抛物线规律分布，最大切应力发生在截面中性轴上，如图 6.13 所示。截面上最大切应力为

$$\tau_{\max}=\frac{F_S S_{z,\max}^*}{I_z d} \qquad (6-17)$$

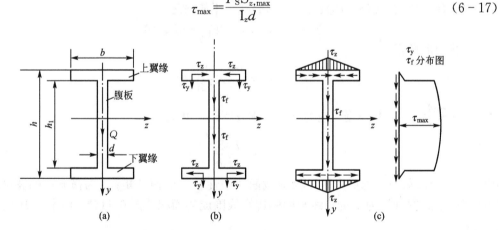

图 6.13 工字形截面梁腹板上切应力大小沿梁高分布

式中，d 为工字形截面腹板的厚度，$S_{z,\max}^*$ 为以中性轴为界上侧(或下侧)截面积对中性轴的静矩。

(2) 轧制工字钢截面梁

轧制工字钢截面梁最大切应力仍发生在横截面中性轴上，其值仍按(6-17)式进行计算，且式中 $\dfrac{I_z}{S_{z,\max}^*}$ 就是型钢表中的 $\dfrac{I_x}{S_x}$，可从型钢表中直接查得。

(3) 槽形、T形、箱形等薄壁截面梁

槽形、T形、箱形等薄壁截面梁最大切应力也发生在中性轴上，其值均可用(6-17)

计算。但箱形截面梁应用式(6-17)式时应注意，式中 d 必须以两腹板厚度之和代入。

由于腹板上最大与最小切应力相差甚小，分析又表明腹板几乎承担了横截面上的全部剪力，故可近似地认为腹板上的切应力均匀分布，且其平均值即为截面上的最大切应力，即

$$\tau_{max}=\frac{F_S}{dh_1} \quad (6-18)$$

3. 圆形截面和薄壁圆环形截面梁

这两种截面上的切应力分布情况比较复杂，这里仅介绍最大切应力。理论研究结果表明，圆形截面和薄壁圆环形截面的最大切应力仍发生在中性轴上，且沿中性轴均匀分布，方向平行于剪力，如图 6.14(a)、(b) 所示。其最大切应力的计算公式分别为

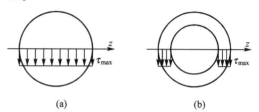

图 6.14 圆形和薄壁圆环形截面梁的切应力分布情况

圆形截面
$$\tau_{max}=\frac{4F_S}{3A}=\frac{4}{3}\bar{\tau} \quad (6-19)$$

式中，A 为圆形截面面积。

薄壁圆环形截面梁
$$\tau_{max}=2\frac{F_S}{A}=2\bar{\tau} \quad (6-20)$$

式中，A 为薄壁圆环形截面面积。

6.3.2 梁的切应力强度计算

由前面分析可知，矩形、工字形、T 形和箱形截面梁的最大切应力发生在剪力最大的截面内，且一般位于中性轴上，其值为

$$\tau_{max}=\frac{F_{S,max}S_{z,max}^*}{I_z b}$$

与梁的正应力强度计算一样，为了保证梁安全工作，梁在荷载作用下产生的最大切应力不能超过材料的许用切应力。因此，梁切应力的强度条件(strength condition)为

$$\tau_{max} \leqslant [\tau] \quad (6-21)$$

式中，τ_{max} 为梁危险点处的切应力，$[\tau]$ 为材料的许用切应力。

在梁的强度计算中，必须同时满足正应力和切应力两个强度条件。但在一般情况下，梁的正应力是支配强度计算的主要因素，即一般满足了正应力强度条件，切应力强度也能满足。但是，当遇到下列情况之一时，切应力强度条件可能起控制作用，必须作切应力强度校核。

(1) 当梁的跨度较短或者在支座附近作用有较大集中荷载时。这时梁的最大弯矩 M_{max} 可能较小，而最大剪力 $F_{S,max}$ 却相对较大。

(2) 由铆接或焊接而成的组合截面(如工字形、槽形等)钢梁，当其腹板厚度较薄，而高度很大，致使厚度与高度之比值小于型钢的相应比值时，腹板上的切应力可能很大。

(3) 木梁由于木材顺纹方向抗切能力很差，当截面上切应力过大时，它可能沿中性层发生剪切破坏。

(4) 由几块板胶合而成的梁,当胶合面切应力过大时,可能沿胶合面发生剪切破坏。

例 6.4 简支梁如图 6.15(a)所示,已知 $F=150\text{kN}$, $l=10\text{m}$。(1)若梁截面采用图 6.15(a)所示焊接工字形,求危险截面翼缘与腹板交接点 a 的正应力、切应力以及梁的最大正应力、最大切应力。(2)若梁截面采用 56a 工字形钢截面,求最大正应力、最大切应力。(3)若梁截面采用矩形木梁,$b=200\text{mm}$, $h=400\text{mm}$,求最大正应力、最大切应力之比。

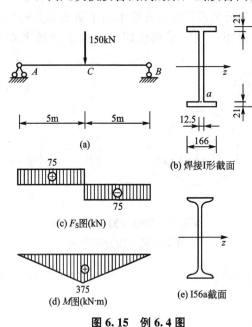

图 6.15 例 6.4 图

解:(1)作梁的剪力图、弯矩图如图 6.15(c)、(d)所示。

(2)焊接 I 形钢梁截面几何参数

$$I_z=\frac{166\times 560^3}{12}-\frac{(166-12.5)\times(560-2\times 21)^3}{12}$$
$$=6.5142\times 10^8 (\text{mm}^4)$$

$$W_z=\frac{6.5142\times 10^8}{28}=2.326\times 10^6 (\text{mm}^3)$$

求在计算 a 点和中性轴上切应力时要用到的 S_z^*, $S_{z,\max}^*$

$$S_z^*=166\times 21\times\left(280-\frac{21}{2}\right)=9.395\times 10^5 (\text{mm}^3)$$

$$S_{z,\max}^*=12.5\times(280-21)\times\frac{280-21}{2}+9.395\times 10^5=1.359\times 10^6 (\text{mm}^3)$$

(3)求焊接工字形钢梁危险截面翼缘与腹板交接点 a 的正应力、切应力以及梁的最大正应力、最大切应力。

C 左、右两侧截面剪力、弯矩均为最大,为危险截面,翼缘与腹板交接点 a 的正应力、切应力为

$$\sigma_a=\frac{M_C y_a}{I_z}=\frac{375\times 10^3\times\frac{(560-42)}{2}\times 10^{-3}}{6.5142\times 10^{-4}}=149.1\times 10^6 (\text{Pa})=149.1(\text{MPa})$$

$$\tau_a=\frac{F_{SC}\times S_z^*}{I_z\times d}=\frac{75\times 10^3\times 9.395\times 10^{-4}}{6.5142\times 10^{-4}\times 12.5\times 10^{-3}}=8.7\times 10^6 (\text{Pa})=8.7(\text{MPa})$$

梁的最大正应力、最大切应力为

$$\sigma_{\max}=\frac{M_{\max}}{W_z}=\frac{M_C}{W_z}=\frac{375\times 10^3}{2.326\times 10^{-3}}=161.2\times 10^6 (\text{Pa})=161.2(\text{MPa})$$

$$\tau_{\max}=\frac{F_{SC}\times S_{z,\max}^*}{I_z\times d}=\frac{75\times 10^3\times 1.359\times 10^{-3}}{6.5142\times 10^{-4}\times 12.5\times 10^{-3}}=12.5\times 10^6 (\text{Pa})=12.5(\text{MPa})$$

(4)采用 56a 工字形钢截面,查型钢表可得

$$\frac{I_z}{S_{z,\max}^*}=47.73\text{cm}, \quad W_z=2\ 342\text{cm}^3, \quad b=1.25\text{cm}$$

最大正应力 $\quad\sigma_{\max}=\dfrac{M_C}{W_z}=\dfrac{375\times 10^3}{2.342\times 10^{-3}}=160.1\times 10^6 (\text{Pa})=160.1(\text{MPa})$

最大切应力

$$\tau_{\max} = \frac{F_{SC}}{\dfrac{I_z}{S_{z,\max}^*} \times d} = \frac{75 \times 10^3}{47.73 \times 10^{-2} \times 12.5 \times 10^{-3}} = 12.6 \times 10^6 (\text{Pa}) = 12.6 \text{MPa}$$

（5）若梁截面采用矩形木梁，$b=200\text{mm}$，$h=400\text{mm}$，最大正应力、最大切应力之比为

$$\sigma_{\max} : \tau_{\max} = \frac{M_C}{bh^2/6} : \frac{3F_{SC}}{2bh} = \frac{4M_C}{F_{SC} \times h} = \frac{4 \times 375 \times 10^3}{75 \times 10^3 \times 0.4} = 50 : 1$$

可见，对于细长梁，最大正应力比最大切应力要大得多。故一般在校核实体截面梁的强度时，可不必校核抗剪强度。

6.4 提高梁弯曲强度的措施

在梁的强度设计中，既要保证梁有足够的强度，又要节省材料，减轻自重，以满足工程上既安全又经济的要求。这就需要考虑如何以较少的材料消耗使梁获得更大的承载能力问题。

前面曾指出，梁强度计算的主要依据是弯曲正应力强度条件，即

$$\sigma_{\max} = \frac{M_{\max}}{W_z} \leqslant [\sigma]$$

由上式可见，欲提高梁的弯曲强度，应当从合理布置梁上荷载和支座位置，以减小最大弯矩 $M_{\max}$，以及采用合理的截面形状以增大梁的抗弯截面系数等方面着手。现将几种常用的措施分述如下。

1. 合理布置梁上荷载和支座位置

在可能的情况下，适当调整梁上荷载作用的位置，可有效地减小梁内的最大弯矩值。如图 6.16(a)所示某铣床齿轮轴，受集中力 F 作用［图 6.16(b)］。齿轮安装应尽量靠近轴承，这样可使轴内的最大弯矩值 $\dfrac{5Fl}{36}$ 比齿轮安装在跨度中间时［图 6.16(c)］的最大弯矩值 $\dfrac{Fl}{4}$ 要小得多。

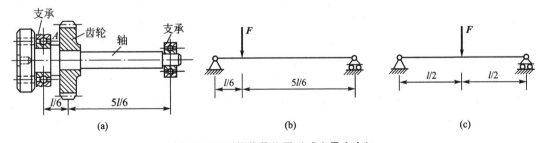

图 6.16 调整荷载位置以减小最大弯矩

对于梁受集中力作用的情况，如果可能，可将一个集中力分散为几个较小的集中力，也可减小梁内的最大弯矩值。如图 6.17(a)所示的简支梁，当集中力作用在跨度中

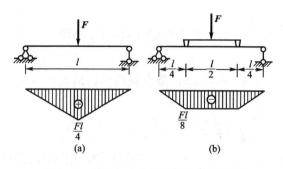

间时,梁的最大弯矩 $M_{max}=\dfrac{Fl}{4}$。若采用一个辅梁,使集中力 F 通过辅梁再作用到梁上,如图 6.17(b)所示,则最大弯矩降为 $M_{max}=\dfrac{Fl}{8}$。

同样,合理安排支座位置,也可以减小梁的最大弯矩值。如图 6.18(a)所示的简支梁受均布荷载 q 作用,梁内的最大弯矩 $M_{max}=\dfrac{ql^2}{8}$。若将梁两端的支座均向内

图 6.17 将集中力分散以减小最大弯矩

移动 $0.2l$,变为外伸梁,则梁内的最大弯矩降为 $M_{max}=\dfrac{ql^2}{40}$ [图 6.18(b)],只有前者的 20%。有些门式起重机就是根据上述原理设计的 [图 6.18(c)]。

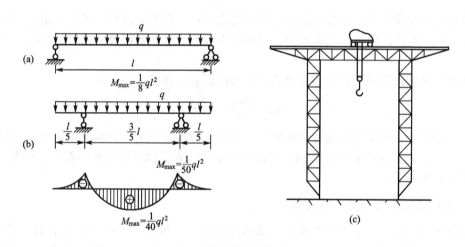

图 6.18 调整梁的支座位置以减小最大弯矩

2. 合理选用梁的截面形状

由弯曲正应力强度条件可知,梁的抗弯截面系数越大,梁能承受的弯矩就越大。因此,梁的合理截面形状应当是,截面面积较小,而抗弯截面系数较大。或者说合理的截面形状应当是其抗弯截面系数与截面面积的比值 W_z/A 尽可能地大。工程上常用这个比值来衡量截面的合理性。表 6-1 列出了几种常用截面的 W_z 与 A 的比值,由此表可见,工字形、槽形截面较合理,箱形次之,圆形最差。因为弯曲正应力沿截面高度线性分布,离中性轴越远处弯曲正应力越大,工字形截面使较多的材料处于高应力区,能充分发挥材料的潜力。工字形截面可理解为由矩形截面靠近中性轴附近的部分材料移至梁的上、下边缘附近去得,如图 6.19 所示,增大了 W_z/A 的数值,从而提高了梁的弯曲强度。而圆形截面则恰恰相反,它在中性轴附近聚集了较多的材料,W_z/A 值最小,而中性轴附近正应力很小,不能充分发挥材料的强度。箱形截面和圆环形截面也可视为矩形和圆形截面的改进。

表 6-1 常用截面的 W_z 与 A 的比值

截面形状	圆形	矩形	工字形、槽形
W_z/A	$0.125d$	$0.167d$	$(0.27-0.31)d$

注：d 为直径，h 为高。

在选取梁的合理截面形状时，还应考虑材料的特性。对抗拉和抗压强度相同的材料（如低碳钢），宜采用与中性轴对称的截面，如圆形、矩形、工字形等，以使截面上、下边缘处的最大拉应力和最大压应力相等，且同时接近许用应力。对于抗压强度大于抗拉强度的材料（如铸铁），宜采用中性轴偏于受拉侧的截面（如图 6.20 所示的几种截面），而且应使 y_t 与 y_c 接近下列关系

$$\frac{\sigma_{tmax}}{\sigma_{cmax}}=\frac{M_{max}y_t}{I_z}\bigg/\frac{M_{max}y_c}{I_z}=\frac{y_t}{y_c}\leqslant\frac{[\sigma_t]}{[\sigma_c]}$$

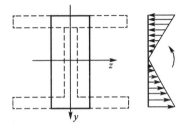

图 6.19　工字形截面简图

这样可使最大拉应力与最大压应力同时接近其许用值。

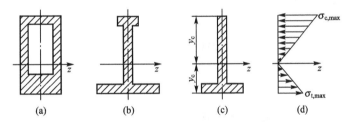

图 6.20　中性轴不对称的几种截面正应力分布

3. 采用变截面梁

前面讨论的是等截面梁，是根据最大弯矩所在截面的强度条件来确定整个梁的截面尺寸的。显然，等截面梁除了最大弯矩所在截面外，其他各截面上的应力均低于许用应力，材料未能充分利用。为了节省材料，减轻梁的自重，可将梁设计成变截面的，即在弯矩较大处，采用较大截面，弯矩较小处采用较小截面。如果将变截面梁设计成使每一横截面上的最大正应力都等于许用应力，则这样的梁就称为等强度梁。

设梁上某横截面上的弯矩为 $M(x)$，该截面的抗弯截面模量为 $W_z(x)$，根据等强度梁的要求应满足

$$\sigma(x)_{max}=\frac{M(x)}{W(x)}=[\sigma]$$

即
$$W_z(x)=\frac{M(x)}{[\sigma]} \qquad (6-22)$$

式(6-22)为等强度梁的设计依据。从节省材料、减轻自重角度看，等强度梁最合理。但考虑到施工、制作要求和抗剪切强度要求等原因，实际采用的等强度梁还须在用式(6-22)设计的基础上加以改进，如图 6.21 所示的房屋的雨篷、阳台，汽车的叠板弹簧，桥梁的鱼腹梁，机械的变截面轴等都具有等强度梁的概念。

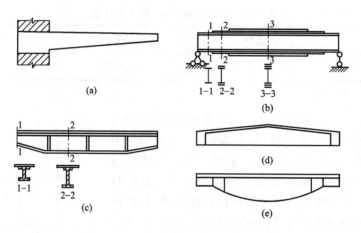

图 6.21 工程中常用的几种变截面梁

必须指出，以上这些措施都是从提高弯曲强度的角度提出的。但在工程实际中，设计一个构件还应考虑刚度、稳定性、加工制造等多方面因素，应经过综合考虑比较后，再确定梁的截面形状和结构形式。

小 结

1. 纯弯曲与横力弯曲

弯曲时梁的各个横截面上剪力都等于零，弯矩为常量，这种变形称为纯弯曲。若弯曲时各横截面上既有剪力又有弯矩，这种弯曲称为横力弯曲。

2. 中性层与中性轴

(1) 中性层：梁弯曲变形时，有一层纵向纤维既不伸长、也不缩短，这一层纤维称为中性层。

(2) 中性轴：中性层与横截面的交线称为中性轴。梁弯曲变形时，各横截面均绕中性轴发生转动。横截面中性轴上各点正应力都等于零。

(3) 中性轴的位置：直梁平面弯曲时，中性轴过形心且垂直于荷载作用面。

3. 梁横截面上的正应力及强度条件

(1) 正应力公式

梁弯曲时各截面是绕其中性轴发生相对转动的。根据几何关系、物理关系、静力学关系可以推导出梁纯弯曲时横截面上任意点处的正应力计算公式，即 $\sigma = \dfrac{My}{I_z}$。

横截面上各点正应力沿截面高度按线性规律变化，沿截面宽度均匀分布，中性轴上各点的正应力为零。截面的上、下边缘上各点正应力为最大，最大值为 $\sigma_{max} = \dfrac{M}{W_z}$。

式 $\sigma = \dfrac{My}{I_z}$ 和式 $\sigma_{max} = \dfrac{M}{W_z}$ 的适用范围为：①平面弯曲；②纯弯曲或细长梁的横力弯曲（$l \geqslant 5h$ 的梁属于细长梁）；③最大应力不超过材料的比例极限。

(2) 常用截面的惯性矩 I_z 和抗弯截面系数 W_z

I_z 是截面对中性轴 z 轴的惯性矩，W_z 称为抗弯截面系数，$W_z = I_z/y_{\max}$。

矩形截面：$I_z = \dfrac{bh^3}{12}$，$W_z = \dfrac{bh^2}{6}$，其中，b 是与中性轴 z 平行的边长（宽度）；h 为垂直于中性轴的边长（高度）。

圆形截面：$I_z = \dfrac{\pi D^4}{64}$，$W_z = \dfrac{\pi D^3}{32}$，其中，$D$ 是圆杆的直径。

空心圆形截面$\left(\text{内外径之比，}\alpha = \dfrac{d}{D}\right)$：$I_z = \dfrac{\pi D^4}{64}(1-\alpha^4)$，$W_z = \dfrac{\pi D^3}{32}(1-\alpha^4)$，其中，$D$ 是圆管杆的外直径，d 是圆管的内直径。

(3) 弯曲正应力的强度条件

弯曲正应力的强度条件是：梁的最大弯曲正应力不得超过材料的许用弯曲正应力，即 $\sigma_{\max} \leqslant [\sigma]$。利用这个强度条件可解决截面弯曲正应力强度校核、截面尺寸设计和求许用荷载三方面的问题。

4. 梁横截面上的切应力及强度条件

(1) 矩形截面梁的切应力

矩形截面梁的切应力计算公式为 $\tau = \dfrac{F_S S_z^*}{I_z b}$。其中 S_z^* 为距中性轴 y 处的横线与截面边缘之间的面积，对于中性轴的静矩，即 $S_z^* = \dfrac{b}{2}\left(\dfrac{h^2}{4} - y^2\right)$。矩形截面梁的切应力沿截面高度按抛物线规律变化，沿截面宽度均匀分布，中性轴上各点的切应力为最大，最大值为该截面平均切应力的 1.5 倍。横截面上、下边缘上各点的切应力为零。

(2) 其他截面梁的最大切应力

工字型钢截面 $\qquad\qquad\qquad \tau_{\max} = \dfrac{F_S}{\dfrac{I_z}{S_{z,\max}^*}d} = \dfrac{F_S}{A_{\text{腹板}}}$

圆形截面 $\qquad\qquad\qquad\qquad \tau_{\max} = \dfrac{4}{3}\dfrac{F_S}{A}$

薄壁圆环形截面 $\qquad\qquad\qquad \tau_{\max} = 2\dfrac{F_S}{A}$

(3) 弯曲切应力的强度条件是：梁的最大弯曲切应力不得超过材料的许用弯曲切应力，即 $\tau_{\max} \leqslant [\tau]$。利用这个强度条件可解决弯曲切应力强度校核、截面尺寸设计和求许用荷载三方面的问题。塑性材料制成的梁，正应力最大的点就是危险点，不必区分拉或压。而脆性材料制成的梁，必须分别对最大拉应力和最大压应力所在的点作强度计算，这是因为脆性材料的抗拉和抗压性能不同。

5. 提高梁弯曲强度的措施

(1) 合理布置梁上荷载和支座位置；
(2) 合理选用梁的截面形状；
(3) 采用变截面梁。

思 考 题

6.1 何谓纯弯曲？推导弯曲正应力公式时，作了哪些假设？它们的根据是什么？有什么作用?

6.2 何谓中性层?何谓中性轴?如何确定中性轴的位置?

6.3 如图 6.22 所示的两梁,除截面形状不同外,其他条件皆相同。问:在相同的横截面上,它们的内力是否相同?应力是否相同?

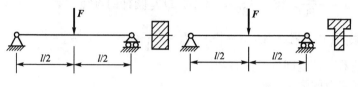

图 6.22 思考题 6.3 图

6.4 试判断下列概念的区别:纯弯曲与横力弯曲;中性轴与形心轴;惯性矩与极惯性矩;抗弯刚度与抗弯截面系数。

习　题

6.1 简支梁受力和有关尺寸如图 6.23 所示。试计算:
(1) 1—1 截面 A-A 线上 1、2 两点的正应力。(2)全梁的最大正应力。

6.2 如图 6.24 所示割刀在切割工件时,受到切削力 $F=1$kN 作用,试求割刀内最大弯曲正应力。

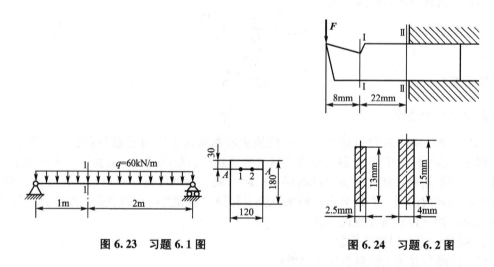

图 6.23　习题 6.1 图　　　　图 6.24　习题 6.2 图

6.3 由 16a 号槽钢制成的外伸梁,受力和尺寸如图 6.25 所示。试求梁的最大拉应力和最大压应力,并指出其所在位置。

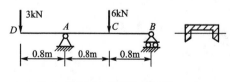

图 6.25　习题 6.3 图

6.4 简支梁承受均布荷载作用,如图 6.26 所示,若分别采用截面面积相等的实心截面和空心截面梁,且 $D_1=40$mm, $\dfrac{d_2}{D_2}=\dfrac{3}{5}$,试分别计算它们的最大正应力。并问空心截面梁比实心截面梁的最大正应力减少了百分之几。

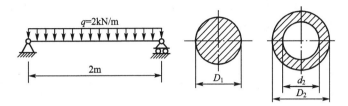

图 6.26 习题 6.4 图

6.5 某圆轴的外伸部分系空心圆截面，荷载情况如图 6.27 所示。试求轴内最大正应力。

6.6 一矩形截面悬臂梁，受力状态如图 6.28 所示，已知宽度为 b，高度为 h，且知 $h=1.5b$，材料的许用应力为 $[\sigma]=10\mathrm{MPa}$，$q=10\mathrm{kN/m}$，$l=4\mathrm{m}$。试按强度条件设计梁的截面尺寸。

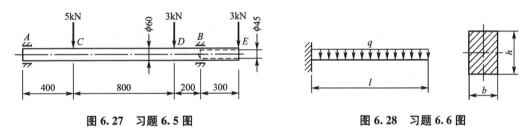

图 6.27 习题 6.5 图　　　　　　　**图 6.28 习题 6.6 图**

6.7 20 号工字梁的支承和受力状态如图 6.29 所示，材料的许用应力为 $[\sigma]=160\mathrm{MPa}$。试按强度条件求许可荷载 F。

6.8 一矩形截面外伸梁，受力和尺寸如图 6.30 所示，材料的许用应力 $[\sigma]=160\mathrm{MPa}$。试按下列两种情况校核此梁强度：(1)使梁的 120mm 边竖直放置；(2)使梁的 120mm 边水平放置。

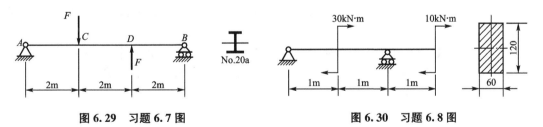

图 6.29 习题 6.7 图　　　　　　　**图 6.30 习题 6.8 图**

6.9 四轮拖车的载重量为 40kN，设每一车轮所受的重量相等，每根轴的受力和尺寸如图 6.31 所示。若轴的直径 $d=85\mathrm{mm}$，材料的许用应力 $[\sigma]=50\mathrm{MPa}$。试校核轴的强度。

6.10 一球墨铸铁做的简支梁，受力和截面形状尺寸如图 6.32 所示。(1)试作出最大正弯矩和最大负弯矩截面上的正应力分布图(标明应力数值)；(2)求梁中最大拉应力和最大压应力。

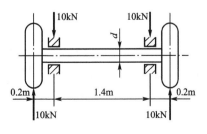

图 6.31 习题 6.9 图

6.11 简支梁受力和尺寸如图 6.33 所示，材料的许用应力 $[\sigma]=160\text{MPa}$。试按正应力强度条件设计三种形状截面尺寸：(1)圆形截面直径 d；(2)$h/b=2$ 矩形截面的 b、h；(3)工字形截面。并比较三种截面的耗材量。

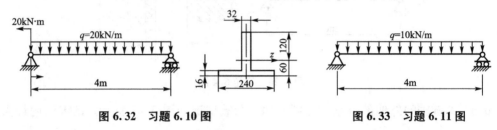

图 6.32 习题 6.10 图   图 6.33 习题 6.11 图

6.12 如图 6.34 所示，欲从直径为 d 的圆木中截取一矩形截面梁，且要使其抗弯截面系数最大。试求出矩形截面最合理的高、宽尺寸。

6.13 铸铁梁截面为 T 形，如图 6.35 所示。已知材料的 $[\sigma_t]=30\text{MPa}$，$[\sigma_c]=90\text{MPa}$。试根据截面形状最为合理的要求，确定尺寸 δ。

6.14 由 10 号工字钢制成的钢梁 AB，在 D 点由圆钢杆 CD 支承，如图 6.36 所示，已知梁和杆的许用应力均为 $[\sigma]=160\text{MPa}$。试求均布荷载的许可值及圆杆直径 d。

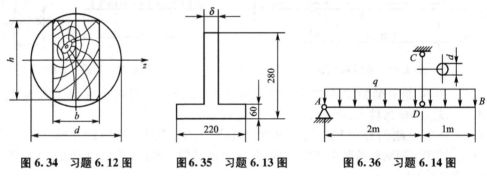

图 6.34 习题 6.12 图   图 6.35 习题 6.13 图   图 6.36 习题 6.14 图

6.15 如图 6.37 所示悬臂木梁由三块截面为 $50\text{mm}\times100\text{mm}$ 的木板胶合而成，自由端受集中力 $F=4.2\text{kN}$ 作用。若胶合缝的许用切应力 $[\tau]=0.4\text{MPa}$，试校核胶合缝的剪切强度。

6.16 槽形截面悬臂梁，受力和尺寸如图 6.38 所示。已知截面对形心轴 z 的惯性矩 $I_z=1.017\times10^8\text{mm}^4$，材料的 $[\sigma_t]=50\text{MPa}$，$[\sigma_c]=120\text{MPa}$，$[\tau]=30\text{MPa}$，$F=30\text{kN}$，$M=70\text{kN}\cdot\text{m}$。试校核梁的强度。

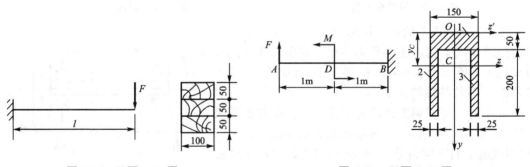

图 6.37 习题 6.15 图   图 6.38 习题 6.16 图

第7章 弯曲变形

教学目标

理解梁的挠度和转角的概念
熟练掌握用积分法求简单荷载作用下单跨梁的挠度和转角的计算方法
理解计算梁的挠度和转角的叠加法
掌握梁的刚度条件计算方法
理解提高梁刚度的措施
了解梁弯曲应变能的概念
理解简单超静定梁解法

教学要求

知识要点	能力要求	相关知识
积分法求简单荷载作用下单跨梁的挠度和转角	熟练掌握用积分法求简单荷载作用下单跨梁的挠度和转角的计算方法	平面曲线曲率积分的概念
梁的挠度和转角的叠加法	理解计算梁的挠度和转角的叠加法	叠加原理
梁的刚度条件计算方法	掌握梁的刚度条件计算方法	积分的概念叠加原理
提高梁刚度的措施	理解提高梁弯曲刚度的措施	惯性矩的概念

引言

弯曲变形是杆件十分重要的基本变形之一,在实际中的梁、板除必须满足正应力、切应力强度条件之外,还须满足刚度要求。在这章中,主要研究用积分法求梁在简单荷载作用下单跨梁的挠度和转角,根据积分法的计算结果制成梁在简单荷载作用下等截面直梁的变形表。然后研究在多个荷载作用下求梁挠度和转角的叠加法。本章的学习一方面可以用来对梁进行刚度计算,一方面可以为解答超静定结构提供位移协调条件。

7.1 概 述

在第 6 章和第 7 章中,我们研究梁的内力和应力,介绍梁的强度计算方法,从而解决了弯曲强度问题。但梁在外力作用下,不仅产生应力还产生变形,而且有时梁内的最大应力虽未超过材料的许用应力,却因其变形过大,而影响梁的正常使用。例如吊车梁若变形过大,会使吊车在行驶中发生振动;楼面板梁若变形过大,会使底楼粉刷层剥落;砌体结构中钢筋混凝土梁若端部转角过大,梁端翘起,梁与砖墙接触面积减小,压应力增大可能把接触部分砖压碎,使梁端松动,影响房屋的安全;摇臂钻床的立柱若弯曲变形过大,会影响钻孔精度(如图7.1所示)等。因此,工程中对梁的设计,除了必须满足强度条件外,还必须限制梁的变形,使其不超过许用的变形值。此外,在研究超静定梁时,须利用梁的变形条件求解梁的支座反力。因此,为了控制和利用梁的弯曲变形,我们需要研究弯曲变形的规律和计算。本章研究等截面直梁在平面弯曲时横截面挠度和转角的积分法和叠加法、梁的刚度条件,梁弯曲应变能的概念,以及简单超静定梁解法。其目的主要有两个:一是对梁进行刚度计算;二是为解超静定梁打下基础。

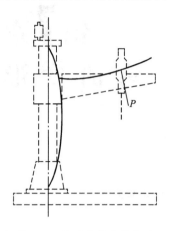

图7.1 钻床立柱弯曲变形

7.2 用积分法求梁的位移

7.2.1 挠曲线近似微分方程

1. 挠度和转角

研究梁的变形就是研究梁变形后的位置。如图7.2所示,简支梁在荷载作用下产生平面弯曲,梁的轴线 AB 变形后弯成一条光滑连续的平面曲线。此曲线称为梁的挠曲线。选取图7.2所示的坐标系,则挠曲线方程为

$$w = f(x) \tag{7-1}$$

梁的轴线 AB 弯成曲线后,梁的各横截面将产生两种形式的位移:

(1) 挠度(deflection)。梁轴线上任一点(即横截面形心)变形后在垂直方向的线位移,

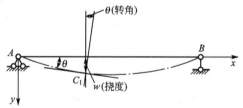

图7.2 梁变形时的挠度和转角

称为该截面的挠度,用 w 表示,如图7.2中 CC_1 即为 C 截面的挠度。事实上,由于中性层在变形后长度不变,C 点除沿 y 方向的位移 CC_1 外,还有沿 x 方向的线位移,但在小变形下,梁横截面形心沿 x 方向的位移为高阶微量,可忽略不计。

(2) 转角(slope)。梁任一横截面相对其原来位置绕中性轴转动的角位移称为该截面的转角,用 θ 表示,如图7.2中 θ 即为 C 截面的转角。根据平面假设,梁变形前横截面垂直于轴线 AB,变形后横截面垂直于挠曲线。因此,弯曲后梁各横截面均要转动一个角度。

挠度和转角是度量梁的变形的两个基本量,且在图7.2所示的坐标系中,土建类专业规定向下的 w 和顺时针转动的 θ 为正,反之为负。机械类专业规定向上的 w 和逆时针转动

的 θ 为正,反之为负。本书以土建类专业的规定来进行梁的变形和刚度计算。

2. 挠度和转角的关系

在图 7.2 中,过 C_1 点作挠曲线的切线,令其与 x 轴的夹角为 θ。由微分学知
$$\tan\theta = w' = f'(x)$$
由于实际工程中梁的变形是小变形,人的眼睛很难观察到,要用专门的仪器才能测出来,因此挠曲线非常平坦,θ 角很小,故可令 $\tan\theta \approx \theta$,因而有
$$\theta \approx \tan\theta = w' = f'(x) \tag{7-2}$$
这表明,梁任一横截面的转角等于挠曲线在该截面形心处的斜率。由此可见,计算梁的挠度和转角,关键在于建立梁的挠曲线方程,有了式(7-1)便可求出梁任意截面的转角和挠度。

3. 挠曲线近似微分方程

梁的挠曲线和梁的受力等因素有关。因此,为了得到挠曲线方程,必须建立变形与受力之间的关系。

在 6.2 节中,已经导出纯弯曲梁的曲率表达式(6-7),将该式中的 I_z 简写为 I,则为
$$\frac{1}{\rho} = \frac{M}{EI}$$
此式表达了纯弯曲时梁的变形与受力之间的关系。在横力弯曲时梁横截面上除弯矩外,尚有剪力。不过因一般梁跨 l 与梁高 h 之比远大于 10 $\left(\text{即} \frac{l}{h} \geqslant 10\right)$,梁的剪力对变形的影响很小,可以忽略不计,上式仍然成立,不过这时弯矩 M 和曲率 ρ 均随截面位置坐标 x 而变化,故上式应改写成
$$\frac{1}{\rho(x)} = \frac{M(x)}{EI} \tag{7-3}$$
式(7-3)即为直梁横力弯曲时挠曲线的曲率方程。式中 $\frac{1}{\rho(x)}$ 是 $\frac{M(x)}{EI}$ 的绝对值。

由高等数学知,平面曲线 $w = f(x)$ 任意点的曲率为
$$\frac{1}{\rho(x)} = \pm \frac{w''}{(1+w'^2)^{3/2}} \tag{7-4}$$
由式(7-3)、式(7-4)可得
$$\pm \frac{w''}{(1+w'^2)^{3/2}} = \frac{M(x)}{EI} \tag{7-5}$$
式(7-5)就是挠曲线微分方程。由于实际工程中梁的变形是小变形,挠曲线非常平坦,转角 $\theta \approx \tan\theta = w'$ 甚小,w'^2 更远远小于 1,w'^2 可忽略不计,故上式可简化为
$$\pm w'' = \frac{M(x)}{EI} \tag{7-6}$$
至于式(7-6)左边的正负号,可由坐标系的选择和弯矩的符号规定来确定。在选定坐标 y 向下为正,以及"下凸弯曲正弯矩,上凸弯曲负弯矩"[图 7.3(a)、(b)]的符号规定下,w'' 与 $M(x)$ 的正负号始终相反。因此,式(7-6)两边应取相反的符号,于是有
$$w'' = -\frac{M(x)}{EI} \tag{7-7}$$
式(7-7)就是梁的挠曲线近似微分方程(differential equation of the deflection curve),由此

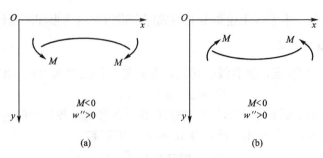

图 7.3 w'' 与 $M(x)$ 的正负号规定

式可求得梁的挠曲线方程。

7.2.2 用积分法求梁的挠度和转角

对于等截面直梁，抗弯刚度 EI 为常量，式(7-7)可改写成

$$EI w'' = -M(x)$$

将上式两边各乘以 dx，积分一次可得转角方程

$$EI w' = EI\theta = -\int M(x)dx + C \qquad (7-8)$$

再积分一次，得挠度方程

$$EI w = -\int\left[\int M(x)dx\right]dx + Cx + D \qquad (7-9)$$

式(7-8)和式(7-9)中的 C、D 为积分常数，要确定这些积分常数，除利用支座处的约束条件外，还需利用相邻两段梁在交界处的连续条件。这两类条件统称为边界条件(boundary conditions)。

所谓约束条件是指在梁的支座或某截面处位移为已知的条件。如在固定铰支座、竖向链杆支座处挠度等于零，在固定端处挠度和转角均等于零等。所谓连续条件(continue conditions)是指由于挠曲线是一条光滑连续的曲线，则在梁上任一横截面只有唯一的转角和挠度，即任一横截面左右两边的转角方程在该横截面处取值相等，任一横截面左右两边的挠度方程在该横截面处取值也相等。

根据边界条件确定了积分常数后，代回式(7-8)和式(7-9)，即得到转角方程和挠度方程，从而便可确定梁任意截面的转角和挠度。这就是积分法求梁变形的过程。下面举例说明其具体应用。

例7.1 图 7.4(a)为镗刀在工件上镗孔的示意图。为保证镗孔精度，镗刀杆的弯曲变形不能过大。设径向切削力 $F=300\mathrm{N}$，镗刀杆直径 $d=10\mathrm{mm}$，外伸长度 $l=50\mathrm{mm}$。材料的弹性模量 $E=210\mathrm{GPa}$。试求镗刀杆上安装镗刀头的截面 B 的转角和挠度。

解：镗刀杆可简化为在自由端受集中力 F 作用的悬臂梁 [图 7.4(b)]。

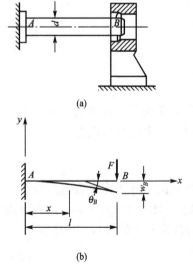

图 7.4 例 7.1 图

(1) 列弯矩方程。建立坐标系如图 7.4(b)所示,列出弯矩方程为
$$M(x)=-F(l-x)$$

(2) 建立挠曲线近似微分方程并积分。
$$EIw''=-M(x)=F(l-x)$$
$$EIw'=EI\theta=Flx-\frac{F}{2}x^2+C \qquad (7-10)$$
$$EIw=\frac{Fl}{2}x^2-\frac{F}{6}x^3+Cx+D \qquad (7-11)$$

(3) 确定积分常数。在悬臂梁的固定端,转角和挠度都等于零,相应的边界条件为:当 $x=0$ 时,$\theta=0$,$w=0$。将此两条件分别代入式(7-10)、式(7-11),可得 $C=0$,$D=0$。

(4) 建立转角方程和挠度方程。将求得的 C、D 值代入式(7-10)和式(7-11),即得转角方程和挠度方程,分别为
$$\theta=w'=\frac{Flx}{EI}-\frac{Fx^2}{2EI}$$
$$w=\frac{Flx^2}{2EI}-\frac{Fx^3}{6EI}$$

(5) 求最大转角和最大挠度。由图 7.4(b)可见,在自由端处梁的转角和挠度均最大,故将 $x=l$ 代入上式可得
$$\theta_{\max}=\theta_B=\frac{Fl^2}{EI}-\frac{Fl^2}{2EI}=\frac{Fl^2}{2EI}$$
$$w_{\max}=w_B=\frac{Fl^3}{2EI}-\frac{Fl^3}{6EI}=\frac{Fl^3}{3EI}$$

求得 θ_B 为正值,表示 B 截面转角为顺时针方向转,w_B 为正值,表示 B 截面挠度向下。

把 $F=300\text{N}$,$d=10\text{mm}$,$l=50\text{mm}$,$E=210\text{GPa}$,$I=\frac{\pi d^4}{64}=491\text{mm}^4$ 代入上式,得
$$\theta_B=0.003\ 63\text{rad}=0.208°; \quad w_B=0.120\ 75\text{mm}$$

例 7.2 承受均布荷载 q 的简支梁如图 7.5 所示,梁的抗弯刚度为 EI。试求此梁的最大转角和最大挠度。

解:(1) 列弯矩方程。建立坐标系如图 7.5 所示,求出支座反力为
$$F_A=F_B=\frac{ql}{2}$$

弯矩方程为

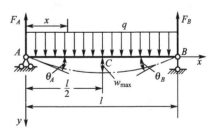

图 7.5 例 7.2 图

$$M(x)=\frac{ql}{2}x-\frac{1}{2}qx^2$$

(2) 建立挠曲线近似微分方程并积分。
$$EIw''=-M(x)=-\frac{ql}{2}x+\frac{q}{2}x^2$$
$$EIw'=-\frac{ql}{4}x^2+\frac{q}{6}x^3+C \qquad (7-12)$$

$$EIw = -\frac{ql}{12}x^3 + \frac{q}{24}x^4 + Cx + D \tag{7-13}$$

(3) 确定积分常数。简支梁的边界条件是在左、右铰支座处的挠度均等于零，即在 $x=0$ 处，有 $w=0$；在 $x=l$ 处，有 $w=0$。将此两条件分别代入式(7-12)、(7-13)，解得 $C = \frac{ql^3}{24}$，$D = 0$。

(4) 建立转角方程和挠度方程。将求得的 C、D 值代入式(7-12)和式(7-13)，即得梁的转角方程和挠度方程分别为

$$\theta = w' = \frac{q}{24EI}(l^3 - 6lx^2 + 4x^3)$$

$$w = \frac{qx}{24EI}(l^3 - 2lx^2 + x^3)$$

(5) 求最大转角和最大挠度。由对称性可知，两铰支座处截面的转角大小相等，符号相反，且绝对值均为最大，将 $x=0$ 和 $x=l$ 分别代入转角方程中得

$$\theta_A = -\theta_B = \frac{ql^3}{24EI}$$

即

$$|\theta|_{\max} = \frac{ql^3}{24EI}$$

最大挠度发生在梁跨中点，将 $x=l/2$ 代入挠度方程中得

$$w_{\max} = w|_{x=l/2} = \frac{q(l/2)}{24EI}\left[l^3 - 2l\left(\frac{l}{2}\right)^2 + \left(\frac{l}{2}\right)^3\right] = \frac{5ql^4}{384EI}(\downarrow)$$

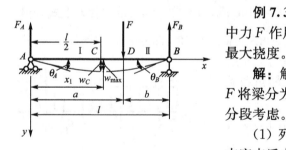

图 7.6　例 7.3 图

例 7.3　如图 7.6 所示的简支梁，在 D 点受集中力 F 作用，梁的抗弯刚度为 EI。试求最大转角和最大挠度。

解： 解题步骤同前例。但本题的特点是集中力 F 将梁分为 AD、DB 两段，两段梁内弯矩不同，需分段考虑。

(1) 列弯矩方程。建立坐标系如图 7.6 所示。支座支反力为

$$F_A = \frac{Fb}{l}, \quad F_B = \frac{Fa}{l}$$

分段列出弯矩方程：

AD 段　　　　　　　　$M_1(x) = \frac{Fb}{l}x$，　$(0 \leqslant x \leqslant a)$

DB 段　　　　　　　　$M_2(x) = \frac{Fb}{l}x - F(x-a)$，　$(a \leqslant x \leqslant l)$

(2) 建立挠曲线近似微分方程并积分

AD 段：$EIw_1'' = -M_1(x) = -F\frac{b}{l}x$，积分后得

$$EI w_1' = -F\frac{bx^2}{2l} + C_1 \qquad (7-14)$$

$$EI w_1 = -F\frac{bx^3}{6l} + C_1 x + D_1 \qquad (7-15)$$

DB 段：$EI w_2'' = -M_2(x) = -F\frac{b}{l}x + F(x-a)$，积分后得

$$EI w_2' = -F\frac{b}{l} \times \frac{x^2}{2} + \frac{F(x-a)^2}{2} + C_2 \qquad (7-16)$$

$$EI w_2 = -F\frac{b}{l} \times \frac{x^3}{6} + \frac{F(x-a)^3}{6} + C_2 x + D_2 \qquad (7-17)$$

（3）确定积分常数。共有四个积分常数，需要四个条件才能确定。在两个铰支座处挠度为零，可提供两个支座约束条件：在 $x=0$ 处，$w_1=0$；在 $x=l$ 处，$w_2=0$。

另外，根据连续性条件，两段曲线相连接处 D 截面的转角和挠度应唯一，即 D 截面的转角和挠度可分别由相邻两段梁的转角方程和挠度方程来计算，但其结果应相同，即应有当 $x_1=x_2=a$ 时，$w_1=w_2$，$\theta_1=\theta_2$。

代入以上积分公式(7-14)~式(7-17)中，解得

$$C_1 = C_2 = \frac{Fb}{6l}(l^2-b^2), \quad D_1 = D_2 = 0$$

（4）建立转角方程和挠度方程。将求得的积分常数代入上述积分式(7-14)~式(7-17)中，得挠曲线方程和转角方程分别为

AD 段：

$$\theta_1 = w_1' = \frac{Fb}{2lEI}\left[\frac{1}{3}(l^2-b^2) - x^2\right]$$

$$w_1 = \frac{Fbx}{6lEI}\left[l^2-b^2-x^2\right]$$

DB 段：

$$\theta_2 = w_2' = \frac{Fb}{2lEI}\left[\frac{l}{b}(x-a)^2 - x^2 + \frac{1}{3}(l^2-b^2)\right]$$

$$w_2 = \frac{Fb}{6lEI}\left[\frac{l}{b}(x-a)^3 - x^3 + (l^2-b^2)x\right]$$

（5）求最大转角和最大挠度。据挠曲线形状可知，绝对值最大的转角应发生在梁的左端面或右端面处。将 $x=0$ 代入 θ_1 中，得梁左端截面转角

$$\theta_A = \theta_1|_{x=0} = \frac{Fb(l^2-b^2)}{6lEI} = \frac{Fab(l+b)}{6lEI}$$

将 $x=l$ 代入 θ_2 中，得梁右端截面转角

$$\theta_B = \theta_2|_{x=l} = -\frac{Fab(l+a)}{6lEI}$$

可见，当 $a>b$ 时，梁右端截面转角最大。

关于最大挠度，首先要确定它发生在 AD 段还是 DB 段，再用求极值的方法求之。设发生在 AD 段，令 $\theta_1 = w_1' = \frac{Fb}{2lEI}\left[\frac{1}{3}(l^2-b^2) - x^2\right] = 0$，解得

$$x_1 = \sqrt{\frac{l^2-b^2}{3}} = \sqrt{\frac{a(a+2b)}{3}}$$

当 $a>b$ 时，此 x_1 值小于 a，故最大挠度确实发生在 AD 段内。将上式代入 w_1 中即得最大挠度

$$w_{\max}=w_1|_{x=x_1}=\frac{Fb}{9\sqrt{3l}EI}\sqrt{(l^2-b^2)^3}$$

当集中力 F 作用在梁的中点位置时，即 $a=b=l/2$，则最大挠度和最大转角分别为

$$w_{\max}=w_C=\frac{Fl^3}{48EI}, \qquad \theta_{\max}=\theta_A=-\theta_B=\frac{Fl^2}{16EI}$$

积分法是求梁变形的一种基本方法。其优点是可用数学方法得到转角方程和挠度方程，缺点是求指定截面的转角和挠度时运算过程烦琐。为了实用方便，依照上述积分的方法，现将常用的等截面直梁在简单荷载作用下的变形列入表 7-1，以备查用。

表 7-1 梁在简单荷载作用下等截面直梁的变形

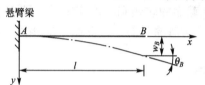

悬臂梁
$w=$ 沿 y 方向的挠度
$w_b=w(l)=$ 梁右端处的挠度
$\theta_B=w'(l)=$ 梁右端处

序号	梁的简图	挠曲线方程	端截面转角	最大挠度或跨中挠度
1		$w=\dfrac{Fx^2}{6EI}(3l-x)$	$\theta_B=\dfrac{Fl^2}{2EI}$	$w_B=\dfrac{Fl^3}{3EI}$
2		$w=\dfrac{Fx^2}{6EI}(3a-x),\ (0\leqslant x\leqslant a)$ $w=\dfrac{Fa^2}{6EI}(3x-a),\ (a\leqslant x\leqslant l)$	$\theta_B=\theta_C=\dfrac{Fa^2}{2EI}$	$w_B=\dfrac{Fa^2}{6EI}(3l-a)$
3		$w=\dfrac{qx^2}{24EI}(x^2-4lx+6l^2)$	$\theta_B=\dfrac{ql^3}{6EI}$	$w_B=\dfrac{ql^4}{8EI}$
4		$w=\dfrac{qx^2}{120EIl}(10l^3-10l^2x+5lx^2-x^3)$	$\theta_B=\dfrac{ql^3}{24EI}$	$w_B=\dfrac{ql^4}{30EI}$
5		$w=\dfrac{M_e x^2}{2EI}$	$\theta_B=\dfrac{M_e l}{EI}$	$w_B=\dfrac{M_e l^2}{2EI}$

（续）

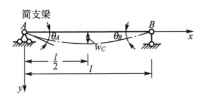

$w=$ 沿 y 方向的挠度
$w_C=w(l/2)=$ 梁的中点挠度
$\theta_A=w'(0)=$ 梁左端处的转角
$\theta_B=w'(l)=$ 梁右端处的转角

序号	梁的简图	挠曲线方程	端截面转角	最大挠度或跨中挠度
6		$w=\dfrac{Fx}{48EI}(3l^2-4x^2)$, $\left(0\leqslant x\leqslant\dfrac{l}{2}\right)$	$\theta_A=-\theta_B=\dfrac{Fl^2}{16EI}$	在 $x=\dfrac{l}{2}$ 处，$w_C=\dfrac{Fl^3}{48EI}$
7		$w=\dfrac{Fbx}{6EIl}(l^2-x^2-b^2)$, $(0\leqslant x\leqslant a)$ $w=\dfrac{Fbx}{6EIl}\left[\dfrac{l}{b}(x-a)^3+(l^2-b^2)x-x^3\right]$, $(a\leqslant x\leqslant l)$	$\theta_A=\dfrac{Fab(l+b)}{6lEI}$ $\theta_B=-\dfrac{Fab(l+b)}{6lEI}$	设 $a>b$，在 $x=\sqrt{\dfrac{l^2-b^2}{3}}$ 处，$w_{max}=\dfrac{Fb(l^2-b^2)^{3/2}}{9\sqrt{3}EIl}$ $w_C=\dfrac{Fb(3l^2-4b^2)}{48EI}$
8		$w=\dfrac{qx}{24EI}(l^3-2lx^2+x^3)$	$\theta_A=-\theta_B=\dfrac{ql^3}{24EI}$	$w_C=\dfrac{5ql^4}{384EI}$
9		$w=\dfrac{qx}{360EIl}(7l^4-10l^2x^2+3x^4)$	$\theta_A=\dfrac{7ql^3}{360EI}$ $\theta_B=-\dfrac{ql^3}{45EI}$	$w_C=\dfrac{5ql^4}{768EI}$
10		$w=\dfrac{M_e x}{6EIl}(l-x)(2l-x)$	$\theta_A=\dfrac{M_e l}{3EI}$ $\theta_B=-\dfrac{M_e l}{6EI}$	$x=\left(1-\dfrac{1}{\sqrt{3}}\right)l$, $w_{max}=\dfrac{M_e l^2}{9\sqrt{3}EI}$ $w_C=\dfrac{M_e l^2}{16EI}$
11		$w=\dfrac{M_e x}{6EIl}(l^2-x^2)$	$\theta_A=\dfrac{M_e l}{6EI}$ $\theta_B=-\dfrac{M_e l}{3EI}$	$x=\dfrac{l}{\sqrt{3}}$, $w_{max}=\dfrac{M_e l^2}{9\sqrt{3}EI}$ $w_C=\dfrac{M_e l^2}{16EI}$
12		$w=\dfrac{M_e x}{6EIl}(l^2-3b^2-x^2)$, $(0\leqslant x\leqslant a)$ $w=-\dfrac{M_e(l-x)}{6EIl}(3a^2-2lx+x^2)$, $(a\leqslant x\leqslant l)$	$\theta_A=\dfrac{M_e}{6EIl}(l^2-3b^2)$ $\theta_B=\dfrac{M_e}{6EIl}(l^2-3a^2)$	AC 梁段：$y_{max}=\dfrac{M_e(l^2-3b^2)^{\frac{3}{2}}}{9\sqrt{3}EIl}$ CB 梁段：$y_{max}=-\dfrac{M_e(l^2-3a^2)^{\frac{3}{2}}}{9\sqrt{3}EIl}$

由表7-1中各梁的内力和位移的计算式可见：各种支座形式的梁，其内力、位移与荷载（q、F、M）间均为线性关系，而与梁的跨度l关系的幂次，则是由挠度y至剪力F_S逐次降低，如表7-2所示，仅系数k_i与梁的荷载及支座形式有关。

表7-2 梁的内力、位移与荷载间的关系

荷载	挠度 y	转角 θ	弯矩 M	剪力 F_S
分布力 q	$K_1 \dfrac{ql^4}{EI}$	$K_4 \dfrac{ql^3}{EI}$	$K_7 ql^2$	$K_{10} ql$
集中力 P	$K_2 \dfrac{Pl^3}{EI}$	$K_5 \dfrac{Pl^2}{EI}$	$K_8 Pl$	$K_{11} P$
集中力偶 m	$K_3 \dfrac{ml^2}{EI}$	$K_6 \dfrac{ml}{EI}$	$K_9 m$	$K_{12} \dfrac{m}{l}$

7.3 用叠加法求梁的位移

用积分法求梁的弯曲变形的优点是可以得到梁的转角和挠度的普遍方程式。但在实际工程中，梁上可能同时作用有几种（或几个）荷载，此时若用积分法计算梁的变形（挠度和转角）时，其计算过程比较烦琐，工作量大。为此再介绍一种求梁的挠度和转角的简易方法——叠加法。

当梁的变形微小，且梁的材料在线弹性范围内工作时，梁的挠度和转角均与梁上的荷载成线性关系。梁上某一荷载所引起的变形不会影响其他荷载所产生的变形，即每一荷载对梁变形的影响是各自独立的。在此情况下，当梁上有多个荷载作用时，梁的某个截面处的挠度和转角就等于每个荷载单独作用下该截面的挠度和转角的代数和，这就是计算梁弯曲变形的叠加原理（superposition），应用叠加原理求梁的挠度和转角的方法称为叠加法。现通过例题说明按叠加原理求梁的挠度和转角的步骤。

例7.4 等截面简支梁的抗弯刚度为EI，受力如图7.7所示。试用叠加法求A截面转角θ_A和跨中截面C的挠度w_C。

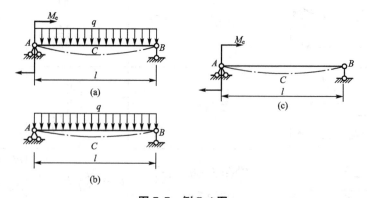

图7.7 例7.4图

解： 将梁上荷载分解为q和M_e单独作用的两种情况，如图7.7(b)、(c)所示。查表7-1得，在q单独作用下

$$\theta_{Aq}=\frac{ql^3}{24EI}, \quad w_{Cq}=\frac{5ql^4}{384EI}$$

在 M_e 单独作用下

$$\theta_{AM}=\frac{M_e l}{3EI}, \quad w_{CM}=\frac{M_e l^2}{16EI}$$

叠加以上结果，即得 q、M_e 共同作用下梁 A 截面的转角和跨中截面 C 的挠度

$$\theta_A=\theta_{Aq}+\theta_{AM}=\frac{ql^3}{24EI}+\frac{M_e l}{3EI}$$

$$w_C=w_{Cq}+w_{CM}=\frac{5ql^4}{384EI}+\frac{M_e l^2}{16EI}$$

例 7.5 试用叠加法求图 7.8(a) 所示阶梯截面梁的 θ_C 和 w_C。

解：由于两段梁的惯性矩 I 不同，需分段研究。

首先考虑 BC 段。此时可暂将 AB 段视为刚体，而 BC 段就相当于 B 截面固定的悬臂梁，如图 7.8(b) 所示。查表 7-1 可得这时 C 截面的转角和挠度分别为

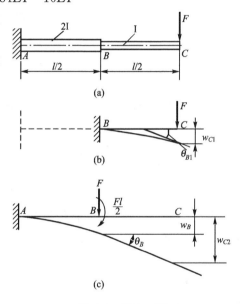

图 7.8 例 7.5 图

$$\theta_{C1}=\frac{F\times\left(\frac{l}{2}\right)^2}{2EI}=\frac{F\times l^2}{8EI}, \quad w_{C1}=\frac{F\times\left(\frac{l}{2}\right)^3}{3EI}=\frac{F\times l^3}{24EI}$$

再看 AB 段，将作用于 C 点的集中力 F 向 B 点简化，得到作用于 B 截面的集中力 F 和集中力偶 $Fl/2$。在这两个力作用下，AB 段的变形如图 7.8(c) 所示。查表 7-1 可得这时 B 截面的转角和挠度。

$$\theta_B=\frac{F\left(\frac{l}{2}\right)^2}{2E(2I)}+\frac{\left(\frac{F}{2}l\right)\left(\frac{l}{2}\right)}{E(2I)}=\frac{3Fl^2}{16EI}, \quad w_B=\frac{F\left(\frac{l}{2}\right)^3}{3E(2I)}+\frac{\left(\frac{F}{2}l\right)\left(\frac{l}{2}\right)^2}{2E(2I)}=\frac{5Fl^3}{96EI}$$

由于梁的挠度线是一条光滑的曲线，在两段梁连接处 B 截面的转角和挠度应相等。故 AB 段变形时，BC 段的 B 点将向下移 w_B，同时 BC 段要保持直线 B 点转动一个角度 θ_B，这样又引起 C 截面的转角和挠度，查表 7-1 可得这时 C 截面的转角和挠度。

$$\theta_{C2}=\theta_B=\frac{3Fl^2}{16EI}, \quad w_{C2}=w_B+\theta_B\times\frac{l}{2}=\frac{5Fl^3}{96EI}+\frac{3Fl^2}{16EI}\times\frac{l}{2}=\frac{14Fl^3}{96EI}$$

最后梁的变形如图 7.8(c)，C 截面转角和挠度分别为

$$\theta_C=\theta_{C1}+\theta_{C2}=\frac{Fl^2}{8EI}+\frac{3Fl^2}{16EI}=\frac{5Fl^2}{16EI}$$

$$w_C=w_{C1}+w_{C2}=\frac{Fl^3}{24EI}+\frac{14Fl^3}{96EI}=\frac{3Fl^3}{16EI}$$

例 7.6 车床主轴的计算简图可简化成外伸梁，如图 7.9(a)、(b) 所示。F_1 为切削力，F_2 为齿轮传动力。若近似地把等外伸梁作为等截面梁，梁的抗弯刚度为 EI，试用叠加法求 B 截面转角 θ_B 和端点 C 的挠度 w_C。

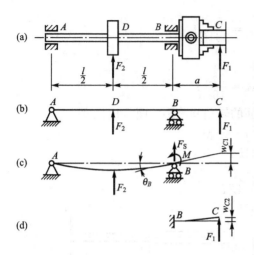

图 7.9 例 7.6 图

解：设想沿截面 B 将外伸梁分成两部分。

AB 部分成为简支梁 [图 7.9(c)]，梁上除集中力 F_2 外，在截面 B 上还有剪力 F_S 和弯矩 M，且 $F_S=F_1$，弯矩 $M=F_1 a$。剪力 F_S 直接传递到支座 B，不引起变形。在弯矩 M 作用下，查附录，得 B 截面转角为

$$(\theta_B)_M = -\frac{Ml}{3EI} = -\frac{F_1 al}{3EI}$$

在 F_2 作用下，查表 7-1，得 B 截面转角为

$$(\theta_B)_{F_2} = \frac{F_2 l^2}{16EI}$$

叠加 $(\theta_B)_M$ 和 $(\theta_B)_{F_2}$ 后，得 B 截面转角为

$$\theta_B = -\frac{F_1 al}{3EI} + \frac{F_2 l^2}{16EI}$$

单独由于这一转角引起的 C 点的挠度是

$$w_{C1} = a\theta_B = -\frac{F_1 a^2 l}{3EI} + \frac{F_2 al^2}{16EI}$$

先把 BC 部分作为悬臂梁 [图 7.9(d)]，在 F_1 作用下，查表 7-1，得 C 点的挠度是

$$w_{C2} = -\frac{F_1 a^3}{3EI}$$

再把外伸梁的 BC 部分看作整体转动了一个 θ_B 的悬臂梁，于是 C 点的挠度是 w_{C1} 和 w_{C2} 的叠加，故有

$$w_C = w_{C1} + w_{C2} = -\frac{F_1 a^2}{3EI}(a+l) + \frac{F_2 al^2}{16EI}$$

7.4 梁的刚度计算和提高梁弯曲刚度的措施

1. 梁的刚度计算

在按强度条件选择了梁的截面以后，往往还要检查梁的变形是否超过许用范围，即还须检查梁的刚度条件是否满足要求。有关工程设计规范规定，梁的最大挠度 $w_{\max}$ 不应超过许用挠度 $[w]$。机械工程中的传动轴等受弯杆件除须满足挠度要求外，还要限制其最大转角 $\theta_{\max}$ 不得超过许用转角 $[\theta]$，故梁的刚度条件(stiffness condition)为

$$\theta_{\max} \leqslant [\theta] \tag{7-18a}$$

$$w_{\max} \leqslant [w] \quad 或 \quad \frac{w_{\max}}{l} \leqslant \left[\frac{w}{l}\right] \tag{7-18b}$$

式中，$[\theta]$ 为许用转角，$[w]$ 为许用挠度，它们的数值应根据构件的工程用途，从有关设计规范中查取。

特别需要说明的是，在一般土建工程中的梁，强度条件如能满足，刚度条件一般都能满足。因此，在设计梁时，刚度要求常处于从属地位。但当对构件的位移限制很严时，刚度条件则可能起控制作用。一般只校核梁的挠度，且规定 $\left[\frac{w}{l}\right]$ 在 $\frac{1}{250} \sim \frac{1}{1000}$ 之间。

在机械工程中，对轴的许用转角和许用挠度有如下规定：

起重机大梁　　　　　$[w]=(0.001\sim0.002)l$

普通机床主轴　　　　$[w]=(0.0001\sim0.0005)l$，$[\theta]=(0.001\sim0.005)\mathrm{rad}$

发动机凸轮轴　　　　$[w]=(0.05\sim0.06)\mathrm{mm}$

滑动轴承处　　　　　$[w]=0.001\mathrm{rad}$

向心轴承处　　　　　$[w]=0.005\mathrm{rad}$

2. 提高梁弯曲刚度的措施

通过以上讨论可知，梁的变形与梁的抗弯刚度 EI、跨度 l、支座情况、荷载形式及其作用位置有关。根据这些因素对弯曲变形的作用，可通过下列措施来提高梁的刚度。

（1）增大梁的抗弯刚度。主要是采用合理的截面形状，在面积基本不变的情况下，使惯性矩 I 尽可能增大，可有效地减小梁的变形。为此，工程上的受弯构件多采用空心圆形、工字形、箱形等薄壁截面。材料的弹性模量 E 值越大，梁的抗弯刚度也会越大。但对钢材来说，各类钢的 E 值非常接近，故选用优质钢对提高梁的抗弯刚度意义不大。

（2）调整跨度和改善结构。静定梁的挠度与跨度的 n 次方成正比，如集中力作用时，挠度与跨度的三次方成正比；分布荷载作用时，梁的挠度与跨度的四次方成正比，在可能的条件下，减小跨度可明显地减小梁的变形。如图 [7.10(a)] 所示的受均布荷载作用的简支梁，最大挠度 $w_{1,\max}=\dfrac{5ql^4}{384EI}$，若将两端支座向内移动 $l/10$ 变为外伸梁 [7.10(b)]，最大挠度变为 $w_{2,\max}=\dfrac{1.89ql^4}{384EI}$，$\dfrac{w_{2,\max}}{w_{1,\max}}=0.378$，明显下降。可见，改变梁的结构可以减小梁的变形。如在车床上仅用卡盘夹持工件切削加工时，工件在切削力作用下发生弯曲变形，会造成吃刀深度不足而出现较大的锥度；若在工件自由端加装尾架顶针 [7.11(a)]，则锥形会显著减小 [7.11(d)]。但加装尾架顶针即增加一个约束，工件便从悬臂梁变为超静定梁了 [图 7.11(b)、(c)]。关于超静定梁的解法，将在 7.6 节讨论。

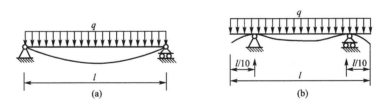

图 7.10　调整支座位置减小弯曲变形

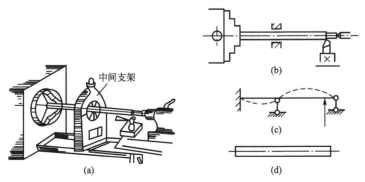

图 7.11　采用超静定梁减小弯曲变形

(3) 改变荷载作用方式。如图 7.12 所示的简支梁，若将作用于梁跨中点的集中力 F 改为分散在两处施加，则可减小弯曲变形 [图 7.12]。

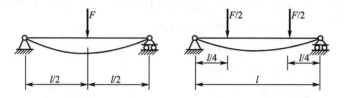

图 7.12 将集中力分散施加以减小弯曲变形

联系 6.3 节的讨论可见，提高梁的刚度与提高梁的强度的措施，大多情况下是相通的。如增大梁截面的惯性矩、合理布置荷载和支座位置，采用超静梁等，都有"一箭双雕"之效果。

7.5 梁弯曲时的应变能

当梁弯曲时，梁内将储存应变能。先讨论梁在纯弯曲 [图 7.13(a)] 时的应变能。在弹性体变形过程中，外力所做的功 w 在数值上等于储存在弹性体内的应变能 V_ε。梁在纯弯曲时只受外力偶作用，因此，其弯曲应变能等于作用在外力偶所做的功 w。

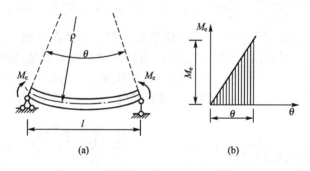

图 7.13 梁的纯弯曲及 $M_e \sim \theta$ 的关系图

由于梁在纯弯曲时各横截面上的弯矩 M 等于外力偶矩 M_e，即为常数。当梁在线弹性范围内工作时，梁轴线在弯曲后将成为一曲率为 $\kappa = \dfrac{1}{\rho} = \dfrac{M}{EI}$ 的圆弧，其所对的圆心角为

$$\theta = \frac{l}{\rho} = \frac{Ml}{EI} \tag{7-19}$$

或

$$\theta = \frac{l}{\rho} = \frac{M_e l}{EI} \tag{7-20}$$

由式(7-20)得知，θ 与 M_e 间的关系，可由图 7.13(b) 所示直线表示。直线下的三角形面积就代表外力偶所做的功 w，即

$$w = \frac{1}{2} M_e \theta$$

从而得纯弯曲时梁的弯曲应变能为

$$V_\varepsilon = \frac{1}{2} M_e \theta \qquad (7-21)$$

由于 $M=M_e$，故式(7-21)又可改写为

$$V_\varepsilon = \frac{1}{2} M \theta \qquad (7-22)$$

将式(7-19)、式(7-20)两式中的 θ 分别代入式(7-21)、式(7-22)，即得

$$V_\varepsilon = \frac{M_e^2 l}{2EI} \qquad (7-23a)$$

和

$$V_\varepsilon = \frac{M^2 l}{2EI} \qquad (7-23b)$$

在横力弯曲时，梁内应变能包括两部分：与弯曲变形相应的弯曲应变能和与剪切变形相应的剪切应变能。本书不作分析，感兴趣的读者可参阅相关的材料力学书籍。

7.6 简单超静定梁

前面研究过的梁，其全部未知约束反力都可以由静力平衡方程全部确定，这一类梁称为静定梁。在工程实际中，有时为了提高梁的强度和刚度，或者满足构造上的需要，常给静定梁增加约束，致使梁的未知力数目超过静力平衡方程式的数目。这时，仅由静力平衡方程不能确定全部未知约束反力。这一类梁就称为超静定梁（statically indeterminate beams）。

在超静定梁中，多于维持平衡所必需的约束称为多余约束，与其相应的约束反力称为多余约束反力。多余约束的个数，称为超静定次数。如图 7.14(a)为一次超静定梁，图 7.12(b)为二次超静定梁。

图 7.14 超静定梁

求解超静定梁的方法与解拉压超静定问题类似，也需要根据梁的变形协调条件和力与变形间的物理关系，建立补充方程，然后与静力平衡方程联立求解。下面通过实例来说明解题步骤。

例 7.7 图 7.15(a)所示梁，受均布荷载 q 作用，设梁的抗弯刚度为 EI，试求其约束反力，并绘出其剪力图和弯矩图。

解：(1) 确定超静定次数。本梁共有三个未知约束反力，而独立平衡方程式只有两个，故为一次超静定梁，需建立一个补充方程。

(2) 选静定基本体系。任选一个约束为多余约束，暂时将其去掉，并代以相应的约束反力。去掉多余约束后的梁必然是静定的，称其为原超静定梁的静定基本体系。如将原梁

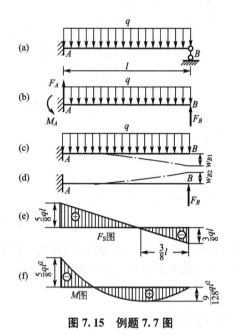

图 7.15 例题 7.7 图

的刀支座作为多余约束而去掉,则得到的静定基本体系是悬臂梁 AB [图 7.15(b)]。

(3) 列出变形协调条件。静定基本体系所受的力除原有荷载 q 外,还有未知的多余约束力 F_B [图 7.15(b)],且静定基本体系在 q 和 F_B 共同作用下的变形情况应和原超静定的变形情况完全一致。据此可列出变形协调条件。

设在静定基本体系上多余约束反力作用处 B 点,由 q 和 F_B 各自单独作用时产生的挠度分别为 w_{B1} 和 w_{B2},则此两力共同作用下 B 点的挠度应为

$$w_B = w_{B1} + w_{B2} \qquad (7-24)$$

但原超静定梁 B 处为铰支座,该处挠度为零,故静定基本体系在 q 和 F_B 共同作用下 B 点的挠度也必须为零。于是可得

$$w_{B1} + w_{B2} = 0 \qquad (7-25)$$

式(7-25)就是静定基本体系在多余约束处的变形和原超静定梁在同一处的变形必须一致的条件,称为变形协调条件。它是建立补充方程的基础。

(4) 建立补充方程 据图 7.15(c)、(d),查表 7-1 可得

$$w_{B1} = \frac{ql^4}{8EI}, \quad w_{B2} = -\frac{F_B l^3}{3EI}$$

将此两挠度值代入式(7-25),得到补充方程

$$\frac{ql^4}{8EI} - \frac{F_B l^3}{3EI} = 0$$

由此式解得多余约束力为

$$F_B = \frac{3}{8}ql$$

(5) 根据静定基本体系的静力平衡条件,可求得其余两个支座反力

$$F_A = \frac{5}{8}ql, \quad M_A = \frac{1}{8}ql^2$$

解出全部约束反力后,超静定梁的强度、刚度计算问题与静定梁完全相同。如本例题,求出多余约束反力 F_B 后,立足于图 7.15(b) 的静定基本体系即可作出超静定梁的剪力图和弯矩图,如图 7.15(e)、(f) 所示。

静定基本体系的选择不是唯一的,如本题也可将固定端 A 处的转动约束作为多余约束而去掉,这样得到的静定基本体系便是简支梁,如图 7.16 所示。根据原超静定梁 A 端转角为零这

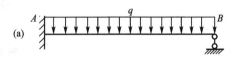
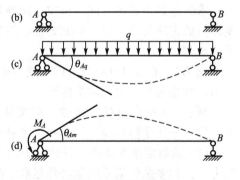

图 7.16 简支梁简图

一变形相容条件,建立补充方程式,先求出 M_A 值,然后求其他的支座支力。建议读者自行验证。由此静定基本体系所求得的 M_A 值与例题 7.7 所得结果完全相同。

小 结

1. 挠曲线

弯曲变形时梁的轴线所弯成的曲线称为挠曲线。在平面弯曲时,梁的挠曲线是一条与外力作用面共面的平面曲线。

2. 挠度与转角、挠曲线方程与转角方程

(1) 弯曲变形时的位移

梁的横截面形心在垂直于轴线方向的线位移 w 称为挠度。横截面绕中性轴转动的角位移 θ 称为转角。

(2) 挠曲线方程

以轴线作为 x 轴,挠曲线在坐标平面内的函数表达式称为挠曲线方程,$w=f(x)$,其纵坐标即为挠度。

挠曲线是很平坦的曲线,任一点的斜率 w' 可足够精确地代表该点处横截面的转角 θ,即 $\theta \approx \tan\theta = w'$。

3. 挠曲线的曲率公式

$$\frac{1}{\rho(x)} = \frac{M(x)}{EI}$$

公式的适用范围:①平面弯曲;②纯弯曲或细长梁横力弯曲;③应力不超过材料的比例极限。

4. 挠曲线近似微分方程

$$w'' = -\frac{M(x)}{EI}$$

5. 用积分法求弯曲变形

$$\text{转角 } \theta = \frac{dw}{dx} = \int -\frac{M(x)}{EI} dx + C; \text{挠度 } w = \iint \left(-\frac{M(x)}{EI} dx\right) dx + Cx + D$$

说明:①当 $M(x)$ 分段列出时,需分段积分;②根据边界条件(即梁支座处的约束条件的边界条件和相邻两段梁在交界处的连续条件)确定积分常数;③这是求弯曲变形的基本方法,适用于各种荷载作用下的等截面梁和变截面梁。

6. 叠加法求梁的挠度和转角

在微小变形和材料服从虎克定律条件下,当梁受几种荷载作用时,梁的任一截面的挠度或转角等于每种荷载单独作用所引起的同一截面挠度或转角的代数和,这就是叠加法。各种简单荷载作用下梁的挠度和转角见表 7-1。

7. 梁的刚度条件

为了保证梁有足够的刚度,梁中最大挠度和最大转角必须在许可范围内,即

$$\theta_{max} \leqslant [\theta]$$
$$w_{max} \leqslant [w] \quad 或 \quad \frac{w_{max}}{l} \leqslant \left[\frac{w}{l}\right]$$

这就是梁的刚度条件。利用这个条件可解决弯曲刚度校核、截面尺寸设计和求许用荷载三方面的问题。

8. 应变能

当梁弯曲时，梁内将储存应变能。梁弯曲时的应变能为 $V_\varepsilon = \dfrac{M^2 l}{2EI}$。

9. 超静定梁

求解超静定梁的方法与解拉压超静定问题类似，也需要根据梁的变形协调条件和力与变形间的物理关系，建立补充方程，然后与静力平衡方程联立求解。

思 考 题

7.1 何谓挠度？何谓转角？此两者之间有何关系？

7.2 什么是边界条件？什么是变形连续性条件？试写出图 7.17 所示各梁的边界条件和变形连续性条件？

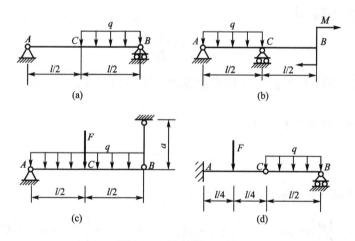

图 7.17　思考题 7.2 图

7.3 设两梁的长度、抗弯刚度和弯矩方程均相同，则两梁的变形是否相同？为什么？

7.4 何谓超静定梁？求解超静定梁的关键是建立补充方程。此方程应根据什么条件建立？

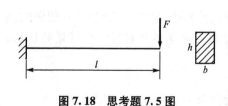

图 7.18　思考题 7.5 图

7.5 如图 7.18 所示的矩形截面悬臂梁，试问：当横截面高度增大 1 倍或跨度减小 1/2 时，最大弯曲正应力和最大挠度各将怎样变化？

7.6 提高弯曲强度和提高弯曲刚度各有哪些主要措施？这些措施中哪些可以起到"一箭双雕"的作用？

习　题

7.1　写出如图 7.19 所示各梁的边界条件。在图(d)中支座 B 的弹簧刚度为 k。

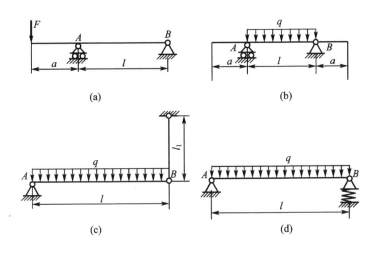

图 7.19　习题 7.1 图

7.2　用积分法求如图 7.20 所示各梁指定截面的转角和挠度。设 EI 为常数。

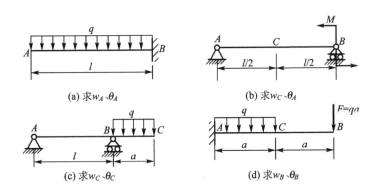

图 7.20　习题 7.2 图

7.3　用积分法求如图 7.21 所示各梁自由端截面的挠度和转角。设 EI 为常数。

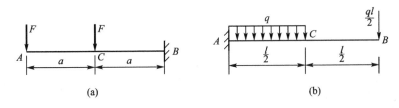

图 7.21　习题 7.3 图

7.4 用叠加法求如图7.22所示各梁指定截面的转角和挠度。设 EI 为常数。

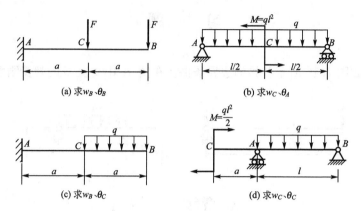

图 7.22 习题 7.4 图

7.5 求如图7.23所示变截面梁自由端的挠度和转角。设 EI_1、EI_2、l_1、l_2 均为已知。

7.6 求如图7.24所示各梁自由端 B 截面的挠度和转角。设 EI 为常数。

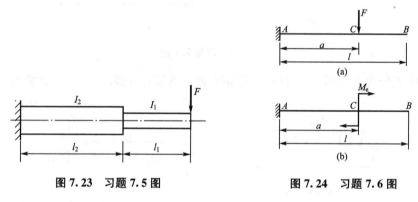

图 7.23 习题 7.5 图　　　　图 7.24 习题 7.6 图

7.7 如图7.25所示木梁 AC 在 C 点由钢杆 BC 支撑。已知木梁截面为 200mm×200mm 的正方形，其弹性模量 $E_1=10\text{GPa}$；钢杆截面面积为 2500mm^2，其弹性模量 $E=210\text{GPa}$。试求钢杆的伸长 Δl 和梁中点的挠度 w_D。

7.8 如图7.26所示桥式起重机的最大荷载为 $w=20\text{kN}$。起重机大梁为 32a 工字钢，$l=8.76\text{m}$，弹性模量 $E=210\text{GPa}$，梁的许可挠度 $[w]=\dfrac{l}{500}$。试校核大梁的刚度。

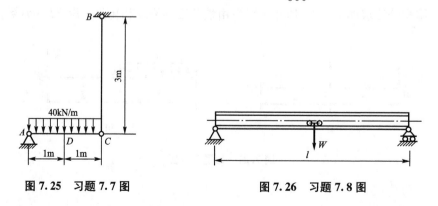

图 7.25 习题 7.7 图　　　　图 7.26 习题 7.8 图

7.9 如图 7.27 所示简支梁由两根槽钢组成。已知 $q=10\text{kN/m}$，$F=20\text{kN}$，$l=4\text{m}$，材料的许用应力 $[\sigma]=160\text{MPa}$，弹性模量 $E=210\text{GPa}$，梁的许可挠度 $[w]=\dfrac{l}{400}$。试按强度条件选择槽钢型号，并进行刚度校核。

7.10 房屋建筑中的某一等截面梁，简化成如图 7.28 所示均布荷载的双跨梁。试作梁的剪力图和弯矩图。

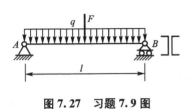

图 7.27 习题 7.9 图

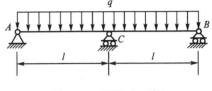

图 7.28 习题 7.10 图

第8章
应力状态和强度理论

教学目标

理解主平面、主应力和应力状态的概念
掌握用应力圆求平面应力状态的主应力、主平面的方法
熟练掌握用解析法求平面应力状态和空间应力状态的主应力、最大剪应力的方法
掌握广义胡克定律
理解强度理论的概念
熟练掌握四个强度理论表达式及适用范围
掌握强度理论在组合工字形、T形、箱形等截面梁翼缘与腹板交结点强度的计算方法
掌握压力容器强度的计算方法

教学要求

知识要点	能力要求	相关知识
用应力圆求平面应力状态的主应力、主平面	（1）掌握平面应力状态求任一斜截面上正应力、切应力的计算方法 （2）掌握用应力圆求平面应力状态的主应力、主平面的计算方法	平面一般力系的平衡条件圆的方程
用解析法求平面应力状态和空间应力状态的主应力、主平面、最大切应力	（1）熟练掌握平面应力状态求主应力、主平面的计算方法 （2）掌握空间应力状态求主应力、最大切应力的计算方法	平面一般力系的平衡条件圆的方程
广义胡克定律	掌握平面应力状态和空间应力状态的广义胡克定律	单向应力状态的广义胡克定律叠加原理
强度理论	熟练掌握四个强度理论表达式及适用范围	最大切应力 广义胡克定律 形状改变比能
组合工字形、T形、箱形等截面梁翼缘与腹板交结点强度的计算	掌握组合工字形、T形、箱形等截面梁翼缘与腹板交结点强度的计算方法	平面应力状态求主应力的解析法
压力容器强度的计算	掌握压力容器强度的计算方法	平面应力状态求主应力的解析法

第8章 应力状态和强度理论

引言

单向应力状态和纯剪切应力状态已有了强度理论，本章着重分析二向应力状态，仅简略介绍三向应力状态的某些概念，并建立二向、三向应力状态下点的强度理论。

本章主要研究二向、三向应力状态的主应力、主平面位置和最大切应力；建立二向、三向应力状态应力与应变关系即广义胡克定律，并建立二向、三向应力状态下脆性材料和塑性材料的强度理论。本章的学习很重要，它是危险点处于二向、三向应力状态下强度计算的基础，也是在后续课程"钢结构"、"混凝土结构"、"土力学"、"岩石力学"中构件危险点处于二向、三向应力状态下强度计算的基础，还是电测法的基础。

8.1 应力状态的概念

在前面几章中，对轴向拉伸或压缩、剪切、扭转和弯曲变形进行了强度计算，它们的强度条件都可以按危险截面上危险点处的应力小于或等于许用应力的形式建立。

拉(压)：$\sigma_{\max}=\dfrac{F_\mathrm{N}}{A}\leqslant[\sigma]$

扭转：$\tau_{\max}=\dfrac{M_\mathrm{T}}{W_\mathrm{P}}\leqslant[\tau]$

剪切：$\tau=\dfrac{F_\mathrm{S}}{A}\leqslant[\tau]$，$\sigma_\mathrm{bs}=\dfrac{F_\mathrm{bs}}{A_\mathrm{bs}}\leqslant[\sigma_\mathrm{bs}]$，$\sigma=\dfrac{F_\mathrm{N}}{(b-md)\delta}\leqslant[\sigma]$

弯曲：$\sigma_{\max}=\dfrac{M}{W_z}\leqslant[\sigma]$，$\tau_{\max}=\dfrac{F_\mathrm{S}S^*_{z,\max}}{I_z b}\leqslant[\tau]$

上述强度条件有一个共同点就是危险点处的应力都处于简单的应力状态，即单向应力状态(图 8.1)或纯剪切应力状态(图 8.2)。根据横截面上的应力以及相应的试验结果，建立了危险点处只有正应力和只有切应力时的强度条件

$$\sigma_{\max}\leqslant[\sigma]; \quad \tau_{\max}\leqslant[\tau]$$

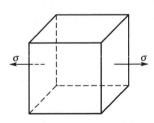

图 8.1 单向应力状态

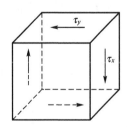

图 8.2 纯剪切应力状态

然而仅仅根据横截面上的应力，不能解释低碳钢试件拉伸至屈服时，为什么表面会出现与轴线成 45°角的滑移线，也不能解释铸铁圆轴扭转时，为什么沿 45°螺旋面破坏。此外，如果危险点处既有正应力，又有切应力，即处于复杂应力状态，在进行强度计算时，则不能分别按正应力和切应力来建立强度条件，而需综合考虑正应力和切应力的影响。一般情况下，通过构件内任一点的各个截面上的应力是彼此不同的，并且随着截面方位的不

同而改变其大小和方向。因此，要研究构件的强度问题，首先必须全面了解构件内各点的应力状态。所谓一点处的应力状态（stresses-state），是指受力构件内某一点处不同方位截面上应力的集合。

为了研究一点处的应力状态，通常围绕该点截出一个边长为微分长度的正六面体，称为该点的单元体（element body），并分析单元体六个面上的应力。由于单元体每个面的面积均为高阶微量，极其微小，因此可以认为在它的各个面上应力是均匀分布的，而且在单元体的任一对平行平面上的应力是相等的。这样，在单元体三个互相垂直的平面上的应力，就表示了该点的应力状态。

例如，在轴向拉伸的杆件中任选一点 A [图 8.3(a)]，围绕该点沿杆的横向及纵向截取一边长为微分长度的正六面体，称为该点的单元体，如图 8.3(b) 所示，作用在单元体各个面上的应力，就表明了该点的应力状态。又如圆轴扭转时，在靠近轴的表面上任选一点 A [图 8.4(a)]，围绕该点，沿轴的横截面、径向截面以及圆环形截面截取一单元体，如图 8.4(b) 所示。单元体各个面上的应力，就表示在圆轴扭转时该点的应力状态。上述这两个单元体都至少有一对平行平面上没有应力，可用其投影图来表示，分别如图 8.3(c) 和图 8.4(c) 所示。

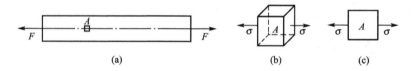

图 8.3　轴向拉伸时点的单向应力状态

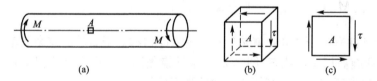

图 8.4　圆轴扭转时点的纯剪切应力状态

我们定义：切应力等于零的平面为主平面（principal plane）；主平面上的正应力为主应力（principal stress）。例如直杆受轴向拉伸（压缩）时，从杆中某一点截取的单元体[图 8.3(b)]，在横截面上只有正应力而没有切应力，在纵向截面上既没有正应力，也没有切应力，所以通过杆内一点的横截面以及与轴线平行的纵截面，都是该点的主平面，横截面上的正应力就是该点的主应力。各个面上只有主应力的单元体称为主单元体（principal body）。

弹性力学研究证明，在受力构件内的某一点，如果处于如图 8.5(a) 所示的复杂的应力状态，总可以通过旋转单元体使其六个面上切应力消失，只有正应力。在这互相垂直的三对主平面上的三个主应力中，有一个是通过该点所有截面上最大的正应力，有一个是最小的正应力。三个主

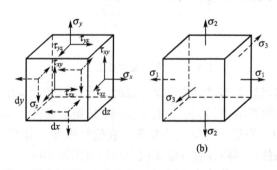

图 8.5　空间应力状态

应力通常用 σ_1、σ_2、σ_3 表示，它们是按代数值大小顺序排列的，即 $\sigma_1 \geqslant \sigma_2 \geqslant \sigma_3$。一点的应力状态通常用该点处的三个主应力来表示，如图 8.5(b)所示。

由于构件的受力情况不同，各点的应力状态也不一样。根据主单元体上三个主应力的存在情况可分为下列三种应力状态。

(1) 只有一个主应力不等于零的应力状态称为单向应力状态(uniaxial stress-state or simple stress-state)。例如，轴向拉压杆中一点的应力状态；纯弯曲梁中除中性层以外的点的应力状态，都属于单向应力状态。

(2) 两个主应力不等于零的应力状态称为二向应力状态或平面应力状态(biaxial stress-state or plane stress-state)。例如，圆轴扭转时，除轴线上各点外，其他任意一点的应力状态均属于二向应力状态；梁剪切弯曲时，除上、下边缘各点外，其他各点的应力状态都属于二向应力状态。

(3) 三个主应力均不等于零的应力状态称为三向应力状态或空间应力状态(triaxial stress-state or three-dimensional stress-state)。例如，在滚珠轴承中，滚珠与外圈接触点 A 的应力状态 [图 8.6(a)]。单元体 A 除在垂直方向直接受压外，由于其横向变形受到周围材料的限制，因而侧向也受到压应力的作用；即单元体处于三向应力状态 [图 8.6(b)]。

单向和纯剪切应力状态统称为简单应力状态，二向和三向应力状态统称为复杂应力状态。

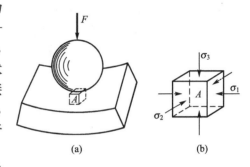

图 8.6 三向应力状态实例

简单应力状态已有了强度理论，本章着重分析二向应力状态，仅简略介绍三向应力状态的某些概念，并建立复杂应力状态下点的强度理论。

8.2 二向应力状态下的应力分析

二向应力状态是工程中常见的应力状态。分析二向应力状态的方法有解析法和图解法。

8.2.1 解析法

1. 斜截面上的应力(The Stress Acting on Inclined Plane)

如图 8.7(a)所示的单元体，为二向应力状态的一般情况。在 x 面(外法线沿 x 轴的平面)上作用有应力 σ_x、τ_{xy}，在 y 面(外法线沿 y 轴的平面)上作用有应力 σ_y、τ_{yx}。现在研究与 z 轴平行的任一斜截面 ef 上的应力 [图 8.7(b)]。斜截面 ef 的外法线与 x 轴成 α 角，此截面称为 α 斜截面，α 斜截面上的正应力和切应力分别用 σ_α 和 τ_α 表示。方位角度 α 的转向规定：α 则以 x 轴为始边，以斜截面外法线为终边沿逆时针方向转动者为正，顺时针方向转动者为负。

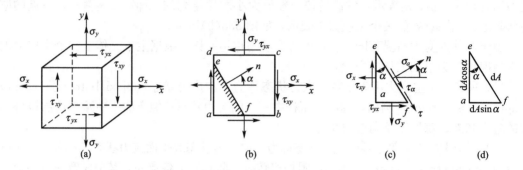

图 8.7 二向应力状态下的应力分析

当杆件处于平衡状态时，从其中截出来的任一单元体，也必然处于平衡状态，因此可以采用截面法来计算单元体任一斜截面 ef 上的应力。沿截面将单元体切成两部分，并取其左边部分 eaf 为研究对象。设斜截面的面积为 $\mathrm{d}A$，则截面 ea 和 af 的面积分别为 $\mathrm{d}A\cos\alpha$ 和 $\mathrm{d}A\sin\alpha$。这样，保留部分的受力情况如图 8.5(c)所示，沿斜面法向和切向的平衡方程为

$$\sum F_n = \sigma_\alpha \mathrm{d}A + (\tau_{xy}\mathrm{d}A\cos\alpha)\sin\alpha - (\sigma_x \mathrm{d}A\cos\alpha)\cos\alpha$$
$$+ (\tau_{yx}\mathrm{d}A\sin\alpha)\cos\alpha - (\sigma_y \mathrm{d}A\sin\alpha)\sin\alpha = 0$$
$$\sum F_t = \tau_\alpha \mathrm{d}A - (\tau_{xy}\mathrm{d}A\cos\alpha)\cos\alpha - (\sigma_x \mathrm{d}A\cos\alpha)\sin\alpha$$
$$+ (\tau_{yx}\mathrm{d}A\sin\alpha)\sin\alpha + (\sigma_y \mathrm{d}A\sin\alpha)\cos\alpha = 0$$

由切应力互等定理知，τ_{xy}、τ_{yx} 的数值相等，以 τ_{xy} 代换 τ_{yx}；再应用三角函数关系：$\cos^2\alpha = (1+\cos2\alpha)/2$，$\sin^2\alpha = (1-\cos2\alpha)/2$，$2\sin\alpha\cos\alpha = \sin2\alpha$，则可由上两式解得

$$\sigma_\alpha = \frac{\sigma_x + \sigma_y}{2} + \frac{\sigma_x - \sigma_y}{2}\cos2\alpha - \tau_{xy}\sin2\alpha \tag{8-1}$$

$$\tau_\alpha = \frac{\sigma_x - \sigma_y}{2}\sin2\alpha + \tau_{xy}\cos2\alpha \tag{8-2}$$

式(8-1)、式(8-2)即为斜截面上应力的一般公式。利用该公式可求出任一截面上的正应力和切应力。

应注意的是，在使用上述公式时，正应力以拉应力为正，压应力为负；切应力以截面外法线按顺时针方向转过 90°后与其方向一致时为正，反之为负。

如果通过单元体取两个互相垂直的斜截面，方位角分别为 α 和 $\alpha+90°$，由式(8-1)、式(8-2)不难证明

$$\sigma_\alpha + \sigma_{\alpha+90°} = \sigma_x + \sigma_y, \quad \tau_\alpha = -\tau_{\alpha+90°}$$

即通过单元体的两个互相垂直的截面上的正应力之和为一常数；而切应力等值反号，这也再一次证明了切应力互等定理。

例 8.1 一单元体如图 8.8 所示，试 $\alpha = 30°$ 的斜截面上的应力。

解： 已知 $\sigma_x = 50\mathrm{MPa}$，$\sigma_y = 30\mathrm{MPa}$，$\tau_{xy} = 20\mathrm{MPa}$，$\alpha = 30°$，将其代入式(8-1)，可得斜截面上正应力

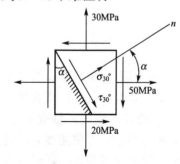

图 8.8 例 8.1 图

$$\sigma_\alpha = \frac{\sigma_x+\sigma_y}{2} + \frac{\sigma_x-\sigma_y}{2}\cos2\alpha - \tau_{xy}\sin2\alpha$$

$$= \frac{50+30}{2} + \frac{50-30}{2}\cos60° - 20\sin60° = 27.68(\text{MPa})$$

代入式(8-2)得斜截面上切应力

$$\tau_\alpha = \frac{\sigma_x-\sigma_y}{2}\sin2\alpha + \tau_{xy}\cos2\alpha$$

$$= \frac{50-30}{2}\sin60° + 20\cos60° = 18.66(\text{MPa})$$

2. 主应力及主平面方位

由式(8-1)和式(8-2)可以看出，因为 σ_x、τ_{xy} 和 σ_y 都是已知量，所以 σ_α 和 τ_α 是 α 的函数。随着斜截面位置(即 α)的不同，σ_α 和 τ_α 的大小和方位也不相同。下面我们用求函数极值的方法求 σ_α 和 τ_α 的极大值、极小值，以及其所在截面的位置。

由 $\dfrac{\mathrm{d}\sigma_\alpha}{\mathrm{d}\alpha}=0$ 可以得到

$$\frac{\mathrm{d}\sigma_\alpha}{\mathrm{d}\alpha} = -(\sigma_x-\sigma_y)\sin2\alpha - 2\tau_{xy}\cos2\alpha = 0$$

即

$$\frac{\sigma_x-\sigma_y}{2}\sin2\alpha + \tau_{xy}\cos2\alpha = 0 \tag{8-3}$$

而式(8-2)可知

$$\tau_\alpha = \frac{\sigma_x-\sigma_y}{2}\sin2\alpha + \tau_{xy}\cos2\alpha$$

因此有

$$\tau_\alpha = 0$$

式(8-3)说明，在切应力 $\tau_\alpha=0$ 的平面上，正应力 σ_α 取得极值，也就是说它比单元体上任何其他截面上的正应力都要大(或者要小)。在 8.1 节已经提到过，切应力等于零的平面叫做主平面，作用在主平面上的正应力叫做主应力。因此，正应力 σ_α 的极大或极小值就是单元体的主应力。

设满足式 $\tau_\alpha = \dfrac{\sigma_x-\sigma_y}{2}\sin2\alpha + \tau_{xy}\cos2\alpha = 0$ 的角度为 α_0，则可得

$$\tan2\alpha_0 = -\frac{2\tau_{xy}}{\sigma_x-\sigma_y} \tag{8-4}$$

或写成

$$2\alpha_0 = \arctan\left[\frac{-2\tau_{xy}}{\sigma_x-\sigma_y}\right] \tag{8-5}$$

由三角函数知识可知，$2\alpha_0$ 在 $0 \sim 2\pi$ 之间可以有两个值，且相差 π。

$$2\alpha_0' = 2\alpha \pm \pi \tag{8-6}$$

$$\alpha_0' = \alpha \pm \frac{\pi}{2} \tag{8-7}$$

式(8-6)中的 α_0、α_0' 就是两个主平面方位。说明处于二向应力状态的单元体有两个互相垂直的主平面，两个主平面上分别作用着最大或最小正应力。

将式(8-5)代入式(8-1)，求得平面应力状态下正应力的极值 $\sigma_{\max}$、$\sigma_{\min}$ 为

$$\left.\begin{array}{l}\sigma_{\max}\\ \sigma_{\min}\end{array}\right\}=\frac{\sigma_x+\sigma_y}{2}+\sqrt{\left(\frac{\sigma_x-\sigma_y}{2}\right)^2+\tau_{xy}^2} \tag{8-8a}$$

在平面应力状态下用 σ_1' 表示 $\sigma_{\max}$，用 σ_2' 表示 $\sigma_{\min}$，则

$$\left.\begin{array}{l}\sigma_1'\\ \sigma_2'\end{array}\right\}=\frac{\sigma_x+\sigma_y}{2}\pm\sqrt{\left(\frac{\sigma_x-\sigma_y}{2}\right)^2+\tau_{xy}^2} \tag{8-8b}$$

σ_1'、σ_2' 就是 xy 平面内的两个主应力，但不一定是 σ_1、σ_2，须把 σ_1'、σ_2' 与 0 按代数值由大至小排序，分别得 σ_1、σ_2 与 σ_3。

由式(8-8b)可得到如下关系

$$\sigma_1'+\sigma_2'=\sigma_x+\sigma_y \tag{8-9}$$

利用这个关系可以检查主应力的计算结果是否正确，同时在试验应力分析中有时也要用到它。

例 8.2 单元体的应力状态如图 8.9 所示。试求主应力并确定主平面方位。

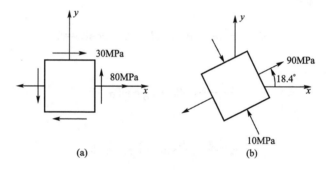

图 8.9 例 8.2 图

解法一：

(1) 求主应力

$$\left.\begin{array}{l}\sigma_1'\\ \sigma_2'\end{array}\right\}=\frac{\sigma_x+\sigma_y}{2}\pm\sqrt{\left(\frac{\sigma_x-\sigma_y}{2}\right)^2+\tau_{xy}^2}$$

$$=\frac{80}{2}\pm\sqrt{\left(\frac{80}{2}\right)^2+(-30)^2}$$

$$=\begin{cases}90\text{MPa}\\ -10\text{MPa}\end{cases}$$

把 σ_1'、σ_2' 与 0 按代数值由大至小排序，分别得 $\sigma_1=90$MPa、$\sigma_2=0$、$\sigma_3=-10$MPa。

(2) 求主平面的方位

$$\tan2\alpha_0=-\frac{2\tau_{xy}}{\sigma_x-\sigma_y}=-\frac{2\times(-30)}{80}=0.75$$

α 在 $\pm\frac{\pi}{2}$ 范围内有两个解

$$\alpha_0'=\alpha\pm\frac{\pi}{2}$$

$$\alpha_0=18.4°,\quad \alpha_0'=-71.6°$$

α_0 是 σ_1 所在截面的方位角。σ_1 和 σ_3 的方向如图 8.9(b)所示。

解法二：

求主平面的方位

已知 $\sigma_x = 80$MPa，$\sigma_y = 0$，$\tau_{xy} = -80$MPa，将其代入式(8-4)，可得

$$\tan 2\alpha_0 = -\frac{2\tau_{xy}}{\sigma_x - \sigma_y} = -\frac{2 \times (-30)}{80} = 0.75$$

α 在 $\pm\frac{\pi}{2}$ 范围内有两个解

$$\alpha_0' = \alpha \pm \frac{\pi}{2}$$

$$\alpha_0 = 18.4°, \quad \alpha' = -71.6°$$

将 $\alpha_0 = 18.4°$，$\alpha' = -71.6°$分别代入式(8-1)得主应力

$$\sigma_{18.4°} = \frac{80}{2} + \frac{80}{2}\cos(2 \times 18.4°) - (-30)\sin(2 \times 18.4°) = 90(\text{MPa})$$

$$\sigma_{-71.6°} = \frac{80}{2} + \frac{80}{2}\cos[2 \times (-71.6)°] - (-30)\sin[2 \times (-71.6°)] = -10(\text{MPa})$$

可见在由 $\alpha_0 = 18.4°$确定的主平面，作用着主应力 $\sigma_1' = 90$MPa；在由 $\alpha_0 = -71.6°$确定的主平面，作用着主应力 $\sigma_2' = -10$MPa。把 σ_1'、σ_2' 与 0 按代数值由大至小排序，分别得 $\sigma_1 = 90$MPa、$\sigma_2 = 0$、$\sigma_3 = -10$MPa。

例 8.3 讨论图 8.10 所示圆轴扭转时的应力状态，并分析铸铁试件受扭时的破坏现象。

解： 圆轴扭转时，在横截面的边缘处切应力最大，其值为 $\tau = \frac{M_T}{W_P}$。按图 8.10(a)所示方式取出单元体 $ABCD$，单元体各面上的应力如图 8.10(b)所示，即

$$\sigma_x = \sigma_y = 0, \quad \tau_{xy} = \tau$$

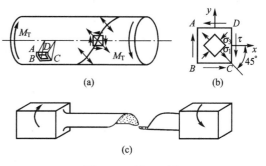

图 8.10 例 8.3 图

为纯剪切应力状态。把上述应力代入式(8-8b)，得

$$\left.\begin{array}{c}\sigma_1'\\\sigma_2'\end{array}\right\} = \frac{\sigma_x + \sigma_y}{2} \pm \sqrt{\left(\frac{\sigma_x - \sigma_y}{2}\right)^2 + \tau_{xy}^2} = \left\{\begin{array}{c}\tau\\-\tau\end{array}\right.$$

由式(8-4)

$$\tan 2\alpha_0 = -\frac{2\tau_{xy}}{\sigma_x - \sigma_y} \to -\infty$$

α 在 $\pm\frac{\pi}{2}$ 范围内有两个解

$$\alpha_0 = \alpha_0' \pm \frac{\pi}{2}$$

$$\alpha_0 = -45°, \quad \alpha' = 45°$$

以上结果表明，从 x 轴量起，由 $\alpha_0 = -45°$（顺时针方向）所确定的主平面上的主应力为 σ_1'，而由 $\alpha_0 = 45°$所确定的主平面上的主应力为 σ_2'。把 σ_1'、σ_2' 与 0 按代数值由大至小排序，分别

得 $\sigma_1=\sigma_1'=\tau$, $\sigma_2=0$, $\sigma_3=\sigma_2'=-\tau$。

所以，纯剪切应力状态的两个主应力绝对值相等，都等于切应力 τ，但一个为拉应力，一个为压应力。

圆截面铸铁试件扭转时，表面各点 σ_1' 作用的主平面连成倾角为 45° 的螺旋面 [图 8.10(a)]。由于铸铁抗拉强度较低，试件将沿这一螺旋面因拉伸而产生断裂破坏，如图 8.10(c) 所示。

8.2.2 图解法——应力圆法

1. 应力圆的绘制

以上所述二向应力状态的分析，也可用图解法进行。

由式(8-1)和式(8-2)可知，任一斜截面上的正应力 σ_α 和切应力 τ_α 均随参量 α 变化。这说明，σ_α 和 τ_α 之间存在一定的函数关系。为了建立它们之间的直接关系式，首先将式(8-1)和式(8-2)改写成如下形式

$$\sigma_\alpha - \frac{\sigma_x+\sigma_y}{2} = \frac{\sigma_x-\sigma_y}{2}\cos2\alpha - \tau_{xy}\sin2\alpha \tag{8-10}$$

$$\tau_\alpha - 0 = \frac{\sigma_x-\sigma_y}{2}\sin2\alpha + \tau_{xy}\cos2\alpha \tag{8-11}$$

将式(8-10)、式(8-11)两边各自平方并相加，得

$$\left(\sigma_\alpha-\frac{\sigma_x+\sigma_y}{2}\right)^2 + (\tau_\alpha-0)^2 = \left(\frac{\sigma_x-\sigma_y}{2}\right)^2 + \tau_{xy}^2 \tag{8-12}$$

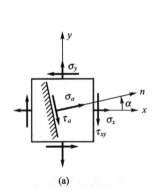

图 8.11 应力圆

可以看出，在以 σ 和 τ 为横、纵坐标轴的平面内，式(8-12)的轨迹为圆，如图 8.11 所示，其圆心 C 的坐标为 $C\left(\dfrac{\sigma_x+\sigma_y}{2}, 0\right)$，半径为 $R=\sqrt{\left(\dfrac{\sigma_x-\sigma_y}{2}\right)^2+\tau_{xy}^2}$，而圆周上任一点的横、纵坐标则分别代表所研究单元体内某一截面上的正应力和切应力，称此圆为应力圆 (plane stress circle) 或莫尔圆 (Mohr's circle)。

现以图 8.12(a) 所示的平面应力状态单元体为例说明作应力圆的步骤。

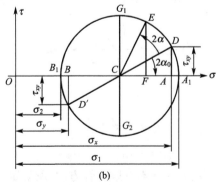
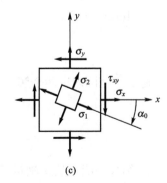

图 8.12 应力圆的绘制

(1) 取 $\sigma-\tau$ 直角坐标系。在此坐标系内，按选定的比例尺，在横坐标上向右量取 $OA=\sigma_x$，再向上量取 $AD=\tau_{xy}$。

(2) 对应 x 面及 y 面上的应力在坐标系中确定点 $D(\sigma_x, \tau_x)$ 和 $D'(\sigma_y, \tau_y)$。

(3) 线连接点 D、D' 点，与 σ 轴交于点 C，以 C 为圆心、CD 为半径作圆，如图 8.12(b) 所示。容易证明，此图的圆心坐标为 $C\left(\dfrac{\sigma_x+\sigma_y}{2}, 0\right)$，半径为 $R=\sqrt{\left(\dfrac{\sigma_x-\sigma_y}{2}\right)^2+\tau_{xy}^2}$，故所作的圆即为应力圆。

2. 求斜截面上的应力

欲求 α 面上的应力，则只需将半径 CD 沿逆时针方向旋转 2α 角，即转至 CE 处，所得 E 点的横坐标和纵坐标即分别代表 α 面的正应力 σ_α 和切应力 τ_α。证明如下。

由图 8.12(b) 可知

$$\begin{aligned}\sigma_E &= OC+CE\cos(2\alpha_0+2\alpha)=OC+CD\cos(2\alpha_0+2\alpha)\\&=OC+CD\cos 2\alpha_0 \cos 2\alpha - CD\sin 2\alpha_0 \sin 2\alpha\\&=\dfrac{\sigma_x+\sigma_y}{2}+\dfrac{\sigma_x-\sigma_y}{2}\cos 2\alpha-\tau_{xy}\sin 2\alpha\end{aligned} \tag{8-13}$$

同理可得

$$\begin{aligned}\tau_E &= CE\sin(2\alpha_0+2\alpha)=CD\sin(2\alpha_0+2\alpha)\\&=CD\cos 2\alpha_0 \sin 2\alpha+CD\sin 2\alpha_0 \cos 2\alpha\\&=\dfrac{\sigma_x-\sigma_y}{2}\sin 2\alpha+\tau_{xy}\cos 2\alpha\end{aligned} \tag{8-14}$$

将式(8-13)、式(8-14)分别与式(8-1)和式(8-2)比较，可见

$$\sigma_E=\sigma_\alpha,\quad \tau_E=\tau_\alpha$$

即 E 点的横坐标和纵坐标，分别等于 α 面上的正应力和切应力。

由于应力圆上 D 点代表单元体 x 平面上的应力情况，而 x 平面即为 $\alpha=0$ 的截面，所以用应力圆求各个截面上的应力时，为了方便和醒目起见，可在半径 CD 的延长线上注明"$\alpha=0$"，用来标明量角度时的始边，CE 为终边。

上述分析应力状态的图解法可以简述为"点面对应，D 为基准，转向相同，夹角两倍。"

3. 确定主应力数值及主平面方位

由图 8.12(b) 可以看出，应力圆与轴相交于 A_1、B_1 点，此两点的纵坐标为零，表示单元体与此两点对应的平面上的切应力为零。因此这两点就是与主平面对应的点，这两点的横坐标 OA_1 和 OB_1 分别代表两个主平面上主应力的数值。它们是图 8.12(a) 所示单元体在平面应力状态下主应力 σ_1'、σ_2'，其值为

$$\sigma_1'=OC+CA_1=\dfrac{\sigma_x+\sigma_y}{2}+\sqrt{\left(\dfrac{\sigma_x-\sigma_y}{2}\right)^2+\tau_{xy}^2}$$

$$\sigma_2'=OC-CB_1=\dfrac{\sigma_x+\sigma_y}{2}-\sqrt{\left(\dfrac{\sigma_x-\sigma_y}{2}\right)^2+\tau_{xy}^2}$$

而最大正应力所在截面的方位角 α_0 可由下式求得

$$\tan 2\alpha_0=-\dfrac{DA}{CA}=-\dfrac{2\tau_{xy}}{\sigma_x-\sigma_y}$$

结果与式(8-4)相同。

例 8.4 从重力坝体内某点处取出的单元体如图 8.13(a)所示,试用图解法求该点处 $\alpha=30°$ 和 $\alpha=-40°$ 两斜截面上的应力。

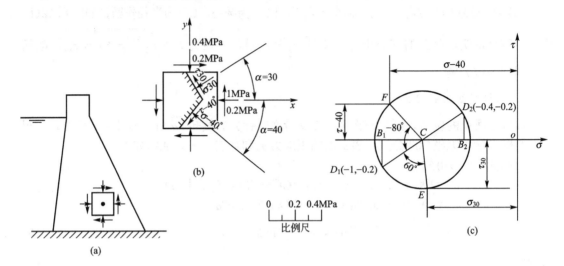

图 8.13 例 8.4 图

解:(1) 画应力圆。在本题中,$\sigma_x=-1$MPa,$\tau_{xy}=-0.2$MPa,$\sigma_y=-0.4$MPa,$\tau_{yx}=0.2$MPa。画 $\sigma O\tau$ 坐标系。按选定的比例尺量取 $oB_1=\sigma_x=-1$MPa,$B_1D_1=\tau_{xy}=-0.2$MPa 得 D_1 点;量取 $oB_2=\sigma_y=-0.4$MPa,$B_2D_2=\tau_{yx}=0.2$MPa 得 D_2 点。连接点 D_1 与 D_2,交 σ 轴于点 C。以 C 点为圆心,CD_1 或 CD_2 为半径画出应力圆[图 8.13(c)所示]。

(2) 求 $\alpha=30°$ 斜截面上的应力。从应力圆上 D_1 点,按逆时针转向,沿圆周转过 $60°$ 角(圆弧的圆心角为 $60°$)到达 E 点。按选定的比例尺量出 E 点的坐标,即得

$$\sigma_{30°}=-0.68\text{MPa},\quad \tau_{30°}=-0.36\text{MPa}$$

(3) 求 $\alpha=-40°$ 斜截面上的应力。从应力圆上 D_1 点,按顺时针转向,沿圆周转过 $80°$ 角(圆弧的圆心角为 $80°$)到达 F 点。按选定的比例尺量出 F 点的坐标,即得

$$\sigma_{-40°}=-0.95\text{MPa},\quad \tau_{-40°}=0.26\text{MPa}$$

将 $\alpha=30°$ 和 $\alpha=-40°$ 两斜截面上的应力画在单元体上,如图 8.13(b)所示。

例 8.5 两端简支的焊接工字钢梁及其荷载如图 8.14(a)和图 8.14(b)所示,梁的横截面尺寸如图 8.14(c)所示。试分别绘出危险截面上 a 和 b 两点处[图 8.14(c)]的应力圆,用应力圆求出这两点处的主应力,并绘出主应力单元体。

解:(1) 求梁的危险截面的内力

计算支座反力,并作出梁的剪力图和弯矩图如图 8.14(d)和图 8.14(e)所示。危险截面为梁 C 点左侧截面,其弯矩 $M_C=80$kN·m,剪力 $F_{SC}^{左}=200$kN。

(2) 求 a 点处主应力

先计算横截面[图 8.14(c)]的惯性矩 I_z 和静矩 S_{za}^* 等

$$I_z=\frac{120\times 300^3}{12}-\frac{111\times 270^3}{12}=88\times 10^6 (\text{mm}^4)$$

$$S_{za}^*=120\times 15\times (150-7.5)=25\,6000 (\text{mm}^3)$$

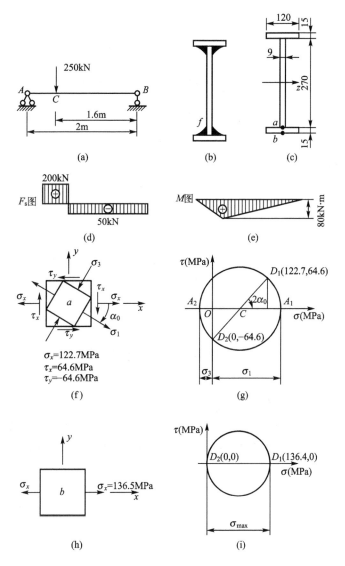

图 8.14 例 8.5 图

$$y_a = 135 \text{mm}$$

由以上各数据可算得横截面 C 上 a 点处的应力为

$$\sigma_a = \frac{M_C}{I_z} y_a = \frac{80 \times 10^3}{88 \times 10^{-6}} \times 0.135 = 122.7 \times 10^6 (\text{Pa}) = 122.7 (\text{MPa})$$

$$\tau_a = \frac{F_{SC}^{\text{左}} S_{za}^*}{I_z d} = \frac{200 \times 10^3 \times 256 \times 10^{-6}}{88 \times 10^{-6} \times 9 \times 10^{-3}} = 64.6 \times 10^6 (\text{Pa}) = 64.6 (\text{MPa})$$

据此，可绘出 a 点处单元体的 x、y 两平面上的应力，如图 8.14(f) 所示。在绘出坐标轴及选定适当的比例尺后，根据单元体上的应力值即可绘出相应的应力圆[图 8.14(g)]。由此图可见，应力圆与 σ 轴的两交点 A_1、A_2 的横坐标分别代表 a 点处的两个主应力 σ_1' 和 σ_2'，可按选定的比例尺量得，或由应力圆的几何关系求得

$$\sigma_1' = OA_1 = OC + CA_1 = \frac{\sigma_x}{2} + \sqrt{\left(\frac{\sigma_x}{2}\right)^2 + \tau_{xy}^2} = 150.4 \text{(MPa)}$$

$$\sigma_2' = OA_2 = OC - CA_2 = \frac{\sigma_x}{2} - \sqrt{\left(\frac{\sigma_x}{2}\right)^2 + \tau_{xy}^2} = -27.7 \text{(MPa)}$$

把 σ_1'、σ_2' 与 0 按代数值由大至小排序，分别得 $\sigma_1 = 150.4$ MPa、$\sigma_2 = 0$、$\sigma_3 = -27.7$ (MPa)。

$$2\alpha_0 = -\arctan\frac{64.6}{61.35} = -46.4°$$

故由 x 平面至 σ_1 所在的截面的夹角 α_0 应为 $-23.2°$。显然，σ_3 所在的截面应垂直于 σ_1 所在的截面 [图 8.14(f)]。

对于横截面 C 上 b 点处的应力，由 $y_b = 150$ mm 可得

$$\sigma_b = \frac{M_C}{I_z} y_b = \frac{80 \times 10^3}{88 \times 10^{-6}} \times 0.15 = 136.4 \times 10^6 \text{Pa} = 136.4 \text{(MPa)}$$

b 点处的切应力为零。

据此，可绘出 b 点处所取单元体各面上的应力如图 8.14(h) 所示，其相应的应力圆如图 8.14(i) 所示。由此图可见，b 点处的三个主应力分别为 $\sigma_1 = 136.4$ MPa、$\sigma_2 = \sigma_3 = 0$。σ_1 所在的截面就是 x 平面，也即梁的横截面 C。

8.3 梁的主应力迹线

梁在横力弯曲时，梁内除上、下边缘处的点处于单向应力状态外，其他各点处存在着正应力 σ 和剪应力 τ，因而处于二向应力状态。从这些点处取出的单元体各面上的应力为 $\sigma_x = \sigma$，$\tau_{xy} = -\tau_{yx} = \tau$（这里 σ、τ 为代数值），由于忽略挤压应力，故 $\sigma_y = 0$。由式(8-8b)得

$$\left.\begin{array}{c}\sigma_1' \\ \sigma_2'\end{array}\right\} = \frac{\sigma_x + \sigma_y}{2} \pm \sqrt{\left(\frac{\sigma_x - \sigma_y}{2}\right)^2 + \tau_{xy}^2}$$

$$= \frac{\sigma}{2} \pm \sqrt{\left(\frac{\sigma}{2}\right)^2 + \tau^2}$$

由上式可知，无论 σ 是正值还是负值，σ_1' 必为正值，而 σ_2' 必为负值。因此，梁的主应力的表达式为

$$\sigma_1 = \sigma_1' = \frac{\sigma}{2} \pm \sqrt{\left(\frac{\sigma}{2}\right)^2 + \tau^2}; \quad \sigma_2 = 0; \quad \sigma_3 = \sigma_2' = \frac{\sigma}{2} \pm \sqrt{\left(\frac{\sigma}{2}\right)^2 + \tau^2}$$

利用式(8-5)，可得计算主应力方向为

$$\alpha_0 = \frac{1}{2}\arctan\left(\frac{-2\tau}{\sigma}\right)$$

根据以上分析，梁内主应力的特点是：除处于单向应力状态（上、下边缘）的点外，其他各点处存在两个不等于零的主应力，其中一个主应力为拉应力 σ_1，称为主拉应力；另一个主应力为压应力 σ_3，称为主压应力；且两者的方向互相垂直。

为了清楚地反映梁内各点处主应力方向的变化规律，需要绘制梁的主应力迹线。所谓

主应力迹线是指这样的两组互相正交的曲线：在一组曲线上每一点处切线的方向是该点处主拉应力 σ_1 的方向，这组曲线称为主拉应力 σ_1 的迹线；在另一组曲线上每一点处切线的方向是该点处主压应力 σ_3 的方向，这组曲线称为主压应力 σ_3 的迹线。

梁的主应力迹线可按如下的方法绘制：在梁上取等间距的截面 A、B、C、D、E …，如图 8.15(a)所示。先求出 A 截面上任意点 a 处的主应力 σ_1 的方向，绘于图中，并将方向线延长交于 B 截面上的 b 点；再求 b 点处 σ_1 的方向，将方向线延长交于 C 截面上的 c 点。如此进行下去，便可得到一条折线 $abcde$ …。作一条曲线与这条折线相切，该条曲线就是梁的主拉应力 σ_1 的迹线。用同样的方法，可以得到梁的主压应力 σ_3 的迹线。

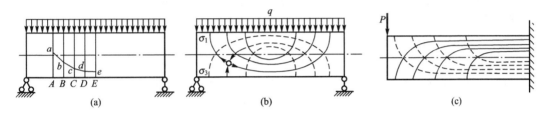

图 8.15　梁的主应力迹线

图 8.15(b)、(c)分别绘出了在均布荷载作用下的简支梁和在集中荷载作用下的悬臂梁的主应力迹线，图中实线表示主拉应力迹线，虚线表示主压应力迹线。在梁的上、下边缘各点处，因为横截面上的剪应力为零，所以主应力方向与梁轴线平行或垂直；在中性层各点处，由于横截面上的正应力为零，故主应力迹线的倾角为 $45°$。

绘制主应力迹线，掌握主应力方向的变化规律，对于工程设计是很有用的。例如在钢筋混凝土梁中，由于混凝土的抗拉强度较低，梁内水平方向的主拉应力 σ_1 可能使梁发生垂直于 σ_1 方向的竖向裂缝，倾斜方向的主拉应力 σ_1 可能使梁发生垂直于 σ_1 方向的斜向裂缝，所以在梁内不但要配置纵向钢筋，而且常常还要配置斜向弯起钢筋，以保证钢筋混凝土梁的强度要求(图 8.16)。

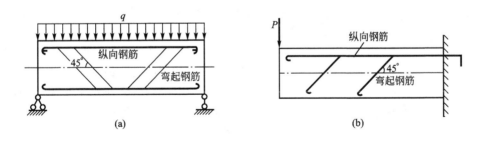

图 8.16　钢筋混凝土梁的配筋图

8.4　三向应力状态下的应力分析

应力状态的一般形式是三向应力状态。三向应力状态的分析比较复杂，在此不作详细介绍，只讨论当三个主应力 σ_1、σ_2、σ_3 均为已知时[图 8.17(a)]，单元体内的最大正应力和最大切应力。

首先分析与 σ_3 平行的任意斜截面 $abcd$ 上的应力。假想沿此截面将单元体截开分成上下两部分，取下面部分研究[图 8.17(b)]。不难看出，这种斜截面上的应力 σ、τ 与 σ_3 无关，而仅仅取决于 σ_1 和 σ_2。所以在 $\sigma-\tau$ 平面内，与该类斜截面上应力对应的点均位于由 σ_1 和 σ_2 所作的应力圆上(图 8.16)。同理，σ_2 和 σ_3 所作应力圆上的点代表单元体中与 σ_1 平行的各斜截面上的应力；以 σ_3 和 σ_1 所作的应力圆上的点代表单元体中与 σ_2 平行的各斜截面上的应力。

可以证明(证明从略)，对于与三个主应力均不平行的任意斜截面，它们上面的应力在 $\sigma-\tau$ 平面的对应点必位于由上述三个应力圆所构成的阴影区域内。

综上所述，在 $\sigma-\tau$ 平面内，代表任一斜截面上应力的点或位于应力圆上，或位于由三个应力圆所构成的阴影区域内。

由图 8.18 容易看出，在三向应力状态下，最大正应力为最大主应力 $\sigma_{max}=\sigma_1$，最小正应力为最小主应力 $\sigma_{min}=\sigma_3$。而最大切应力(maximum shearing stress)为

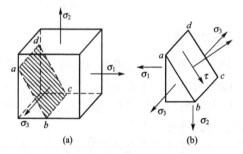

图 8.17 三向应力状态的分析

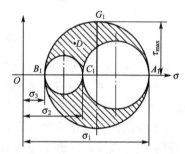

图 8.18 三向应力圆

$$\tau_{max}=\frac{\sigma_1-\sigma_3}{2} \qquad (8-15)$$

并位于与 σ_3 和 σ_1 均成 $45°$ 的平面上(图 8.18)。

由于单向和二向应力状态是三向应力状态的特殊情况，故上述结论同样适用于单向和二向应力状态。

例 8.6 求图 8.19(a)所示单元体(应力单位为 MPa)的主应力和最大切应力。

解： 由图 8.19(a)所示单元体可知，一个主应力为 20MPa。因此，与该主平面正交的各截面上的应力与主应力 σ_z 无关，于是，可依据 x 截面和 y 截面上的应力，画出应力圆[图 8.19(b)]。可按选定的比例尺量得，或由应力圆的几何关系求得

$$\sigma_1'=OA=OC+CA=\frac{\sigma_x+\sigma_y}{2}+\sqrt{\left(\frac{\sigma_x-\sigma_y}{2}\right)^2+\tau_{xy}^2}$$

$$=\frac{40+(-20)}{2}+\sqrt{\left(\frac{40-(-20)}{2}\right)^2+(-20)^2}$$

$$=46(MPa)$$

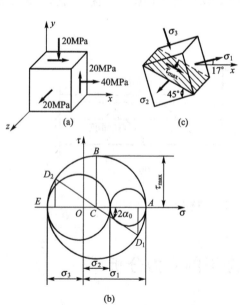

图 8.19 例 8.6 图

$$\sigma_2' = OE = OC - CE = \frac{\sigma_x + \sigma_y}{2} - \sqrt{\left(\frac{\sigma_x + \sigma_y}{2}\right)^2 + \tau_{xy}^2}$$

$$= \frac{40 + (-20)}{2} - \sqrt{\left(\frac{40 - (-20)}{2}\right)^2 + (-20)^2} = -26 \text{(MPa)}$$

把 σ_1'、σ_2' 与 0 按代数值由大至小排序，分别得 $\sigma_1 = 46\text{MPa}$、$\sigma_2 = 20\text{MPa}$、$\sigma_3 = -26\text{MPa}$。

还可按选定的比例尺量得，或由解析法求得 $2\alpha_0 = -\arctan\frac{-40}{60} = 34°$，据此便可确定 σ_1 和 σ_3 两个主平面的方位。

依据三个主应力值，便可作出三个应力圆[图 8.19(b)]。在其中最大的应力圆上，B 点的纵坐标(该圆的半径)即为该单元体的最大切应力，其值为

$$\tau_{\max} = \frac{\sigma_1 - \sigma_3}{2} = \frac{130 + 30}{2} = 80 \text{(MPa)}$$

最大切应力所在截面与 σ_2 的主平面相垂直，而与 σ_1 和 σ_3 的主平面各成 45°夹角，如图 8.19(c) 所示。

8.5 广义胡克定律

在前面第 2 章和第 4 章中，给出了在线弹性范围内应力与应变成正比的关系，即拉(压)胡克定律和剪切胡克定律。这些胡克定律针对的都是简单应力状态。本节将研究复杂应力状态下应力与应变的关系，称为广义胡克定律(generalized Hooke's law)。

对于各向同性材料，沿各方向的弹性常数 E、G 和 μ 均分别相同。而且，由于各向同性材料沿任一方向对于其弹性常数都具有对称性。因而，在线弹性范围，小变形情况下，沿坐标轴(或应力矢)方向，正应力只引起线应变，而切应力只引起同一平面内的切应变。

一般情况下，描述一点处应力状态需要 6 个独立的应力分量，即 σ_x、σ_y、σ_z、τ_{xy}、τ_{yz}、τ_{zx}。这样线应变 ε_x、ε_y、ε_z 只与正应力 σ_x、σ_y、σ_z 有关，而切应变 γ_{xy}、γ_{yz}、γ_{zx} 只与切应力 τ_{xy}、τ_{yz}、τ_{zx} 有关。对于如图 8.20 所示单元体，应用单向应力状态拉(压)胡克定律和剪切胡克定律可知：

(1) 在 σ_x 单独作用下，各线应变分别为

$$\varepsilon_x' = \frac{\sigma_x}{E}, \quad \varepsilon_y' = -\mu \frac{\sigma_x}{E}, \quad \varepsilon_z' = -\mu \frac{\sigma_x}{E}$$

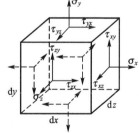

图 8.20 单元体

(2) 在 σ_y 单独作用下，各线应变分别为

$$\varepsilon_x'' = -\mu \frac{\sigma_y}{E}, \quad \varepsilon_y'' = \frac{\sigma_y}{E}, \quad \varepsilon_z'' = -\mu \frac{\sigma_y}{E}$$

(3) 在 σ_z 单独作用下，各线应变分别为

$$\varepsilon_x''' = -\mu \frac{\sigma_z}{E}, \quad \varepsilon_y''' = -\mu \frac{\sigma_z}{E}, \quad \varepsilon_z''' = \frac{\sigma_z}{E}$$

(4) 在切应力 τ_{xy} 单独作用下，各切应变分别为

$$\gamma'_{xy} = \frac{\tau_{xy}}{G}, \quad \gamma'_{yz} = 0, \quad \gamma'_{zx} = 0$$

(5) 在切应力 τ_{yz} 单独作用下，各切应变分别为

$$\gamma''_{xy} = 0, \quad \gamma''_{yz} = \frac{\tau_{yz}}{G}, \quad \gamma''_{zx} = 0$$

(6) 在切应力 τ_{zx} 单独作用下，各切应变分别为

$$\gamma'''_{xy} = 0, \quad \gamma'''_{yz} = 0, \quad \gamma'''_{zx} = \frac{\tau_{zx}}{G}$$

对于如图 8.20 所示单元体，在 σ_x、σ_y、σ_z、τ_{xy}、τ_{yz}、τ_{zx} 共同作用下，由叠加原理可得

$$\left. \begin{aligned} \varepsilon_x &= \frac{1}{E}[\sigma_x - \mu(\sigma_y + \sigma_z)] \\ \varepsilon_y &= \frac{1}{E}[\sigma_y - \mu(\sigma_z + \sigma_x)] \\ \varepsilon_z &= \frac{1}{E}[\sigma_z - \mu(\sigma_x + \sigma_y)] \\ \gamma_{xy} &= \frac{\tau_{xy}}{G} \\ \gamma_{yz} &= \frac{\tau_{yz}}{G} \\ \gamma_{zx} &= \frac{\tau_{zx}}{G} \end{aligned} \right\} \quad (8-16)$$

式(8-16)为一般空间应力状态下，在线弹性、小变形条件下各向同性材料的广义胡克定律。

设 $\sigma_z = 0$、$\tau_{yz} = 0$，$\tau_{zx} = 0$，则由式(8-16)可得

$$\left. \begin{aligned} \varepsilon_x &= \frac{1}{E}(\sigma_x - \mu\sigma_y) \\ \varepsilon_y &= \frac{1}{E}(\sigma_y - \mu\sigma_x) \\ \varepsilon_z &= -\frac{1}{E}\mu(\sigma_x + \sigma_y) \\ \gamma_{xy} &= \frac{\tau_{xy}}{G} \end{aligned} \right\} \quad (8-17)$$

式(8-17)为一般平面应力状态下线弹性、小变形条件下各向同性材料的广义胡克定律。

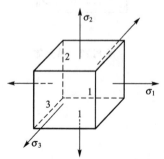

图 8.21 主单元体

对于如图 8.21 所示的主单元体，τ_{xy}、τ_{yz} 和 τ_{zx} 均为零，与 σ_1、σ_2、σ_3 相应的线应变分别记为 ε_1、ε_2、ε_3，称为主应变。由式(8-16)可得

$$\left. \begin{aligned} \varepsilon_1 &= \frac{1}{E}[\sigma_1 - \mu(\sigma_2 + \sigma_3)] \\ \varepsilon_2 &= \frac{1}{E}[\sigma_2 - \mu(\sigma_3 + \sigma_1)] \\ \varepsilon_3 &= \frac{1}{E}[\sigma_3 - \mu(\sigma_1 + \sigma_2)] \end{aligned} \right\} \quad (8-18)$$

式(8-18)为主应力的空间状态下，在线弹性、小变形条件

下各向同性材料的广义胡克定律。

在已知主应力的平面应力状态下，设 $\sigma_3=0$，则由式(8-18)可得

$$\left.\begin{aligned}\varepsilon_1&=\frac{1}{E}(\sigma_1-\mu\sigma_2)\\ \varepsilon_2&=\frac{1}{E}(\sigma_2-\mu\sigma_1)\\ \varepsilon_3&=-\frac{\mu}{E}(\sigma_1+\sigma_2)\end{aligned}\right\} \quad (8-19)$$

式(8-19)为主应力的平面状态下，在线弹性、小变形条件下各向同性材料的广义胡克定律。由式(8-19)可见，平面应力状态的 $\sigma_3=0$，但其相应的主应变 $\varepsilon_3\neq 0$。值得注意的是，在线弹性范围内，由于各向同性材料的正应力只引起线应变，因此，任一点处的主应力指向与相应的主应变方向是一致的。主应力为代数值，拉应力为正，压应力为负。若求出的主应变为正值，则表示伸长，反之则表示缩短。

可以证明，材料的三个弹性常数 E、G 和 μ 之间存在着如下关系

$$G=\frac{E}{1+\mu} \quad (8-20)$$

例 8.7 一尺寸为 $10\text{mm}\times 10\text{mm}\times 10\text{mm}$ 的铝质立方块恰好放在一宽度和深度都是 10mm 的刚性座槽内(图 8.22)。试求当压力 $F=6\text{kN}$ 时，铝块的三个主应力及相应的变形。已知铝的 $E=70\text{GPa}$，$\mu=0.33$。

解：(1) 求铝块的主应力。铝块内垂直 z 轴截面上的应力为

$$\sigma_z=\frac{F}{A}=\frac{-6\times 10^3}{10\times 10\times 10^{-6}}=-60(\text{MPa})$$

在力 F 作用下，铝块将产生横向膨胀。因 x 轴方向不受约束，因此该方向的正应力 $\sigma_x=0$。由于刚性槽不变形，故在 y 方向的应变 $\varepsilon_y=0$。由式(8-13)有

$$\varepsilon_y=\frac{1}{E}[\sigma_y-\mu(\sigma_z+\sigma_x)]=0$$

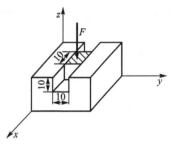

图 8.22 例 8.7 图

得

$$\sigma_y=\mu(\sigma_z+\sigma_x)=0.33\times(-60+0)=-19.8(\text{MPa})$$

所以三个主应力为

$$\sigma_1=0、\quad \sigma_2=-19.8\text{MPa}、\quad \sigma_3=-60\text{MPa}$$

(2) 求相应的变形。三个主应变为

$$\varepsilon_1=\frac{1}{E}[\sigma_1-\mu(\sigma_2+\sigma_3)]=\frac{-0.33}{70\times 10^9}\times(-19.8-60)\times 10^6=0.376\times 10^{-3}$$

$$\varepsilon_2=0$$

$$\varepsilon_3=\frac{1}{E}[\sigma_3-\mu(\sigma_1+\sigma_2)]=\frac{1}{70\times 10^9}\times(-60+0.33\times 19.8)\times 10^6=-0.764\times 10^{-3}$$

相应的变形为

$$\Delta l_1=\varepsilon_1\times 10=3.76\times 10^{-3}(\text{mm}),\quad \Delta l_2=0,\quad \Delta l_3=\varepsilon_3\times 10=-7.64\times 10^{-3}(\text{mm})$$

8.6 强度理论及其应用

关于材料破坏原因的多种假说,这些假说称为强度理论。根据不同的强度理论可以建立相应的强度条件,从而为解决复杂应力状态下构件计算问题提供了依据。

8.6.1 材料的破坏形式

由基本变形的研究可知,各种材料因强度不足而引起的破坏形式是不同的。塑性材料,如普通碳素钢,以发生屈服现象,出现塑性变形为破坏的标志,称为塑性屈服。脆性材料,如铸铁,破坏形式则是突然断裂,称为脆性断裂。在单向受力情况下,出现塑性变形时的屈服极限 σ_s 和发生断裂时的抗拉强度 σ_b 可由试验测定。σ_s 和 σ_b 统称为极限应力。将极限应力除以安全系数,便得到许用应力 $[\sigma]$,于是可建立强度条件

$$\sigma \leqslant [\sigma]$$

可见,在单向应力状态下,强度条件是通过直接试验建立的。

实际构件危险点的应力状态往往不是单向的。实现复杂应力状态下的试验,要比单向拉伸或压缩困难得多。常用的方法是把材料加工成薄壁圆筒(图 8.23),在内压 p 作用下,筒壁为二向应力状态。如再配以轴向拉力 F,可使两个主应力之比等于各种预定的数值。这种薄壁筒试验除作用内压和轴向拉伸外,有时还在两端作用扭矩,这样还可以得到更普遍的情况。此外,也还有一些实现复杂应力状态的其他试验方法。但是,工程实际中会遇到各种复杂应力状态,而且,复杂应力状态中应力组合的方式和比值又有各种可能。如果像单向拉伸一样,靠直接试验来建立强度条件,势必要对各式各样的应力状态一一进行试验,这在实际上是难以实现的。因此解决这类问题,通常是依据部分试验结果,经过推理,提出一些假说,推断材料破坏的原因,从而建立强度条件。

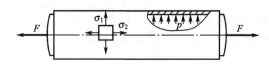

图 8.23 薄壁圆筒试验受内压和轴向拉伸

事实上,尽管破坏现象比较复杂,但经过归纳,主要还是塑性屈服和脆性断裂两种类型。同时引起破坏的原因总与应力、应变、变形能状态有关。因此,是有规律可循的。人们经过长期的生产实践和科学研究,对材料破坏的规律性提出了各种假说。这类假说认为,材料之所以按某种形式(塑性屈服和脆性断裂)破坏,主要是应力、应变或变形能等因素中某一因素引起的。按照这类假说,材料无论是简单或复杂应力状态,只要破坏形式相同,引起破坏的因素是相同的。这类假说称为强度理论(the failure criteria)。利用强度理论,便可利用简单应力状态的试验结果,来建立复杂应力状态下的强度条件。

强度理论的正确性必须由生产实践来检验。而且,不同的强度理论,有不同的适用条件。

下面介绍四种常用的强度理论。这些理论适用于常温、静荷载下,均匀、连续、各向同性的材料。当然强度理论远不止这几种,而且,现有的各种强度理论仍然有待完善和发展。

8.6.2 常用的强度理论及其应用

1. 常用的强度理论

对于材料脆性断裂的原因,提出最大拉应力和最大伸长线应变两个假说,并建立两个相应的强度条件;对于材料塑性屈服的原因,提出最大切应力和形状改变比能两个假说,也建立两个相应的强度条件。

1) 最大拉应力理论(maximum - normal - stress Criterion)(第一强度理论)

该理论是 19 世纪英国的兰金(Rankine,W. J. M)提出的。

理论依据:铸铁、石料等材料单向拉伸时的断裂面垂直于最大拉应力。

假说:最大拉应力是引起材料破坏的主要因素。

失效准则:无论材料处于何种应力状态,只要最大拉应力 σ_1 达到材料单向拉伸断裂时的强度极限 σ_b,材料即发生脆性断裂。失效准则为

$$\sigma_1 = \sigma_b$$

强度极限除以安全系数 n_b,得到许用应力 $[\sigma] = \dfrac{\sigma_b}{n_b}$。

强度条件为

$$\sigma_1 \leqslant [\sigma] \tag{8-21}$$

适用性:试验表明,对于铸铁、岩石、陶瓷、玻璃等脆性材料,当第一主应力 σ_1 为拉应力且数值大于 σ_2、σ_3 的绝对值时,该理论的适用性较好。对没有拉应力的应力状态,该理论无法应用。这一理论没有考虑 σ_2、σ_3 对材料破坏的影响。而式中的 $[\sigma]$ 为试样发生脆性断裂的许用拉应力,不能单独地理解为材料在单轴拉伸时的许用应力。

2) 最大伸长线应变理论(Maximum - normal - strain Criterion)(第二强度理论)

该理论思想是 19 世纪法国的圣维南(Saint - Venant)提出的。

理论依据:石料等材料单向压缩时的断裂面垂直于最大拉应变方向。

假说:这个理论认为,最大伸长线应变是材料断裂破坏的主要因素。

失效准则:无论材料处于何种应力状态,只要最大拉应变 ε_1 达到材料单向拉伸断裂时的最大拉应变 ε_u,材料即发生脆性断裂。失效准则为

$$\varepsilon_1 = \varepsilon_u$$

如果这种材料直到发生脆性断裂时都可近似地看作线弹性,即服从胡克定律,则

$$\varepsilon_u = \dfrac{\sigma_b}{E}$$

而由广义胡克定律式(8-18)可知,在线弹性范围内工作的构件,处于复杂应力状态下一点处的最大伸长线应变为

$$\varepsilon_1 = \dfrac{1}{E}[\sigma_1 - \mu(\sigma_2 + \sigma_3)]$$

于是,失效准则成为

$$\sigma_1 - \mu(\sigma_2 + \sigma_3) = \sigma_b$$

式中,σ_b 为材料在单向拉伸发生脆性断裂时的抗拉强度。

将极限应力 σ_b 除以安全因数 n_b，得到许用应力 $[\sigma]=\dfrac{\sigma_b}{n_b}$。

强度条件为

$$\sigma_1-\mu(\sigma_2+\sigma_3)\leqslant[\sigma] \tag{8-22}$$

适用性：试验表明，这一理论与石料、混凝土等脆性材料在压缩时纵向面开裂的现象是一致的。即应力状态以受压为主（当主应力中 σ_3 的绝对值最大，且为压应力）时，该理论的适用性较好，以受拉为主时，误差最大（单向拉伸除外）。这一理论考虑了其余两个主应力 σ_2 和 σ_3 对材料强度的影响，在形式上较最大拉应力理论更为完善，但实际上并不一定总是合理的。如在二轴和三轴受拉情况下，按这一理论反比单轴受拉时不易断裂，显然与实际情况并不相符。一般地说，最大拉应力理论适用于脆性材料的拉应力为主的情况，而最大拉应变理论适用于压应力为主（当主应力中 σ_3 的绝对值最大，且为压应力）的情况。由于这一理论在应用上不如最大拉应力理论简便，故在工程实际中应用较少。但在某些工业领域（如在炮筒设计中）应用较为广泛。

3) 最大切应力理论（Maximum-shear-stress Criterion）（第三强度理论）

1864 年，特雷斯卡（H. Tresca）提出了金属的最大切应力准则，1900 年英国盖特（Guest, J. J.）进行了试验验证。

理论依据：当作用在构件上的外力过大时，其危险点处的材料就会沿最大切应力所在截面滑移而发生屈服失效。

假说：最大切应力是引起材料屈服破坏的主要原因。

失效准则：无论材料处于何种应力状态，只要最大切应力 τ_{max} 达到了材料屈服时的极限值 τ_u，该点处的材料就会发生屈服。

至于材料屈服时切应力的极限值 τ_u，同样可以通过任意一种使试样发生屈服的试验来确定。对于像低碳钢这一类塑性材料，在单轴拉伸试验时材料就是沿斜截面发生滑移而出现明显的屈服现象的。这时，试样在横截面上的正应力就是材料的屈服极限 σ_s，而在试样斜截面上的最大切应力（即 45°斜截面上的切应力）等于横截面上正应力的一半。于是，对于这一类材料，就可以从单轴拉伸试验中得到材料屈服时切应力的极限值 τ_u

$$\tau_u=\dfrac{\sigma_s}{2}$$

所以，失效准则为

$$\tau_{max}=\tau_u=\dfrac{\sigma_s}{2}$$

由式(8-15)可知，在复杂应力状态下一点处的最大切应力为

$$\tau_{max}=\dfrac{\sigma_1-\sigma_3}{2}$$

于是，失效准则可写成

$$\dfrac{\sigma_1-\sigma_3}{2}=\dfrac{\sigma_s}{2}$$

或

$$\sigma_1-\sigma_3=\sigma_s$$

将上式右边的 σ_s 除以安全因数 n_s 即得材料许用拉应力 $[\sigma]$

强度条件为

$$\sigma_1 - \sigma_3 \leqslant [\sigma] \qquad (8-23)$$

适用性：这个强度被许多塑性材料的试验所证实，最大误差约为15%，且偏于安全。又因为这个理论提供的计算式比较简单，因此它在工程设计中得到了广泛的应用。但是这个理论仍有它的局限性，比如没有考虑中间主应力的影响，只适用于拉、压屈服强度相等的材料，又比如材料受三向均匀拉伸时按此理论应该不易破坏，但这点并没有被试验所证明等。

4) 形状改变比能理论(Maximum-distortion-energy Criterion)(第四强度理论)

1885年贝尔特拉密(E. Beltrami)提出了总应变能理论，1904年波兰的胡贝尔(M. T. Huber)将其修正为形状改变比能理论。之后，德国的米泽斯(Mises)等人又先后对该理论进行了改进和阐述。

理论依据：使材料破坏需要消耗外力功，就要积蓄应变能。应变能又可分为体积应变能和形状应变能。而体积应变能为等值拉伸应力状态或等值压缩应力状态下的应变能，它不会造成屈服失效。引起材料屈服的主要因素是单位体积的形状应变能或称形状改变比能。

假说：形状改变比能是引起材料屈服的主要因素。

失效准则：无论材料处于何种应力状态，只要构件内一点处的形状改变比能 v_d 达到材料单向拉伸屈服时的形状改变比能极限值 v_{du} 时，该点处的材料就会发生屈服。失效准则为

$$v_d = v_{du}$$

形状改变比能的表达式为(推导从略)

$$v_d = \frac{1+\mu}{6E}[(\sigma_1-\sigma_2)^2 + (\sigma_2-\sigma_3)^2 + (\sigma_3-\sigma_1)^2]$$

令上式中的 $\sigma_1 = \sigma_s$，$\sigma_2 = \sigma_3 = 0$，即得材料单向拉伸屈服时的形状改变比能极限值 v_{du}

$$v_{du} = \frac{1+\mu}{3E}\sigma_s^2$$

于是可将本理论的失效准则写成

$$\sqrt{\frac{1}{2}[(\sigma_1-\sigma_2)^2 + (\sigma_2-\sigma_3)^2 + (\sigma_3-\sigma_1)^2]} = \sigma_s$$

将上式右边的 σ_s 除以安全因数 n_s 即得材料许用拉应力 $[\sigma]$

强度条件

$$\sqrt{\frac{1}{2}[(\sigma_1-\sigma_2)^2 + (\sigma_2-\sigma_3)^2 + (\sigma_3-\sigma_1)^2]} \leqslant [\sigma] \qquad (8-24)$$

适用性：该理论与金属塑性材料的试验结果符合程度比最大切应力理论还好些。但是这个理论仍有它的局限性，比如只适用于拉、压屈服强度相等的材料，又比如这个理论仍不能解释材料受三向等值拉伸下发生破坏的原因。

综合式(8-21)~式(8-24)，可把四个强度理论的强度条件写成以下统一的形式

$$\sigma_r \leqslant [\sigma] \qquad (8-25)$$

式中，σ_r 称为相当应力(equivalent stress)，它由三个主应力按一定形式组合而成。对应于四个强度理论的相当应力分别为

$$\left.\begin{array}{l} \sigma_{r1} = \sigma_1 \\ \sigma_{r2} = \sigma_1 - \mu(\sigma_2 + \sigma_3) \\ \sigma_{r3} = \sigma_1 - \sigma_3 \\ \sigma_{r4} = \sqrt{\frac{1}{2}[(\sigma_1-\sigma_2)^2 + (\sigma_2-\sigma_3)^2 + (\sigma_3-\sigma_1)^2]} \end{array}\right\} \qquad (8-26)$$

当计算点处于二向应力状态且 $\sigma_y=0$ 时，则 $\left.\begin{array}{c}\sigma_1\\\sigma_3\end{array}\right\}=\dfrac{\sigma_x}{2}\pm\sqrt{\left(\dfrac{\sigma_x}{2}\right)^2+\tau_{xy}^2}$，$\sigma_2=0$，由式 (8-26)可算得第三、第四相当应力强度理论的相当应力分别为

$$\sigma_{r3}=\sqrt{\sigma_x^2+4\tau_{xy}^2} \tag{8-27}$$

$$\sigma_{r4}=\sqrt{\sigma_x^2+3\tau_{xy}^2} \tag{8-28}$$

2. 强度理论的选择和应用

上面介绍了四种常用的强度理论，并简略说明了每个理论与试验结果的符合情况。一般来说，脆性材料（如铸铁、砖石、混凝土等）多发生脆性断裂，故通常应采用第一或第二强度理论。塑性材料（如碳钢、铜、铝等）的破坏形式多呈塑性屈服，所以应采用第三或第四强度理论。第三强度理论的表达形式比较简单，应用方便；第四强度理论则可以得到较为经济的截面尺寸。

根据不同的材料来选择强度理论，在多数情况下是合适的。但是，材料的塑性和脆性不是绝对的，即使同一材料，在不同应力状态下也可能发生不同形式的破坏。例如，低碳钢在单向拉伸时以屈服形式破坏。但由低碳钢制成的螺纹杆拉伸时，在螺纹根部由于应力集中将引起三向拉伸，这部分材料就会出现断裂破坏。又如铸铁在单向拉伸时，以断裂形式破坏，但如以淬火钢球压在铸铁板上，接触点附近的材料处于三向压应力状态，随着压力的加大，铸铁板会出现明显的凹坑，这已是塑性变形。由此可知，构件的破坏形式不仅与构件的材料性质有关，而且还与危险点处的应力状态有关。所以无论是塑性材料还是脆性材料，在三向拉应力接近相等的情况下，都以断裂的形式破坏，故应采用最大拉应力理论。无论是塑性材料还是脆性材料，在三向压应力接近相等的情况下，都以屈服的形式破坏，应采用最大切应力理论或形状改变比能理论。此外，如铸铁这类脆性材料在二向拉伸应力状态，或在二向拉、压且拉应力值较大时，应选用最大拉应力理论；而在二向拉、压但压应力值较大时应选用最大伸长线应变理论。

例 8.8 如图 8.24(a)所示为一焊接工字钢梁，剪力、弯矩图已作出 [图 8.24(c)]，其危险截面 $C^{左}$、$D^{右}$ 上翼缘与腹板交界点的应力状态如图 8.24(d) 所示（应力单位为 MPa）。已知材料的许用拉应力 $[\sigma]=160$MPa。试用第三强度理论校核危险截面上翼缘与腹板交界点的强度。

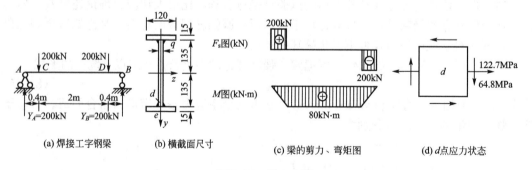

图 8.24 例 8.8 图

解： 计算危险点处的主应力。由图 8.24 可知：$\sigma_x=122.7$MPa，$\sigma_y=0$，$\tau_{xy}=64.8$MPa。将上述应力值代入式(8.8b)，得

$$\sigma_1' = \frac{\sigma_x+\sigma_y}{2} + \sqrt{\left(\frac{\sigma_x-\sigma_y}{2}\right)^2 + \tau_{xy}^2} = \frac{122.7+0}{2} + \sqrt{\left(\frac{122.7-0}{2}\right)^2 + 64.8^2} = 150.58(\text{MPa})$$

$$\sigma_2' = \frac{\sigma_x+\sigma_y}{2} - \sqrt{\left(\frac{\sigma_x-\sigma_y}{2}\right)^2 + \tau_{xy}^2} = \frac{122.7+0}{2} - \sqrt{\left(\frac{122.7-0}{2}\right)^2 + 64.8^2} = -27.88(\text{MPa})$$

所以 $\sigma_1 = \sigma_1' = 150.58\text{MPa}$，$\sigma_2 = 0$，$\sigma_3 = \sigma_2' = -27.88\text{MPa}$。

因为钢材是塑性材料，危险截面上翼缘与腹板交界点 d 又处于二向应力状态且 $\sigma_y=0$，所以由式(8-27)、式(8-28)式可得

$$\sigma_{r3} = \sqrt{\sigma_x^2 + 4\tau_{xy}^2} = \sqrt{122.7^2 + 4\times 64.8^2} = 178.5(\text{MPa}) > [\sigma]$$

$$\sigma_{r4} = \sqrt{\sigma_x^2 + 3\tau_{xy}^2} = \sqrt{122.7^2 + 3\times 64.8^2} = 166.3(\text{MPa}) < [\sigma]$$

由上可见，危险截面上翼缘与腹板交界点 d 不满足要求。此梁强度不够，应重新设计。

8.6.3 莫尔强度理论及其应用

莫尔强度理论认为材料的破坏不一定沿最大剪应力作用面发生，而是沿剪应力与正应力达到某种最不利组合的截面发生。最大剪应力作用面上有可能存在较大的压应力，所以材料就不一定沿最大剪应力作用面发生滑移破坏。只有当某一截面上的剪应力和正应力达到最不利的组合时，材料才将沿该截面发生滑移破坏。

由三向应力状态分析可知一点处的应力状态可以用三向应力圆来表示，其中由 σ_1 与 σ_3 作出的应力圆是最大的一个应力圆，称为应力主圆，它控制了一点处的正应力和剪应力的变化范围。当材料破坏时，破坏点处的应力主圆称为极限应力圆。莫尔强度理论忽略中间主应力 σ_2 对材料破坏的影响，认为剪切滑移破坏面可由极限应力圆上的点来表示。这样，我们可以按 σ_1 与 σ_3 的不同比值做一系列的破坏试验，从而画出一系列的极限应力圆，这些极限应力圆的包络线就是材料的强度极限曲线。如图 8.25 所示的包络线 FG 和 $F'G'$ 表示某种材料的强度极限曲线。显然，强度极限曲线对称于 σ 轴。

莫尔强度理论认为，当杆件内危险点处的应力主圆与其材料的强度极限曲线相切时，该点处的材料就会发生破坏。如果应力主圆在强度极限曲线内部，则该点处的材料不会发生破坏。但确定强度极限曲线需要做一系列的试验，这是一件繁重的工作。在工程实用中，为了利用有限的试验数据便可近似地确定强度极限曲线，只做材料的单向拉伸和单向压缩试验，并以试验所得的两个极限应力圆的公切线作为材料的强度极限曲线，如图 8.26 所示。经过上述简化以后，经推算并引入安全系数后，可得出的莫尔强度的强度条件为

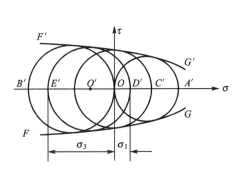

图 8.25　强度极限曲线

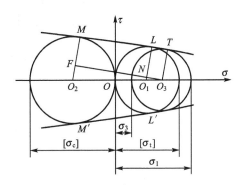

图 8.26　简化后的强度极限曲线

$$\sigma_{rM} = \sigma_1 - \frac{[\sigma_t]}{[\sigma_c]}\sigma_3 \leqslant [\sigma_t] \qquad (8-29)$$

式中，σ_{rM} 为莫尔强度理论的相当应力，$[\sigma_t]$ 为材料的许用拉应力，$[\sigma_c]$ 为材料的许用压应力（以绝对值计算）。

对于一般的塑性材料，其许用拉、压应力相等，式(8-29)成为 $\sigma_1 - \sigma_3 \leqslant [\sigma]$，此即最大剪应力理论的强度条件，故莫尔强度理论一般适用于塑性材料。对于铸铁等一类抗拉、抗压性能不同的脆性材料，目前也常采用莫尔强度理论。另外，莫尔强度理论广泛应用于岩土的强度计算。

一般复杂应力状态下杆件的强度计算可按以下几个步骤进行：
(1) 画出内力图，确定危险截面；
(2) 考虑危险截面上的应力分布规律，确定危险点及其应力状态；
(3) 计算危险点处应力状态中各应力的分量；
(4) 若危险点处于单向或纯剪切状态，则分别按正应力和剪应力强度条件进行强度计算；
(5) 若危险点处于复杂应力状态，则计算主应力 σ_1、σ_2、σ_3，根据构件材料的性质选择合适的强度理论，计算相当应力 σ_{ri}，然后应用强度条件 $\sigma_{ri} \leqslant [\sigma]$ 进行强度计算。

最后指出：本节介绍的五个强度理论是目前工程中使用较为广泛的强度理论。还有其它一些强度理论，这里不能一一加以介绍。对强度理论的研究还在不断发展，特别是当今工程上广泛采用的各种新型材料，更对这一研究领域注了巨大的活力。

例 8.9 有一铸铁制成的杆件，其危险点处的应力状态如图 8.27 所示，材料的许用拉应力 $[\sigma_t] = 60 \text{MPa}$，许用压应力 $[\sigma_c] = 160 \text{MPa}$。试用莫尔强度理论校核此杆件的强度。

解： 将 $\sigma_x = 30 \text{MPa}$，$\sigma_y = 0$，$\tau_{xy} = -20 \text{MPa}$ 代入式(8-8b)，求得危险点处的主应力为

$$\left.\begin{matrix}\sigma_1' \\ \sigma_2'\end{matrix}\right\} = \frac{\sigma_x + \sigma_y}{2} \pm \sqrt{\left(\frac{\sigma_x - \sigma_y}{2}\right)^2 + \tau_{xy}^2}$$

$$= \frac{30}{2} \pm \sqrt{\left(\frac{30}{2}\right)^2 + (-20)^2}$$

$$= 15 \pm 25 = \begin{cases} 40 \text{MPa} \\ -10 \text{MPa} \end{cases}$$

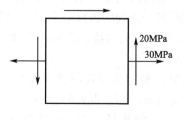

图 8.27 例 8.9 图

所以 $\sigma_1 = 40 \text{MPa}$，$\sigma_2 = 0$，$\sigma_3 = -10 \text{MPa}$。

由式(8-26)得莫尔强度理论的相当应力为

$$\sigma_{rM} = \sigma_1 - \frac{[\sigma_t]}{[\sigma_c]}\sigma_3 = 40 - \frac{60}{160} \times (-10)$$

$$= 43.75 (\text{MPa}) \leqslant [\sigma_t]$$

故此杆件满足强度条件。

小 结

1. 应力状态的概念

研究点的应力状态，就是研究受力构件上的点在各个不同方位截面上的应力情况，从而找出危险点，确定这点的最大正应力和最大切应力以及它们的作用面，为解释构件的各种破坏现象和建立构件在复杂变形下的强度条件提供必要的理论基础。

研究构件上一个点的应力状态，通常用围绕所研究的点取出一个边长为无限小的正六面体来研究，这个微体称为该点的单元体。由于单元体的边长为无限小，故可认为单元体各面上的应力均匀分布，单元体的两个相互平行面上的应力相等，并等于该点对应截面上的应力。

单元体上切应力为零的平面称为主平面；主平面上的正应力称为主应力。在构件内的任意一点都可以找到三个互相垂直的主平面，相应的三个主应力以 σ_1、σ_2、σ_3 表示，并按代数值的大小排列顺序为 $\sigma_1 \geqslant \sigma_2 \geqslant \sigma_3$。

任一点的应力状态可用三个主应力来表示，对某一点来说，如三个主应力中有两个为零，则该点的应力状态称为单向应力状态；如三个主应力中只有一个为零，则该点的应力状态称为二向应力状态；如三个主应力均不为零，则称为三向应力状态。二向和三向应力状态也称为复杂应力状态。

2. 二向应力状态分析的解析法

1）斜截面上应力的一般公式

$$\sigma_\alpha = \frac{\sigma_x + \sigma_y}{2} + \frac{\sigma_x - \sigma_y}{2}\cos 2\alpha - \tau_{xy}\sin 2\alpha$$

$$\tau_\alpha = \frac{\sigma_x - \sigma_y}{2}\sin 2\alpha + \tau_{xy}\cos 2\alpha$$

2）主应力大小和主平面方程

$$\left.\begin{matrix}\sigma_1' \\ \sigma_2'\end{matrix}\right\} = \frac{\sigma_x + \sigma_y}{2} \pm \sqrt{\left(\frac{\sigma_x - \sigma_y}{2}\right)^2 + \tau_{xy}^2}$$

把 σ_1'、σ_2' 与 0 按代数值由大至小排序，分别得 σ_1、σ_2 与 σ_3。

$$2\alpha_0 = \arctan\left[\frac{-2\tau_{xy}}{\sigma_x - \sigma_y}\right]$$

σ_1' 主平面与 σ_2' 主平面互相垂直。

3. 二向应力状态分析的图解法——应力圆

应力圆的画法：

(1) 以适当的比例尺，建立 $\sigma-\tau$ 坐标系；

(2) 由单元体 x、y 面上的应力在坐标系中分别确定 $D_1(\sigma_x, \tau_{xy})$ 和 $D_2(\sigma_y, \tau_{yx})$ 两点。

(3) 以 D_1 和 D_2 两点连线为直径作圆，即为应力圆。

(4) 应力圆圆心 C 点的坐标为 $\left(\frac{\sigma_x + \sigma_y}{2}, 0\right)$，半径为 $R = \sqrt{\left(\frac{\sigma_x - \sigma_y}{2}\right)^2 + \tau_{xy}^2}$。

应力圆与应力单元体的对应关系：

应力圆上一点的坐标对应应力单元体内某一截面的正应力和切应力；应力圆上任意两点所引半径的夹角是对应的应力单元体上两截面夹角的 2 倍，两者转向相同。

4. 三向应力状态

在 $\sigma-\tau$ 平面内，代表任一斜截面上应力的点或位于应力圆上，或位于由三个应力圆所构成的阴影区域内。

在三向应力状态下，最大切应力的数值等于最大主应力与最小主应力之和的一半。

$$\tau_{max} = \frac{\sigma_1 - \sigma_3}{2}$$

并位于与 σ_3 和 σ_1 均成 $45°$ 的平面上(图 8.16)。

5. 广义胡克定律

1) 一般空间应力状态下,在线弹性、小变形条件下各向同性材料的广义胡克定律

$$\left.\begin{aligned}\varepsilon_x &= \frac{1}{E}[\sigma_x - \mu(\sigma_y + \sigma_z)] \\ \varepsilon_y &= \frac{1}{E}[\sigma_y - \mu(\sigma_z + \sigma_x)] \\ \varepsilon_z &= \frac{1}{E}[\sigma_z - \mu(\sigma_x + \sigma_y)] \\ \gamma_{xy} &= \frac{\tau_{xy}}{G} \\ \gamma_{yz} &= \frac{\tau_{yz}}{G} \\ \gamma_{zx} &= \frac{\tau_{zx}}{G}\end{aligned}\right\}$$

2) 主应力的空间状态下,在线弹性、小变形条件下各向同性材料的广义胡克定律

$$\left.\begin{aligned}\varepsilon_1 &= \frac{1}{E}[\sigma_1 - \mu(\sigma_2 + \sigma_3)] \\ \varepsilon_2 &= \frac{1}{E}[\sigma_2 - \mu(\sigma_3 + \sigma_1)] \\ \varepsilon_3 &= \frac{1}{E}[\sigma_3 - \mu(\sigma_1 + \sigma_2)]\end{aligned}\right\}$$

6. 强度理论及其应用

1) 材料破坏的两种基本类型

均匀、连续、各向同性材料在常温、静荷载下破坏的基本类型有两种:

(1) 脆性断裂——材料在无明显的变形下突然断裂。

(2) 塑性屈服——材料出现明显的塑性变形而丧失其正常的工作能力。

2) 强度条件的统一形式

利用强度理论,便可由简单应力状态的试验结果,建立复杂应力状态的强度条件。五个强度理论的强度条件写成以下统一的形式

$$\sigma_{ri} \leqslant [\sigma]$$

式中,σ_{ri} 称为相当应力,它由三个主应力按一定形式组合而成。

3) 四种常用的强度理论

(1) 第一强度理论(最大拉应力理论)。这一理论认为,最大拉应力是引起材料脆性断裂的因素。

强度条件 $\qquad \sigma_{r1} = \sigma_1 \leqslant [\sigma]$

(2) 第二强度理论(最大伸长线应变理论)。这一理论认为,最大伸长线应变是引起材料脆性断裂的因素。

强度条件 $\qquad \sigma_{r2} = \sigma_1 - \mu(\sigma_2 + \sigma_3) \leqslant [\sigma]$

(3) 第三强度理论(最大切应力理论)。这一理论认为,最大切应力是引起材料塑性屈服的因素。

强度条件 $\sigma_{r3} = \sigma_1 - \sigma_3 \leqslant [\sigma]$

(4) 第四强度理论(形状改变能密度理论)。这一理论认为，形状改变能密度是引起材料塑性屈服的因素。

强度条件 $\sigma_{r4} = \sqrt{\dfrac{1}{2}[(\sigma_1-\sigma_2)^2+(\sigma_2-\sigma_3)^2+(\sigma_3-\sigma_1)^2]} \leqslant [\sigma]$

4) 莫尔强度理论

材料的脆性断裂或塑性屈服要取决于受力构件内 σ_1 和 σ_3 决定的极限应力状态

强度条件 $\sigma_{rM} = \sigma_1 - \dfrac{[\sigma_t]}{[\sigma_c]}\sigma_3 \leqslant [\sigma_t]$

在实际应用中，应当先判定材料发生什么形式的破坏，然后再选用相应的强度理论。

思 考 题

8.1 何谓一点处的应力状态？如何研究一点处的应力状态？

8.2 何谓单向应力状态和二向应力状态？圆轴扭转时，轴表面各点处处于何种应力状态？梁受横力弯曲时，梁顶、梁底及其他各点处于何种应力状态？

8.3 如何用解析法确定任一斜截面的应力？应力和方位角的正负符号是怎样规定的？

8.4 如何绘制应力圆？如何应用应力圆确定任一斜截面的应力？

8.5 何谓主平面？何谓主应力？如何确定主应力的大小和方位？

8.6 在单向、二向和三向应力状态中，最大正应力和最大切应力各为何值？各位于何截面上？

8.7 何谓广义胡克定律？该定律是怎样建立的？应用条件是什么？

8.8 在常温、静载下，金属材料的破坏有几种主要形式？相应有几类强度理论？

8.9 试按四个强度理论写出圆轴扭转时的相当应力表达式？

习 题

8.1 在如图 8.28 所示各单元体中，试用解析法和图解法求斜截面 ab 上的正应力和切应力(应力单位为 MPa)。

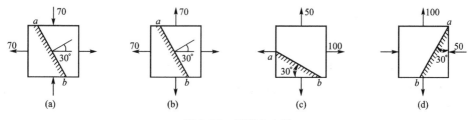

图 8.28 习题 8.1 图

8.2 已知应力状态如图 8.29 所示(应力单位为 MPa)，试用解析法和图解法求：(1)主应力和主平面位置；(2)在单元体中画出主平面位置和主应力方向；(3)最大切应力。

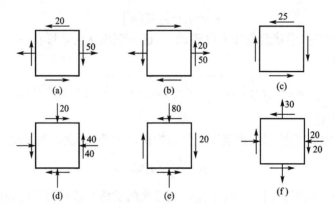

图 8.29 习题 8.2 图

8.3 已知某点 A 处截面 AB 和 AC 的应力如图 8.30 所示(应力单位为 MPa),试用图解法确定该点处主应力及所在截面的方位。

8.4 已知二向应力状态如图 8.31 所示(应力单位为 MPa),试求主应力并作应力圆。

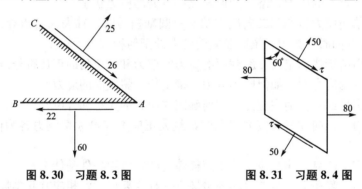

图 8.30 习题 8.3 图　　　图 8.31 习题 8.4 图

8.5 在通过一点的两个平面的应力状态如图 8.32 所示(应力单位为 MPa),试求主应力大小和主平面位置。

8.6 如图 8.33 所示,已知矩形截面梁上的弯矩 $M=10\text{kN}\cdot\text{m}$,剪力 $F_S=120\text{kN}$,试绘出截面上 1、2、3、4 各点的应力状态,并求出其主应力。

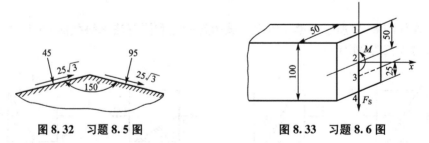

图 8.32 习题 8.5 图　　　图 8.33 习题 8.6 图

8.7 单元体各面上的应力如图 8.34 所示(应力单位为 MPa),试求主应力、最大正应力和最大切应力。

8.8 矩形截面钢块,紧密地夹在两块刚性厚板之间,受压力 F 作用,如图 8.35 所示。已知 $a=30\text{mm}$,$b=20\text{mm}$,$l=60\text{mm}$,$F=100\text{kN}$,板所受压力 $F_1=45\text{kN}$,钢的弹性模量 $E=200\text{GPa}$。试求钢块的缩短 Δl 以及泊松比 μ。

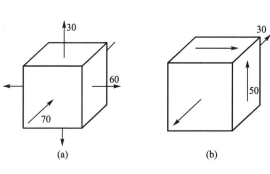
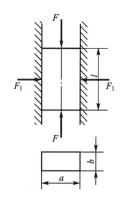

图 8.34 习题 8.7 图 　　　　　　　　 图 8.35 习题 8.8 图

8.9　直径 $D=20\mathrm{mm}$ 的钢制圆轴，两端承受扭矩 M_T 作用，现用变形仪测得圆轴表面上与母线成 $45°$ 方向的线应变 $\varepsilon_{45°}=5.2\times10^{-4}$，如图 8.36 所示。若钢的弹性模量和泊松比分别为 $E=200\mathrm{GPa}$，$\mu=0.3$，试求圆轴所承受的扭矩 M_T 的值。

8.10　层合板构件中的单元体受力如图所示，各层合板之间用胶粘接，接缝方向如图 8.37 所示。若已知胶层切应力不得超过 $1\mathrm{MPa}$，试分析是否满足这一要求。

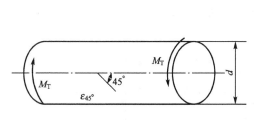
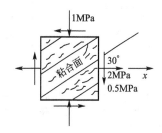

图 8.36 习题 8.9 图 　　　　　　　　 图 8.37 习题 8.10 图

8.11　有一铸铁制成的构件，其危险点处的应力状态如图 8.38 所示(应力单位为 MPa)，设材料的许用拉应力 $[\sigma_t]=35\mathrm{MPa}$，许用压应力 $[\sigma_c]=120\mathrm{MPa}$，泊松比 $\mu=0.3$。试校核此构件的强度。

8.12　从构件中取出的单元体，受力如图 8.39 所示(应力单位为 MPa)，构件的许用应力 $[\sigma]=160\mathrm{MPa}$。试分别按第三或第四强度理论校核构件的强度。

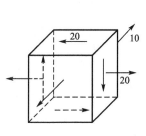
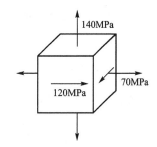

图 8.38 习题 8.11 图 　　　　　　　　 图 8.39 习题 8.12 图

8.13　已知低碳钢构件的许用应力 $[\sigma]=120\mathrm{MPa}$，危险点的主应力为 $\sigma_1=-50\mathrm{MPa}$，$\sigma_2=-70\mathrm{MPa}$，$\sigma_3=-160\mathrm{MPa}$，试分别按第三或第四强度理论校核构件的强度。

第9章
组合变形的强度计算

> **教学目标**

　　理解两相互垂直平面内的弯曲、拉(压)弯组合、偏心拉(压)和截面核心、拉(压)弯扭组合的概念
　　掌握斜弯曲内力、应力和强度计算方法
　　熟练掌握拉(压)弯组合、偏心拉(压)、拉(压)弯扭组合内力、应力和强度计算方法
　　掌握简单截面核心的求法

> **教学要求**

知识要点	能力要求	相关知识
斜弯曲强度内力、应力和强度计算方法	掌握斜弯曲强度内力、应力和强度计算方法	叠加原理
拉伸(压缩)与弯曲；偏心压缩(拉伸)内力、应力和强度计算方法	(1)掌握拉伸(压缩)与弯曲内力、应力和强度计算方法 (2)掌握偏心压缩(拉伸)内力、应力和强度计算方法 (3)掌握简单截面核心的求法	叠加原理
拉(压)、弯曲与扭转组合的内力、应力和强度计算方法	掌握拉(压)、弯曲与扭转组合的内力、应力和强度计算方法	应力状态和强度理论

> **引言**

　　同时发生两种或两种以上的基本变形,这种变形叫做组合变形。组合变形时构件的强度计算,是材料力学中具有广泛实用意义的问题。
　　斜弯曲、拉伸(压缩)与弯曲、偏心压缩(拉伸)、拉(压)、弯曲与扭转组合是杆件十分重要的组合变形形式。在这章中,主要讨论梁在斜弯曲、拉伸(压缩)与弯曲、偏心压缩(拉伸)、拉(压)、弯曲与扭转组合变形情况下的内力、应力和强度计算方法。本章的学习非常重要,它是后续《钢结构》、《混凝土结构》、《土力学及基础工程》课程中设计组合变形情况下构件的基础。

9.1 组合变形的概念

　　在前面几章中,研究了构件在发生轴向拉伸(压缩)、剪切、扭转、弯曲等基本变形时

的强度和刚度问题。在工程实际中，有很多构件在荷载作用下往往发生两种或两种以上的基本变形。若有其中一种变形是主要的，其余变形所引起的应力(或变形)很小，则构件可按主要的基本变形进行计算。若几种变形所对应的应力(或变形)属于同一数量级，则构件的变形为组合变形(combined deformation)。如斜屋架上的工字钢檩条 [见图9.1(a)]，可以作为简支梁来计算 [见图9.1(b)]，因为 q 的作用线并不通过工字形截面的任一根形心主惯性轴 [见图9.1(c)]，则引起沿两个方向的平面弯曲，这种情况称为斜弯曲。又如塔器(见图9.2)，除了受到自重作用，发生轴向压缩变形外，同时还受到水平方向风荷载的作用，发生弯曲变形；还如反应斧中的搅拌轴(见图9.3)，除了在搅拌物料时由于叶片受到阻力的作用而发生扭转变形外，同时还受到搅拌轴和浆叶的自重作用，而发生轴向拉伸变形；再如机器的转轴(见图9.4)，除了扭转变形外，同时还有弯曲变形。

本章主要研究构件在组合变形时的强度计算问题。

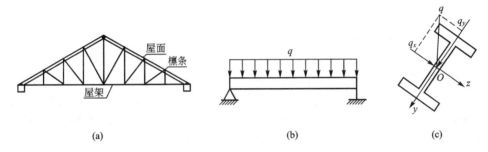

图9.1 斜屋架上的工字钢檩条

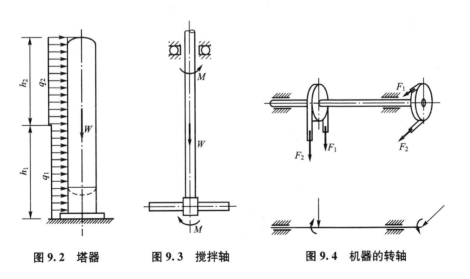

图9.2 塔器　　图9.3 搅拌轴　　图9.4 机器的转轴

构件在组合变形下的应力，一般可用叠加原理来进行计算。实践证明，如果材料服从胡克定律，并且构件的变形很小，不影响构件原来的受力状态，就可假设构件上所有荷载的作用，彼此是独立的，每一荷载所引起的应力都不受其他荷载的影响。于是构件在几个荷载同时作用下所产生的效果，就等于每一个荷载单独作用下所产生的效果的总和，这就是叠加原理(superposition method)。这样，当构件在复杂荷载作用下发生几种基本变形时，只要将荷载简化为一系列引起基本变形的相当荷载，分别计算构件在各个基本变形下所产生的应力,然后叠加起来,就得到原来荷载所引起的应力。

因此,组合变形下对构件的内力及应力进行分析,关键问题在于如何将组合受力与变形分解为基本受力与变形,以及怎样将基本受力与变形下的计算结果进行叠加。

解决组合变形强度问题的方法归结为:

(1) 进行外力分析,分析在外力作用下,杆件会产生哪种组合变形;

(2) 进行内力分析,确定危险截面;

(3) 进行应力分析,确定危险点;

(4) 进行强度计算,根据危险点的应力状态和杆件的材料,按照强度理论建立强度条件。

9.2 两相互垂直平面内的弯曲

对于横截面具有对称轴的梁,当横向外力或外力偶矩作用在梁的纵向对称面内时,梁发生对称弯曲。这时,梁变形后的轴线是一条位于外力所在平面内的平面曲线,因而也称为平面弯曲。在实际工程中,作用于梁上的横向力有时并不在梁的纵向对称平面内。例如,屋面檩条梁倾斜地安置于屋顶桁架上(见图9.5),所受垂直向下的荷载就不在檩条纵向对称平面内。这种情况下,梁将在两个纵向对称平面内同时发生弯曲变形。变形后梁轴线与外力不在同一纵向平面内,这种弯曲变形称为斜弯曲,又称为两相互垂直平面内的弯曲。

现以矩形截面的悬臂梁(见图9.6)为例,说明斜弯曲应力和变形的计算。设作用于梁自由端的集中力 F 通过截面形心,且与垂直对称轴 y 的夹角为 φ。选取梁的轴线为 x 轴,截面的两个对称轴分别为 y 轴和 z 轴。将集中力 F 沿 y 轴和 z 轴分解,得

$$F_y = F\cos\varphi, \quad F_z = F\sin\varphi \tag{9-1}$$

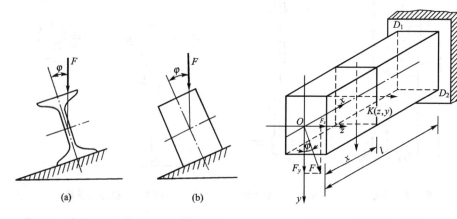

图 9.5 檩条梁倾斜地安置于屋顶桁架上　　图 9.6 悬臂梁斜弯曲

这两个分量分别引起沿铅直面 Oxy 和水平面 Oxz 的平面弯曲。为了求距自由端任意截面 x 的截面上任意点 K 的正应力,设该点的坐标为 z 和 y,则 x 截面上的弯矩分别为

$$\left. \begin{aligned} M_z &= -F_y x = -F\cos\varphi \cdot x = M\cos\varphi \\ M_y &= -F_z x = -F\sin\varphi \cdot x = M\sin\varphi \end{aligned} \right\} \tag{9-2}$$

式中,$M = -Fx$ 是 F 对 x 截面的弯矩。

于是由 M_z 和 M_y 引起的正应力分别为

$$\left.\begin{aligned}\sigma_{(y)}=\frac{M_z y}{I_z}=\frac{-F\cos\varphi \cdot xy}{I_z}=\frac{M\cos\varphi \cdot y}{I_z}\\\sigma_{(z)}=\frac{M_y z}{I_y}=\frac{-F\sin\varphi \cdot xz}{I_y}=\frac{M\sin\varphi \cdot z}{I_y}\end{aligned}\right\} \quad (9-3)$$

式中，I_y 和 I_z 分别为横截面对 y 轴和 z 轴的惯性矩。按叠加原理可得由集中力 F 引起的 K 点的正应力，即

$$\sigma=\sigma_{(y)}+\sigma_{(z)}=\frac{M_z y}{I_z}+\frac{M_y z}{I_y}=M\left(\frac{\cos\varphi \cdot y}{I_z}+\frac{\sin\varphi \cdot z}{I_y}\right) \quad (9-4)$$

这就是计算斜弯曲正应力的公式。在每一个具体问题中，$\sigma_{(y)}$、$\sigma_{(z)}$ 是拉应力还是压应力可根据梁的变形来确定。

进行强度计算时，需首先确定危险截面和危险截面上危险点的位置。危险截面的位置可据弯矩图来确定，对如图 9.6 所示的悬臂梁来说，在固定端截面上 M_y 和 M_z 绝对值同时到达最大值 $M_{y,\max}$ 及 $M_{z,\max}$，这显然就是危险截面。

至于要确定该截面上的危险点位置，则对于工程中常用的具有凸角而又有两条对称轴的截面，如矩形、工字形等，它应是 $M_{y,\max}$ 及 $M_{z,\max}$ 引起的正应力都达到最大值的点，如图 9.6 中的 D_1 和 D_2 就是这样的危险点。其中 D_1 有最大拉应力，D_2 有最大压应力。它们的绝对值应该相等。

限制最大应力不超过许用应力就是斜弯曲的强度条件。在上述悬臂梁的条件下，强度条件为

$$\sigma_{\max}=\frac{M_{z,\max} y_{\max}}{I_z}+\frac{M_{y,\max} z_{\max}}{I_y}\leqslant [\sigma] \quad (9-5)$$

若材料的抗拉与抗压的许用应力相等，则强度条件可写成

$$\sigma_{\max}=\frac{M_{z,\max}}{W_z}+\frac{M_{y,\max}}{W_y}\leqslant [\sigma] \quad (9-6)$$

对没有凸角的截面，则一般要先确定截面中性轴的位置，然后才能确定危险点的位置。由于比较复杂，本书不作详细介绍。但对于圆形截面，危险点位于截面外边缘的某点上，可对弯矩分量进行合成，$M=\sqrt{M_y^2+M_z^2}$，强度条件为

$$\sigma_{\max}=\frac{\sqrt{M_y^2+M_z^2}}{W}\leqslant [\sigma]$$

梁在斜弯曲时的变形也可按叠加原理来计算。仍以上述悬臂梁为例，在 Oxy 平面内自由端因 F_y 所引起的挠度是

$$w_y=\frac{F_y l^3}{3EI_z}=\frac{F\cos\varphi \cdot l^3}{3EI_z}$$

在 Oxz 平面内自由端因 F_z 所引起的挠度是

$$w_z=\frac{F_z l^3}{3EI_y}=\frac{F\sin\varphi \cdot l^3}{3EI_y}$$

于是自由端因集中力 F 而引起的总挠度为上述两个挠度的矢量和，其大小是

$$w=\sqrt{w_y^2+w_z^2} \quad (9-7)$$

至于总挠度的方向，若总挠度 f 与 y 轴的夹角为 β，则

$$\tan\beta = \frac{w_z}{w_y} = \frac{I_z}{I_y}\tan\varphi \qquad (9-8)$$

式(9-8)表明，总挠度的方向与 F 力的方向并不一致，即荷载平面不与挠曲线平面重合。这正是斜弯曲的特点。有些截面，如圆形截面或正方形截面等，其 $I_y = I_z$，于是有 $\tan\beta = \tan\varphi$，即 $\beta = \varphi$，表明变形后梁的挠曲线与集中力 F 仍在同一纵向平面内，仍然是平面弯曲。所以，对这类截面来说，横向力作用在通过截面形心的任何一个纵向平面内，梁总是发生平面弯曲，而不会发生斜弯曲。

对于圆形截面，危险点位于截面外缘的某点上，应对弯矩分量进行合成，$M = \sqrt{M_y^2 + M_z^2}$，强度条件为

$$\sigma_{\max} = \frac{\sqrt{M_y^2 + M_z^2}}{W} \leqslant [\sigma] \qquad (9-9)$$

例 9.1 桥式起重机大梁为 32a 工字钢（见图 9.7），材料为 Q235 钢，$[\sigma] = 160\text{MPa}$，$l = 4\text{m}$。起重机小车行进时由于惯性或其他原因，荷载 F 偏离纵向垂直对称面一个角度 φ，若 $\varphi = 15°$，$F = 30\text{kN}$。试校核梁的强度。

解： 当小车走到梁跨度的中点时，大梁处于最不利的受力状态，而这时跨度中点截面的弯矩最大，是危险截面。将 F 沿 y 轴及 z 轴分解为

$$F_y = F\sin\varphi = 30\sin15° = 7.76(\text{kN})$$
$$F_z = F\cos\varphi = 30\cos15° = 29.0(\text{kN})$$

在 Oxz 平面内，跨度中点截面上由 F_z 引起的最大弯矩为

$$M_{y,\max} = \frac{F_z l}{4} = \frac{29 \times 4}{4} = 29(\text{kN}\cdot\text{m})$$

在 Oxy 平面内，跨度中点截面上由 F_y 引起的最大弯矩为

$$M_{z,\max} = \frac{F_y l}{4} = \frac{7.76 \times 4}{4} = 7.76(\text{kN}\cdot\text{m})$$

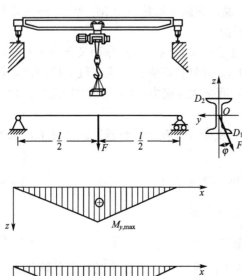

图 9.7 桥式起重机大梁的受力情况

由型钢表查得，32a 工字钢的两个抗弯截面系数分别为 $W_y = 692.2\text{cm}^3$，$W_z = 70.8\text{cm}^3$。

显然，危险点为跨度中点截面上的 D_1 和 D_2，点 D_1 处有最大拉应力，点 D_2 处有最大压应力，且两者数值相等，均为

$$\sigma_{\max} = \frac{M_{y,\max}}{W_y} + \frac{M_{z,\max}}{W_z} = \frac{29 \times 10^3}{692.2 \times 10^{-6}} + \frac{7.76 \times 10^3}{70.8 \times 10^{-6}} = 151.4\text{MPa} \leqslant [\sigma]$$

故强度足够。

讨论： 若荷载并不偏离，即 $\varphi = 0$，则跨度中点截面上的最大正应力为

$$\sigma_{\max} = \frac{M_{\max}}{W_y} = \frac{\frac{Fl}{4}}{W_y} = \frac{\frac{1}{4} \times 30 \times 10^3 \times 4}{692.2 \times 10^{-6}} = 43.3(\text{MPa}) \leqslant [\sigma]$$

可见,虽然荷载偏离纵向垂直对称面一个不大的角度,而最大应力就由 43.3MPa 变为 151.4MPa,增长了 2.5 倍。这是因为工字钢截面的 W_z 远小于 W_y 的原因。因此,对梁截面而言,若 W_z 和 W_y 相差较大时,应该注意斜弯曲对强度的不利影响。

9.3 压缩(拉伸)与弯曲的组合

压缩(拉伸)与弯曲的组合变形是工程中常见的情况,具有以下两种情况。

1. 杆件同时受到横向力和轴向力的作用

以图 9.8(a)中的起重机横梁 AB 为例,其受力简图如图 9.8(b)所示。轴向力 F_{Ax} 和 F_{Bx} 引起压缩,横向力 F_{Ay}、W、F_{By} 引起弯曲,所以 AB 杆即产生压缩与弯曲的组合变形。若 AB 杆的抗弯刚度较大,弯曲变形很小,则可略去轴向力因弯曲变形而产生的弯矩。这样,轴向力就只引起压缩变形,不引起弯曲变形,叠加原理就可以应用了。

例 9.2 最大吊重 G=8kN 的起重机如图 9.9(a)所示。若 AB 杆为工字钢,材料为 Q235 钢,[σ]=100MPa,试选择工字钢型号。

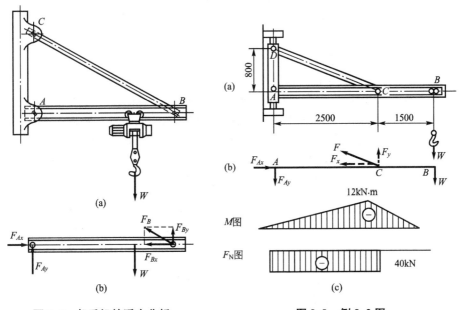

图 9.8 起重机的受力分析　　图 9.9 例 9.2 图

解:先求出 CD 杆的长度。AB 杆的受力简图如图 9.9(b)所示,设 CD 杆的拉力为 F,由平衡方程 $\sum M_A=0$,得

$$F \times \frac{0.8}{2.62} \times 2.5 - 8 \times (2.5+1.5) = 0$$

解得

$$F=42\text{kN}$$

把 F 分解为沿 AB 杆轴线的分量 F_x 和垂直于 AB 杆轴线的分量 F_y。可见,AB 杆在

AC 段内产生压缩与弯曲的组合变形。且有

$$F_x = F \times \frac{2.5}{2.62} = 40(\text{kN}), \quad F_y = F \times \frac{0.8}{2.62} = 12.8(\text{kN})$$

作出 AB 杆的弯矩图和 AC 段的轴力图,如图 9.9(c)所示。从图中可以看出,C 点截面左侧,其弯矩值为最大,而轴力与其他截面相同,故为危险截面。

开始试算时,可以先不考虑轴力 F_x 的影响,只根据弯曲强度条件选取工字钢。这时截面系数为

$$W \geqslant \frac{M_{\max}}{[\sigma]} = \frac{12 \times 10^3}{100 \times 10^6} = 12 \times 10^{-5} (\text{m}^3) = 120(\text{cm})^3$$

查型钢表附录 I,选取 16 号工字钢,其 $W = 141 \text{cm}^3$,$A = 26.1 \text{cm}^2$。选定工字钢后,同时考虑轴力 F_x 及弯矩 M,再进行强度校核。在危险截面 C 的下边缘各点上发生最大压应力,且为

$$|\sigma_{c,\max}| = \left| \frac{F_x}{A} + \frac{M}{W} \right| = \left| -\frac{40 \times 10^3}{26.1 \times 10^{-4}} - \frac{12 \times 10^3}{141 \times 10^{-6}} \right| = 100.5 (\text{MPa})$$

结果表明,最大压应力与许用应力接近相等,故无需重新选取截面的型号。

2. 偏心压缩(拉伸)和截面核心(Eccentric Loads & the Kern of A Section)

作用在直杆上的外力,当其作用线与杆的轴线平行但不重合时,将引起偏心拉伸或偏心压缩。钻床的立柱 [见图 9.10(a)] 和厂房中支撑吊车梁的柱子 [图 9.10(b)] 即为偏心拉伸和偏心压缩。

1) 偏心压缩(拉伸)的应力计算

现以横截面具有两对称轴的等短柱承受距离截面形心为 e(称为偏心距)的偏心压力 F 作用 [见图 9.11(a)] 为例,来说明偏心压杆的强度计算。设偏心力 F 作用在端面上的 A 点,其坐标为 (y_F, z_F)。将力 F 向截面形心 O 点简化,把原来的偏心力 F 转化为轴向压力 F;作用在 xz 平面内的弯曲力偶矩 $M_y = F z_F$;作用在 xy 平面内的弯曲力偶矩 $M_z = F y_F$。

在这些荷载作用下 [图 9.11(b)],杆件的变形是轴向压缩和两个纯弯曲的组合。当杆的弯曲刚度较大时,同样可按叠加原理求解。

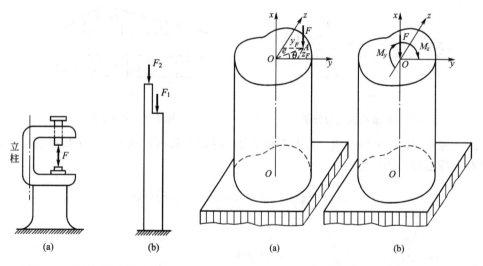

图 9.10 偏心受拉(压)实例　　图 9.11 偏心压缩(拉伸)荷载简化

在上述力系作用下,在所有横截面上的内力——轴力和弯矩均保持不变,即
$$F_N=-F, \quad M_z=Fy_F, \quad M_y=Fz_F$$

叠加上述三内力所引起的正应力,即得任意横截面上 $B(y,z)$ 点(见图 9.12)的应力计算式

$$\sigma=\frac{F_N}{A}-\frac{M_z y}{I_z}-\frac{M_y z}{I_y}=-\frac{F}{A}-\frac{Fy_F y}{I_z}-\frac{Fz_F z}{I_y} \tag{9-10}$$

式中,A 为横截面面积;I_y 和 I_z 分别为横截面对 y 轴和 z 轴的惯性矩。利用惯性矩与惯性半径的关系,有

$$I_y=A \cdot i_y^2, \quad I_z=A \cdot i_z^2$$

于是式(9-9)可改写为

$$\sigma=-\frac{F}{A}\left[1+\frac{y_F y}{i_z^2}+\frac{z_F z}{i_y^2}\right] \tag{9-11}$$

式(9-10)是一个平面方程,这表明正应力在横截面上按线性规律变化,而应力平面与横截面相交的直线(沿该直线 $\sigma=0$)就是中性轴(见图 9.12)。将中性轴上任一点 $C(z_0, y_0)$ 代入式(9-10),即得中性轴方程为

$$1+\frac{y_F y_0}{i_z^2}+\frac{z_F z_0}{i_y^2}=0 \tag{9-12}$$

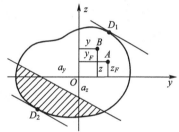

图 9.12 中性轴及应力分布

可见,在偏心拉伸(压缩)情况下,中性轴是一条不通过截面形心的直线。可利用中性轴在 y、z 轴上的截距 a_y 和 a_z 来确定中性轴的位置。在式(9-12)中,令 $z_0=0$,相应的 y_0 即为 a_y,而令 $y_0=0$,相应的 z_0 即为 a_z,由此求得

$$a_y=-\frac{i_z^2}{y_F}, \quad a_z=-\frac{i_y^2}{z_F} \tag{9-13}$$

式(9-13)表明,中性轴截距 a_y、a_z 和偏心距 y_F、z_F 符号相反,所以中性轴与外力作用点 A 位于截面形心 O 的两侧,如图 9.12 所示。中性轴把截面分为两部分,一部分受拉应力,另一部分受压应力。

确定了中性轴的位置后,对于周边无棱角的截面,可作两条平行于中性轴且与截面周边相切的直线,切点 D_1 与 D_2 分别是截面上最大压应力与最大拉应力的作用点,分别将 $D_1(z_1, y_1)$ 与 $D_2(z_2, y_2)$ 的坐标代入式(9-10),即可求得最大压应力与最大拉应力的值

$$\left.\begin{array}{l}\sigma_{c,\max}=-\dfrac{F}{A}-\dfrac{Fy_F y_1}{I_z}-\dfrac{Fz_F z_1}{I_y} \\[2mm] \sigma_{t,\max}=-\dfrac{F}{A}+\dfrac{Fy_F y_2}{I_z}+\dfrac{Fz_F z_2}{I_y}\end{array}\right\} \tag{9-14}$$

对于偏心拉杆的强度条件只需把式(9-14)中"$-\dfrac{F}{A}$"改为"$\dfrac{F}{A}$"即可。

应该注意,对于周边具有棱角的截面,如矩形、箱形、工字形等,其危险点必定在中性轴两侧,距中性轴最远的截面棱角处,并可根据杆件的变形来确定,无需确定中性轴的位置。

由于危险点处于单轴应力状态,因此,在求得最大正应力后,就可根据材料的许用应力 $[\sigma]$ 来建立偏心压杆的强度条件。

危险点为单向应力状态。危险截面通常由弯矩分析决定。矩形截面杆的强度条件为

$$\sigma_{\max} = \frac{|F_N|}{A} + \frac{|M_y|}{W_y} + \frac{|M_z|}{W_z} \leqslant [\sigma]$$

对于圆型截面

$$\sigma_{\max} = \frac{|F_N|}{A} + \frac{\sqrt{M_y^2 + M_z^2}}{W} \leqslant [\sigma]$$

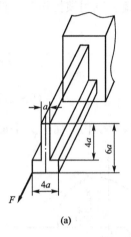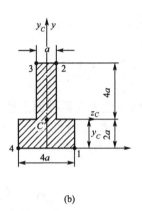

图 9.13 例 9.3 图

例 9.3 如图 9.13(a)所示 T 形截面杆，其横截面尺寸如图 9.13(b)所示。试求 T 形截面杆在与杆轴线平行的偏心拉力 F 作用下的最大正应力。

解： T 形截面杆横截面面积为
$$A = 4a \times 2a + a \times 4a = 12a^2$$
形心 C 的坐标为
$$y_C = \frac{\sum A_i y_{Ci}}{\sum A_i} = \frac{a \times 4a \times 4a + 4a \times 2a \times a}{a \times 4a + 4a \times 2a} = 2a$$

由于截面关于 y 轴对称，所以形心必然落在 y 轴上，即 $z_C = 0$。

形心主惯性矩

$$I_{zC} = \left[\frac{a \times (4a)^3}{12} + a \times 4a \times (2a)^2\right] + \left[\frac{4a \times (2a)^3}{12} + 2a \times 4a \times a^2\right] = 32a^4$$

$$I_{yC} = \frac{1}{12} \times 2a \times (4a)^3 + \frac{1}{12} \times 4a \times a^3 = 11a^4$$

力 F 对主惯性轴 y_C 和 z_C 之矩

$$M_{yC} = F \times 2a = 2Fa, \quad M_{zC} = F \times 2a = 2Fa$$

比较如图 9.13(b)所示截面 4 个角点上的正应力可知，角点 4 上的正应力最大

$$\sigma_{\max} = \frac{F}{A} + \frac{M_{yC} \times 2a}{I_y} + \frac{M_{zC} \times 2a}{I_z} = \frac{F}{12a^2} + \frac{2Fa \times 2a}{32a^4} + \frac{2Fa \times 2a}{11a^4} = 0.572 \frac{F}{a^2}$$

2) 截面核心

式(9-14)中的 y_2、z_2 均为负值。因此当外力的偏心距(即 y_F，z_F)较小时，横截面上就可能不出现拉应力，即中性轴不与横截面相交。同理，当偏心拉力 F 的偏心距较小时，杆的横截面上也可能不出现压应力。在工程中，有不少材料抗拉性能差，但抗压性能好且价格比较便宜，如砖、石、混凝土、铸铁等。在这类构件的设计计算中，往往认为其抗拉强度为零。这就要求构件在偏心压力作用下，其横截面上不出现拉应力，由式(9-13)可知，对于给定的截面，y_F、z_F 值越小，a_y、a_z 值就越大，即外力作用点离形心越近，中性轴距形心就越远。因此，当外力作用点位于截面形心附近的一个区域内时，就可保证中性轴不与横截面相交，这个区域称为截面核心(the kern of a section)。当外力作用在截面核心的边界上时，与此相对应的中性轴就正好与截面的周边相切(见图 9.14)。利用这一关系就可确定截面核心的边界。

为确定任意形状截面(见图9.14)的截面核心边界,可将与截面周边相切的任一直线①看作中性轴,其在 y、z 两个形心主惯性轴上的截距分别为 a_{y1} 和 a_{z1}。由式(9-13)确定与该中性轴对应的外力作用点1,即截面核心边界上一个点的坐标(y_{F1},z_{F1})

$$y_{F1}=-\frac{i_z^2}{a_{y1}}, \quad z_{F1}=-\frac{i_y^2}{a_{z1}} \tag{9-15}$$

同样,分别将与截面周边相切的直线②,③…看作中性轴,并按上述方法求得与其对应的截面核心边界上点2,3…的坐标。连接这些点所得到的一条封闭曲线,即为所求截面核心的边界,而该边界曲线所包围的带阴影线的面积,即为截面核心(见图9.14),下面举例说明截面核心的具体作法。

例 9.4 一矩形截面如图9.15所示,已知两边长度分别为 b 和 h,求作截面核心。

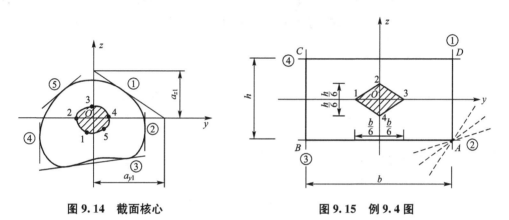

图 9.14 截面核心　　　图 9.15 例 9.4 图

解:先作与矩形四边重合的中性轴①、②、③和④,利用式(9-13)得

$$y_F=-\frac{i_z^2}{a_y}, \quad z_F=-\frac{i_y^2}{a_z}$$

式中,$i_y^2=\frac{I_y}{A}=\frac{bh^3/12}{bh}=\frac{h^2}{12}$,$i_z^2=\frac{I_z}{A}=\frac{hb^3/12}{bh}=\frac{b^2}{12}$,$a_y$ 和 a_z 为中性轴的截距,y_F 和 z_F 为相应的外力作用点的坐标。

对中性轴①,有 $a_y=b/2$,$a_z=\infty$ 代入式(9-13),得

$$y_{F1}=-\frac{i_z^2}{a_y}=-\frac{b^2/12}{b/2}=-\frac{b}{6}, \quad Z_{F1}=-\frac{i_y^2}{a_z}=-\frac{h^2/12}{\infty}=0$$

即相应的外力作用点为图9.15上的点1。

对中性轴②,有 $a_y=\infty$,$a_z=-h/2$ 代入式(9-13),得

$$y_{F2}=-\frac{i_z^2}{a_y}=-\frac{b^2/12}{\infty}=0, \quad Z_{F2}=-\frac{i_y^2}{a_z}=-\frac{h^2/12}{-h/2}=\frac{h}{6}$$

即相应的外力作用点为图9.15上的点2。

同理,可得相应于中性轴③和④的外力作用点的位置为图9.15上的点3和点4。

至于由点1到点2,外力作用点的移动规律如何,可以从中性轴①开始,绕截面点 A 作一系列中性轴(图9.15中虚线),一直转到中性轴②,求出这些中性轴所对应的外力作用点的位置,就可得到外力作用点从点1到点2的移动轨迹。根据中性轴方程式(9-12),设 y_F 和 z_F 为常数,y_0 和 z_0 为流动坐标,中性轴的轨迹是一条直线。反之,若设 y_0 和 z_0 为

常数，y_F 和 z_F 为流动坐标，则力作用点的轨迹也是一条直线。现在，过角点 A 的所有中性轴有一个公共点，其坐标 $\left(\dfrac{b}{2}, -\dfrac{h}{2}\right)$ 为常数，相当于中性轴方程式(9-12)中的 y_0 和 z_0，而需求的外力作用点的轨迹，则相当于流动坐标 y_F 和 z_F。于是可知，截面上从点 1 到点 2 的轨迹是一条直线。同理可知，当中性轴由②绕角点 B 转到③、由③绕角点 C 转到④时，外力作用点由点 2 到点 3，由点 3 到点 4 的轨迹，都是直线。最后得到一个菱形(图中的阴影区)。即矩形截面的截面核心为一菱形，其对角线的长度为截面边长的三分之一。

对于具有棱角的截面，均可按上述方法确定截面核心。对于周边有凹进部分的截面(如槽形或工字形截面等)，在确定截面核心的边界时，应该注意不能取与凹进部分的周边相切的直线作为中性轴，因为这种直线显然与横截面相交。

例 9.5 小型压力机的铸铁框架如图 9.16(a)所示。已知材料的许用拉应力 $[\sigma_t]=30\text{MPa}$，许用压应力 $[\sigma_c]=160\text{MPa}$。试按立柱的强度确定压力机的最大许可压力 F。立柱的截面尺寸如图 9.16(b)所示。

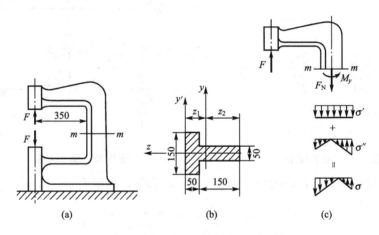

图 9.16 小型压力机的铸铁框架受力情况

解： 首先，根据截面尺寸计算横截面面积，确定截面形心位置，求出截面对形心主惯性轴 y 的主惯性矩 I_y。计算结果为

$$A = 15 \times 10^3 \text{mm}^2, \quad z_1 = 75\text{mm}, \quad I_y = 5310 \times 10^4 \text{mm}^4$$

其次，分析立柱的内力和应力。像立柱这样的受力情况有时称为偏心拉伸。根据任意截面 $m-m$ 以上部分的平衡[图 9.16(c)]，容易求得截面 $m-n$ 上的轴力 F_N 和弯矩 M_y 分别为

$$F_N = F, \quad M_y = (350+75) \times 10^{-3} F = 42.5 \times 10^{-2} F$$

横截面上与轴力 F_N 对应的应力是均布的拉应力，且

$$\sigma' = \dfrac{F_N}{A} = \dfrac{F}{15 \times 10^{-3}} = 66.67 F$$

与弯矩 M_y 对应的正应力按线性分布，最大拉应力和最大压应力分别是

$$\sigma''_{t,\max} = \dfrac{M_y z_1}{I_y} = \dfrac{42.5 \times 10^{-2} F \times 75 \times 10^{-3}}{5310 \times 10^{-8}} = 600.28 F$$

$$\sigma''_{c,\max} = \dfrac{M_y z_2}{I_y} = -\dfrac{42.5 \times 10^{-2} F \times (200-75) \times 10^{-3}}{5310 \times 10^{-8}} = 1000.47 F$$

从图 9.16(c)可以看出，叠加以上两种应力后，在截面内侧边缘上发生最大拉应力，且
$$\sigma_{t,max} = \sigma' + \sigma''_{t,max} = 666.95F$$
在截面的外侧边缘上发生最大压应力，且
$$|\sigma_{c,max}| = |\sigma' - \sigma''_{c,max}| = 933.8F$$
最后，由抗拉强度条件 $\sigma_{t,max} \leqslant [\sigma_t]$，得 $F \leqslant 45.0$ kN。
由抗压强度条件 $\sigma_{c,max} \leqslant [\sigma_c]$，得 $F \leqslant 171.3$ kN。
为使立柱同时满足抗拉和抗压强度条件，压力 F 不应超过 45.0 kN。

例 9.6 一圆形截面如图 9.17 所示，直径为 d，试作截面核心。

解： 由于圆截面对于圆心 O 是极对称的，因而，截面核心的边界对于圆心也是极对称的，即为一圆心为 O 的圆。在截面周边上任取一点 A，过该点作切线①作为中性轴，该中性轴在 y、z 两轴上的截距分别为
$$a_{y1} = \frac{d}{2}, \quad a_{z1} = \infty$$

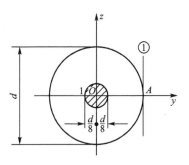

图 9.17 例 9.6 图

而圆形截面的 $i_y^2 = i_z^2$，将以上各值代入式(9-13)，即可得
$$y_{F1} = -\frac{i_z^2}{a_{y1}} = -\frac{d^2/16}{d/2} = -\frac{d}{8}, \quad z_{F1} = -\frac{i_y^2}{a_{z1}} = -\frac{d^2/16}{\infty} = 0$$

从而可知，截面核心边界是一个以 O 为圆心、以 $\dfrac{d}{8}$ 为半径的圆，即图中带阴影的区域。

9.4 扭转与弯曲的组合

扭转与弯曲的组合变形(combined torsion and bending)在机械工程中是常见的。下面以操纵手柄为例来说明这类组合变形时应力及其强度的计算方法。

如图 9.18(a)所示为一钢制手柄，AB 段是直径为 d 的等直圆杆，A 端的约束可视为固定端，BC 段长度为 a。现在来讨论在 C 端铅垂力 F 作用下，AB 杆的受力情况。将 F 力向 AB 杆 B 端的形心简化，即可将外力分为横向力 F 及作用在杆端平面内的力矩 $M_x = Fa$，其受力情况如图 9.18(b)所示。它们分别使 AB 杆发生扭转和弯曲变形。

1. 内力分析 (Analysis of Internal Force)

用截面法可计算出 AB 杆横截面上的弯矩 M 和扭矩 M_T，其 M 图和 M_T 图分别如图 9.18(c)、(d)所示。因为 A 截面上内力最大，该截面为危险截面，其内力值分别为弯矩 $M = Fl$，扭矩 $M_T = Fa$。

2. 应力分析 (Stress Analysis)

在危险截面 A 上，与弯矩 M 相对应的弯曲正应力 σ，在 y 轴方向的直径上下两端点 1

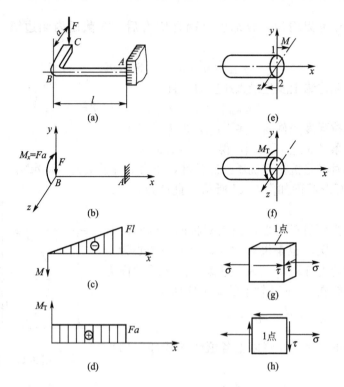

图 9.18 扭转与弯曲组合时的强度计算

和 2 处最大 [图 9.18(e)]；与扭矩 M_T 相对应的扭转切应力 τ，在横截面的周边各点处最大 [图 9.18(f)]。所以在 1 和 2 两点处的应力 σ 和 τ，都为最大值，称其为危险截面上的危险点。现取其中的 1 点来研究，如图 9.18(g)所示 [见图 9.18(h)为其平面图]。作用在 1 点上的正应力 σ 和切应力 τ，分别按弯曲正应力公式和扭转切应力公式来计算。其值为

$$\sigma=\frac{M}{W}, \quad \tau=\frac{M_T}{W_P} \tag{9-16}$$

3. 强度分析（Analysis of Strength Condition）

1) 主应力计算 （Calculating Principal Stress）

很明显，1 点处于二向应力状态，需要采用适当的强度理论来进行强度计算。

计算 1 点的主应力。利用式(8-8b)可得

$$\sigma_1=\frac{\sigma}{2}+\sqrt{\left(\frac{\sigma}{2}\right)^2+\tau^2}, \quad \sigma_2=0, \quad \sigma_3=\frac{\sigma}{2}-\sqrt{\left(\frac{\sigma}{2}\right)^2+\tau^2} \tag{9-17}$$

2) 相当应力计算与强度校核(Calculating Equal Stress and Check the Strength)

选用强度理论建立强度条件。因手柄用钢材制成，应选用第三或第四强度理论。若采用第三强度理论，将上述三个主应力代入式(8-23)，可得其强度条件为

$$\sigma_{r3}=\sqrt{\sigma^2+4\tau^2}\leqslant[\sigma] \tag{9-18}$$

若采用第四强度理论，可将上述三个主应力代入式(8-24)，其强度条件成为

$$\sigma_{r4}=\sqrt{\sigma^2+3\tau^2}\leqslant[\sigma] \tag{9-19}$$

若将式(9-16)代入式(9-18)和式(9-19)，并注意到对圆截面杆有 $W_P=2W$，则以上两

式改写成

$$\sigma_{r3} = \frac{\sqrt{M^2 + M_T^2}}{W} \leqslant [\sigma] \tag{9-20}$$

$$\sigma_{r4} = \frac{\sqrt{M^2 + 0.75 M_T^2}}{W} \leqslant [\sigma] \tag{9-21}$$

式中，M 和 M_T 分别为圆截面杆危险截面上的弯矩和扭矩。

下面举例说明怎样利用这些理论对圆截面钢轴进行强度计算。

例 9.7 电动机带动一圆轴 AB，在轴中点处装有一重 $G=5\mathrm{kN}$、直径 $D=1.2\mathrm{m}$ 的胶带轮［见图 9.19(a)］，胶带紧边的拉力 $F_1=6\mathrm{kN}$，松边的拉力 $F_2=3\mathrm{kN}$。若轴的许用应力 $[\sigma]=50\mathrm{MPa}$，试按第三强度理论求轴的直径 d。

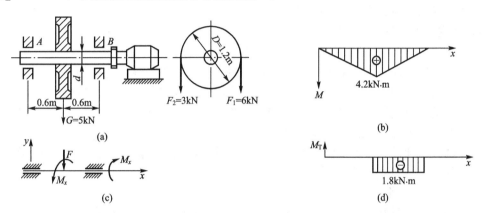

图 9.19 电动机圆轴受力情况

解： 把作用于轮子上的胶带拉力 F_1、F_2 向轴线简化，如图 9.19(b) 所示。由受力简图可见，轴受铅垂方向的力为

$$F = G + F_1 + F_2 = (5+6+3)\mathrm{kN} = 14(\mathrm{kN})$$

该力使轴发生弯曲变形。同时轴又受由胶带的拉力产生的力偶矩，为

$$M_x = F_1 \frac{D}{2} - F_2 \frac{D}{2} = (F_1 - F_2)\frac{D}{2} = (6-3) \times \frac{1.2}{2} = 1.8(\mathrm{kN \cdot m})$$

该力偶矩使轴发生扭转变形。所以轴发生扭转和弯曲的组合变形。

根据横向力作出的弯矩图如图 9.19(c) 所示。最大弯矩在轴的中点截面上，其值为

$$M = \frac{Fl}{4} = \frac{14 \times 1.2}{4} = 4.2(\mathrm{kN \cdot m})$$

根据扭转外力偶矩 M，作出的扭矩图如图 9.19(d) 所示。扭矩为

$$M_T = -M_x = -1.8(\mathrm{kN \cdot m})$$

由此可见，轴中间截面右侧为危险截面。

按第三强度理论的强度条件式(9-20)，有

$$\sigma_{r3} = \frac{\sqrt{M^2 + M_T^2}}{W} = \frac{32\sqrt{M^2 + M_T^2}}{\pi d^3} \leqslant [\sigma]$$

代入相应数据得

$$\frac{32\sqrt{(4.2 \times 10^3)^2 + (1.8 \times 10^3)^2}}{\pi d^3} \leqslant 50 \times 10^6$$

故得 $d \geqslant 0.098\text{m} = 98\text{mm}$。

小　结

1. 组合变形和叠加原理

同时发生两种或两种以上的基本变形,这种变形叫做组合变形。组合变形时构件的强度计算,是材料力学中具有广泛实用意义的问题。

研究组合变形问题的方法是叠加原理,即构件在全部荷载作用下所发生的应力和变形,等于构件在每一个荷载单独作用时所发生的应力或变形的总和。叠加原理的适用条件是,内力、变形与荷载关系必须是线性的。

2. 强度计算的方法和步骤

分析组合变形构件强度问题的方法和步骤可归纳如下:

(1) 分解作用在构件上的外力,使构件在每一分力作用下只发生一种基本变形。

(2) 分别作出构件在每种基本变形下的内力图,并确定危险截面上的内力值。

(3) 分别计算出每一种基本变形下构件危险截面上的应力,确定危险点的位置。然后按叠加原理计算出组合变形时的总应力。

(4) 进行强度计算,若危险点处于单向应力状态,按式 $\sigma_{\max} \leqslant [\sigma]$ 进行;若处于复杂应力状态,则按 $\sigma_r \leqslant [\sigma]$ 进行。

3. 两相互垂直平面内的弯曲

对于有凸角的截面(矩形、工字形等),危险点在截面的某个角点上,为单向应力状态,强度条件为

$$\sigma_{\max} = \frac{|M_y|}{W_y} + \frac{|M_z|}{W_z} \leqslant [\sigma]$$

如果是拉、压强度不同的材料,应对最大拉应力和最大压应力分别校核。

对于圆形截面,危险点位于截面外边缘的某点上,应对弯矩分量进行合成,$M = \sqrt{M_y^2 + M_z^2}$,强度条件为

$$\sigma_{\max} = \frac{\sqrt{M_y^2 + M_z^2}}{W} \leqslant [\sigma]$$

4. 压缩(拉伸)与弯曲的组合

危险点为单向应力状态。危险截面通常由弯矩分析决定。矩形截面杆的强度条件为

$$\sigma_{\max} = \frac{|F_N|}{A} + \frac{|M_y|}{W_y} + \frac{|M_z|}{W_z} \leqslant [\sigma]$$

对于圆形截面

$$\sigma_{\max} = \frac{|F_N|}{A} + \frac{\sqrt{M_y^2 + M_z^2}}{W} \leqslant [\sigma]$$

5. 扭转与弯曲的组合

危险截面通常由弯矩分析决定。危险点处于二向应力状态,对于用塑性材料制成的杆件,强度条件通常为

$$\sigma_{r3} = \sqrt{\sigma^2 + 4\tau^2} \leqslant [\sigma]$$

$$\sigma_{r4}=\sqrt{\sigma^2+3\tau^2}\leqslant[\sigma]$$

对于用塑性材料制成的圆形截面杆件，强度条件通常为

$$\sigma_{r3}=\frac{\sqrt{M^2+M_T^2}}{W}\leqslant[\sigma]$$

$$\sigma_{r4}=\frac{\sqrt{M^2+0.75M_T^2}}{W}\leqslant[\sigma]$$

如果危险截面存在 M_y、M_z 两个弯矩分量，应对其进行合成，合弯矩 $M=\sqrt{M_y^2+M_z^2}$，再代入上式进行计算。

思 考 题

9.1 定性分析如图 9.20 所示构件指定截面上的内力及该截面最外边缘处点的应力状态。

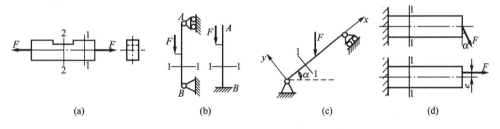

图 9.20 思考题 9.1 图

9.2 何谓组合变形？分析组合变形的方法是什么？其应用条件如何？

9.3 分析如图 9.21 所示构件中 AB、BC 和 CD 各段将发生哪些变形？

9.4 当构件发生弯拉组合变形时，其横截面上有哪些内力？正应力是怎样分布的？如何计算最大正应力？相应的强度条件是什么？

9.5 当圆轴发生弯扭组合变形时，横截面上有哪些内力？应力是怎样分布的？危险点处于何种应力状态？如何根据强度理论建立轴的强度条件？

9.6 如图 9.22 所示圆截面悬臂梁，同时受轴向力 F、横向力 F' 和力偶 M_e 的作用。试指出其危险截面和危险点的位置在何处？危险点的应力状态为何？这时其强度条件若按第三强度理论写成以下两个公式

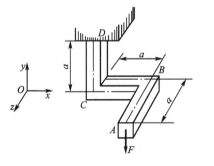

图 9.21 思考题 9.3 图

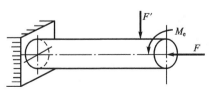

图 9.22 思考题 9.6 图

$$\frac{F}{A}+\sqrt{\left(\frac{M}{W}\right)^2+4\left(\frac{M_e}{W_P}\right)^2}\leqslant[\sigma]$$

$$\sqrt{\left(\frac{F}{A}+\frac{M}{W}\right)^2+4\left(\frac{M_e}{W_P}\right)^2}\leqslant[\sigma]$$

问其中哪一个正确？为什么？

习　题

9.1　如图 9.23 所示的起吊装置，滑轮 A 安装在槽钢组合梁的端部。已知 $F=40$kN，$[\sigma]=140$MPa。试选择槽钢型号。

9.2　如图 9.24 所示斜梁 AB，其横截面为正方形，边长为 100mm。若 $F=3$kN，试求最大拉应力和最大压应力。

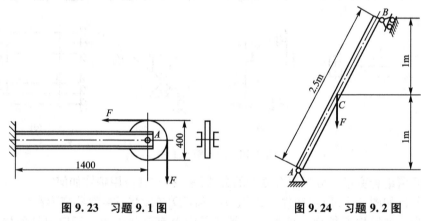

图 9.23　习题 9.1 图　　　图 9.24　习题 9.2 图

9.3　起重支架如图 9.25 所示，受荷载 F 作用，已知 $F=12$kN，横梁用 14 号工字钢制成，许用应力 $[\sigma]=160$MPa。试校核横梁的强度。

9.4　受拉构件形状如图 9.26 所示，已知截面尺寸为 40mm×5mm，承受轴向拉力 $F=12$kN。现拉杆开有切口，如不计应力集中影响，当材料的许用应力 $[\sigma]=100$MPa 时，试确定切口的最大许可深度。

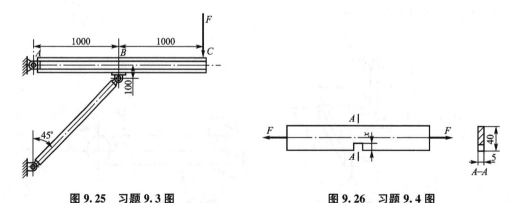

图 9.25　习题 9.3 图　　　图 9.26　习题 9.4 图

9.5 如图 9.27 所示一矩形截面柱,受压力 F_1 和 F_2 作用,$F_1=100\text{kN}$,$F_2=45\text{kN}$,F_2 与轴线有一个偏心 $y_F=200\text{mm}$,截面尺寸 $b=180\text{mm}$,$h=300\text{mm}$。试求 $\sigma_{\max}$、$\sigma_{\min}$。欲使柱截面内不出现拉应力,试问截面高度 h 为多大?

9.6 压力机框架如图 9.28 所示,材料为铸铁,许用拉应力 $[\sigma_t]=30\text{MPa}$,许用压应力 $[\sigma_c]=80\text{MPa}$,已知力 $F=12\text{kN}$。试校核框架立柱的强度。

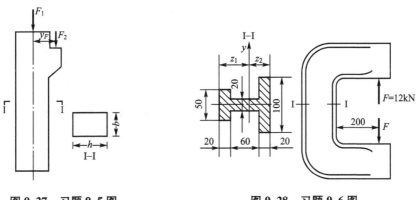

图 9.27 习题 9.5 图   图 9.28 习题 9.6 图

9.7 如图 9.29 所示拐轴,受铅垂荷载 F 作用,试按第三强度理论确定轴 AB 的直径。已知 $F_P=20\text{kN}$,$[\sigma]=160\text{MPa}$。

9.8 如图 9.30 所示的传动轴,转速 $n=110\text{r/min}$,传递功率 $P=16$ 马力,胶带的紧边张力为其松边张力的 3 倍。若许用应力 $[\sigma]=70\text{MPa}$,试按第三强度理论计算该传动轴外伸段的长度 l。

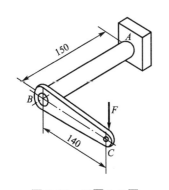 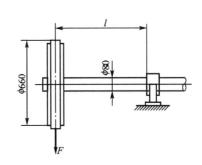

图 9.29 习题 9.7 图   图 9.30 习题 9.8 图

9.9 卷扬机轴为圆形截面,其尺寸如图 9.31 所示(尺寸单位:mm),许用应力 $[\sigma]=80\text{MPa}$。试按第三强度理论求最大许用起重荷载 F。

9.10 如图 9.32 所示的圆截面杆,受荷载 F_1、F_2 和 M 的作用,已知 $F_1=500\text{N}$,$F_2=15\text{kN}$,$M=1.2\text{kN}\cdot\text{m}$,$[\sigma]=160\text{MPa}$。试按第三强度理论校核杆的强度。

9.11 如图 9.33 所示为一 20 号工字钢简支梁,处于斜弯曲。已知 $l=4\text{m}$,$F=20\text{kN}$,$[\sigma]=160\text{MPa}$,$\varphi=\dfrac{\pi}{12}$。试校核梁的强度。

9.12 如图 9.34 所示为一矩形截面悬臂梁,在自由端平面内作用一集中力 F,此力通过截面形心,与对称轴 y 的夹角为 $\phi=\dfrac{\pi}{6}$,已知 $E=10\text{GPa}$,$F=2.4\text{kN}$,$l=2\text{m}$,$h=200\text{mm}$,$b=120\text{mm}$。试求固定端截面上 a、b、c、d 四点的正应力。

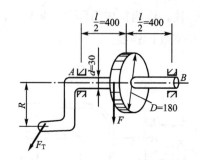

图 9.31 习题 9.9 图

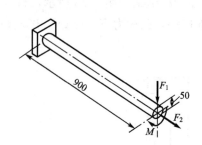

图 9.32 习题 9.10 图

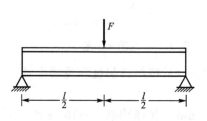

图 9.33 习题 9.11 图

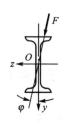

图 9.34 习题 9.12 图

第10章 压杆稳定

教学目标

掌握压杆临界力的计算
掌握压杆临界应力的计算
了解临界应力总图
掌握压杆的稳定计算

教学要求

知识要点	能力要求	相关知识
压杆临界力的计算	（1）掌握两端铰支细长压杆的临界力计算 （2）掌握其他支座条件下细长压杆的临界力计算	平衡的概念
压杆临界应力的计算	（1）掌握细长压杆的临界应力 （2）了解临界应力总图	弹性理论
压杆的稳定计算	（1）理解安全因数法 （2）掌握压杆的稳定条件的应用	微分的概念 极限的概念

引言

承受轴向压力的直杆称为压杆。所谓压杆的稳定性，是指受压杆件保持原来直线形式平衡状态的稳定性。

对构件进行强度、刚度和稳定性计算，以保证其能正常地工作，是材料力学研究的主要内容之一。在前面章节里，已经研究了构件的强度和刚度问题，本章将研究压杆的稳定问题。

10.1 压杆稳定的概念

承受轴向压力的直杆称为压杆。在第2章研究压杆的强度和变形计算时，认为压杆始终保持直线形状平衡，其失效形式是强度不足的破坏或轴向压缩变形过大不能满足刚度要求。但事实上，这个结论只适用于短粗杆，对于细长杆却并非如此。研究表明，细长的轴向受压杆，当压力达到一定大小时，会突然发生侧向弯曲，改变原来的受力性质，从而丧失承载能力。

但此时若按直线形状平衡下计算压杆横截面上的应力,该应力远小于材料的极限应力,甚至小于比例极限。因此,这种失效不是强度不足,而是由于压杆不能保持其原有直线形状平衡,压弯组合变形所致。这种现象称为丧失稳定,简称失稳。这类失效形式属稳定性不够。

所谓压杆的稳定性(stability),是指受压杆件保持原来直线形式平衡状态的稳定性。

现以图 10.1(a)所示两端铰支细长杆为例,来说明压杆稳定问题的有关概念。设压杆为理想均质等直杆,压力与杆轴重合,当压力小于某一临界值,即 $F<F_{cr}$ 时,压杆能保持直线形状平衡,即使施加微小横向干扰力使杆弯曲,但在干扰力去掉后,杆件仍能恢复到原来的直线形状,如图 10.1(b)所示,这时称压杆原有直线形状平衡是稳定的。当压力增大到某一临界值,即 $F=F_{cr}$ 时,若无干扰,杆尚能保持直线形状,一旦有干扰杆便突然弯曲,且在干扰力消除后,杆件也不能恢复到原来的直线形状,即在微弯曲状态下保持平衡,如图 10.1(c)所示,这时称压杆原有直线形状平衡是不稳定的,或称压杆处于失稳的临界状态。若继续加大压力使之超过临界值 F_{cr},杆将继续弯曲,甚至弯折。

由以上分析可知,压杆的稳定性问题,是针对受压杆件能否保持其原有的平衡形状而言的。压杆原有直线形状的平衡可分为稳定和不稳定两类。压杆原有直线平衡形状能否保持稳定,取决于轴向压力的大小。

当 $F<F_{cr}$ 时,压杆的直线形状平衡是稳定的。

当 $F>F_{cr}$ 时,压杆的直线形状平衡是不稳定。

当 $F=F_{cr}$ 时,这个轴向压力的临界值 F_{cr} 称为临界力,它是压杆原有直线形状的平衡由稳定过渡到不稳定的分界点。因此,确定临界力是研究压杆稳定问题的关键。

工程结构中有许多较细长的轴向受压杆件,如螺旋千斤顶的丝杆(见图 10.2),以及自卸载重汽车液压装置的活塞杆,内燃机气门阀的挺杆,桁架、塔架中的细长压杆等。设计这类压杆时,除了考虑强度问题外,更应考虑稳定问题。因为失稳往往是突然发生的,而且某些杆件的失稳可能会导致整个结构的破坏。

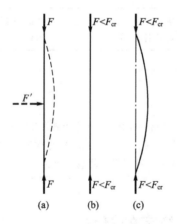

图 10.1 两端铰支细长杆

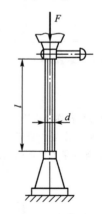

图 10.2 千斤顶的丝杆

10.2 细长压杆的临界力

本节将讨论细长压杆临界力的计算问题。一个压杆的临界力,既与杆件本身的几何尺寸有关，又与杆端的约束条件有关。我们先推导两端铰支细长压杆临界力的计算公式，然后介绍不同杆端的约束条件下细长压杆临界力公式的普遍形式。

1. 两端铰支细长压杆的临界力

取一两端铰支细长杆，受轴向压力 F 作用。根据上节讨论，当 $F=F_{cr}$ 时，往往稍干扰后，压杆可在微弯状态下保持平衡，如图 10.3(a) 所示。因此，在这种状态下求得的轴向压力就是临界力。

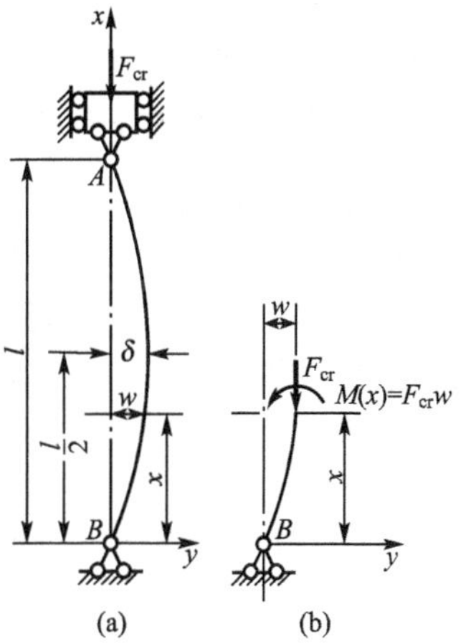

若压杆在微弯状态下平衡时，横截面上的应力在弹性范围之内，这类问题属弹性稳定问题。这时压杆弯曲后的挠曲线是弹性曲线，可利用梁的变形公式来写出。

在图 10.3 所示的坐标系中，距原点 A 为 x 的任意截面上的弯矩为

$$M(x)=F_{cr}w$$

挠曲线近似微分方程为

$$EIw''=-M(x)=-F_{cr}w \qquad (a)$$

即

$$EIw''+F_{cr}w=0$$

图 10.3 两端铰支细长杆

引入记号

$$k^2=\frac{F_{cr}}{EI} \qquad (b)$$

式(a)可写成

$$w''+k^2w=0 \qquad (c)$$

此微分方程的通解是

$$w=C_1\sin kx+C_2\cos kx \qquad (d)$$

式中，C_1、C_2 为积分常数；k 为待定值，它们可由杆端的两个边界条件，即在 $x=0$ 处，$w=0$，在 $x=l$ 处，$w=0$ 来确定。

将下端边界条件代入式(c)得，$C_2=0$。于是式(d)成为

$$w=C_1\sin kx \qquad (e)$$

表明两端铰支压杆的挠曲线为半个正弦波形。将上端边界条件代入式(e)得

$$C_1\sin kl=0 \qquad (f)$$

若取 $C_1=0$，则由式(e)得 $w=0$，表明压杆为直线。这与压杆将要失稳而处于微弯平衡状态相矛盾。故只能有

$$\sin kl=0$$

满足此条件的 kl 值为

$$kl=n\pi \quad (n=0,1,2,3,\cdots) \qquad (g)$$

将式(b)代入式(g)，得

$$F_{cr}=\frac{n^2\pi^2 EI}{l^2}$$

式中，n 是任意整数，所以理论上临界力的数值有很多个。但对工程上有意义的是临界力不为零的最小值，即应取 $n=1$，于是便得到两端铰支细长杆临界力的计算公式

$$F_{cr} = \frac{\pi^2 EI}{l^2} \tag{10-1}$$

式(10-1)是由欧拉(L. Euler)首先导出的,故通常称为欧拉公式(Euler's formula)。

应用欧拉公式时应当注意两点:一是本公式只适用于弹性范围,即只适用于弹性稳定问题;二是公式中的 I 为压杆失稳弯曲时截面对其中性轴的惯性矩,且当截面对不同主轴的惯性矩不相等时,应取其中的最小值 I_{min}。

2. 其他支座条件下细长压杆的临界力

杆端支承对杆件的变形起约束作用,不同形式的支承对杆件的约束作用也不同。因此,同一压杆当两端约束条件不同时,其临界力值也必然不同。对于表10-1中给出的杆端约束不同的几种压杆,按照前述的推导方法,可求出它们的临界力计算公式,并写成下列欧拉公式的统一形式(general Euler buckling load formula)

$$F_{cr} = \frac{\pi^2 EI}{(\mu l)^2} \tag{10-2}$$

式中,μ 是随杆端约束条件不同而异的因数,称为长度因数,其值如表10-1所示。式(10-2)为欧拉公式的普遍形式。

表10-1 压杆的长度因数 μ

杆端支承情况	两端铰支	一端固定 一端自由	两端固定	一端固定 一端铰支
压杆图形	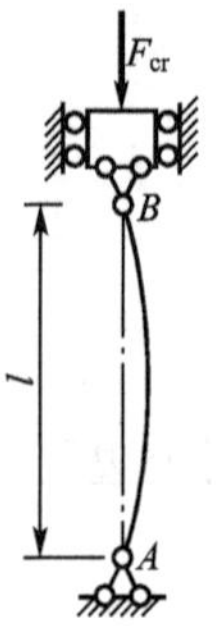	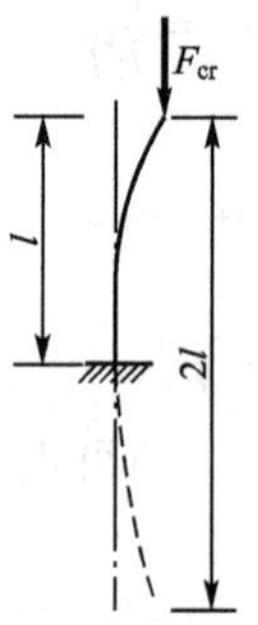	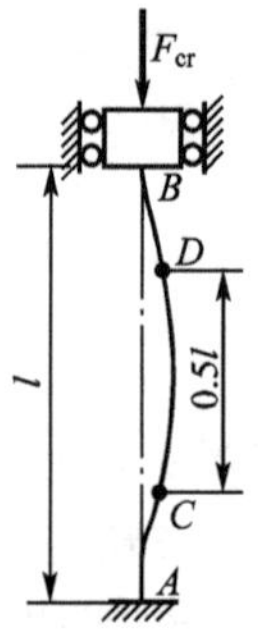	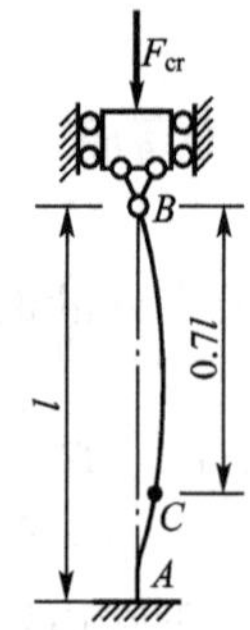
长度因数	1	2	0.5	0.7

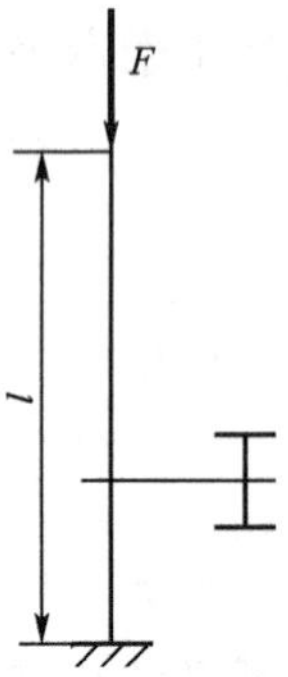

表10-1中列出的杆端约束,都是典型的理想约束。但在工程实际中,杆端约束情况复杂,有时很难简单地归结为哪一种理想约束。这时应根据实际情况具体分析,参考设计规范确定 μ 值。

例10.1 图10.4所示压杆由14号工字钢制成,其上端自由,下端固定。已知钢材的弹性模量 $E=210$GPa,屈服极限 $\sigma_s=240$MPa,杆长 $l=3000$mm。试求该杆的临界力 F_{cr} 和屈服荷载 F_s。

解:(1)计算临界力。对14号工字钢,查型钢表得

$$I_z = 712 \times 10^4 \text{mm}^4, \quad I_y = 64.4 \times 10^4 \text{mm}^4, \quad A = 21.5 \times 10^2 \text{mm}^2$$

压杆应在刚度较小的平面内失稳,故取 $I_{min} = I_y = 64.4 \times 10^4$ mm^4。

图10.4 工字钢压杆 由表10-1查得 $\mu=2$。

将有关数据代入式(10-2)即得该杆的临界力

$$F_{cr} = \frac{\pi^2 EI}{(\mu l)^2} = \frac{3.14^2 \times 210 \times 10^9 \times 64.4 \times 10^4 \times 10^{-12}}{(2 \times 3)^2} = 37.1 \text{(kN)}$$

(2) 计算屈服荷载。

$$F_s = A\sigma_s = 21.5 \times 10^{-4} \times 240 \times 10^6 = 516 \text{(kN)}$$

(3) 讨论。

$F_{cr} : F_s = 37.1 : 516 \approx 1 : 13.9$。即屈服荷载是临界力的近14倍。可见细长压杆的失效形式主要是稳定性不够,而不是强度不足。

10.3 压杆的临界应力及临界应力总图

压杆处于临界状态时横截面面积上的平均正应力称为临界应力(Euler's critical stress),用 σ_{cr} 表示。引入临界应力的概念,是为了研究欧拉公式的适用范围和实际计算方便。

1. 细长压杆的临界应力

在临界状态下,将式(10-2)除以杆件的横截面面积 A,得到细长压杆的临界应力,即

$$\sigma_{cr} = \frac{F_{cr}}{A} = \frac{\pi^2 EI}{(\mu l)^2 A}$$

由截面图形的几何性质知,$i = \sqrt{\frac{I}{A}}$,称为惯性半径。将其代入上式得

$$\sigma_{cr} = \frac{\pi^2 E}{\left(\frac{\mu l}{i}\right)^2}$$

令

$$\lambda = \frac{\mu l}{i} \tag{10-3}$$

则得细长压杆临界应力公式

$$\sigma_{cr} = \frac{\pi^2 E}{\lambda^2} \tag{10-4}$$

式中,λ 称为压杆的柔度,是一个无量纲的量。它集中反映了压杆的长度(l)、横截面形状尺寸(I)和杆端约束情况(μ)等因素对临界应力的综合影响,因而是稳定计算中的一个重要参数。由式(10-4)可见,λ 越大,即杆越细长,则临界应力越小,压杆越容易失稳;反之,λ 越小,压杆就越不易失稳。

应当指出,式(10-4)实质上是欧拉公式的另一种表达形式。前面已述及欧拉公式只适用于弹性范围,即当 $\sigma_{cr} \leq \sigma_P$ 时才成立,由此可得欧拉公式的适用条件为

$$\sigma_{cr} = \frac{\pi^2 E}{\lambda^2} \leq \sigma_P$$

将上式改写成

$$\lambda^2 \geqslant \frac{\pi^2 E}{\sigma_P}$$

或

$$\lambda \geqslant \sqrt{\frac{\pi^2 E}{\sigma_P}}$$

再令

$$\lambda_P = \sqrt{\frac{\pi^2 E}{\sigma_P}} \tag{10-5}$$

则

$$\lambda \geqslant \lambda_P \tag{10-6}$$

式(10-6)是欧拉公式适用范围的柔度表达形式。表明只有当压杆的实际柔度 λ 大于或等于界限值 λ_P 时，才能用欧拉公式来计算其临界应力和临界力。显然，λ_P 是应用欧拉公式的最小柔度，称为临界柔度。

压杆的实际柔度 λ 随压杆的几何形状尺寸和杆端约束条件的不同而变化，但 λ_P 是仅由材料性质确定的值。不同的材料，λ_P 是不一样的。以 Q235 钢为例，取其弹性模量 $E=206\text{GPa}$，比例极限 $\sigma_P=200\text{MPa}$，代入式(10-5)得

$$\lambda_P = \sqrt{\frac{\pi^2 E}{\sigma_P}} = \pi\sqrt{\frac{E}{\sigma_P}} = 3.14 \times \sqrt{\frac{206\times10^9}{200\times10^6}} = 100$$

即由 Q235 钢制成的压杆，只有当实际柔度 $\lambda \geqslant 100$ 时，欧拉公式才适用。

把 $\lambda \geqslant \lambda_P$ 的压杆称为细长压杆，或大柔度杆。

2. 临界应力总图

压杆的临界应力的计算公式随柔度的变化而变化。

当压杆的柔度 $\lambda \geqslant \lambda_P$，称为细长杆或大柔度杆(long columns)。其临界应力用欧拉公式 $\sigma_{cr} = \frac{\pi^2 E}{\lambda^2}$ 来计算。

当压杆的柔度 $\lambda < \lambda_P$，但大于某一界限值 λ_0 时，称为中长杆或中柔度杆(intermediate columns)。对于中长杆，其临界应力已超出比例极限，欧拉公式不再适用。这类压杆的临界应力需根据弹塑性稳定理论确定，但目前各国多数采用以试验资料为依据的经验公式。常用的经验公式为直线型和抛物线型两种。

直线型经验公式为

$$\sigma_{cr} = a - b\lambda \tag{10-7}$$

式中，a、b 为与材料性质有关的常数。一般常用材料的 a、b 值如表 10-2 所示，式(10-7)中的 λ 是压杆的实际柔度。

表 10-2 直线型经验公式的系数 a、b

材　料	a(MPa)	b(MPa)
Q235 钢($\sigma_s=235\text{MPa}$，$\sigma_b=372\text{MPa}$)	304	1.12
优质碳钢($\sigma_s=306\text{MPa}$，$\sigma_b=471\text{MPa}$)	461	2.568
硅钢($\sigma_s=353\text{MPa}$，$\sigma_b=510\text{MPa}$)	578	3.744

(续)

材　料	a(MPa)	b(MPa)
铬钼钢	9 807	5.296
铸铁	332.2	1.454
强铝	373	2.15
松木	28.7	0.19

直线型公式(10-7)也有其适用范围,即压杆的临界应力不能超过材料的极限应力 σ^0 (σ_s 或 σ_b),即

$$\sigma_{cr}=a-b\lambda\leqslant\sigma^0$$

对于塑性材料,在式(10-7)中,令 $\sigma_{cr}=\sigma_s$,得

$$\lambda_s=\frac{a-\sigma_s}{b} \tag{10-8}$$

式中,λ_s 是塑性材料压杆使用直线型公式时柔度 λ 的最小值。

对于脆性材料,将式(10-8)中的 σ_s 换成 σ_b,就可以确定相应的 λ_b。将 λ_s 和 λ_b 统一记为 λ_0,则直线型公式适用范围的柔度表达式为

$$\lambda_0\leqslant\lambda\leqslant\lambda_P$$

例如 Q235 钢,其 $\sigma_s=235$MPa,$a=304$MPa,$b=1.12$MPa,代入式(10-8),得

$$\lambda_s=\frac{304-235}{1.12}=62$$

即由 Q235 钢制成的压杆,当其柔度 $62\leqslant\lambda<100$ 时,才可以使用直线公式。

直线型公式是最简单的经验公式。工程中有时也采用抛物线型经验公式。

抛物线型经验公式为

$$\sigma_{cr}=a_1-b_1\lambda^2 \tag{10-9}$$

式中,a_1、b_1 为与材料有关的常数(本书不做详细介绍,读者可参阅有关材料力学书籍)。

当压杆的柔度 $\lambda<\lambda_0$ 时,称为短粗杆或小柔度杆(short columns)。这类压杆的失效形式是强度不足的破坏。故其临界应力就是屈服点或抗拉强度,即 $\sigma_{cr}=\sigma_s$(或 $\sigma_{cr}=\sigma_b$)。

综上所述,压杆可据其柔度大小分为三类,分别用不同的公式计算其临界应力和临界力。

(1) 当 $\lambda\geqslant\lambda_P$ 时,属于细长杆(大柔度杆),用欧拉公式计算,即 $\sigma_{cr}=\frac{\pi^2E}{\lambda^2}$,$F_{cr}=\frac{\pi^2EI}{(\mu l)^2}$。

(2) 当 $\lambda_0\leqslant\lambda\leqslant\lambda_P$ 时,属于中长杆(中柔度杆),用经验公式计算,即 $\sigma_{cr}=a-b\lambda$(或 $\sigma_{cr}=a_1-b_1\lambda^2$),$F_{cr}=\sigma_{cr}A$。

(3) 当 $\lambda<\lambda_0$ 时,属于短粗杆(小柔度杆),用轴向压缩公式计算,即 $\sigma_{cr}=\sigma_s$(或 $\sigma_{cr}=\sigma_b$),$F_{cr}=\sigma_{cr}A$。

根据上述有关公式,可作出压杆临界应力随柔度变化的曲线,称为临界应力总图,如图 10.5 所示。由图可见,压杆的临界应力随柔度的增大而减小,表明压杆

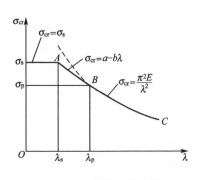

图 10.5 临界应力总图

越细长，越易失稳。

例 10.2 三个圆截面压杆直径均为 $d=160$mm，材料为 Q235 钢，$E=206$GPa，$\sigma_P=200$MPa，$\sigma_s=235$MPa，各杆两端均为铰支，长度分别为 $l_1=5$m，$l_2=2.5$m，$l_3=1.25$m。试计算各杆的临界力。

解：(1) 有关数据。

$$A=\frac{\pi d^2}{4}=\frac{3.14\times 160^2}{4}=2\times 10^4 (\text{mm}^2)$$

$$I=\frac{\pi d^4}{64}=\frac{3.14\times 160^4}{64}=3.22\times 10^7 (\text{mm}^4)$$

$$i=\frac{d}{4}=40\text{mm}, \quad \mu=1$$

$$\lambda_P=\pi\sqrt{\frac{E}{\sigma_P}}=3.14\times\sqrt{\frac{206\times 10^9}{200\times 10^6}}=100$$

查表 10-2，得 $a=304$MPa，$b=1.12$MPa，则

$$\lambda_0=\lambda_s=\frac{a-\sigma_s}{b}=\frac{304-235}{1.12}=61.6$$

(2) 计算各杆的临界力。

1 杆：$l_1=5$m，$\lambda_1=\frac{\mu l_1}{i}=\frac{1\times 5\times 10^3}{40}=125>\lambda_P$。属细长杆，用欧拉公式计算，得

$$F_{cr}=\frac{\pi^2 EI}{(\mu l_1)^2}=\frac{3.14^2\times 206\times 10^9\times 3.22\times 10^7\times 10^{-12}}{(1\times 5)^2}=2616(\text{kN})$$

2 杆：$l_2=2.5$m，$\lambda_2=\frac{\mu l_2}{i}=\frac{1\times 2.5\times 10^3}{40}=62.5$，$\lambda_s<\lambda_2<\lambda_P$。属中长杆，用直线公式计算如下

$$\sigma_{cr}=a-b\lambda_2=304-1.12\times 62.5=234(\text{MPa})$$
$$F_{cr}=A\sigma_{cr}=2\times 10^4\times 10^{-6}\times 234\times 10^6=4680(\text{kN})$$

3 杆：$l_3=1.25$m，$\lambda_3=\frac{\mu l_3}{i}=\frac{1\times 1.25\times 10^3}{40}=31.3<\lambda_s$。属短粗杆，应按强度计算，得

$$F_{cr}=F_s=A\sigma_s=2\times 10^4\times 10^{-6}\times 235\times 10^6=4700(\text{kN})$$

10.4 压杆的稳定计算

压杆的稳定计算常用安全因数法。要使杆件不丧失稳定，不仅要求压杆的工作应力（或压力）不大于临界应力（或临界力），而且还需要有稳定安全储备。临界应力（或临界力）与压杆的工作应力（或压力）之比，即为压杆的压杆的工作稳定安全因数 n，它应大于或等于规定的稳定安全因数 n_{st}。即

$$n=\frac{\sigma_{cr}}{\sigma}=\frac{F_{cr}}{F}\geqslant n_{st} \qquad (10-10)$$

考虑到压杆存在初曲率和不可避免的荷载偏心等不利因素，规定的稳定安全因数 n_{st} 比强度安全因数要大。通常在常温、静荷载下，n_{st} 的参考数值钢材为 1.8~3.0；铸铁为 4.5~5.5；木材为 2.5~3.5。

对于具体的工程结构件,有关设计规范中另有规定。

当压杆的横截面有局部削弱(如开孔、刻槽等)时,除进行稳定计算外,还必须进行强度校核。强度校核应按削弱后的净面积进行,但做稳定计算时,可不考虑截面局部削弱后的影响。

按式(10-10)进行稳定计算的方法,称为安全因数法。在机械设计中大多采用此法,且多用于解决稳定计算中校核稳定性和求许可荷载方面的问题。但在土木建筑设计中大多采用折减因数法,本书不做详细介绍,读者可参阅有关书籍。

例 10.3 两端铰支矩形截面木压杆,如图 10.6 所示,假设该杆为大柔度杆($\lambda \geq \lambda_P$),已知 $F=40\text{kN}$,$l=3\text{m}$,$b=120\text{mm}$,$h=160\text{mm}$,材料的弹性模量 $E=10\text{GPa}$,若取规定的稳定安全因数 $n_{st}=3.2$。试校核该杆的稳定性。

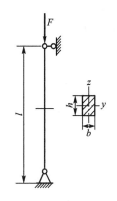

图 10.6 矩形截面木压杆

解:由于该杆属于大柔度杆,所以可用欧拉公式计算临界力。

$$F_{cr} = \frac{\pi^2 EI}{(\mu l)^2} = \frac{\pi^2 E \times \frac{h \times b^3}{12}}{(\mu l)^2} = \frac{\pi^2 \times 10 \times 10^9 \times \frac{0.16 \times 0.12^3}{12}}{(1 \times 3)^2} = 252.6 \times 10^3 (\text{N}) = 252.6 (\text{kN})$$

代入式(10-10),得

$$n = \frac{F_{cr}}{F} = \frac{252.6}{40} = 6.31 > n_{st}$$

故压杆的稳定性足够。

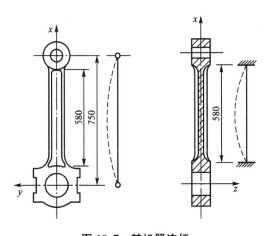

图 10.7 某机器连杆

例 10.4 某机器连杆如图 10.7 所示,截面为工字形,其 $I_y = 1.42 \times 10^4 \text{mm}^4$,$I_z = 7.42 \times 10^4 \text{mm}^4$,$A = 552 \text{mm}^2$。材料为 Q275 钢,连杆所受的最大轴向压力 $F = 30\text{kN}$,取规定的稳定安全因数 $n_{st} = 4$。试校核压杆的稳定性。

解:连杆失稳时,可能在 x-y 平面内发生弯曲,这时两端可视为铰支;也可能在 x-z 平面内发生弯曲,这时两端可视为固定。此外,在上述两平面内弯曲时,连杆的有效长度和惯性矩也不同。故应先计算出这两个弯曲平面内的柔度 λ,以确定失稳平面,再进行稳定校核。

(1) 柔度计算。在 x-y 平面内失稳时,截面以 z 为中性轴,柔度

$$\lambda_z = \frac{\mu_1 l_1}{i_z} = \frac{\mu_1 l_1}{\sqrt{I_z/A}} = \frac{1 \times 750}{\sqrt{7.42 \times 10^4/552}} = 65$$

在 x-z 平面内失稳时,截面以 y 为中性轴,柔度

$$\lambda_y = \frac{\mu_2 l_2}{i_y} = \frac{\mu_2 l_2}{\sqrt{I_y/A}} = \frac{0.5 \times 580}{\sqrt{1.42 \times 10^4/552}} = 57$$

因 $\lambda_z > \lambda_y$,表明连杆在 x-y 平面内稳定性较差,故只需校核连杆在此平面内的稳定性。

(2) 稳定性校核

工作压力 $F=30$ kN。由于 $\lambda_z=64<\lambda_P$，属中长杆，需用经验公式。现按抛物线公式算得临界应力为

$$\sigma_{cr}=275-0.00853\lambda^2=275-0.00853\times 65^2=239(\text{MPa})$$

则临界力为

$$F_{cr}=\sigma_{cr}A=239\times 10^6\times 552\times 10^{-6}=131.9(\text{kN})$$

代入式(10-10)

$$n=\frac{F_{cr}}{F}=\frac{131.9}{30}=4.4>n_{st}$$

故连杆的稳定性足够。

例 10.5 托架受力和尺寸如图 10.8(a)所示，已知撑杆 AB 的直径 $d=40$ mm，材料为 Q235 钢，两端可视为铰支。规定稳定安全因数 $n_{st}=2$。试据撑杆 AB 的稳定条件求托架荷载的最大值。

解：(1) 求撑杆的许可压力。

$$i=\sqrt{\frac{I}{A}}=\frac{d}{4}=10\text{mm},\quad \lambda=\frac{\mu l}{i}=\frac{1\times 800}{10}=80$$

$\lambda_s<\lambda<\lambda_P$，属中长杆，现用直线公式计算临界应力和临界力。查表 10-2，得 $a=304$ MPa，$b=1.12$ MPa，则

$$\sigma_{cr}=a-b\lambda=304-1.12\times 80=214.4(\text{MPa})$$

$$F_{cr}=A\sigma_{cr}=\frac{\pi}{4}\times 40^2\times 10^{-6}\times 214.4\times 10^6=269.3(\text{kN})$$

由式(10-10)可得其许可压力

$$F=\frac{F_{cr}}{n_{st}}=\frac{269.3}{2}=134.7(\text{kN})$$

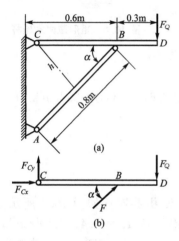

图 10.8 托架受力和尺寸

(2) 求托架荷载的最大值 F_{max}。据三角形 ABC 求得

$$\sin\alpha=\frac{0.53}{0.8},\quad h=0.6\times 10^3\times \sin\alpha=0.4\times 10^2(\text{mm})$$

作 CD 杆的受力图，如图 10.8(b)所示，由平衡方程

$$\sum M_C=0,\quad Fh-F_{Qmax}CD=0$$

得

$$F_{Qmax}=\frac{Fh}{CD}=\frac{134.7\times 0.4\times 10^3}{0.9\times 10^3}=59.87(\text{kN})$$

例 10.6 两杆组成的三角形架如图 10.9(a)所示，其中 BC 杆为 10 号工字钢，在节点 B 处作用一竖直向下的力 F。已知 $a=1.5$ m，材料的弹性模量 $E=200$ GPa，比例极限 $\sigma_P=200$ MPa。取规定的稳定安全因数 $n_{st}=2.2$，试从 BC 杆的稳定条件考虑，求出结构允许承受的最大荷载 $[F]$。

解：首先求出荷载与 BC 杆所受压力

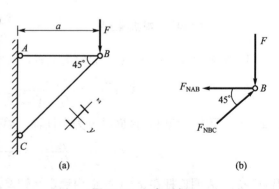

图 10.9 三角形架

间的关系。考虑节点 B 处平衡，作 B 点的受力图，如图 10.9(b)所示，由平衡方程
$$\sum F_y = 0, \quad F_{NBC}\cos 45° - F = 0$$
得
$$F = \frac{\sqrt{2}}{2} F_{NBC}$$

按稳定性条件，BC 杆允许承受的最大轴向压力为
$$F_{NBC} = \frac{F_{cr}}{n_{st}}$$

结构允许承受的最大荷载为
$$[F] = \frac{\sqrt{2}}{2} \cdot \frac{F_{cr}}{n_{st}}$$

对于 10 号工字钢，由型钢表查得
$$i_z = 1.52\text{cm} = 1.52 \times 10^{-2}\text{m}, \quad I_z = 33\text{cm}^4 = 33 \times 10^{-8}(\text{m})^4$$

BC 杆的长度算得 $l_{BC} = 2.12\text{m}$，BC 杆两端铰支，其柔度
$$\lambda = \frac{\mu l}{i_z} = \frac{1 \times 2.12}{1.52 \times 10^{-2}} = 139.5$$

而 $\lambda_P = \sqrt{\dfrac{\pi^2 E}{\sigma_P}} = \pi\sqrt{\dfrac{E}{\sigma_P}} = 3.14 \times \sqrt{\dfrac{200 \times 10^9}{200 \times 10^6}} = 99.3$，满足 $\lambda \geqslant \lambda_P$，$BC$ 杆为大柔度杆。故

$$[F] = \frac{\sqrt{2}}{2} \cdot \frac{F_{cr}}{n_{st}} = \frac{\sqrt{2}}{2} \cdot \frac{\pi^2 E I_z}{(\mu l)^2 n_{st}} = \frac{\sqrt{2}}{2} \cdot \frac{\pi^2 \times 200 \times 10^9 \times 33 \times 10^{-8}}{(1 \times 2.12)^2 \times 2.2} = 46.5 \times 10^3(\text{N}) = 46.5(\text{kN})$$

10.5 提高压杆稳定性的措施

提高压杆的稳定性，就是要提高压杆的临界应力或临界力。由式(10-4)、式(10-7)可知，应从下列两方面入手。

1. 材料方面

对于细长杆，临界应力为 $\sigma_{cr} = \dfrac{\pi^2 E}{\lambda^2}$。压杆材料的 E 越大，其临界应力越大。故选用弹性模量较大的材料，可以提高压杆的稳定性。但须注意，由于细长杆临界应力与材料的强度指标无关，且一般钢材的弹性模量 E 大致相同，故选用高强度钢并不能起到提高其稳定性的作用。对于中长杆，由临界应力的经验公式可知，材料屈服点或强度极限的增长，可引起临界应力的增长，故选用高强度材料能提高其稳定性。对于短粗杆，本来就是强度问题，选用高强度材料当然可提高其承载能力。

2. 柔度方面

当材料选定时，压杆的临界应力随柔度 $\lambda = \dfrac{\mu l}{i}$ 的减小而增大。故在可能的条件下，可采用下列措施减小压杆的柔度。

(1) 改善杆端约束情况。压杆两端约束越强，μ 值越小，则柔度就越小，临界应力就越大。因此，尽可能加强杆端约束的刚性，可提高压杆的稳定性。

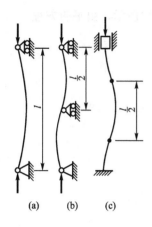

图 10.10 减小压杆长度可提高其稳定性

(2) 减小压杆的长度。减小压杆长度 l 是提高其稳定性的有效措施。如图 10.10(a)所示两端铰支的细长压杆,若在杆的中点增加一铰支座,变为如图 10.10(b)所示的情形,相当于杆的长度减小一半[见图 10.10(c)],则其临界应力将增加为原来的 4 倍。

(3) 选择合理的截面形状。由欧拉公式可知,截面的惯性矩 I 越大,其临界力越大,则稳定性越好。因此,压杆截面的合理形状应使材料尽量远离中心轴。例如,在面积基本不变的情况下,空心的圆截面稳定性要好。

当压杆在各个弯曲平面内的约束情况都相同时,应尽量使其截面对任一形心主轴的惯性矩都相等,这样可使压杆在各个弯曲平面内都具有相同的稳定性(称为等稳定性设计)。

如果压杆在两个互相垂直的弯曲平面内的约束条件不同时,可采用 $I_y \neq I_z$ 的截面来与约束条件配合,使压杆在两互相垂直方向的柔度值相等,即 $\lambda_y = \lambda_z$,以保证压杆在这两个方向上有相同的稳定性。

小 结

1. 压杆稳定的概念

压杆的临界力与临界应力公式及稳定性计算方法等。涉及的基本概念有压杆的稳定与失稳、临界力与临界应力、长度因数、柔度。要注意弄清楚稳定问题与刚度问题在性质上的区别,以及由弹性挠曲线微分方程加杆端边界条件推导临界力欧拉公式的方法。

2. 压杆临界力计算公式

确定压杆的临界力是进行压杆稳定计算的关键。压杆的临界力与压杆的柔度和材料性质有关。压杆的柔度大小不同,其相应的临界应力和临界力计算公式也不同,分为以下三种情况。

(1) 细长杆(又称大柔度杆)。属弹性稳定问题,用欧拉公式计算,即

$$\sigma_{cr} = \frac{\pi^2 E}{\lambda^2}, \quad F_{cr} = \frac{\pi^2 EI}{(\mu l)^2}$$

(2) 中长杆(又称中柔度杆)。属弹塑性稳定问题,用经验公式计算,即

直线公式 $\quad \sigma_{cr} = a - b\lambda, \quad F_{cr} = \sigma_{cr} A$

抛物线公式 $\quad \sigma_{cr} = a_1 - b_1 \lambda^2, \quad F_{cr} = \sigma_{cr} A$

(3) 短粗杆(又称小柔度杆)。属强度问题,用压缩公式计算,即

$$\sigma_{cr} = \sigma_s (\text{或 } \sigma_{cr} = \sigma_b), \quad F_{cr} = \sigma_{cr} A$$

3. 压杆的稳定计算

压杆的稳定计算常用安全因数法。要使杆件不丧失稳定,不仅要求压杆的工作应力(或压力)不大于临界应力(或临界力),而且还需要有稳定安全储备。临界应力(或临界力)

与压杆的工作应力(或压力)之比,即为压杆的压杆的工作稳定安全因数 n,它应大于或等于规定的稳定安全因数 n_{st},即

$$n = \frac{\sigma_{cr}}{\sigma} = \frac{F_{cr}}{F} \geqslant n_{st}$$

思 考 题

10.1 什么是稳定平衡?什么是不稳定平衡?什么是临界力?临界力与哪些因素有关?

10.2 压杆失稳后产生的弯曲变形,与梁在横力作用下产生的弯曲变形,两者在性质上有何区别?

10.3 压杆临界力的欧拉公式是如何推导出来的?压杆两端的约束条件对临界力有何影响?

10.4 试述压杆柔度的物理意义及其与压杆承载能力的关系。

10.5 压杆的稳定条件是什么?

10.6 对于圆截面细长压杆,当:(1)杆长增加 1 倍;(2)直径增加一倍时,其临界力将怎样变化?

10.7 如图 10.11 所示三根压杆均为细长杆,材料和截面面积也相同。试判断哪根杆的临界力最小,哪根杆的临界力最大。

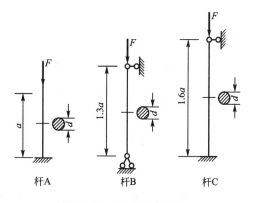

图 10.11 思考题 10.7 图

习 题

10.1 长为 2m、截面为 100mm×100mm、两端铰支的压杆,已知 $E=70$GPa,$\sigma_P=175$MPa,试问此杆属何类杆?

10.2 两端铰支的圆形截面压杆如图 10.12 所示,已知长度 $l=2$m,直径 $d=50$mm,材料的弹性模量 $E=200$GPa,比例极限 $\sigma_P=200$MPa。试求该压杆的临界力。

10.3 如图 10.13 所示压杆为型号为 18 的工字型钢,已知长度 $l=4$m,材料的弹性模量 $E=200$GPa,比例极限 $\sigma_P=200$MPa。试求该压杆的临界力。

10.4 如图 10.14 所示压杆为型号为 16a 的槽钢,已知材料的弹性模量 $E=200$GPa,比例极限 $\sigma_P=200$MPa。试求可用欧拉公式计算临界力的最小长度 l。

10.5 如图 10.15 所示结构由两根直径 $d=20$mm 的圆杆组成,两杆材料均为 Q235 钢,其 $\sigma_P=200$MPa,$E=206$GPa,$h=400$mm。试求作用于 A 点的垂直荷载 F 的临界值。

10.6 如图 10.16 所示蒸汽机的活塞杆 AB,所受的压力 $F=120$kN,$l=180$cm,横截面为圆形,直径 $d=7.5$cm,钢材的弹性模量 $E=210$GPa,比例极限 $\sigma_P=240$MPa,活塞杆规定的稳定安全因数 $n_{st}=8$。试校核其稳定性。

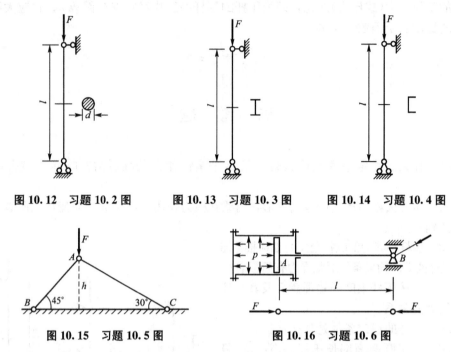

图 10.12 习题 10.2 图　　图 10.13 习题 10.3 图　　图 10.14 习题 10.4 图

图 10.15 习题 10.5 图　　图 10.16 习题 10.6 图

10.7　如图 10.17 所示，某千斤顶的最大承重量 $F=150\text{kN}$，丝杠内径 $d=52\text{mm}$，长度 $l=500\text{mm}$，材料为 Q235 钢，即 $E=206\text{GPa}$，$\sigma_P=200\text{MPa}$。试求此丝杠的工作稳定安全因数。

10.8　在如图 10.18 所示托架中，撑杆 BC 为圆截面钢杆，两端铰支，钢材的弹性模量 $E=200\text{GPa}$。试按稳定性条件求此撑杆所需的直径 d。

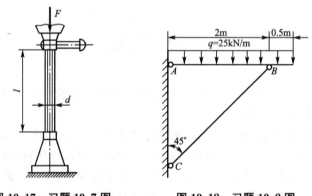

图 10.17 习题 10.7 图　　图 10.18 习题 10.8 图

10.9　由 18 号工字钢制成的压杆如图 10.19 所示，上端铰支，下端固定，已知力 $F=100\text{kN}$，长度 $l=4\text{m}$，材料的弹性模量 $E=200\text{GPa}$，比例极限 $\sigma_P=200\text{MPa}$。若规定稳定安全因数 $n_{st}=2.4$。试校核该杆的稳定性。

10.10　圆形截面铰支压杆如图 10.20 所示，已知杆长 $l=4\text{m}$，直径 $d=26\text{mm}$，材料的弹性模量 $E=200\text{GPa}$，比例极限 $\sigma_P=200\text{MPa}$。若规定稳定安全因数 $n_{st}=2$，试求该杆的许可荷载 $[F]$。

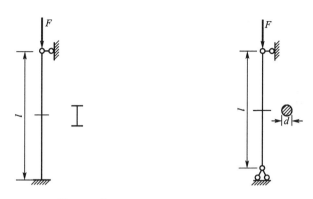

图 10.19 习题 10.9 图　　　图 10.20　习题 10.10 图

10.11　如图 10.21 所示的结构中，AB 为圆形截面杆，直径 $d=80$mm，A 端固定，B 端铰支；BC 为正方形截面杆，边长 $a=70$mm，C 端铰支。两杆材料均为 Q235 钢，即 $E=206$GPa，$\sigma_P=200$MPa。已知 $l=3000$mm，规定稳定安全因数 $n_{st}=2.5$。试求此结构的许可荷载 $[F]$。

10.12　如图 10.22 所示正方形平面结构，由五根杆铰接组成。若各杆的 E、I、A 均相等，且知 $AB=AD=CB=CD=a$。试求荷载 F 的临界值。若力 F 的方向改为向外时，其值为多大？

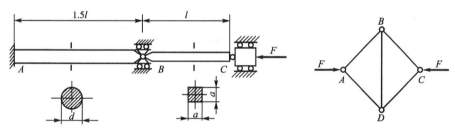

图 10.21　习题 10.11 图　　　图 10.22　习题 10.12 图

10.13　由横梁 AB 和立柱 CD 组成的结构如图 10.23 所示。荷载 $F=10$kN，长度 $l=600$mm，立柱直径 $d=20$mm，材料为 Q235 钢，即 $E=206$GPa，$\sigma_P=200$MPa，规定稳定安全因数 $n_{st}=2$。(1)试校核立柱的稳定性；(2)已知 $[\sigma]=120$MPa，试选择横梁 AB 的工字钢型号。

10.14　如图 10.24 所示结构由两根圆截面杆组成，已知两杆的直径及材料均相同，且均为大柔度。问当荷载 F（其方向竖直向下）由零开始逐渐增大时，哪根杆先失稳（只考虑纸平面内弯曲）？

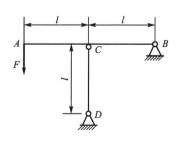 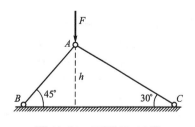

图 10.23　习题 10.13 图　　　图 10.24　习题 10.14 图

第11章 能 量 法

教学目标

掌握杆件应变能的计算
掌握杆件应变能的普遍表达式
掌握用能量法解超静定问题
了解功的互等定理、位移互等定理
了解卡氏第一定理、卡氏第二定理
了解余能定理和余功的概念

教学要求

知识要点	能力要求	相关知识
应变能	（1）掌握线弹性材料杆件产生基本变形时的应变能 （2）掌握线弹性材料杆件产生组合变形时的应变能	功能原理
功的互等定理 位移互等定理	（1）理解功的互等定理 （2）理解位移互等定理	功能原理
卡氏第二定理	（1）理解卡氏第二定理 （2）利用卡氏第二定理求解线弹性结构的位移	功能原理
卡氏第一定理	（1）了解卡氏第一定理 （2）利用卡氏第一定理求解线弹性结构的位移	功能原理

引言

前面的章节在计算杆件的变形或位移时，都是基于力的概念，根据平衡关系、几何关系、物理关系来进行分析计算的。这种方法通常称为基本方程法。但对于工程中一些比较复杂的结构或者简单结构在多个力作用下，求任意截面沿任意方向的位移时，用前面的方法计算就显得很繁杂，有些问题甚至无法解决。本章将介绍一种计算位移时普遍适用的方法——能量法。

能量法的理论基础是功能原理。变形固体在外力作用下产生变形，引起力的作用点沿力的作用方向发生位移，外力做功；同时，变形固体因变形而改变了其内部分子间的相对位置，内力克服分子间相互作用力而做功，从而改变了变形体储存的势能，变形体变形后所具有的势能称为应变能。也就是说，变形体在外力作用下产生变形的过程，就是外力对变形体所做的功转化为应变能的过程。在没有能量损耗的前提下，变形体所储存的应变能等于外力所做的功。

本章将利用功和能的概念来求解变形体的内力、外力、变形和位移等，这种方法称为能量法。能量法的某些原理、方法并不局限于线弹性问题，一些非线性和塑性问题也同样适用。能量法的应用很广，是有限单元法求解固体力学问题的重要基础。

11.1 应变能、余能

1. 应变能

当作用于变形体的外力由零逐渐增至最终值时，变形体的变形也由零逐渐增大到最终值。根据能量守恒定理，外力做的功 W 全部转化为物体内部的应变能 U，则有

$$U=W \tag{11-1}$$

这就是应变能原理。即在整个加载过程中，物体的应变能在数值上等于加载过程中外力所做的功。在弹性范围内，当外力撤除时，物体的变形也随之消失，应变能全部转化为功而释放出来，这是弹性应变能的可逆性。如机械钟表的发条，拧紧时在外力偶作用下产生变形，内部储存了应变能。撤除外力后，发条由拧紧状态逐步恢复原状，应变能逐步转化为功释放出来，使得钟表内的齿轮和表针等元件运转。若超过弹性范围，变形体内将保留一部分不可恢复的能量，应变能只有一部分转化为功释放出来。

1) 克拉贝隆原理

图 11.1(a)所示梁的荷载由零缓慢地增加到 F，F 力作用点的位移相应地由零逐渐增至 δ，可以用积分求出外力所做的功 W。在线弹性范围内，变形与荷载成正比，所以外力功等于图 11.1(b)中阴影部分(三角形)的面积，即

$$W = \int_0^b F\mathrm{d}\delta = \frac{1}{2}F\delta \tag{11-2}$$

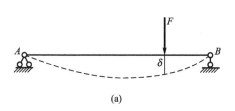
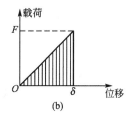

图 11.1 外力功

若将上式中的 F 看作广义力(力或力偶)，δ 看作广义位移(线位移或角位移)，也称之为 F 的相应位移，则上式对杆件轴向拉压，扭转和弯曲等基本变形也适用。若不计其他能量的耗散，根据能量守衡，梁中的应变能 U，与外力功 W 在数值上相等，即

$$U=W=\frac{1}{2}F\delta \tag{11-3}$$

法国力学家 Clapeyron 于 1866 年提出：应变能是一个状态量，其大小只取决于荷载和变形的终值，与加载的途径、先后次序等无关。一般地，设弹性体上的一组广义力按比例

由零增至各自的终值 F_1, F_2, …, F_n, 在线弹性条件下，其相应位移也由零按同一比例增大到各自的终值 δ_1, δ_2, …, δ_n, 则储存在弹性体内的应变能为

$$U = W = \sum_{i=1}^{n} \frac{1}{2} F_i \delta_i \qquad (11-4)$$

此式称为克拉贝隆原理。它可叙述为：线弹性体的应变能等于每一外力与其相应位移乘积的一半的总和。克拉贝隆原理通常用来计算线弹性结构的变形能和功，它只适用于线弹性结构。这是由于非线性结构中的广义力 F_i 和广义位移 δ_i 之间的关系是非线性的，F_i 所做的功不等于 $\frac{1}{2} F_i \delta_i$。

由于在拉杆的各横截面上所有点的应力均相同，故杆的单位体积所储存的应变能，可由杆的应变能 U 除以体积 V 来计算，用 u 表示。这种单位体积的应变能称为比能（strain energy density）。

拉压杆的比能为

$$u = \frac{1}{2} \sigma \varepsilon$$

受扭杆的比能为

$$u = \frac{1}{2} \tau \gamma$$

需要注意的是，上述表达式必须是在小变形的前提下，并且要在线弹性范围内加载。

2）线弹性材料杆件产生基本变形时的应变能

（1）轴向拉伸或压缩。

对于等直杆的轴向拉伸或压缩，在线弹性范围内，外力与杆件的轴向变形量成线性关系。当外力由零缓慢地增加到 F，杆件的轴向变形量相应地由零逐渐增至 Δl，如图 11.2 所示。加载过程中，外力做的功为三角形 OAB 的面积，即

$$W = \frac{1}{2} F \Delta l$$

在杆件两端只受拉力或压力作用，轴力为常量时，$F_N = F$，$\Delta l = \frac{F_N l}{EA}$，由式（11-3）可知，此杆件的应变能为

$$U = W = \frac{1}{2} F \Delta l = \frac{F_N^2 l}{2EA} = \frac{EA}{2l}(\Delta l)^2 \qquad (11-5)$$

若内力轴力沿杆件的轴线连续变化，即 $F_N = F_N(x)$，如图 11.3 所示，轴线长度为 dx 的微段内的变形能为 dU，则杆件的应变能为

$$U = \int_l dU = \int_l \frac{F_N^2 dx}{2EA} \qquad (11-6)$$

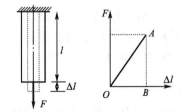

图 11.2 轴向拉伸或压缩的应变能

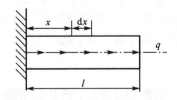

图 11.3 轴力沿杆件的轴线连续变化

由若干拉压杆件组成的桁架结构，可以先计算出各杆件的应变能，然后通过求和得到整个结构的应变能

$$U = \sum_{i=1}^{n} U_i = \sum_{i=1}^{n} \frac{F_{Ni}^2 l_i}{2EA_i} \tag{11-7}$$

式中，n 为组成结构的拉压杆件的数目。

(2) 圆轴扭转。

对于圆轴的扭转，当外力偶矩由零缓慢地增加到最终值 M 时，扭转角相应地由零逐渐增至最终值 φ。在弹性范围内，M 与 φ 的关系也是一条斜直线，如图 11.4 所示。在变形过程中，扭转外力偶矩所做的功可由三角形 OAB 的面积表示，即

$$W = \frac{1}{2} M \varphi$$

在圆轴两端只受外力偶矩作用，扭矩 M_T 为常量时，$M_T = M$，$\varphi = \frac{M_T l}{GI_P}$，由式(11-3)可知，此杆件的应变能为

$$U = W = \frac{1}{2} M \varphi = \frac{M_T^2 l}{2GI_P} = \frac{GI_P}{2l}(\varphi)^2 \tag{11-8}$$

若内力扭矩沿圆轴的轴线连续变化，即 $M_T = M_T(x)$，如图 11.5 所示，轴线长度为 dx 的微段内的变形能为 dU，则杆件的应变能为

$$U = \int_l dU = \int_l \frac{M_T^2(x) dx}{2GI_P} \tag{11-9}$$

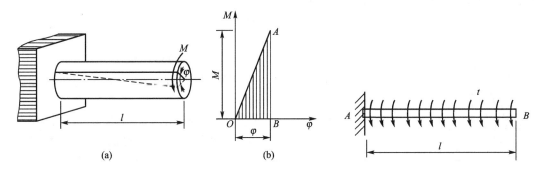

图 11.4　圆轴扭转的应变能　　　　图 11.5　扭矩沿圆轴的轴线连续变化

若内力扭矩沿圆轴的轴线阶梯式变化，则可以先求出各段的应变能，然后通过求和的方法得到整个圆轴的应变能

$$U = \sum_{i=1}^{n} U_i = \sum_{i=1}^{n} \frac{M_{Ti}^2 l_i}{2GI_{Pi}} \tag{11-10}$$

(3) 平面弯曲。

对于等直梁的平面弯曲，以自由端受集中力偶矩作用的等直悬臂梁的纯弯曲为例，如图 11.6(a)所示。当集中力偶矩由零缓慢地增加到最终值 M 时，悬臂梁自由端的转角也相应地由零逐渐增至最终值 θ。在弹性范围内，M 与 θ 的关系也是一条斜直线，如图11.6(b)所示。在梁的变形过程中，集中力偶矩所做的功可由三角形 OAB 的面积表示，即

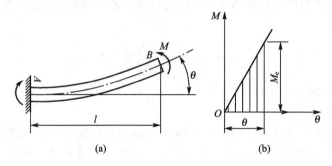

图 11.6 平面弯曲的应变能

$$W = \frac{1}{2}M\theta$$

纯弯曲状态下，弯矩 M 为常量，由式(11-3)可知，此杆件的应变能为

$$U = W = \frac{1}{2}M\theta = \frac{M^2 l}{2EI} = \frac{EI}{2l}\theta^2 \tag{11-11}$$

横力弯曲状态下，从梁的 x 处取出一长为 $\mathrm{d}x$ 的微段，微段两侧分别作用有弯矩 M 和剪力 F_S。一般来说，弯矩 M 和剪力 F_S 是截面位置坐标 x 的函数，即 $M(x)$、$F_\mathrm{S}(x)$。$M(x)$ 使梁产生弯曲应变能，$F_\mathrm{S}(x)$ 产生剪切应变能。在大多数情况下（细长梁的情况），剪切应变能比弯曲应变能要小很多，可略去不计。因此，计算横力弯曲梁的应变能时，通常只考虑弯矩 $M(x)$ 对变形的影响。则微段的应变能为

$$\mathrm{d}U = \frac{M^2(x)\mathrm{d}x}{2EI}$$

沿整个梁长对 $\mathrm{d}U$ 进行积分，得到全梁的应变能为

$$U = \int_l \mathrm{d}U = \int_l \frac{M^2(x)\mathrm{d}x}{2EI} \tag{11-12}$$

3）组合变形时的应变能

由克拉贝隆原理，可以得到组合变形时杆件的应变能。

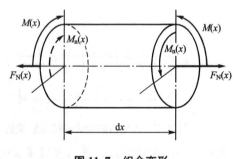

图 11.7 组合变形

如图 11.7 所示的梁，在弯曲、扭转和轴向拉压共同作用下，两端横截面上的轴力、扭矩和弯矩分别为：$F_\mathrm{N}(x)$、$M_\mathrm{T}(x)$ 和 $M(x)$。由于 $F_\mathrm{N}(x)$、$M_\mathrm{T}(x)$ 和 $M(x)$ 各自引起的变形是相互独立的，按照式(11-4)，微段 $\mathrm{d}x$ 内的应变能为

$$\mathrm{d}U = \frac{1}{2}F_\mathrm{N}(x)\mathrm{d}(\Delta l) + \frac{1}{2}M_\mathrm{T}(x)\mathrm{d}\varphi + \frac{1}{2}M(x)\mathrm{d}\theta = \frac{F_\mathrm{N}^2(x)\mathrm{d}x}{2EA} + \frac{M_\mathrm{T}^2(x)\mathrm{d}x}{2GI_\mathrm{p}} + \frac{M^2(x)\mathrm{d}x}{2EI}$$

式中，$\mathrm{d}(\Delta l)$、$\mathrm{d}\varphi$ 和 $\mathrm{d}\theta$ 分别为两个端截面间的相对轴向位移、相对扭转角和相对转角。

对上式进行积分，得到整个组合变形杆件的应变能

$$U = \int_l \frac{F_\mathrm{N}^2(x)\mathrm{d}x}{2EA} + \int_l \frac{M_\mathrm{T}^2(x)\mathrm{d}x}{2GI_\mathrm{P}} + \int_l \frac{M^2(x)\mathrm{d}x}{2EI} \tag{11-13}$$

根据应变能的定义及上述一系列的公式，可以看出应变能有如下性质：

(1) 上述计算公式仅适用于线弹性材料在小变形下的应变能的计算。
(2) 应变能为内力（或外力）的二次函数，故叠加原理在应变能计算中不能使用。只有当杆件上任一荷载在其他荷载引起的位移上不做功时，才可应用。
(3) 应变能是恒为正的标量，与坐标轴的选择无关，在杆系结构中，各杆可独立选取坐标系；在只考虑力学作用引起的变形时，当且仅当应变为零时应变能才为零。
(4) 应变能可以通过外力功计算，也可以通过杆件微段上的内力功等于微段的应变能，然后积分求得整个杆件上的应变能。
(5) 构件的应变能等于构件中各部分的应变能的总和。
(6) 应变能关于荷载是非线性的。
(7) 应变能是由应变状态所确定的，与如何达到这一状态的过程无关。

例 11.1 图 11.8 所示悬臂梁 AB，在自由端 A 有一横力 F 和一力偶矩 m 作用，EI 是常数。求梁的应变能。

解： 首先用外力功计算应变能。可查表 7.1 得到梁 A 端的挠度 y_A 和转角 θ_A 分别为

$$\begin{cases} y_A = \dfrac{Fl^3}{3EI} + \dfrac{ml^2}{2EI} \\ \theta_A = \dfrac{Fl^2}{2EI} + \dfrac{ml}{EI} \end{cases}$$

图 11.8　例 11.1 图

挠度 y_A 和转角 θ_A 的方向与荷载的方向一致时，其符号为正，反之为负。将上式代入式(11-3)，可得梁的应变能为

$$U = \frac{1}{2}Fy_A + \frac{1}{2}m\theta_A = \frac{F^2 l^3}{6EI} + \frac{Fml^2}{2EI} + \frac{m^2 l}{2EI}$$

再按内力功来计算应变能，其中剪力做的功忽略不计。
梁的弯矩方程为

$$M(x) = -(m + Fx)$$

代入式(11-12)，得

$$U = \int_l dU = \int_l \frac{M^2(x)dx}{2EI} = \int_0^l \frac{[-(m+Fx)]^2 dx}{2EI} = \frac{F^2 l^3}{6EI} + \frac{Fml^2}{2EI} + \frac{m^2 l}{2EI}$$

两种方法的计算结果一致。

例 11.2 如图 11.9 所示的三根圆截面拉杆，其支承、材料、荷载、长度均相同，但直径变化不同。试求三根杆件的应变能的比值。

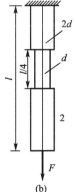
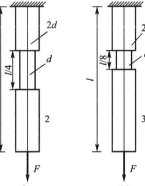

图 11.9　例 11.2 图

解： $A = \dfrac{\pi d^2}{4}$，$A' = \dfrac{\pi (2d)^2}{4} = \pi d^2$，$A' = 4A$

对 1 杆，由式(11-5)，得

$$U_1 = W_1 = \frac{1}{2}F\Delta l = \frac{F^2 l}{2EA}$$

对 2 杆，由式(11-6)，得

$$U_2 = \int_l dU = \int_l \frac{F_N^2 dx}{2EA} = \frac{F^2(l/4)}{2EA} + \frac{F^2(3l/4)}{2EA'} = \frac{7}{16}\left(\frac{F^2 l}{2EA}\right) = \frac{7}{16}U_1$$

对3杆，同样由式(11-6)，得

$$U_3 = \int_l dU = \int_l \frac{F_N^2 dx}{2EA} = \frac{F^2(l/8)}{2EA} + \frac{F^2(7l/8)}{2EA'} = \frac{11}{32}\left(\frac{F^2 l}{2EA}\right) = \frac{11}{32}U_1$$

由上可得三根杆件的应变能的比值为

$$U_1 : U_2 : U_3 = 1 : \frac{7}{16} : \frac{11}{32}$$

可见，在相同荷载下杆件体积越大，杆内储存的应变能越小。

例 11.3 圆截面直角折杆，直径为 d，如图 11.10 所示。在力 F 作用下，求 C 点的垂直位移。材料的弹性常数 E、G 为已知。

解： 当结构中只有一个力作用且做功时，若只求该力作用点沿力方向上的位移时，可直接运用功能原理来求解该位移。

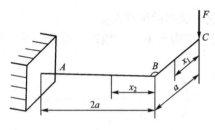

图 11.10 例 11.3 图

以杆轴线为 x 轴，列出杆件各段的内力方程，并计算其应变能。

BC 段：$M_1(x) = -Fx_1$

$$U_{BC} = \int_0^a \frac{M_1^2(x)dx}{2EI} = \frac{1}{2EI}\int_0^a (-Fx_1)^2 dx = \frac{F^2 a^3}{6EI}$$

AB 段：$M_2(x) = -Fx_2$，$M_T(x) = -Fa$

$$U_{AB} = \int_0^{2a} \frac{M_2^2(x)dx}{2EI} + \int_0^{2a} \frac{M_T^2(x)dx}{2GI_P}$$

$$= \frac{1}{2EI}\int_0^{2a}(-Fx_2)^2 dx + \frac{1}{2GI_P}\int_0^{2a}(-Fa)^2 dx = \frac{4F^2 a^3}{3EI} + \frac{F^2 a^3}{GI_P}$$

总应变能

$$U = U_{AB} + U_{BC} = \frac{F^2 a^3}{6EI} + \frac{4F^2 a^3}{3EI} + \frac{F^2 a^3}{GI_P} = \frac{F^2 a^3}{GI_P} + \frac{3F^2 a^3}{2EI}$$

外力做功

$$W = \frac{1}{2}Fy_C$$

由 $U=W$，则有

$$\frac{F^2 a^3}{GI_P} + \frac{3F^2 a^3}{2EI} = \frac{1}{2}Fy_C$$

$$y_C = \frac{2Fa^3}{GI_P} + \frac{3Fa^3}{EI} = \frac{64Fa^3}{\pi d^4}\left(\frac{3}{E} + \frac{1}{G}\right)(\downarrow)$$

2. 互等定理

将例 11.1 的位移表达式改写成如下形式

$$y_A = \left(\frac{l^3}{3EI}\right)F + \left(\frac{l^2}{2EI}\right)m = \delta_{11}F_1 + \delta_{12}F_2$$

$$\theta_A = \left(\frac{l^2}{2EI}\right)F + \left(\frac{l}{EI}\right)m = \delta_{21}F_1 + \delta_{22}F_2$$

其中，$F_1 = F$，$F_2 = m$，$\delta_{11} = \frac{l^3}{3EI}$，$\delta_{12} = \delta_{21} = \frac{l^2}{2EI}$，$\delta_{22} = \frac{l}{EI}$。

式中，δ_{ij}(i，j＝1，2)称为影响系数或柔度系数，它的第一个下标指明位移的发生点及方向，第二个下标指明引起该位移所施加的单位力。如 δ_{12} 表示由 $F_2=1$（即单位力）在 F_1 作用点引起的沿 F_1 方向的位移。上面的关系 $\delta_{12}=\delta_{21}$ 具有普遍性，即 $\delta_{ij}=\delta_{ji}$，下面给予证明。

如图 11.11 所示的梁，先加 F_1，然后再加 F_2，计算外力功。如图 11.11(a)所示，加 F_1 后，1 点沿 F_1 方向的位移是 $\delta_{11}F_1$，则 F_1 做功 $F_1(\delta_{11}F_1)/2$，2 点沿 F_2 方向的位移是 $\delta_{21}F_1$；然后再加 F_2，如图 11.11(b)所示，2 点沿 F_2 方向的新增位移是 $\delta_{22}F_2$（已有位移 $\delta_{21}F_1$），所以 F_2 做功 $F_2(\delta_{22}F_2)/2$。由 F_2 引起的、在 F_1 作用点(1 点)沿 F_1 方向的新增位移是 $\delta_{12}F_2$（已有位移 $\delta_{11}F_1$），而此时 F_1 已是全值作用在梁上，故 F_1 所做功为 $F_1(\delta_{12}F_2)$。

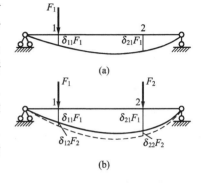

图 11.11 外力功

由上述分析可知，外力功由三部分组成，即

$$W=\frac{1}{2}F_1(\delta_{11}F_1)+\frac{1}{2}F_2(\delta_{22}F_2)+F_1(\delta_{12}F_2) \quad (11-14)$$

若只考虑结构变形后的最终状态，如图 11.11(b)所示，力 F_1 方向上的相应位移为 $\delta_{11}F_1+\delta_{12}F_2$，力 F_2 方向上的相应位移为 $\delta_{21}F_1+\delta_{22}F_2$，根据克拉贝隆原理，则有

$$W=\frac{1}{2}F_1(\delta_{11}F_1+\delta_{12}F_2)+\frac{1}{2}F_2(\delta_{21}F_1+\delta_{22}F_2) \quad (11-15)$$

将式(11-14)与式(11-15)进行比较，可得

$$F_1(\delta_{12}F_2)=F_2(\delta_{21}F_1) \quad (11-16)$$

式(11-16)表明：第一组力在第二组力引起的弹性位移上所做的功，等于第二组力在第一组力引起的弹性位移上所做的功，这就是功的互等定理(reciprocal work theorem)。

将式(11-16)进行简化，可得

$$\delta_{12}=\delta_{21} \quad \text{或} \quad \delta_{ij}=\delta_{ji} \quad (11-17)$$

这表明：F_1 作用点(1 点)沿 F_1 方向因 F_2 而产生的位移 δ_{12}，等于 F_2 作用点(2 点)沿 F_2 方向因 F_1 而产生的位移 δ_{21}，这就是位移互等定理(reciprocal displacement theorem)。

上述互等定理中的力和位移都应理解为广义力和广义位移。如当力换成力偶矩，则位移就应该相应地由线位移换成角位移。此外，这里所指的位移，是指在结构不发生刚性位移的情况下，只由变形引起的位移。

功的互等定理和位移互等定理是两个重要的定理，在固体力学和结构分析中有重要作用，注意它们只适用于线弹性结构。使用互等定理时必须满足两个基本条件：

（1）材料必须遵循胡克定律；

（2）结构必须是小变形，使得所有的计算可基于结构没有变形时的几何形状。

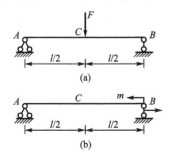

图 11.12 例 11.4 图

例 11.4 图 11.12(a)所示简支梁在力 F 的作用下，截面 B 的转角为 $\theta_B=\dfrac{Fl^2}{16EI}$。求同一简支梁 [见图 11.12(b)]

在力偶 m 作用下，截面 C 的挠度 y_C。

解： 根据功的互等定理公式(11 - 16)，可得

$$Fy_C = m\theta_B$$

已知图 11.12(a)所示梁截面 B 的转角为

$$\theta_B = \frac{Fl^2}{16EI}$$

由此得

$$y_C = \frac{m}{F} \times \frac{Fl^2}{16EI} = \frac{ml^2}{16EI}(\downarrow)$$

3. 余能

一般来说，材料以非线性弹性体居多。现以非线性弹性拉杆为例，来讨论拉杆在外力 F 作用下，在其杆端位移 Δ 上所做的功，如图 11.13(a)、(b)所示。

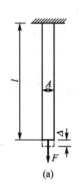
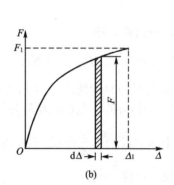
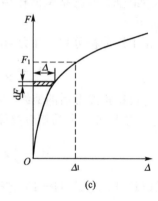

图 11.13　余能

当外力由 0 逐渐增大到 F_1 时，杆端位移由 0 逐渐增至 Δ_1，则外力所做的功为

$$W = \int_0^{\Delta_1} F\mathrm{d}\Delta \tag{11-18}$$

由图 11.13(b)可见，$F\mathrm{d}\Delta$ 为图中带阴影线的长条面积，外力所做的功就相当于从 $\Delta=0$ 到 $\Delta=\Delta_1$ 之间 F-Δ 曲线下所包围的面积。由于材料是弹性体，略去能量损耗后，外力所的功 W 在数值上等于储存在杆内的应变能 U，即

$$U = W = \int_0^{\Delta_1} F\mathrm{d}\Delta \tag{11-19}$$

如图 11.13(c)所示，从 $F=0$ 到 $F=F_1$ 之间 F-Δ 曲线下所包围的面积(即 F-Δ 曲线与纵坐标轴之间的面积)，其量纲与外力功相同，仿照外力功的表达式计算另一积分 $\int_0^{F_1} \Delta \mathrm{d}F$，此积分称为余功，用 W_c 表示，即

$$W_c = \int_0^{F_1} \Delta \mathrm{d}F \tag{11-20}$$

由图 11.13 可知，余功与外力功 $\int_0^{\Delta_1} F\mathrm{d}\Delta$ 之和恰好等于矩形面积 $F_1\Delta_1$。由于是弹性材料，仿照功与应变能相等的关系，可得余功相应的能(称为余能，用 U_c 表示)与余功在数值上相等，即

$$U_\text{c} = W_\text{c} = \int_0^{F_1} \Delta \text{d}F \qquad (11-21)$$

若 $F\text{-}\Delta$ 曲线呈线性关系,则

$$U_\text{c}=W_\text{c}=\frac{1}{2}F\Delta$$

由比能的定义可知,非线性弹性体的比能为

$$u = \int_0^{\varepsilon_1} \sigma \text{d}\varepsilon$$

若取出的单元体各边长为 $\text{d}x$、$\text{d}y$、$\text{d}z$,则单元体内所储存的应变能为

$$\text{d}U = u\text{d}x\text{d}y\text{d}z$$

令 $\text{d}x\text{d}y\text{d}z = \text{d}V$(单元体的体积),则

$$U = \int \text{d}U = \int_V u \text{d}V$$

在拉杆整个体积内,各点处的 u 为常数,故有

$$U = \int \text{d}U = \int_V u \text{d}V = uV = uAL$$

在几何线性问题中,同样也可仿照前面从单位体积应变能来计算应变能的公式,得到由余能密度 u_c 来计算余能的公式

$$U_\text{c} = \int \text{d}U_\text{c} = \int_V u_\text{c} \text{d}V$$

其中

$$u_\text{c} = \int_0^{\sigma_1} \varepsilon \text{d}\sigma$$

应该指出:余功和余能都没有具体的物理概念,它们只不过是具有功和能的量纲而已,与外力功和应变能在计算方法上也截然不同。

例 11.5 如图 11.14 所示结构由非线性材料制成。应力-应变关系为 $\sigma = B\sqrt{\varepsilon}$,$B$ 为材料常数。杆件横截面面积为 A,长为 l。试求整个结构的余能。

解:由节点 A 的平衡条件,可求两杆的内力为

$$F_\text{N} = \frac{F}{2\cos\alpha}$$

则两杆内的应力为

$$\sigma = \frac{F_\text{N}}{A} = \frac{F}{2A\cos\alpha}$$

材料的应力-应变关系为 $\sigma = B\sqrt{\varepsilon}$,余能密度为

$$u_\text{c} = \int_0^\sigma \varepsilon \text{d}\sigma = \int_0^\sigma \frac{\sigma^2}{B^2} \text{d}\sigma = \frac{\sigma^3}{3B^2}$$

整个结构的余能为

$$U_\text{c} = \int \text{d}U_\text{c} = \int_V u_\text{c} \text{d}V = 2\int u_\text{c} A \text{d}l = \frac{2\sigma^3 Al}{3B^2} = \frac{F^3 l}{12B^2 A^2 \cos^3\alpha}$$

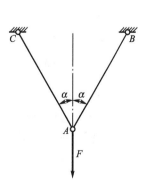

图 11.14 例 11.5 图

11.2 卡氏定理

利用式(11-4)和式(11-21)，卡斯蒂利亚诺(A. Castigliano)导出了计算弹性杆件的力和位移的两个定理，通常称之为卡氏第一定理和卡氏第二定理。卡氏定理也是计算线弹性结构位移的有效方法之一。下面先介绍卡氏第二定理。

1. 卡氏第二定理

在例 11.1 中，若将应变能对外力求一次偏导数，则有

$$\begin{cases} \dfrac{\partial U}{\partial F} = \dfrac{Fl^3}{3EI} + \dfrac{ml^2}{2EI} = y_A \\ \dfrac{\partial U}{\partial m} = \dfrac{Fl^2}{2EI} + \dfrac{ml}{EI} = \theta_A \end{cases}$$

式中，y_A、θ_A 分别称为 F 和 m 的相应位移，即该梁的应变能对力 F 的偏导数等于力作用点沿力作用方向的挠度 y_A；梁的应变能对力偶 m 的偏导数等于力偶作用处的转角 θ_A。由此可见，任一(广义)力的相应位移并不是只由该力所引起的。以上的结果具有一般性，即线弹性结构的应变能对于任一独立广义外力的偏导数，等于该力的相应(广义)位移。即

$$\delta_i = \dfrac{\partial U}{\partial F_i} \tag{11-22}$$

式(11-22)称为卡氏第二定理(通常称为卡氏定理)，是意大利的结构工程师 Castigliano 于 1873 年提出的。

对于线弹性结构，荷载与变形间呈线性关系，余能 U_c 与应变能 U 的数值相等，故卡氏第二定理的表达式可写成

$$\delta_i = \dfrac{\partial U_c}{\partial F_i}$$

该式被称为余能定理。

下面利用弹性体的应变能与加载次序无关，仅取决于荷载的最终值来推证卡氏第二定理。以作用有 n 个集中力的简支梁为例(见图 11.15)。

对于图 11.15(a)所示的线弹性结构(梁)，由克拉贝隆原理〔式(11-4)〕知，其应变能为

$$U = \dfrac{1}{2}(F_1\delta_1 + F_2\delta_2 + \cdots + F_i\delta_i + \cdots)$$

给第 i 个力施加一微小增量 ΔF_i，其他力保持不变；同时各力相应位移也会因此而有微小的变化〔见图 11.15(b)〕，则外力功(数值上等于梁的应变能)也会有微小的增量。需要注意的是：在梁上各力的相应位移发生微小变化时，除 ΔF_i 外，各力都是全值作用在梁上。

由外力功计算梁的应变能

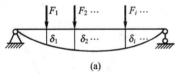

图 11.15 卡氏第二定理

$$W+\Delta W = U+\Delta U$$
$$= \frac{1}{2}(F_1\delta_1+F_2\delta_2+\cdots+F_i\delta_i+\cdots)+(F_1\Delta\delta_1+F_2\Delta\delta_2+\cdots+F_i\Delta\delta_i+\cdots)+\frac{1}{2}\Delta F_i\Delta\delta_i$$
$$= U+\sum_j F_j\Delta\delta_j+\frac{1}{2}\Delta F_i\Delta\delta_i \tag{a}$$

略去高阶微量 $\frac{1}{2}\Delta F_i\Delta\delta_i$，应变能的增量为

$$\Delta U = \sum_j F_j\Delta\delta_j \tag{b}$$

若只考虑梁的最终变形，由克拉贝隆原理，梁的应变能为

$$U+\Delta U = \frac{1}{2}F_1(\delta_1+\Delta\delta_1)+\frac{1}{2}F_2(\delta_2+\Delta\delta_2)+\cdots+\frac{1}{2}(F_i+\Delta F_i)(\delta_i+\Delta\delta_i)+\cdots$$
$$= \frac{1}{2}(F_1\delta_1+F_2\delta_2+\cdots+F_i\delta_i+\cdots)+\frac{1}{2}(F_1\Delta\delta_1+F_2\Delta\delta_2+\cdots+F_i\Delta\delta_i+\cdots)+$$
$$\frac{1}{2}\Delta F_i\delta_i+\frac{1}{2}\Delta F_i\Delta\delta_i$$
$$= U+\frac{1}{2}\sum_j F_j\Delta\delta_j+\frac{1}{2}\Delta F_i\delta_i+\frac{1}{2}\Delta F_i\Delta\delta_i \tag{c}$$

由于 $W+\Delta W=U+\Delta U$，根据上述分析，可得

$$U+\sum_j F_j\Delta\delta_j+\frac{1}{2}\Delta F_i\Delta\delta_i = U+\frac{1}{2}\sum_j F_j\Delta\delta_j+\frac{1}{2}\Delta F_i\delta_i+\frac{1}{2}\Delta F_i\Delta\delta_i$$
$$\sum_j F_j\Delta\delta_j = \Delta F_i\delta_i$$

将上式代入式（b），则有

$$\Delta U = \Delta F_i\delta_i \tag{d}$$

应变能是外力的函数，其表达式可写为

$$U=U(F_1,\ F_2,\ \cdots,\ F_i,\ \cdots)$$

若给第 i 个力施加一微小增量 ΔF_i，其他力保持不变，则应变能的微小增量可表示为

$$\Delta U = \frac{\partial U}{\partial F_i}\Delta F_i \tag{e}$$

由式（d）和（e）可知

$$\Delta F_i\delta_i = \frac{\partial U}{\partial F_i}\Delta F_i \longrightarrow \delta_i = \frac{\partial U}{\partial F_i}$$

由此证明了卡氏第二定理。

用卡氏第二定理计算位移时需注意。

(1) 用卡氏第二定理计算线弹性体某点的位移时，在该点必须有与之相应的外力作用。如果没有，则需要在该点虚设一个与所求位移相对应的附加外力 F_i，然后写出所有外力作用时应变能的表达式，这其中包括附加外力 F_i 所产生的应变能。将应变能对附加外力 F_i 求偏导数，再令附加外力 $F_i=0$，即可求得该点的位移。

(2) 卡氏第二定理只适用于线弹性结构。

卡氏第二定理的几种特殊形式：

(1) 横力弯曲的梁

$$\delta_i = \frac{\partial U}{\partial P_i} = \int_l \frac{\partial M(x)}{\partial P_i}\frac{M(x)\mathrm{d}x}{EI} \tag{11-23}$$

对于刚架，若忽略轴力和剪力对于变形的影响，则也可应用式(11-23)计算变形。

(2) 小曲率的平面曲杆。

$$\delta_i = \frac{\partial U}{\partial P_i} = \int_s \frac{\partial M(s)}{\partial P_i} \frac{M(s)\mathrm{d}s}{EI} \tag{11-24}$$

式中，s 为沿曲杆轴线的曲线长度。

(3) 桁架。

$$\delta_i = \frac{\partial U}{\partial P_i} = \sum_{i=1}^n \frac{F_{Ni}L_i}{EA_i} \frac{\partial F_{Ni}}{\partial P_i} \tag{11-25}$$

(4) 产生拉(压)、扭转与弯曲的组合变形的圆截面等直杆。

$$\delta_i = \frac{\partial U}{\partial P_i} = \int_l \frac{\partial F_N}{\partial P_i} \frac{F_N(x)}{EA} \mathrm{d}x + \int_l \frac{\partial M_T}{\partial P_i} \frac{M_T(x)}{GI_p} \mathrm{d}x + \int_l \frac{\partial M}{\partial P_i} \frac{M(x)}{EI} \mathrm{d}x \tag{11-26}$$

2. 卡氏第一定理

对于任意可变形固体，其应变能是位移的函数，即

$$U = U(\delta_1, \delta_2, \cdots, \delta_i, \cdots)$$

$$\Delta U = \frac{\partial U}{\partial \delta_i} \Delta \delta_i \tag{a}$$

对于图 11.15(a)所示的线弹性结构(梁)，给第 i 个力的相应位移施加一微小增量 $\Delta \delta_i$，其他力及相应位移均保持不变；在此过程中仅有力 F_i 做功，外力功(数值上等于梁的应变能)会有微小的增量，这微小变化可表示为

$$\Delta W = F_i \Delta \delta_i = \Delta U \tag{b}$$

由式(a)和式(b)，可得

$$F_i \Delta \delta_i = \frac{\partial U}{\partial \delta_i} \Delta \delta_i$$

$$F_i = \frac{\partial U}{\partial \delta_i} \tag{11-27}$$

此式即为卡氏第一定理。该式表明，应变能对某一广义外力的相应位移的变化率就等于该力。应该指出，卡氏第一定理适用于一切受力状态下的弹性杆件。

例 11.6 变截面梁如图 11.16 所示，其弯曲刚度分段为常量，试用卡氏第二定理求在荷载 F_P 作用下，截面 B 的挠度 y_B。

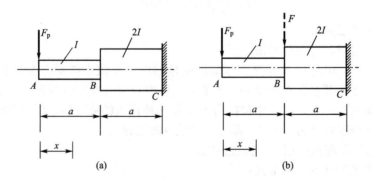

图 11.16 例 11.6 图

解： 由于 B 处没有与挠度相应的广义力，为应用卡氏第二定理，需在 B 处加上一个

与所求位移相应的虚设广义力——集中力 F，如图 11-16(b)所示。

在荷载 F_P 和虚设力 F 的共同作用下，AB 与 BC 段的弯矩方程为

$$\begin{cases} AB\,段： & M_1(x)=-F_P x \\ BC\,段： & M_2(x)=-[F_P x+F(x-a)] \end{cases}$$

梁的应变能为

$$U=\int_0^a \frac{M_1^2(x)}{2EI}dx+\int_a^{2a}\frac{M_2^2(x)}{2E(2I)}dx$$

将应变能对附加外力 F 求偏导数，得

$$\frac{\partial U}{\partial F}=0+\frac{\partial}{\partial F}\int_a^{2a}\frac{[F_P x+F(x-a)]^2}{4EI}dx$$

$$=\int_a^{2a}\frac{2[F_P x+F(x-a)](x-a)}{4EI}dx$$

令附加外力 $F=0$，即可求得截面 B 的挠度 y_B

$$y_B=\int_a^{2a}\frac{2F_P x(x-a)}{4EI}dx=\frac{5F_P a^3}{12EI}(\downarrow)$$

y_B 为正号，表明挠度方向与虚设力 F 方向一致。

11.3 用能量法解超静定问题

有关超静定问题的求解，在前面已经做过介绍，都是通过综合考虑静力、几何和物理三方面来求解的，即建立静力平衡方程、建立几何相容方程和引入物理关系建立补充方程。对于稍微复杂一些的超静定问题，如超静定刚架、超静定曲杆等，仅靠前面介绍的方法则不易求解。下面将举例说明如何用能量法求解超静定问题。

能量法求解超静定问题的步骤：

(1) 确定超静定次数(多余约束数)；

(2) 以多余约束力代替多余约束，将原结构变成基本静定结构(形式上的静定结构)；

(3) 用能量法中的任一一种方法求解多余约束处的位移；

(4) 通过与原结构在多余约束处位移相一致的协调条件，建立补充方程；

(5) 求解补充方程，求出多余约束力；

(6) 利用平衡方程求解其他的未知量，从而进行强度、刚度和稳定性的计算。

例 11.7 如图 11.17(a)所示，悬臂梁 BC 受均布荷载 $q=12\text{kN/m}$ 的作用，已知 CD 杆横截面积 $A=100\text{mm}^2$，$E_1=70\text{GPa}$，长度 $a=7.5\text{m}$，BC 梁的截面惯性矩 $I=20\times 10^6\text{mm}^4$，$E_2=200\text{GPa}$，$l=3\text{m}$。求 CD 杆所受轴力。

解：(1) 这是一次超静定问题。解除 D 处的约束，

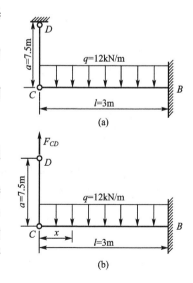

图 11.17 例 11.7 图

用未知力 F_{CD} 代替,如图 11.17(b)所示。

(2) 用卡氏第二定理求多余约束 D 处的位移。

杆 CD 的轴力为 F_{CD},则 $\dfrac{\partial F_{CD}}{\partial F_{CD}}=1$;

梁 CB 的弯矩为 $M(x)=F_{CD}x-\dfrac{1}{2}qx^2$,则 $\dfrac{\partial M(x)}{\partial F_{CD}}=x$。

由卡氏第二定理式(11-26),可得

$$\Delta D = \frac{1}{E_1 A}\int_0^a F_{CD}\frac{\partial F_{CD}}{\partial F_{CD}}\mathrm{d}x + \frac{1}{E_2 I}\int_0^l M(x)\frac{\partial M(x)}{\partial F_{CD}}\mathrm{d}x$$

$$= \frac{1}{E_1 A}\int_0^a F_{CD}\mathrm{d}x + \frac{1}{E_2 I}\int_0^l \left(F_{CD}x - \frac{1}{2}qx^2\right)x\mathrm{d}x$$

$$= \frac{F_{CD}a}{E_1 A} + \frac{1}{E_2 I}\left(\frac{F_{CD}l^3}{3} - \frac{ql^4}{8}\right)$$

(3) 与原结构相比较,可知 D 处位移的协调条件为

$$\Delta D = 0$$

(4) 将具体数值代入上式,可得补充方程

$$\frac{F_{CD}a}{E_1 A} + \frac{1}{E_2 I}\left(\frac{F_{CD}l^3}{3} - \frac{ql^4}{8}\right) = 0$$

$$\frac{F_{CD}\times 7.5}{70\times 10^9\times 100\times 10^{-6}} + \frac{1}{200\times 10^9\times 20\times 10^6\times 10^2}\left(\frac{F_{CD}\times 3^3}{3} - \frac{12\times 10^3\times 3^4}{8}\right) = 0$$

求解可得

$$F_{CD} = 9.15(\mathrm{kN}) \quad (拉力)$$

由上述分析可知,多余约束的选择不是唯一的,既可以选择支座约束力为多余约束,也可选择结构的内力作为多余约束,其解法是基本相同的。

小 结

1. 基本概念及公式

(1) 基本概念:功、应变能、克拉贝隆原理、能量方法、功的互等定理、卡氏第二定理。

(2) 基本公式:功的计算公式、应变能表达式、线弹性杆件应变能表达式、功的互等定理、位移互等定理、卡氏第二定理公式表达式、卡氏第一定理公式表达式。

2. 知识要点

(1) 线弹性材料杆件产生基本变形时的应变能。

① 轴向拉伸或压缩。

轴力为常量时:$U = W = \dfrac{1}{2}F\Delta l = \dfrac{F_N^2 l}{2EA} = \dfrac{EA}{2l}(\Delta l)^2$

轴力为变量时:$U = \displaystyle\int_l \mathrm{d}U = \int_l \dfrac{F_N(x)^2 \mathrm{d}x}{2EA}$

② 圆轴扭转。

扭矩沿轴向为常量时：$U=W=\dfrac{1}{2}M\varphi=\dfrac{M_T^2 l}{2GI_P}=\dfrac{GI_P}{2l}(\varphi)^2$

扭矩沿轴向为变量时：$U=\int_l \mathrm{d}U=\int_l \dfrac{M_T^2(x)\mathrm{d}x}{2GI_P}$

③ 平面弯曲。

纯弯曲时：$U=W=\dfrac{1}{2}M\theta=\dfrac{M^2 l}{2EI}=\dfrac{EI}{2l}\theta^2$

横力弯曲时：$U=\int_l \mathrm{d}U=\int_l \dfrac{M^2(x)\mathrm{d}x}{2EI}$

④ 组合变形。

$$U=\int_l \dfrac{F_N^2(x)\mathrm{d}x}{2EA}+\int_l \dfrac{M_T^2(x)\mathrm{d}x}{2GI_p}+\int_l \dfrac{M^2(x)\mathrm{d}x}{2EI}$$

(2) 两个重要定理。

① 功的互等定理。

对于线弹性体，第一组力在第二组力引起的弹性位移上所做的功，等于第二组力在第一组力引起的弹性位移上所做的功，即

$$F_1(\delta_{12}F_2)=F_2(\delta_{21}F_1)$$

② 位移互等定理。

将功的互等定理进行简化，可得

$$\delta_{12}=\delta_{21} \quad 或 \quad \delta_{ij}=\delta_{ji}$$

这表明：F_1 作用点（1 点）沿 F_1 方向因 F_2 而产生的位移 δ_{12}，等于 F_2 作用点（2 点）沿 F_2 方向因 F_1 而产生的位移 δ_{21}。

(3) 卡氏第二定理。

产生拉（压）、扭转与弯曲的组合变形的圆截面等直杆

$$\delta_i=\dfrac{\partial U}{\partial P_i}=\int_l \dfrac{\partial F_N}{\partial P_i}\dfrac{F_N(x)}{EA}\mathrm{d}x+\int_l \dfrac{\partial M_T}{\partial P_i}\dfrac{M_T(x)}{GI_p}\mathrm{d}x+\int_l \dfrac{\partial M}{\partial P_i}\dfrac{M(x)}{EI}\mathrm{d}x$$

(4) 卡氏第一定理。

$$F_i=\dfrac{\partial U}{\partial \delta_i}$$

思 考 题

11.1　应变能与余能之间的关系如何？

11.2　试问计算弹性构件应变能的基本原理是什么？

11.3　卡氏第一定理与卡氏第二定理之间有何关系？

11.4　功的互等定理与位移互等定理之间有何关系？

11.5　不论是用外力功还是用内力功来计算应变能时，为什么都有系数"1/2"？

11.6　用卡氏第二定理求结构的变形有什么局限性？该定理成立的条件是什么？

11.7　试问能否用卡氏第二定理计算非线性弹性体的位移？为什么？

11.8 如图所示四杆，材料相同，尺寸及荷载如图 11.18 所示，则应变能最大的是哪一根杆件？

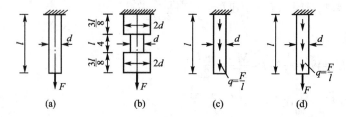

图 11.18 思考题 11.8 图

11.9 桁架 ABC 如图 11.19 所示，AC 杆在铅垂方向，力 F 也在铅垂方向，试判断节点 C 的位移方向？

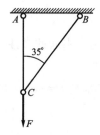

图 11.19 思考题 11.9 图

习 题

11.1 试计算图 11.20 所示各结构的应变能。梁的 EI 已知，且为常数；对于拉压杆，只考虑拉压应变能，刚度为 EA。

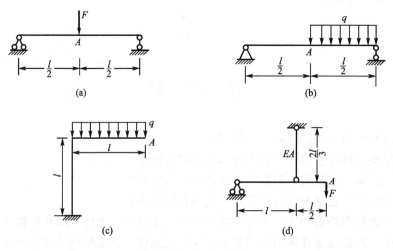

图 11.20 习题 11.1 图

11.2 试用卡氏第二定理求上题中各结构截面 A 的铅直位移。

11.3 长度为 l 的悬臂梁，受力如图 11.21 所示，试求梁的应变能。（设梁的 EI 为常量）。

11.4 已知图 11.22 所示刚架的抗弯刚度为 EI，抗拉压刚度为 EA，试求 C 点的铅垂位移。

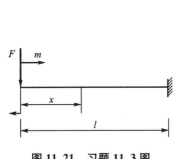

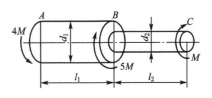

图 11.21 习题 11.3 图　　图 11.22 习题 11.4 图

11.5 梁 ABC 受力如图 11.23 所示，试求 C 点的挠度 δ_{Cy}，EI 为常量。

11.6 如图 11.24 所示变截面圆轴，其中 $d_1=2d_2=2d$，$l_1=l_2=l$，若 M、d、l、G 均为已知，试求该圆轴受扭时的应变能。

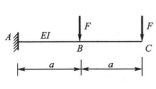

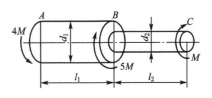

图 11.23 习题 11.5 图　　图 11.24 习题 11.6 图

11.7 如图 11.25 所示结构，结构尺寸如图。已知梁 ADC 的抗弯刚度为 EI，BD 杆的抗拉压刚度为 EA，试求 C 点的挠度 f_C。

11.8 如图 11.18 所示各圆截面杆，材料的弹性模量 E 相同，试计算各杆的应变能。

11.9 图 11.26 所示等截面直杆，承受一对方向相反、大小均为 F 的横向力作用。设截面宽度为 b、拉压刚度为 EA，材料的泊松比为 μ。试利用功的互等定理，证明杆的轴向变形为 $\Delta l=\dfrac{\mu bF}{EA}$。

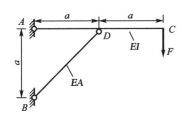

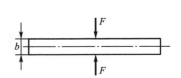

图 11.25 习题 11.7 图　　图 11.26 习题 11.9 图

第12章
构件的动荷载强度

教学目标

掌握构件作等加速直线运动时的应力计算
掌握构件作匀速转动时的应力计算
掌握受冲击荷载时的应力和变形计算
了解冲击韧性概念

教学要求

知识要点	能力要求	相关知识
构件作等加速直线运动时的应力计算	掌握构件作等加速直线运动时的应力计算	动力学的概念
构件作匀速转动时的应力计算	掌握构件作匀速转动时的应力计算	动力学的概念
受冲击荷载时的应力和变形计算	掌握受冲击荷载时的应力和变形计算	动力学的概念

引言

前面说过,如果作用在构件上的荷载随时间较快地变化,或构件运动而使其内质点产生不可忽略的加速度时,就称构件承受动荷载。例如,加速提升重物的吊索、旋转的飞轮、高速运动的连杆等,都承受着不同形式的动荷载。在动荷载作用下,构件内产生的应力称为动应力。与静荷载作用下的情况不同,动应力的计算必须考虑加速度的影响。为此,本章首先介绍动静法,然后再研究两类常见的动应力问题。
(1) 构件作匀加速直线运动或匀速转动时的应力计算。
(2) 构件受冲击荷载作用时的应力计算。

12.1 考虑惯性力时的应力计算

动荷载与静荷载作用下的应力计算,两者基本相同,所不同的是在动荷载作用下的构件应首先计算其各质点的加速度,再计算其惯性力,并将惯性力虚加在研究对象上,按动静法求解。下面结合工程实例,说明其计算方法。

1. 构件作等加速直线运动

如图 12.1(a)所示吊车以等加速度 a,将重量为 W 的物体向上起吊,已知绳索的横截面面积为 A,梁的抗弯截面系数为 W_z。设梁上起吊设备的重量为 W_1,不计梁的自重。试计算绳索的动应力及梁的最大动应力。

先研究重物。作用在重物上的力有:重力 W 和绳索的拉力 F_{Td}。因重物加速度上升,将在其上虚加一个惯性力 F_I,惯性力的大小为 $F_I = \dfrac{W}{g}a$,如图 12.1(b)所示。这样,重力 W、绳索拉力 F_{Td} 和虚拟的惯性力 F_I 在形式上构成一平衡力系。由平衡方程

$$\sum F_y = 0, \quad F_{Td} - W - F_I = 0$$

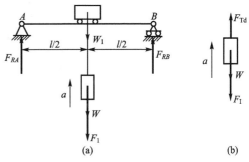

图 12.1 吊车动应力

得

$$F_{Td} = W + F_I = \left(1 + \frac{a}{g}\right)W$$

于是绳索的动应力为

$$\sigma_d = \frac{F_{Td}}{A} = \left(1 + \frac{a}{g}\right)\frac{W}{A}$$

当 $a = 0$ 时,绳索受静荷载作用,此时,绳索的拉力及相应的静应力分别为

$$F_{Tst} = W; \quad \sigma_{st} = \frac{W}{A}$$

令

$$K_d = 1 + \frac{a}{g} \tag{12-1}$$

K_d 反映了加速度对拉力、应力的影响,称为动荷载因数(Dynamic factor)。于是绳索的动拉力和动应力分别为

$$F_{Td} = K_d F_{Tst}, \quad \sigma_d = K_d \sigma_{st} \tag{12-2}$$

以上两式表明:动内力和动应力分别等于动荷载因数乘以在静荷载作用下的静内力和静应力。

再研究梁及重物。梁上起吊设备的重量为 W_1,不计梁的自重。重物上虚加惯性力后,作用在梁上的荷载为 $W + \dfrac{W}{g}a + W_1$,如图 12.1(a)所示。用动静法求解,当在梁跨中起吊时,梁内的动弯矩最大,最大值为

$$M_{d,\max} = \frac{1}{4}\left(W + \frac{W}{g}a + W_1\right)l$$

则梁中的最大动应力为

$$\sigma_{d,\max} = \frac{M_{d,\max}}{W_z} = \frac{1}{4W_z}\left(W + \frac{W}{g}a + W_1\right)l$$

在许多工程问题中,动应力与静应力之间的关系都可采用动荷载因数的形式表示出来。求得最大动应力后,即可建立其强度条件

$$\sigma_{d,\max}=K_d\sigma_{st}\leqslant[\sigma] \tag{12-3}$$

例 12.1 起重机以匀加速度 $a=4\text{m/s}^2$ 向上提升重物,如图 12.2(a)所示。已知被起吊物的重量 $P=60\text{kN}$。试求起吊过程中吊绳所受的拉力。

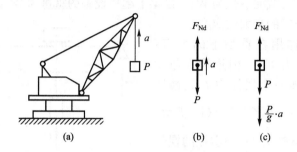

图 12.2 起吊设备动应力

解 取重物 P 为研究对象,该物体在力 F_{Nd} 和 P 的作用下,作向上匀加速运动。依动静法,在重物上加上一个与加速度方向相反的惯性力 $F_I=\dfrac{P}{g}a$,这样,重物在力 F_{Nd}、P 和 F_I 的作用下,在形式上组成平衡力系。由平衡方程

$$\sum F_y=0, \quad F_{Nd}-P-\frac{P}{g}a=0$$

得

$$F_{Nd}=P+\frac{P}{g}a=P\left(1+\frac{a}{g}\right)=60\times\left(1+\frac{4}{9.8}\right)=84.5\text{kN}$$

例 12.2 一起重设备安放在工字钢梁的跨中处,如图 12.3(a)所示。已知梁长 $l=6\text{m}$、工字钢的型号为 No.18,被起吊物的重量 $P=12\text{kN}$。若将重物以匀加速度 $a=3\text{m/s}^2$ 向上提升,试求提升工程中梁中最大正应力。

解 依动静法,在重物上加上一个与加速度方向相反的惯性力 $F_I=\dfrac{P}{g}a$,则梁承受相当于 $F=P+\dfrac{P}{g}a=P\left(1+\dfrac{a}{g}\right)$ 的荷载作用,如图 12.3(b)所示,于是梁中的最大正应力为

$$\sigma_{d,\max}=\frac{M_{d,\max}}{W_z}=\frac{\frac{1}{4}Fl}{W_z}=\frac{Fl}{4W_z}=\frac{P\left(1+\frac{a}{g}\right)l}{4W_z}$$

由型钢表查得 18 号工字钢的 W_z 值为 $W_z=185\text{cm}^3=185\times10^{-6}\text{m}^3$。于是得

$$\sigma_{d,\max}=\frac{12\times10^3\times\left(1+\frac{3}{9.8}\right)\times6}{4\times185\times10^{-6}}=127\times10^6(\text{Pa})=127\text{MPa}$$

2. 构件作匀速转动

图 12.4(a)所示飞轮以匀角速度 ω 作定轴转动,其单位体积质量为 ρ,平均直径为 D,轮缘横截面面积为 A。试计算飞轮中由于旋转引起的动应力。

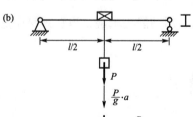

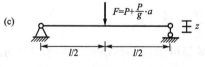

图 12.3 起重设备动应力

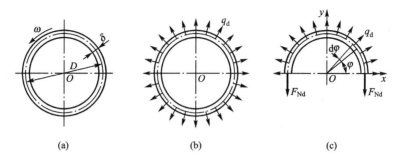

图 12.4 飞轮旋转动应力

飞轮可简化为圆环,当飞轮作匀速转动时,轮缘上任一质点只有向心加速度 $a_n = R\omega^2 = \dfrac{D}{2}\omega^2$,因而只有在法向上加上惯性力。以 A 表示圆环横截面面积,ρ 表示单位体积的质量。于是沿轴线均匀分布的惯性力集度为 $q_d = A\rho a_n = \dfrac{A\rho D\omega^2}{2}$,方向则背离圆心,如图 12.4(b)所示。

用截面法截取上半个圆环为研究对象,由对称条件可知,在两横截面上的内力 F_{Nd} 是相同的,如图 12.4(c)所示。

由质点系动静法可知,圆环两端的内力与分布在轮缘上的惯性力系组成一平衡力系。由平衡方程

$$\sum F_y = 0, \quad \int_0^\pi q_d \sin\varphi \cdot \dfrac{D}{2} \mathrm{d}\varphi - 2F_{Nd} = 0$$

得

$$F_{Nd} = \dfrac{q_d D}{2} = \dfrac{A\rho D^2 \omega^2}{4} = \rho A v^2$$

由此求得圆环横截面上的动应力为

$$\sigma_d = \dfrac{F_{Nd}}{A} = \dfrac{\rho D^2 \omega^2}{4} = \rho v^2 \tag{12-4}$$

式中 $v = \dfrac{D\omega}{2}$ 是圆环轴线上的点的线速度。强度条件是

$$\sigma_d = \rho v^2 \leqslant [\sigma] \tag{12-5}$$

从以上两式可以看出:环内应力仅与 ρ 和 v 有关,与横截面面积 A 无关。因此,要保证飞轮安全正常工作,应限制飞轮的转速。增加横截面面积 A,并不能提高其强度。

例 12.3 如图 12.5 所示飞轮的最大圆周速率 $v = 25\text{m/s}$,其单位体积的质量为 $\rho = 7.41 \times 10^3 \text{kg/m}^3$,若不计轮辐的影响,试求飞轮内的最大正应力。

解 由式(12-4)求得杆内的最大正应力为
$\sigma_d = \rho v^2 = 7.41 \times 10^3 \times 25^2 = 4.63 \times 10^6 (\text{Pa}) = 4.63 \text{MPa}$

图 12.5 飞轮转动最大正应力

12.2 构件受冲击荷载时的应力和变形计算

在工程实际中,冲击问题是经常遇到的,如气锤锻造,重锤打桩,高速运动的飞轮突然刹车等,都是冲击实例。其中重锤、飞轮等为冲击物,而被打的桩和与飞轮固连的轴则是被冲击物。在冲击的瞬时,冲击物的运动骤然受阻,获得很大的负值加速度。因此,在冲击物和被冲击物之间,必然相互作用有很大的作用力与反作用力。这种在很短的时间内,以很大的加速度作用在构件上的力,通常称为冲击荷载。与此同时,构件内将产生很大的冲击应力。

在冲击过程中,因为冲击时间很短,冲击物的加速度不易确定,所以难以采用虚加惯性力的动静法来计算冲击荷载。事实上,精确地计算冲击荷载以及由它引起的应力和变形是十分复杂的。本节主要介绍工程上常用的偏于安全的能量法,计算受冲击荷载构件的应力和变形。即在以下几个假设下,用能量法近似求解。

(1) 冲击物的变形不计,将其视为刚体,并设其一旦与被冲击物接触,两者即附着在一起运动。

(2) 被冲击物的质量忽略不计,且冲击中,被冲击物仍处在弹性范围内。

(3) 忽略略冲击过程中的其他能量损失。

这样,根据能量守恒原理,冲击过程中冲击物所减少的动能 T 和势能 V 将全部转化为被冲击物所增加的应变能 V_{ed},从而得到用能量法求解冲击问题的基本方程为

$$T+V=V_{ed} \tag{12-6}$$

根据不同的冲击问题,将各能量的改变量 T、V 及 V_{ed} 的具体表达式代入上式,即可求出被冲击物所承受的冲击荷载及相应的应力和变形。

现以简支梁受自由落体的冲击问题为例,说明计算冲击荷载、应力及变形的计算方法。设一重为 W 的物体,由高为 h 处自由下落,冲击在梁的中点,如图 12.6 所示。

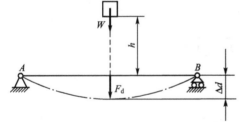

图 12.6 冲击简支梁

当重物与梁接触后,并不立即停止运动,还要随梁的变形继续下落,直到变形达到最大时重物速度才降为零。冲击终了时,冲击荷载及梁中点位移均达到最大值,两者分别用 F_d 和 Δ_d 表示。

由于重物的初速和最终速度均为零,动能没有变化,故

$$T=0$$

而重物势能的减少量为

$$V=W(h+\Delta_d)$$

梁所增加的应变能即为冲击荷载由零逐渐增加到最终值 F_d 过程中所做的功。即

$$V_{ed}=\frac{1}{2}F_d\Delta_d$$

在线弹性范围内将上述的 T、V 及 V_{ed} 代入式(12-6)得

$$W(h+\Delta_d)=\frac{1}{2}F_d\Delta_d \tag{a}$$

在线弹性范围内变形与荷载成正比，即

$$\frac{F_d}{W}=\frac{\Delta_d}{\Delta_{st}}$$

或

$$\Delta_d=\frac{F_d}{W}\Delta_{st} \tag{b}$$

式中的 Δ_{st} 为重物的自重 W 以静荷载方式作用于梁的被冲击处所引起的该处静位移。

将式(b)代入式(a)，整理得

$$F_d^2-2WF_d-\frac{2W^2h}{\Delta_{st}}=0 \tag{c}$$

由此解得

$$F_d=\left(1\pm\sqrt{1+\frac{2h}{\Delta_{st}}}\right)W \tag{d}$$

由于 F_d 应大于 W，且为同方向，故上式根号前应取正号，即令

$$K_d=1+\sqrt{1+\frac{2h}{\Delta_{st}}} \tag{12-7}$$

K_d 称为冲击动荷载因数，它反映了冲击作用的影响。则冲击荷载可以表示为

$$F_d=K_dW$$

在线弹性范围内，由于应力与荷载成正比，因而求得冲击动荷载因数后，便可求得受冲击构件内任一点的应力和变形分别为

$$\sigma_d=K_d\sigma_{st},\quad \Delta_d=K_d\Delta_{st} \tag{12-8}$$

式中 σ_{st} 为构件在冲击处受重物自重 W 的静荷载作用时，构件内所求点处的正应力，即静应力。

若 $h=0$，即相当于荷载突然施加在弹性构件上，则由式(12-7)得，$K_d=2$。这说明在突然施加荷载 W 作用下的应力和变形为静荷载 W 作用下的两倍。

在用式(12-7)计算动荷载因数时，式中的 Δ_{st} 应为将冲击物的重量 W 当作静荷载作用于被冲击物上时，构件在被冲击点处沿冲击方向的静位移，即静变形。

上述方法，不仅适合于受弯曲的杆件冲击问题，同样也适合于受拉压或扭转的杆件冲击问题，只是在计算冲击动荷载因数时，需要代入相应的静变形。比如图 12.7 中，受拉伸、弯曲和扭转的杆件的静变形分别为

$$\Delta_{st}=\Delta l=\frac{Fl}{EA}$$

$$\Delta_{st}=w=\frac{Fl^3}{48EI_z}$$

$$\Delta_{st}=\varphi=\frac{M_e l}{GI_P}$$

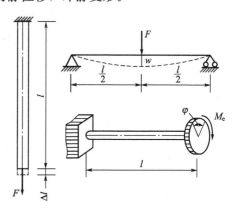

图 12.7 杆件的静变形

例 12.4 重量 $W=500\text{N}$ 的物体，自高度 $h=100\text{mm}$ 处自由落下，冲击在悬臂梁端点 B，如图 12.8 所示。已知梁由 16 号工字钢制成，材料的弹性模量 $E=200\text{GPa}$，梁长 $l=2\text{m}$。试求梁中最大动应力和 B 端挠度。

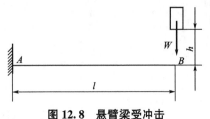

图 12.8 悬臂梁受冲击

解 将冲击物的重量 W 当作静荷载作用在悬臂梁端点 B 上，此时梁中最大静应力发生在 A 截面的上、下边缘处，其值为

$$\sigma_{\text{st,max}} = \frac{M_{\max}}{W_z} = \frac{Wl}{W_z}$$

由型钢表查得 16 号工字钢的 W_z 和 I_z 值分别为

$$W_z = 141\text{cm}^3 = 141\times 10^{-6}\text{m}^3, \quad I_z = 1\,130\text{cm}^4 = 1\,130\times 10^{-8}\text{m}^4$$

于是 A 截面的最大静应力为

$$\sigma_{\text{st,max}} = \frac{M_{\max}}{W_z} = \frac{Wl}{W_z} = \frac{500\times 2}{141\times 10^{-6}} = 7.1\times 10^6 (\text{Pa}) = 7.1\text{MPa}$$

W 以静载方式作用于受冲击点 B 时，B 点的静位移（静变形）为

$$\Delta_{\text{st}} = w_B = \frac{Wl^3}{3EI_z} = \frac{500\times 2^3}{3\times 200\times 10^9 \times 1130\times 10^{-8}} = 0.59\times 10^{-3} (\text{m})$$

动荷载因数

$$K_d = 1+\sqrt{1+\frac{2h}{\Delta_{\text{st}}}} = 1+\sqrt{1+\frac{2\times 0.1}{0.59\times 10^{-3}}} = 19.4$$

故梁中最大动应力为

$$\sigma_{d,\max} = K_d \sigma_{\text{st,max}} = 19.4\times 7.1 = 137.7(\text{MPa})$$

B 端挠度为

$$w_d = K_d w_B = 19.4\times 0.59\times 10^{-3} = 11.45\times 10^{-3}(\text{m})$$

例 12.5 重量 $P=1\,400\text{N}$ 的物体，自高度 $h=40\text{mm}$ 处自由落下，冲击在竖杆的顶端上，如图 12.9 所示。已知杆长 $l=1.6\text{m}$，杆的横截面 $A=1\times 10^{-2}\text{m}^2$，材料的弹性模量 $E=10\text{GPa}$。试求杆中最大动应力和杆的总伸长。

解 将冲击物的重量 P 当作静荷载作用在竖杆的顶端，此时杆中的静应力为

$$\sigma_{\text{st}} = \frac{F_N}{A} = \frac{P}{A} = \frac{1\,400}{1\times 10^{-2}} = 0.14\times 10^6(\text{Pa}) = 0.14\text{MPa}$$

P 以静载方式作用竖杆的顶端，竖杆的轴向静位移（静变形）为

$$\Delta_{\text{st}} = \Delta l = \frac{Pl}{EA} = \frac{1\,400\times 1.6}{10\times 10^9 \times 1\times 10^{-2}} = 0.224\times 10^{-4}(\text{m})$$

动荷载因数

$$K_d = 1+\sqrt{1+\frac{2h}{\Delta_{\text{st}}}} = 1+\sqrt{1+\frac{2\times 0.04}{0.224\times 10^{-4}}} = 60.8$$

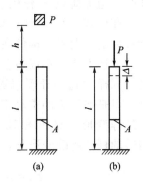

图 12.9 竖杆受冲击

故竖杆的动应力为

$$\sigma_d = K_d \sigma_{\text{st}} = 60.8\times 0.14 = 8.51(\text{MPa})$$

杆的总伸长为

$$\Delta l_d = K_d \Delta l = 60.8\times 0.224\times 10^{-4} = 1.362\times 10^{-3}(\text{m}) = 1.362\text{mm}$$

从以上两个例子看到，冲击时动荷载因数都是很大的。

对水平放置的系统，如图 12.10 所示情况，冲击过程中系统的势能不变，$V=0$，若冲击物重为 W，与杆件接触时的速度为 v，则动能 T 为 $\frac{1}{2}\frac{W}{g}v^2$，把 T、V 代入公式(12-6)中，并注意 $V_{\mathrm{ed}}=\frac{1}{2}F_{\mathrm{d}}\Delta_{\mathrm{d}}$，得

$$\frac{1}{2}\frac{W}{g}v^2=\frac{1}{2}F_{\mathrm{d}}\Delta_{\mathrm{d}} \tag{a}$$

由 $\Delta_{\mathrm{d}}=\frac{F_{\mathrm{d}}}{W}\Delta_{\mathrm{st}}$ 得：$F_{\mathrm{d}}=\frac{\Delta_{\mathrm{d}}}{\Delta_{\mathrm{st}}}W$，代入上式(a)中，得

$$\Delta_{\mathrm{d}}=\sqrt{\frac{v^2}{g\Delta_{\mathrm{st}}}}\Delta_{\mathrm{st}} \tag{b}$$

在线弹性范围内，动荷载(或动应力)与静荷载(或静应力)成正比，因此，动荷载、动应力分别为

$$F_{\mathrm{d}}=\sqrt{\frac{v^2}{g\Delta_{\mathrm{st}}}}W,\quad \sigma_{\mathrm{d}}=\sqrt{\frac{v^2}{g\Delta_{\mathrm{st}}}}\sigma_{\mathrm{st}} \tag{12-9}$$

以上各式中带根号的系数，也就是冲击动荷载因数，用 K_{d} 表示。即

$$K_{\mathrm{d}}=\sqrt{\frac{v^2}{g\Delta_{\mathrm{st}}}} \tag{12-10}$$

式中静变形 Δ_{st} 是指，将一个大小为冲击物重 W 的水平力静止作用在水平放置系统冲击点上时，杆件所发生的变形。比如图 12.10 所示水平放置系统，$\Delta_{\mathrm{st}}=\frac{Wl}{EA}$。

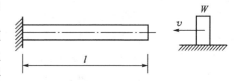

图 12.10　水平冲击

12.3　提高构件抗冲击能力的措施

为了减小冲击荷载的影响，根据式(12-11)知，最有效的措施是增大静位移 Δ_{st}，以减小动荷载因数 K_{d}，即降低刚度可缓和冲击的作用。如汽缸与汽缸盖的连接螺栓，它承受着活塞冲击。采用长螺栓连接 [图 12.11(b)] 代替短螺栓 [图 12.11(a)]，就可降低冲击动应力。因为增加了长度就等于加大了静变形。

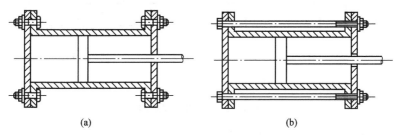

图 12.11　增加螺栓长度，增大静变形，减缓冲击作用

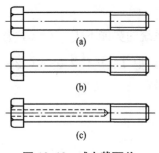

图 12.12　减少截面差，减缓冲击作用

又如像螺栓这类变截面杆，用于冲击作用的场合时，往往不采用图 12.12(a)所示的形式，而是将非螺纹部分的直径(光杆部分)减小为与螺纹的内径接近相等，如图 12.12(b)或 12.12(c)所示。这样接近于一个等截面杆，增加了静变形，而静应力不变，从而降低了动应力。

此外，还可安装缓冲装置，比如汽车大梁与底盘前后桥间安装叠板弹簧，列车车厢与轮轴间安装密圈螺旋弹簧等，增大静变形，降低动荷载因数。这些都是缓冲措施。

12.4 冲击韧性

两物体瞬间发生运动速度急剧改变(加速度很大)而产生很大作用的现象称为冲击或撞击。一般从材料的弹性、塑性和断裂这三个阶段来描述材料在冲击荷载作用下的破坏过程。在线弹性阶段，材料的力学性能，如材料的弹性模量 E 和泊松比 μ 与静载下相比基本相同。因为弹性变形是以声速在弹性介质中传播的，它总能跟得上外加荷载的变化步伐，所以加速度对材料的弹性行为及其相应的力学性能没有影响。塑性变形的传播比较缓慢，加载速度太大，塑性变形就来不及充分进行，塑性变形相对加载速度滞后，从而导致变形抗力的提高，宏观表现为屈服点提高，塑性下降。另外，塑性材料随着温度的降低而其塑性向脆性转变，所以常用冲击试验来确定中低强度钢材的冷脆性转变温度。

材料的抗冲击能力用冲击韧性来表示。冲击实验的分类方法较多，从温度上分有高温、常温、低温三种；从受力形式上分有冲击拉伸、冲击扭转、冲击弯曲和冲击剪切；从能量上分有大能量一次冲击和小能量多次冲击等。材料力学实验中的冲击实验，是指常温简支梁大能量一次冲击实验。

实验前，需要将金属材料按照冲击实验标准加工成矩形截面试样，常用的标准冲击试样有两种，一种为 V 形切口试样，一种是 U 形切口试样，如图 12.13 所示。由于试样在有缺口的情况下，随变形速度的增大，材料的韧性总是下降，所以为更好地反映材料的脆性倾向和对缺口的敏感性，通常用中心部位切成 V 形缺口或 U 形缺口的试样进行冲击试验。

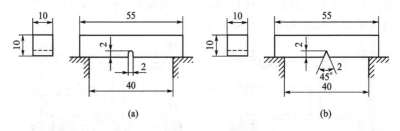

图 12.13　冲击实验试样

实验时，用特殊工具把试样正确定位在冲击试验机上，且缺口处在冲弯受拉边，冲击荷载作用点在缺口背面，如图 12.14 所示。将冲击试验机摆锤提升到一定高度，然后使冲

锤自由下摆以冲断试样,从刻度盘上读出试样受冲击直到断裂所吸收的能量。

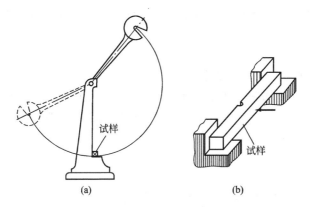

图 12.14 冲击试验机

试样冲断后,冲击实验机记录最大能量 W 值。材料的冲击韧性为

$$\alpha_K = \frac{W}{A} \tag{12-11}$$

式中:α_K 值为材料的冲击韧性,单位为 J/m^2,W 为试样被冲断时所吸收的功,A 为试样缺口处的最小横截面积。

常用的标准冲击试样有两种,一种为 V 形切口试样,一种是 U 形切口试样。试样开切口的目的是为了在切口附近造成应力集中,使塑性变形局限在切口附近不大的体积范围内,并保证试样一次就被冲断,使断裂就发生在切口处。α_K 对切口的形状和尺寸十分敏感,切口越深、越尖锐,α_K 值越低,材料的脆化倾向越严重。因此,同样材料用不同切口试样测定的 α_K 值不能相互取代或直接比较。对于铸铁、工具钢等一类的材料,由于材料很脆,很容易冲断,所以试样一般可不开切口。

试样受到冲击时,切口根部材料处于三向拉伸应力状态。由理论分析和试验得知,即使是很好的塑性材料,在三向拉应力作用下,也会发生脆性破坏。在距切口根部一定距离后,逐渐呈现韧性断裂,亦称剪切断裂,韧性和脆性断口面积的比值的百分数,也是衡量材料抵抗冲击能力的重要指标之一。

小 结

本章研究动荷载作用下构件的强度计算问题。

1. 构件作等加速直线运动时的应力

构件作等加速直线运动或匀速转动时,构件各质点具有确定的加速度,可应用动静法。即在构件各质点上虚加惯性力,将动荷载问题转化为静荷载问题来处理。动应力和动变形的计算方法与静荷载完全相同。

构件作等加速直线运动时有

$$\sigma_d = K_d \sigma_{st}, \quad \Delta_d = K_d \Delta_{st}$$

其中,$K_d = 1 + \dfrac{a}{g}$ 为动荷载因数。

2. 构件作匀速转动时的应力

圆环作匀速转动时，上述动荷载因数不能应用。但考虑惯性力影响这一点是一致的。圆环横截面上的动应力为

$$\sigma_d = \rho v^2$$

3. 受冲击荷载时的应力和变形计算

由于冲击作用持续时间短，加速度难以确定，故求受冲击时构件的应力、变形，常采用近似的能量法。根据构件到达最大变形位置时冲击物能量的减少等于构件所获得的变形能，建立冲击问题基本方程 $T+V=V_{ed}$。由此方程可求得

$$\sigma_d = K_d \sigma_{st}, \quad \Delta_d = K_d \Delta_{st}$$

式中，$K_d = 1 + \sqrt{1 + \dfrac{2h}{\Delta_{st}}}$ 为自由落体冲击时的动荷载因数。

对水平放置的系统，动荷载、动应力分别为

$$F_d = \sqrt{\dfrac{v^2}{g\Delta_{st}}} W, \quad \sigma_d = \sqrt{\dfrac{v^2}{g\Delta_{st}}} \sigma_{st}$$

计算时，必须注意静位移（或静变形）及静应力的含义。

4. 冲击韧性

材料的抗冲击能力用冲击韧性来表示。材料的冲击韧性为 $\alpha_K = \dfrac{W}{A}$。

思 考 题

12.1 什么是静荷载？什么是动荷载？两者有什么不同？试举例说明。

12.2 怎样应用动静法计算等加速运动构件的应力？

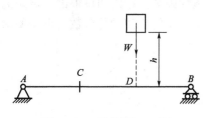

图 12.15 思考题 12.3 图

12.3 图 12.15 所示重物自高度 h 处自由落在梁的 D 点，试问求梁上 C 点的动应力时，能否应用动荷载因数公式 $K_d = 1 + \sqrt{1 + \dfrac{2h}{\Delta_{st}}}$ 计算？这时 Δ_{st} 应取哪一点的静位移？

12.4 图 12.16 所示的两悬臂梁材料相同，其固定端的静应力 σ_{st} 和动应力 σ_d 是否相同？为什么？

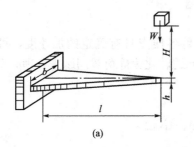
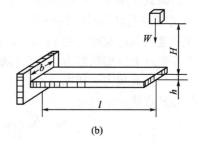

(a)　　　　　　　　(b)

图 12.16 思考题 12.4 图

12.5 图 12.17 所示三根杆件材料相同,承受自同样高度落下相同重物的冲击,试问哪一根杆件的动荷载因数大?哪一根杆件的动应力最小?

12.6 重量为 P 的物体从高度为 h 处自由下落在图示杆件的顶端,杆的尺寸和抗压刚度如图 12.18 所示。试列出冲击时动荷载因数的表达式。

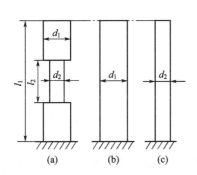

图 12.17 思考题 12.5 图

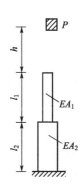

图 12.18 思考题 12.6 图

习 题

12.1 试对图中四种情形简化其惯性力。(a)均质圆盘的质心 C 在转轴上,圆盘作等角速度转动;(b)偏心圆盘作匀速转动,$OC=e$;(c)均质圆盘的质心在转轴,但为非等角速转动;(d)偏心圆盘作非等速转动,$OC=e$,已知圆盘质量均为 m,对质心的回转半径均为 ρ。

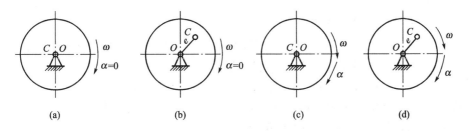

图 12.19 习题 12.1 图

12.2 均质等截面杆,长为 l,重为 W,横截面面积为 A,水平放置在一排光滑的滚子上。杆的两端轴向力 F_1 和 F_2 作用,且 $F_1 > F_2$。试求杆内正应力沿杆件长度分布的情况。

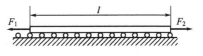

图 12.20 习题 12.2 图

12.3 长为 l,横截面面积为 A 的杆以加速度 a 上升。若材料单位体积的质量为 ρ。试求杆内的最大正应力。

12.4 图示为起重机的示意图,重物 P 以匀加速度 $a=4\text{m/s}^2$ 向上提升,已知重物的重量 $P=20\text{kN}$、吊索材料的许用应力 $[\sigma]=80\text{MPa}$。试求吊索所需的最小横截面面积。

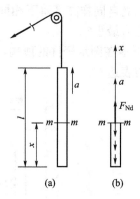
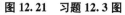
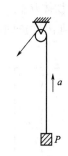

　　(a)　　　　(b)

图 12.21　习题 12.3 图　　　　　图 12.22　习题 12.4 图

12.5　如图所示轴 AB 以匀角速度 ω 旋转，在跨中和自由端有两个重量为 W 的重物，它们与轴固结位于同一平面，已知 ω、W、s、l。试作轴的弯矩图，并求轴的最大弯矩值。

12.6　图示机车车轮以 $n=300$r/min 的转速旋转。平行杆 AB 的横截面为矩形，$h=5.6$cm，$b=2.8$cm，杆的长度为 $l=2$m，轮子的半径为 $r=25$cm，材料的密度为 $\rho=7800$kg/m³。试确定平行杆 AB 最危险的位置和杆内最大正应力。

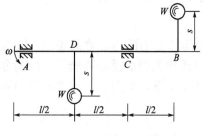
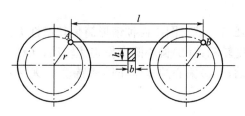

图 12.23　习题 12.5 图　　　　　图 12.24　习题 12.6 图

12.7　用两平行的吊索起吊一根 20a 号的工字形钢梁，吊索的位置如图所示。若吊索以匀加速度 $a=4$m/s² 向上提升，试求吊起过程中梁内横截面上的最大正应力。

12.8　自重为 20kN 的起重设备安放在由两个 25a 号工字钢组成的梁的跨中处，已知梁的长度 $l=6$m、被起吊物的重量 $P=40$kN。若将重物以匀加速度 $a=2$m/s² 向上提升，试求吊索所受的拉力和梁中横截面上的最大正应力。

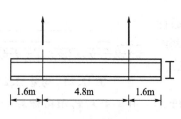
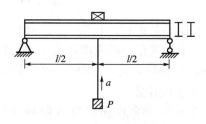

图 12.25　习题 12.7 图　　　　　图 12.26　习题 12.8 图

12.9　一圆截面钢杆如图所示，下端装有一固定圆盘，有一重量为 W 的环形重物，自高度 h 处自由落到盘上。已知：$h=100$mm，钢杆长 $l=1$m，直径 $d=40$mm，$E=200$GPa，$W=10$kN。试求：

(1) 当重物自由落到盘上时(题 12.9a 图)，杆内最大动应力 σ_{dmax} 值；

(2) 若在盘上放置一弹簧，其弹簧常数 $k=2\text{kN/mm}$，重物由弹簧顶端 h 高处自由落于弹簧上(图 12.9b)，杆内最大动应力 σ_{dmax} 值。

12.10 图示为一直径 $d=30\text{cm}$、长 $l=6\text{m}$ 的圆木柱，下端固定，上端受 $W=5\text{kN}$ 的重锤作用。木材的 $E_1=10\text{GPa}$。求下列三种情况下，木桩内的最大正应力。

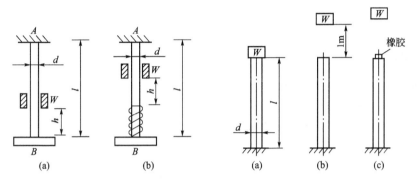

图 12.27 习题 12.9 图　　　　图 12.28 习题 12.10 图

(1) 重锤以静荷载方式作用于木桩上；

(2) 重锤从离桩顶 $h=1\text{m}$ 的高度处自由落下；

(3) 在桩顶放置直径为 150mm、厚为 20mm 的橡皮垫，橡胶的弹性模量 $E_2=8\text{MPa}$。重锤也是从离桩顶 $h=1\text{m}$ 的高度自由落下。

12.11 重量 $P=2\text{kN}$ 的物体从高度 $h=50\text{mm}$ 处自由下落在简支梁的跨中处，如图所示。已知梁长 $l=6\text{m}$，梁由 20a 号工字形钢制成，钢材的弹性模量 $E=200\text{GPa}$。试求梁中横截面上的最大动应力。

12.12 重量 $P=2\text{kN}$ 的物体从高度 $h=40\text{mm}$ 处自由下落到外伸梁的自由端处，如图所示。已知梁长 $l=2\text{m}$，梁由 18a 号工字形钢制成，钢材的弹性模量 $E=200\text{GPa}$。试求梁中横截面上的最大动应力。

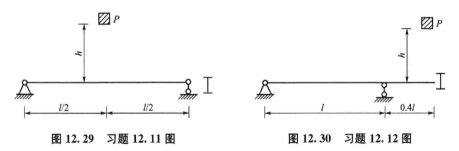

图 12.29 习题 12.11 图　　　　图 12.30 习题 12.12 图

第13章
构件的疲劳强度

教学目标

掌握交变应力的概念及其循环特征
掌握疲劳强度的概念
掌握对称循环下材料的疲劳极限及影响构件疲劳极限的主要因素
了解疲劳强度的计算

教学要求

知识要点	能力要求	相关知识
交变应力	(1) 掌握交变应力的概念 (2) 掌握交变应力的特征 (3) 了解交变应力条件下材料的疲劳破坏	应力的概念
疲劳极限	(1) 理解疲劳极限的概念 (2) 掌握对称循环下材料的疲劳极限 (3) 掌握影响构件疲劳极限的主要因素	
疲劳强度	(1) 理解疲劳强度的概念 (2) 了解疲劳强度的计算 (3) 了解提高疲劳强度的措施	静强度的概念

引言

以上各章主要研究构件的静强度问题,这自然是构件安全性设计最基本的一环,也是解决得最好的一环。但是,在实际中结构失效的原因往往并不是其静强度不足,而是材料的疲劳(fatigue)与断裂(fracture)。这方面有许多惨痛的例子,如1954年世界上第一架喷气式客机——英国的彗星号,在投入飞行不到两年,就因其客舱的疲劳破坏而坠入地中海;又如在1967年,美国西弗吉尼亚的Point Pleasant桥因其一根拉杆的疲劳而突然毁坏;最近(2002年)中国台湾华航波音747宽体客机在空中解体、坠入台湾海峡,也是因其机翼与机身连接部位的疲劳破坏而引起的。因此,研究构件的疲劳强度具有重要的意义。

本章主要介绍构件在交变应力作用下发生疲劳破坏时的主要特征,疲劳破坏的原因,影响疲劳强度的主要因素,对称循环下构件的疲劳强度条件,非对称循环下构件的疲劳强度条件及提高构件疲劳强度的措施。

13.1 交变应力与应力循环特性疲劳破坏的概念

1. 交变应力的概念

工程实际中，除了静荷载和动荷载外，还经常遇到随时间作周期变化的荷载，这种荷载称为交变荷载。在交变荷载作用下，构件内的应力也随时间作周期性的变化，这种应力称为交变应力（Alternating stress）。在交变应力中，应力每重复变化一次称为一个应力循环，应力重复变化次数称为应力循环次数。构件在交变应力作用下的破坏与在静应力作用下有着本质上的差别。

工程中有些构件，工作时应力随时间按某种规律变化。例如齿轮啮合中的轮齿[图 13.1(a)]，其根部产生的应力从开始的零值变到最大值，然后又从最大值变到脱离啮合时的零。齿轮每转一周，每个轮齿就这样循环一次。在 $\sigma-t$ 坐标系下，可以画出正应力 σ 随时间 t 变化的曲线，如图 13.1(b) 是齿根一点正应力 σ 随时间 t 变化的曲线。

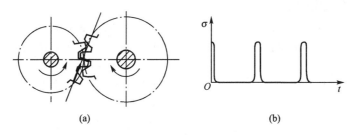

图 13.1 齿轮啮合的轮齿

又如受迫振动的梁，梁上荷载为 $P+H_d \cdot \cos\omega t$，如图 13.2(a)。在交变荷载作用下，构件内各点应力也随时间而作周期性的变化。图 13.2(b) 是受迫振动的梁中点下侧 A 点正应力 σ 随时间 t 变化的曲线。

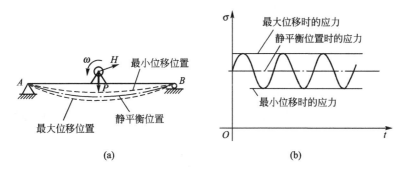

图 13.2 受迫振动的梁

还有一些构件所承受的荷载虽然不随时间变化，但是由于构件自身作旋转或往复运动，使得构件内各点应力随时作周期性变化，如机车车轴[图 13.3(a)]，由于轴的转动，轴内任一点（除圆心外）至中性轴的垂直距离是随时间而变化的，因而该点处弯曲正应力的大小、方向也随时间作周期性变化。图 13.3(b) 为车轴 AB 段（纯弯曲）上任一截面上的

A 点正应力 σ 随时间 t 变化的曲线；A 点的位置从 1 点经 2 点、3 点、4 点再回到 1 点时其应力变化过程 $\sigma_1=0$，$\sigma_2=\sigma_{max}$，$\sigma_3=0$，$\sigma_4=\sigma_{min}$，$\sigma_1=0$。

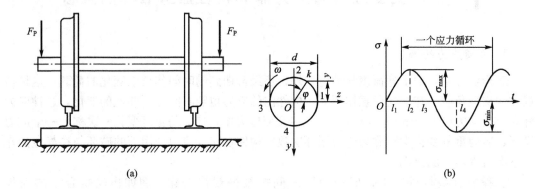

图 13.3 旋转的机车车轴

2. 交变应力的循环特性与类型

1) 交变应力的循环特性

为了表示交变应力的变化规律，可以将应力随时间的变化画成曲线。图 13.4 所示为构件横截面上一点应力随时间 t 的变化曲线，其中 S 为广义应力，既可以是正应力 σ，又可以是切应力 τ。

根据应力随时间的变化情况，定义下列名词和术语：

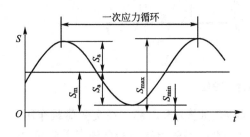

图 13.4 一点应力随时间 t 的变化曲线

（1）应力循环特性（应力比） 一次应力循环中最小应力与最大应力的代数比值（当 $|S_{min}|\leqslant|S_{max}|$ 时）或最大应力与最小应力的比值（当 $|S_{min}|\geqslant|S_{max}|$ 时），称为应力循环特性，也称为应力比。用 r 表示，即

$$r=\frac{S_{min}}{S_{max}} \quad (当 |S_{min}|\leqslant|S_{max}| 时) \qquad (13-1a)$$

或

$$r=\frac{S_{max}}{S_{min}} \quad (当 |S_{min}|\geqslant|S_{max}| 时) \qquad (13-1b)$$

（2）平均应力（Mean stress） 应力循环中最大应力与最小应力的代数和的平均值，用 S_m 表示，即

$$S_m=\frac{S_{min}+S_{max}}{2} \qquad (13-2)$$

（3）应力幅（Stress amplitude） 应力变化的幅度，应力循环中最大应力和最小应力代数差的一半，用 S_a 表示，即

$$S_a=\frac{S_{max}-S_{min}}{2} \qquad (13-3)$$

（4）最大应力 应力循环中具有最大代数值的应力，即

$$S_{\max}=S_{m}+S_{a} \tag{13-4}$$

(5) 最小应力 应力循环中具有最小代数值的应力，即

$$S_{\min}=S_{m}-S_{a} \tag{13-5}$$

(6) 对称循环(Symmetrical reversed cycle) 应力循环中应力数值与正负号都反复变化，且有 $S_{\max}=-S_{\min}$，这种应力循环称为"对称循环"。图 13.3 所示的车轴，其内任一点(除圆心外)的弯曲正应力，即为对称循环交变应力。对称循环应力随时间的变化曲线如图 13.5 所示，这时

$$r=-1, \quad S_{m}=0, \quad S_{a}=S_{\max}$$

(7) 脉动循环 应力循环中仅应力数值随时间变化而变化，而应力正负号不发生变化，且最小应力值等于零，这种应力循环为"脉动循环"，图 13.1 所示的轮齿，在齿根处的弯曲正应力就属于此类。脉动循环应力随时间的变化曲线如图 13.6 所示，这时

$$r=0, \quad S_{\min}=0$$

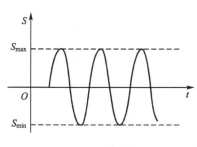

图 13.5 对称循环

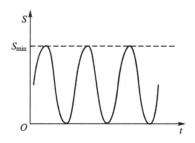

图 13.6 脉动循环

(8) 静应力 循环应力的特例，在静应力作用下：

$$r=1, \quad S_{\max}=S_{\min}=S_{m}, \quad S_{a}=0$$

(9) 非对称循环应力(Unsymmetrical reversed cycle) 应力比 $r\neq 1$ 的循环应力，均属于非对称循环应力。因此，脉动循环应力也是一种非对称循环应力。

值得注意的是：上述最大应力和最小应力都是指一点处的应力随时间变化过程中的数值，而不是指横截面上应力分布的不均匀性所引起的最大应力与最小应力，也不是指一点应力状态中的最大应力与最小应力。

2) 应力循环的类型

应力循环按应力幅是否恒为常量，分为常幅应力循环和变幅应力循环。

应力循环按应力比分类

$$\begin{cases} \text{对称循环}: r=-1 \\ \text{非对称循环}: r\neq -1 \begin{cases} \text{脉动循环}: r=0 \text{ 或 } r=-\infty \\ \text{静应力}: r=1 \\ \text{其他一般应力循环} \end{cases} \end{cases}$$

几种典型的交变应力 $\sigma-t$ 曲线及参数列于表 13-1 中。由表可看出，非对称循环可看作是静应力与对称循环的叠加。

表 13-1　几种典型的交变应力 $\sigma - t$ 曲线及参数

循环类型	$\sigma - t$ 曲线	循环特征	σ_{max} 与 σ_{min}	σ_m 与 σ_a
对称循环		$r = -1$	$\sigma_{max} = -\sigma_{min}$	$\sigma_m = 0$ $\sigma_a = \sigma_{max}$
脉动循环		$r = 0$	$\sigma_{min} = 0$ $\sigma_{max} > 0$	$\sigma_m = \sigma_a = \dfrac{\sigma_{max}}{2}$
脉动循环		$r = -\infty$	$\sigma_{max} = 0$ $\sigma_{min} < 0$	$\sigma_a = -\sigma_m = -\dfrac{\sigma_{min}}{2}$
非对称循环		$-1 < r < +1$	$\sigma_{max} = \sigma_m + \sigma_a$ $\sigma_{min} = \sigma_m - \sigma_a$	$\sigma_m = \dfrac{\sigma_{max} + \sigma_{min}}{2}$ $\sigma_a = \dfrac{\sigma_{max} - \sigma_{min}}{2}$
静应力		$r = +1$	$\sigma_{max} = \sigma_{min}$	$\sigma_a = 0$ $\sigma_m = \sigma_{max} = \sigma_{min}$

3. 疲劳破坏的概念

所谓疲劳，是指构件中的某点或某些点承受交变应力，经过足够长的时间（或次数）累积作用之后，材料形成裂纹或完全断裂这样一个发展和变化过程。

在交变应力作用下构件发生的破坏，习惯上称为疲劳破坏。交变应力下材料抵抗破坏的能力，称为疲劳强度。理论与实验研究均表明，在交变应力作用下的构件，其强度和破坏形式与在静荷载作用时截然不同。

1) 疲劳破坏的特征

疲劳破坏具有下列特征：

（1）抵抗断裂的极限应力低。材料断裂时的应力值通常要比材料的强度极限低很多，甚至低于屈服应力；

（2）破坏是一个积累损伤的过程，即需经历多次应力循环后才能出现；

（3）材料的破坏呈脆性断裂。在长期交变应力作用下，疲劳破坏是以材料的突然脆性断裂而结束的。即使是塑性材料，断裂时也无明显的塑性变形。在此之前有一个裂纹形成和扩展的过程；

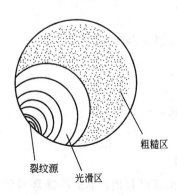

图 13.7　疲劳破坏的断口

（4）疲劳断口如图 13.7 所示，分为裂纹源、光滑区和粗糙区。通过对断口的分析，可以解释疲劳破坏的过程。

2) 疲劳破坏的过程

近代研究表明，金属材料疲劳破坏的过程是损伤逐渐累积的过程。构件在交变应力作用下，其疲劳破坏经历了裂纹萌生、裂纹扩展及断裂三个阶段。

(1) 裂纹萌生。

一般认为，当交变应力的最大值超过一定的限度时，经过一段时间的应力重复后，构件中位置最不利或较弱的晶体，沿最大剪应力作用面形成滑移带，滑移带开裂成为微观裂纹(裂纹源)。分散的微观裂纹经过集结沟通形成宏观裂纹。这一过程就是裂纹萌生阶段。

(2) 裂纹扩展。

在交变应力作用下，裂纹尖端严重应力集中，促使裂纹逐渐扩展。在裂纹的扩展过程中，由于交变正应力的作用，裂纹两边的材料时而张开，时而压紧；或因交变切应力作用，时而正向，时而反向地错动，致使材料彼此挤压或摩擦，使材料变得光滑，形成了光滑区。

(3) 断裂。

随着光滑区的不断扩展，构件的有效尺寸不断被削弱，当其有效尺寸小到一定程度不足以承受荷载或受到偶然超载冲击就会发生突然的脆性断裂。这部分断口为粗糙区。构件此时之所以呈脆性断裂，是由于裂纹尖端的材料处于三向拉应力状态，而不易产生塑性变形，即使是塑性极好的材料也会发生脆性断裂。

有初始裂纹的构件，在交变应力作用下，疲劳破坏过程只有裂纹扩展和断裂两个阶段。

疲劳破坏往往是在没有明显征兆的情况下突然发生的，因而常常造成严重事故。据统计，飞机、车辆和机器发生的事故中，尤其是高速运转的构件，有很大比例属于疲劳破坏。因此，对在交变应力下工作的构件进行疲劳强度计算是非常必要的。

13.2 疲劳极限及其测定

交变应力下，应力低于屈服应力时材料就可能发生疲劳破坏。因此，静载下测定的屈服极限或强度极限已不能作为强度指标。材料疲劳的强度破坏应重新测定。

1. 疲劳试验和 $S\text{-}N$ 曲线

材料的疲劳性能由试验测定，在对称循环下测定疲劳强度指标在技术上比较简单，也是最常用的测定方法。图 13.8 是旋转弯曲疲劳试验机。

测定时将材料加工成最小直径为 $d=7\sim10\mathrm{mm}$、有足够大的圆角过渡且表面磨光的试件(光滑小试件)。每组试验包括 $6\sim10$ 根试件。试验时，将试件的两端安装在疲劳试验机的支承筒内(见图 13.8)，并由电机带动而旋转，通过悬挂砝码使试件处于弯曲受力状态，其中间部分为纯弯曲。试件每旋转一圈，其内任一点处的材料即经历一次循环交变应力，记数器记下旋转次数。试验一直进行到试件断裂为止。在试件横截面的边缘处，应力循环的最大值可按弯曲正应力公式 $\sigma_{\max}=\dfrac{M_{\max}}{W_{\max}}$ 算出，试件断裂时的应力循环次数即为试件的转数，其数值可由计数器读出。

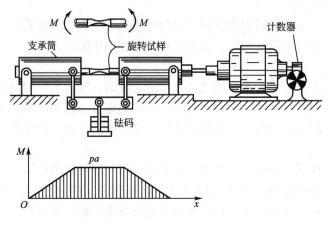

图 13.8 疲劳试验机

将若干根尺寸、材质相同的标准试件（光滑小试件）施加不同数值的荷载（应力水平），按上述方法逐根进行试验。对第一根试件施加的荷载，应使试件内最大应力 S_{max1} 约等于材料强度极限 σ_b 的 60%，经过一定循环次数 N_1 后，试件断裂，N_1 称为构件的疲劳寿命。然后使第二根试件的 $S_{max2}<S_{max1}$，进行试验，得到第二根试件断裂时的循环次数 N_2。这样逐次降低最大应力的数值，得出每根试件断裂时的循环次数。以应力循环中的最大值 S_{max} 为纵坐标，发生断裂时的循环次数 N 为横坐标，将试验所得的数据标记在此坐标系中。可以看出，疲劳试验结果具有明显的分散性，但是通过这些点可以画出一条曲线表明试件寿命随其承受的应力而变化的趋势，这条曲线称为材料的应力-寿命曲线（简称 S-N 曲线）或疲劳曲线，如图 13.9 所示。由 S-N 曲线可以看出：试件断裂前所能经受的循环次数 N，随 S_{max} 的减小而增大。

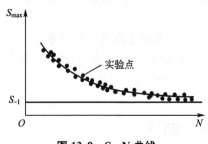

图 13.9 S-N 曲线

图 13.10（a）和（b）所示为对称循环下两种典型的 S-N 曲线，图 13.10（a）为每一应力水平只有一个试样的数据，这时用最小二乘法画出 S-N 曲线；图 13.10（b）为每一应力水平有一组试样的数据，如果每组有足够多的试样数据，则试验点形成分布带，S-N 曲线通常位于分布带的中央，又称均值。

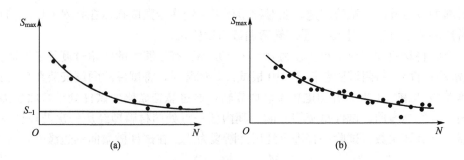

图 13.10 对称循环下两种典型的 S-N 曲线

2. 疲劳极限

试验表明，在给定的交变应力下，必须经过一定次数的循环，才可能发生疲劳破坏。而且在同一循环特征下，交变应力的最大应力越大，破坏前经历的次数越少；反之，交变应力的最大应力越小，破坏前经历的次数就越多。在最大应力减少到某一临界值时，试件可经历无穷多次应力循环而不发生疲劳破坏，这一临界值称为材料的疲劳极限，又称持久极限。

但是试验不可能无限次的进行，一般规定用一个循环次数 N_0 来代替"无限长"的疲劳寿命，这个 N_0 称为循环基数。由 $S\text{-}N$ 曲线可以明显看出，当应力降到某一极限值时，$N \geqslant N_0$，曲线趋近于水平线，这表明只要应力不超过这一极限值，N 可无限增长，即试件可以经历无限次循环而不发生疲劳破坏，渐近线的纵坐标即为光滑小试样的疲劳极限。对于应力比为 r 的情形，其疲劳极限用 S_r 表示，例如对称循环下的疲劳极限记为 σ_{-1}。

图 13.11a、b 为金属材料的两类 $S\text{-}N$ 曲线。

(1) 对于碳钢、大多数合金结构钢及铸铁，如图 13.11(a) 所示，当 $\sigma_{\max}$ 减小到某一极限值 σ_{-1} 时，$S\text{-}N$ 曲线变为水平线，意味着试件可经无数次应力循环也不断裂，这一临界值 σ_{-1} 就是材料在对称循环下的疲劳极限。由于这类材料的 $S\text{-}N$ 曲线在 $N_0 = 10^7$ 时均已趋于水平线，所以在疲劳试验中，通常以经 10^7 次应力循环仍不断裂时的最大应力值作为材料的疲劳极限。$N_0 = 10^7$ 为循环基数。

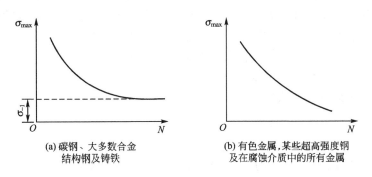

(a) 碳钢、大多数合金结构钢及铸铁

(b) 有色金属，某些超高强度钢及在腐蚀介质中的所有金属

图 13.11 金属材料的两类 $S\text{-}N$ 曲线

(2) 对于有色金属，某些超高强度钢及在腐蚀介质中工作的几乎所有金属材料，即使应力循环中的最大应力值较低，经一定应力循环次数后也会断裂，此种情况下的 $S\text{-}N$ 曲线没有水平部分，即无真正的疲劳极限。对于这些材料，工程上常采用"条件疲劳极限"代替疲劳极限。"条件疲劳极限"是指在规定的应力循环次数 N_0 下，不发生疲劳破坏的最大应力值，通常取 $N_0 = (5 \sim 7) \times 10^7$。各种材料的疲劳极限可在有关手册中查得。

不同变形形式下，同一循环特性 r 的疲劳极限也有差别。大量的试验显示，钢材在对称循环下的疲劳极限与其静载抗拉强度 σ_b 之间存在下述近似关系。

$$\begin{cases} 弯曲 & \sigma_{-1} \approx 0.4\sigma_b \\ 拉压 & \sigma_{-1} \approx 0.28\sigma_b \\ 扭转 & \tau_{-1} \approx 0.22\sigma_b \end{cases}$$

在理解疲劳极限时，需注意以下两点：

(1) 疲劳极限与循环特性有关，循环特性 r 不同，疲劳极限 σ_r 也不同，且对称循环下的疲劳极限为最低；

(2) 区别材料的疲劳极限和构件的疲劳极限，前者是实验室中用光滑小尺寸试件测出的，后者是在前者对各种影响因素修正后得到的实际构件的疲劳极限。

13.3 影响构件疲劳极限的主要因素

前面讲述的疲劳极限是根据光滑小试件测出的，称为材料的疲劳极限。实际构件的疲劳极限不但与材料有关，还与构件状态和工作条件有关。构件状态包括：构件外形、尺寸、表面加工质量和表面强化处理等因素；工作条件包括：荷载特性、介质和温度等因素，其中荷载特性包括应力状态、加载顺序和荷载频率等。因此，将试验测得的材料的疲劳极限用于构件的强度计算时，必须考虑这些因素的影响，才能确定实际构件的疲劳极限，进而进行疲劳强度计算。下面主要分析构件状态对构件疲劳极限的影响。

1. 构件外形的影响

由于使用和工艺上的需要，构件常常带有小孔、螺纹、键槽、轴肩等。在构件截面的变化处会出现应力集中，在应力集中区域，由于应力很大，不仅容易形成疲劳裂纹，而且会促使裂纹加速扩展，从而使构件的疲劳极限显著降低。

构件外形引起的应力集中影响程度，可用对比试验的方法来表示。在对称循环下，无应力集中的光滑试样的疲劳极限以 σ_{-1} 或 τ_{-1} 表示；有应力集中因素，且尺寸与光滑试样相同的试样疲劳极限以 $(\sigma_{-1})_k$ 或 $(\tau_{-1})_k$ 表示，则比值

$$K_\sigma = \frac{\sigma_{-1}}{(\sigma_{-1})_k} \quad \text{或} \quad K_\tau = \frac{\tau_{-1}}{(\tau_{-1})_k} \tag{13-6}$$

称为有效应力集中因数（K_σ——对应于正应力，K_τ——对应于切应力）。由于 $\sigma_{-1} > (\sigma_{-1})_k$，$\tau_{-1} > (\tau_{-1})_k$，所以 K_σ、K_τ 都是一个大于 1 的数值，且可由试验测定。

工程上为了使用方便，把有关有效应力集中因数的试验数据整理成曲线或表格。图 13.12、图 13.13 分别为钢制阶梯轴在弯曲、扭转对称循环时的有效应力集中因数。

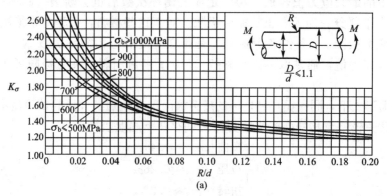

图 13.12 弯曲时有效应力集中因数 K_σ

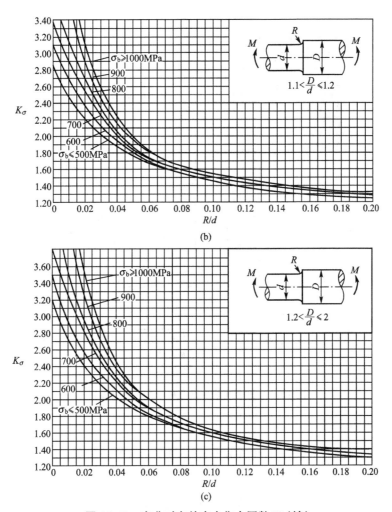

图 13.12 弯曲时有效应力集中因数 K_σ（续）

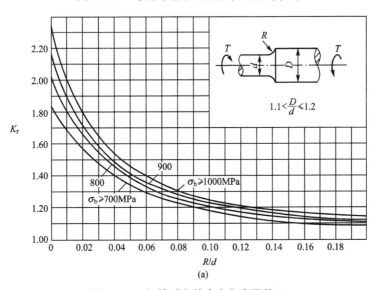

图 13.13 扭转时有效应力集中因数 K_τ

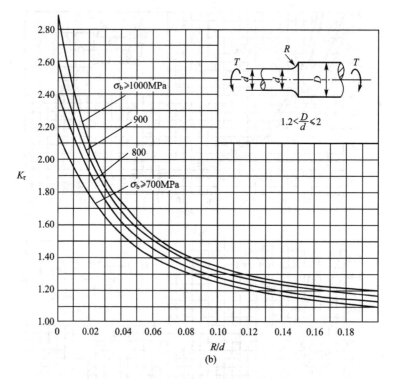

(b)

图 13.13 扭转时有效应力集中因数 K_τ（续）

从这些图线中可以看出：

（1）构件截面尺寸改变急剧程度愈厉害$\left(\text{如}\dfrac{R}{d}\text{愈小}\right)$有效应力集中因数就愈大，其疲劳极限的降低愈显著；

（2）有效应力集中因数还随受力形式（如拉、扭、弯）的不同而改变；

（3）有效应力集中因数与强度极限 σ_b（即与材料的性质）有关。图 13.14 为考虑了材料的性质的钢制轴的有效应力集中因数。

强度极限 σ_b 愈高，有效应力集中因数也愈大，其疲劳极限的降低愈显著。强度极限愈高，应力集中也愈敏感，这说明应力集中对高强度钢的疲劳极限影响较大。因此，在设计构件时，应增大构件变截面处的过渡圆角半径，并将孔、槽等尽可能配置在低应力区内，以减缓应力集中现象。

确定有效应力集中因数最可靠的方法是直接进行实验或查阅有关实验数据，但在资料缺乏时，通过敏感系数 q 来确定有效应力集中因数，不失为一个相当有效的办法。对于钢材，敏感系数的值可采用下述经验公式确定：

$$q=\dfrac{1}{1+\sqrt{A/R}}$$

其中，R 为缺口（如沟槽及圆孔）的曲率半径；$\sqrt{A}$ 为材料常数，其值与材料的强度极限 σ_b 以及屈服极限与强度极限的比值（屈强比）σ_s/σ_b 有关。

应该指出，目前对敏感系数的研究还不充分，这里就不多作介绍。

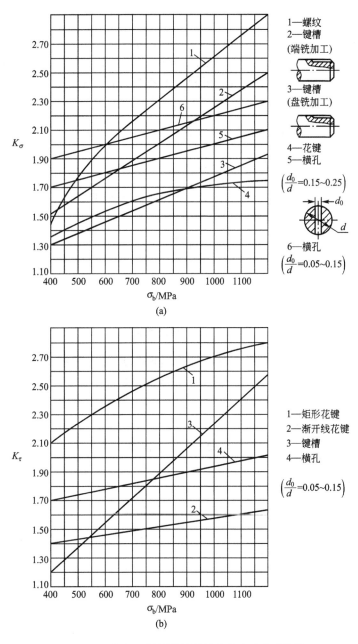

图 13.14　考虑了材料的性质的有效应力集中因数

2. 构件尺寸的影响

实验结果表明，构件横向尺寸的增加，强度的提高，都将使构件的疲劳极限下降。所以当构件的尺寸大于标准试样尺寸时，必须考虑尺寸的影响。

大尺寸构件的疲劳极限要比小试样的疲劳极限低，其降低程度用尺寸因数表示。在对称循环下，若以$(\sigma_{-1})_d$或$(\tau_{-1})_d$表示光滑大试样的疲劳极限，σ_{-1}或τ_{-1}表示光滑小试样的疲劳极限，则比值

$$\varepsilon_\sigma = \frac{(\sigma_{-1})_\mathrm{d}}{\sigma_{-1}} \quad 或 \quad \varepsilon_\tau = \frac{(\tau_{-1})_\mathrm{d}}{\tau_{-1}} \tag{13-7}$$

称为尺寸因数(ε_σ——对应于正应力,ε_τ——对应于切应力)。

尺寸因数 ε_σ、ε_τ 都是一个小于 1 的数,可在有关手册或设计规范中查到。

试样的直径 d 愈大,ε 愈小,疲劳极限降低愈多;材料的静强度愈高,ε 愈小,截面尺寸的大小对构件疲劳极限的影响愈显著,如图 13.15 所示。

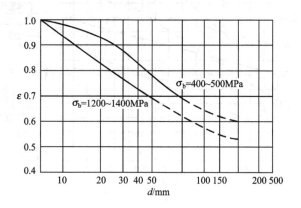

图 13.15 构件尺寸的影响

实验表明,同样尺寸的构件在弯曲和扭转时的尺寸因数相同,即 $\varepsilon_\sigma = \varepsilon_\tau$;轴向加载时,光滑试样横截面上的应力均匀分布,截面尺寸的影响不大,可取尺寸因数 $\varepsilon_\sigma = 1$。

常见钢材的尺寸因数参照表 13.2。

表 13.2 尺 寸 因 数

直径 d/mm		>20~30	>30~40	>40~50	>50~60	>60~70
ε_σ	碳钢	0.91	0.88	0.84	0.81	0.78
	合金钢	0.83	0.77	0.73	0.70	0.68
各种钢 ε_τ		0.89	0.81	0.78	0.76	0.74
直径 d/mm		>70~80	>80~100	>100~120	>120~150	>150~500
ε_σ	碳钢	0.75	0.73	0.70	0.68	0.60
	合金钢	0.66	0.64	0.62	0.60	0.54
各种钢 ε_τ		0.73	0.72	0.70	0.68	0.60

由表 13.2 可见,直径越大,尺寸因数越小,疲劳极限降低得越多;而且高强度钢疲劳极限受尺寸的影响比低强度钢更为严重。

尺寸引起疲劳极限降低的原因主要有以下几点:

(1) 构件尺寸越大,内部的缺陷就越多,如缩孔、裂纹、夹杂物等,因而形成裂纹的可能性越大;

(2) 大尺寸构件表面积和表层体积都比较大,而裂纹源一般都在表面或表面层下。故形成疲劳源的概率也比较大;

(3) 承受弯曲作用的两根直径不同的试样(图 13.16),在最大弯曲正应力相同的条件下,大试样的高应力区比小试样的高应力区厚,因而处于高应力状态的晶粒多。所以,在大试样中,疲劳裂纹更易于形成并扩展,疲劳极限因而降低。另一方面,高强度钢的晶粒较小,在尺寸相同的情况下,晶粒愈小,则高应力区所包含的晶粒愈多,愈易产生疲劳裂纹。

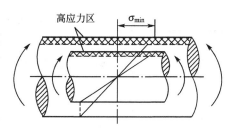

图 13.16 弯曲作用下不同直径试样的高应力区

3. 构件表面质量的影响

一般情况下,疲劳破坏源于构件的表面,因此,表面光洁度和加工质量对构件疲劳极限有不同程度的影响。构件表面的粗糙度、划痕和擦伤都会引起应力集中,从而降低疲劳极限。构件表面质量的影响,可用对比试验测定。以 σ_{-1} 表示磨光的试样的疲劳极限,$(\sigma_{-1})_\beta$ 表示表面为其他加工情况时构件的疲劳极限,用两者的比值表示表面加工质量的影响

$$\beta = \frac{(\sigma_{-1})_\beta}{\sigma_{-1}} \tag{13-8}$$

β 称为表面质量因数。当构件表面质量低于磨光的试件时,$\beta<1$;而表面经强化处理后,$\beta>1$。不同表面粗糙度的表面质量因素 β 参照图 13.17、表 13.3 和表 13.4。

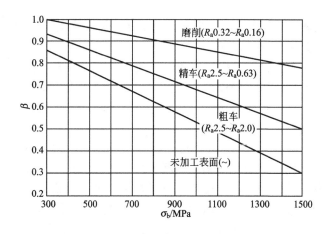

图 13.17 不同表面粗糙度的表面质量因素

表 13.3 不同表面粗糙度的表面质量因数 β

加工方式	轴表面粗糙度 $R_a/\mu m$	σ_b/MPa		
		400	800	1200
磨削	0.4~0.2	1	1	1
车削	3.2~0.8	0.95	0.90	0.80
粗车	25~6.3	0.85	0.80	0.65
未加工的表面	∞	0.75	0.65	0.45

表 13.4　各种强化方式的表面质量因数 β

强化方式	心部强度 σ_b/MPa	β		
		光轴	低应力集中的轴 $K_\sigma \leqslant 1.5$	高应力集中的轴 $K_\sigma \leqslant 1.8 \sim 2$
高频淬火	600~800 800~1 000	1.5~1.7 1.3~1.5	1.3~1.7	2.4~2.8
渗氮	900~1 200	1.1~1.25	1.5~1.7	1.7~2.1
渗碳	400~600 700~800 1 000~1 200	1.8~2.0 1.4~1.5 1.2~1.3	3 2	
喷丸硬化	600~1 500	1.1~1.25	1.5~1.6	1.7~2.1
滚子滚压	600~1 500	1.1~1.3	1.3~1.5	1.6~2.0

注：1. 高频淬火系根据直径为 10~20mm、淬硬层厚度为 $(0.05\sim0.20)d$ 的试样实验求得的数据，对大尺寸的试样强化系数的值会有些降低。
2. 渗氮层厚度为 $0.01d$ 时用小值；在 $(0.03\sim0.04)d$ 时用大值。
3. 喷丸硬化根据 8~40mm 的试样求得的数据。喷丸速度低时用小值，速度高时用大值。
4. 滚子滚压系根据 17~130mm 的试样求得的数据。

由上可知：

（1）表面加工质量愈低，疲劳极限降低愈多；β 随着 σ_b 的增大而降低，这说明表面加工质量对高强度钢的疲劳极限影响更大；

（2）由于疲劳裂纹大多起源于构件表面，因此，提高构件表层材料的强度、改善表层的应力状况，都是提高构件疲劳强度的重要措施。构件经淬火、渗碳、渗氮等热处理或化学处理，使表层得到强化，或者经滚压、喷丸等机械处理，使表层形成预压应力，减弱容易引起裂纹的工作拉应力，这些都会提高构件的疲劳极限；

（3）对于在交变应力下工作的重要构件，特别是在存在应力集中的部位，应当力求采用高质量的表面加工，而且，愈是采用高强度材料，愈应讲究加工方法。

工程实际中的某一具体构件，其疲劳极限可能受到多种因素的影响。在通常的工作条件下，仍以上述三个因素为主要影响因素，把影响构件疲劳极限的三个主要因素都考虑进去，可得在对称循环应力作用下构件弯曲或拉、压时的疲劳极限 σ_{-1}^0，构件扭转时的疲劳极限 τ_{-1}^0，分别为：

$$\begin{cases} 弯曲或拉、压 \quad \sigma_{-1}^0 = \dfrac{\varepsilon_\sigma \beta}{K_\sigma} \sigma_{-1} \\ 扭转 \quad\quad\quad\quad \tau_{-1}^0 = \dfrac{\varepsilon_\sigma \beta}{K_\tau} \tau_{-1} \end{cases} \quad (13-9)$$

式中 σ_{-1}、τ_{-1} 分别为在对称循环应力作用下光滑小试件弯曲或拉、压时，扭转时的疲劳极限。

此外，构件所处的工作条件，例如高温环境、腐蚀介质等，对构件的疲劳极限也有影响。这些环境影响因数也可用修正系数表示，其数值可查阅有关手册。

例题 13.1 有一根旋转且受纯弯曲的碳钢制阶梯圆轴（图 13.18）。已知 $D=60$mm，

$d=50\text{mm}$,$r=5\text{mm}$,$\sigma_{-1}=280\text{MPa}$,钢的强度极限 $\sigma_b=800\text{MPa}$,轴的表面经过精车加工。试确定此轴的 σ_{-1}^0。

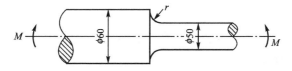

图 13.18 例题 13.1 图

解 按公式(13-9),此轴的疲劳极限为

$$\sigma_{-1}^0=\frac{\varepsilon_\sigma\beta}{K_\sigma}\sigma_{-1}$$

根据有关的图表查出因数 K_σ,ε_σ,β。为此,须先计算下列数值

$$\frac{D}{d}=\frac{60}{50}=1.2 \quad \frac{r}{d}=\frac{5}{50}=0.1$$

根据钢的强度极限 $\sigma_b=800\text{MPa}$ 和轴的表面经过精车加工,查相关图表可知:$K_\sigma=1.61$,$\varepsilon_\sigma=0.81$,$\beta=0.90$。

代入式(13-9)中得此轴的疲劳极限

$$\sigma_{-1}^0=\frac{\varepsilon_\sigma\beta}{K_\sigma}\sigma_{-1}=\frac{0.81\times0.90}{1.61}\times280=126.8(\text{MPa})$$

13.4 对称循环下的疲劳强度计算

前面已经提到,在交变应力下的构件,即使它的最大应力明显低于其在静载下的屈服极限,仍然可能发生突然断裂。因此,构件在静载下的强度条件不再适用于交变应力的情况。构件的疲劳强度条件与静荷载强度条件一样,都要求构件的工作应力不大于许用应力,但所取的许用应力应以疲劳极限为依据。

构件在交变应力作用下的疲劳强度计算,可从两个方面进行:

(1) 计算构件的最大工作应力 $\sigma_{\max}$,其计算方法同静载情况;

(2) 进行疲劳试验,测出材料的疲劳极限,再考虑到实际构件与光滑小试件之间尺寸大小、几何形状、表面加工质量、工作环境等因素的影响,引入系数进行修正,得到构件的疲劳极限,再考虑安全系数,即可建立构件在交变应力下的疲劳强度条件。

这就是工程上计算疲劳强度的基本思路。

1. 对称循环的疲劳强度计算

通过疲劳试验,我们得到材料在对称循环下的疲劳极限 σ_{-1} 或 τ_{-1}。考虑到实际构件的尺寸往往比试样大,而且还有由槽、孔和截面尺寸的改变等引起的应力集中,以及表面不同质量这三个主要影响因素,得到构件的疲劳极限 σ_{-1}^0 或 τ_{-1}^0。

计算对称循环下构件的疲劳强度时,应以构件的疲劳极限 σ_{-1}^0 或 τ_{-1}^0 为极限应力,选定适当的安全因数后,得到构件的疲劳许用应力

$$[\sigma_{-1}] = \frac{\sigma_{-1}^0}{n} = \frac{\varepsilon_\sigma \beta \sigma_{-1}}{K_\sigma \quad n} \qquad (13-10a)$$

$$[\tau_{-1}] = \frac{\tau_{-1}^0}{n} = \frac{\varepsilon_\tau \beta \tau_{-1}}{K_\tau \quad n} \qquad (13-10b)$$

要校核构件的疲劳强度，就是要保证构件危险截面上危险点的工作应力不超过构件的许用应力。则对称循环下构件的强度条件为

$$\sigma_{\max} \leqslant [\sigma_{-1}] = \frac{\varepsilon_\sigma \beta \sigma_{-1}}{K_\sigma \quad n} \qquad (13-11a)$$

$$\tau_{\max} \leqslant [\tau_{-1}] = \frac{\varepsilon_\tau \beta \tau_{-1}}{K_\tau \quad n} \qquad (13-11b)$$

式中 $\sigma_{\max}$、$\tau_{\max}$ 为构件危险点处交变应力的最大工作应力。安全因数 n 可根据有关设计规范来确定。

式(13-11)是按许用应力进行强度校核的，故称为"许用应力法"。

除了用"许用应力法"外，目前工程上大多数都采用"安全系数法"进行疲劳强度校核。"安全系数法"就是将构件承载时的工作安全系数 n_σ（或 n_τ）与规定的安全系数 n 进行比较，构件的工作安全因数 n_σ（或 n_τ）不小于规定的安全因数 n，就能保证疲劳强度。因此上式可改写为

$$n_\sigma = \frac{\frac{\varepsilon_\sigma \beta}{K_\sigma} \sigma_{-1}}{\sigma_{\max}} \geqslant n \qquad (13-12a)$$

$$n_\tau = \frac{\frac{\varepsilon_\tau \beta}{K_\sigma} \tau_{-1}}{\tau_{\max}} \geqslant n \qquad (13-12b)$$

式(13-12)中 n_σ（或 n_τ）为对称循环时构件的疲劳极限与构件在对称循环中承受的最大工作应力之比，称之为构件的实际安全因数或工作安全因数。n 是规定的安全因数，其数值可根据有关设计规范确定。

由于对称循环下，$\sigma_{\max} = \sigma_a$（应力幅值），$\tau_{\max} = \tau_a$，所以强度条件也可表示为

$$n_\sigma = \frac{\sigma_{-1}}{\frac{K_\sigma}{\varepsilon_\sigma \beta} \sigma_a} \geqslant n \qquad (13-13a)$$

$$n_\tau = \frac{\tau_{-1}}{\frac{K_\tau}{\varepsilon_\tau \beta} \tau_a} \geqslant n \qquad (13-13b)$$

例题 13.2 合金钢的阶梯圆轴如图 13.19 所示，粗细两段直径 $D=50\text{mm}$，$d=40\text{mm}$，过渡圆角半径 $r=5\text{mm}$。材料的 $\sigma_b=900\text{MPa}$，$\sigma_{-1}=400\text{MPa}$。承受对称循环交变弯矩 $M=\pm 450\text{N}\cdot\text{m}$，规定的安全系数 $n=2$。试校核该轴的疲劳强度。

解 轴承受对称循环交变弯矩，其危险截面应为粗细两段轴交界面 A-A，危险点最大弯曲正应力（在细轴上、下两点）为

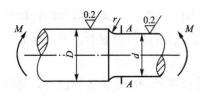

图 13.19 例题 13.2 图

$$\sigma_{\max} = \frac{M}{W} = \frac{450\text{N} \cdot \text{m}}{\frac{\pi}{32}(40)^3 \times 10^{-9}\text{m}^3} = 71.6 \times 10^6 \text{Pa} = 71.6 \text{MPa}$$

其影响因数分别为：

(1) 有效应力集中系数 K_σ

根据 $\frac{D}{d} = \frac{50}{40} = 1.25$，$\frac{r}{d} = \frac{5}{40} = 0.125$，$\sigma_b = 900\text{MPa}$，可从图 13.12(c) 查得 $K_\sigma = 1.55$

(2) 尺寸系数 ε_σ

根据 $d = 40\text{mm}$ 查表 13-2 得 $\varepsilon_\sigma = 0.77$

(3) 表面质量系数 β

根据表面粗糙度 0.2 查表 13-3 可得 $\beta = 1$

按公式 (13-12a)，进行疲劳强度校核

$$n_\sigma = \frac{\sigma_{-1}}{\frac{K_\sigma}{\varepsilon_\sigma \beta}\sigma_{\max}} = \frac{400 \times 10^6 \text{Pa}}{\frac{1.55}{0.77 \times 1} \times 71.6 \times 10^6 \text{Pa}} = 2.78$$

因为规定的安全因数为 $n = 2$，$n_\sigma > n$，所以轴的疲劳强度足够。

注意：在求系数 K_σ、ε_σ 和 β 时，如果不能直接从相应的图或表中查出时，可以使用插入法。

2. 提高构件疲劳强度的措施

构件的疲劳极限是决定交变应力作用下构件强度的直接依据。因而，提高构件的疲劳极限，是构件抵抗疲劳破坏的关键。疲劳破坏是由裂纹扩展引起的，而裂纹的形成主要在应力集中的部位和构件表面。所以提高疲劳强度应从减缓应力集中、提高表面质量等方面入手。

1) 减缓应力集中

在结构上应采用合理的设计，以减少有效应力集中因数。如在设计构件的外形时，要避免出现方形或带有尖角的孔和槽。在截面尺寸突变处，要采用半径较大的过渡圆角，以减缓应力集中。有时由于结构上的原因，截面变化处难以制成较大的过渡圆角，如一些阶梯轴，这时可以在直径较大的部分轴上开减荷槽或退刀槽(图 13.20)，这些都可明显减弱应力集中现象。

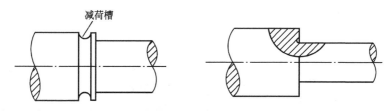

图 13.20 减荷槽或退刀槽

在紧配合的轮毂与轴的配合面边缘处，有明显的应力集中。若在轮毂上开减荷槽，并加粗轴的配合部分(图 13.21)，以缩小轮毂与轴之间的刚度差距，便可改善配合面边缘处应力集中的情况。在角焊缝处，如采用图 13.22(a) 所示的坡口焊接，应力集中程度要比无坡口焊接 [图 13.22(b)] 改善很多。

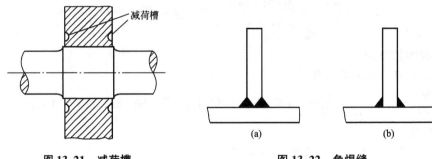

图 13.21 减荷槽　　　　　图 13.22 角焊缝

2) 提高表面光洁度

构件表面加工质量对疲劳强度影响很大,疲劳强度要求较高的构件,应有较低的表面粗糙度。适当提高表面光洁度,减小切削伤痕所造成的应力集中影响,从而提高构件的疲劳极限。

高强度钢对表面粗糙度更为敏感,只有经过精加工,保证构件表面有较高的光洁度,才有利于发挥它的高强度性能,才能避免疲劳极限大幅度下降。

3) 提高表层强度

通过一些工艺措施来提高构件表层材料的强度,从而提高构件的疲劳极限。为了强化构件的表层,常用方法有热处理和化学处理,如表面高频淬火、渗碳、氮化等。但采用这些方法时,要严格控制工艺过程,否则将造成表面微细裂纹,反而使得疲劳极限降低。除此之外也可用机械的方法强化表层,如滚压、喷丸等,以提高疲劳强度。

此外,在交变应力下工作的构件,应避免超载,避免在运输和使用时的表面碰伤。这些措施都对提高疲劳强度、提高疲劳极限有实际意义。

13.5 非对称循环下构件的疲劳强度计算

前面介绍的疲劳极限是在对称循环下、用标准试件测得的疲劳强度指标 σ_{-1}。而在实际工程中,构件除了在对称循环状态下工作以外,还有很多是处于非对称循环状态下的。同一种材料,在不同的循环特征下有不同的疲劳极限。用 σ_r 表示疲劳极限,其中脚标 r 表示循环特征,如:对称循环 $r=-1$,其疲劳极限就表示为 σ_{-1}。

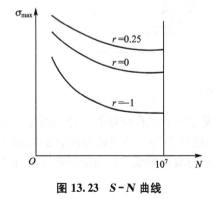

图 13.23 S-N 曲线

1. 疲劳极限曲线及其简化

为了得到某种材料的疲劳极限曲线,就必须对材料分别进行各种循环特征 r 的疲劳试验,得到相应的 $S\text{-}N$ 曲线。利用 $S\text{-}N$ 曲线便可确定不同 r 值的疲劳极限 σ_r。图 13-23 即为这种曲线的示意图。

材料在非对称循环应力下的疲劳极限 σ_r 也由试验测定。先计算各循环特征 r 下的疲劳极限 σ_r(即 $\sigma_{\max}$)所对应的平均应力 σ_m 和应力幅 σ_a,将其标注在以 σ_m 为横轴、σ_a 为纵轴的坐标系中,如图 13.24(a)

所示，图中 ACB 曲线即为材料的疲劳(持久)极限曲线。由图可见，曲线上的任意一点都对应着一个特定的应力循环 r，其纵横坐之和为这一循环特征下的疲劳极限，即：

$$\sigma_r = \sigma_{max} = \sigma_a + \sigma_m$$

若从原点 O 向曲线任意一点 E 作射线 OE，若其与横轴的夹角为 α，则有：

$$\tan\alpha = \frac{\sigma_a}{\sigma_m} = \frac{\frac{1}{2}(\sigma_{max} - \sigma_{min})}{\frac{1}{2}(\sigma_{max} + \sigma_{min})} = \frac{1-r}{1+r}$$

由上式可知：循环特征 r 相同的所有应力循环都在同一条射线上。此射线上的点离原点越远，纵、横坐标之和就越大，σ_{max} 就越大。显然，只要 σ_{max} 不超过同一循环特征 r 下的疲劳极限 σ_r，就不会出现疲劳破坏。对任一循环特征 r 都有确定的与其疲劳极限相对应的临界点。例如在对称循环下，$r=-1$，$\sigma_m=0$，这表示纵坐标轴上的各点都处于对称循环状态下；由该材料的对称循环疲劳极限 σ_{-1} 在纵坐标轴上确定 A 点，只要材料在对称循环状态下的 $\sigma_{max}(\sigma_{max}=\sigma_a+\sigma_m)$ 不超过 σ_{-1}(A 点)，就不会发生疲劳破坏。又如在静载状态下，$r=1$，$\sigma_a=0$，这表示横坐标轴上各点代表静应力；由材料的强度极限 σ_b 在横坐标轴上确定 B 点，只要材料在静应力状态下的 σ_{max} 不超过 σ_b(B 点)，就不会发生疲劳破坏。疲劳极限曲线与横坐标、纵坐标所包围的范围内的任意一点，其所对应的最大应力 σ_{max} 都小于相应的疲劳极限 σ_r，所以在这个区域内的应力状态下不会引起疲劳破坏。

如图 13.24(a)所示，曲线上有三个特殊的点，即：点 $A(0, \sigma_{-1})$，代表对称循环所对应的点；点 $B(\sigma_b, 0)$，代表静应力所对应的极限点；点 $C\left(\frac{\sigma_o}{2}, \frac{\sigma_o}{2}\right)$，代表脉动循环所对应的点。为减少工作量，工程上常用这三个特殊点所形成的折线 ACB 来代替疲劳极限曲线 ACB，这样，只要取得 σ_{-1}、σ_o 和 σ_b 三个试验数据就可作出简化了的材料疲劳极限图，称为简化折线。

考虑到构件应力集中、截面尺寸大小和表面加工质量(即 K、ε、β)等因素对构件疲劳极限的影响，上述简化折线可做相应的修正。试验表明，这些因素主要影响动应力部分而对静应力部分的影响可忽略不计，所以，在对称循坏和脉动循环下，应力幅度 σ_a 分别降为 $\frac{\varepsilon_\sigma\beta\sigma_{-1}}{K_\sigma}$ 和 $\frac{\varepsilon_\sigma\beta\sigma_0}{2K_\sigma}$。在图中对应的点为 A_1 和 C_1。连接点 A_1、C_1 和 B，得实际构件的简化折线 A_1C_1B (图 13.24b)。

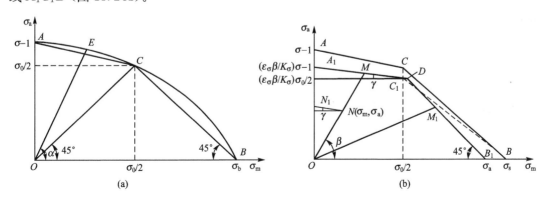

图 13.24 简化折线

2. 非对称循环下构件的疲劳强度计算

疲劳极限又可以看作某种材料在不同循环特征下，经无数次循环而不发生破坏的一条等寿命临界曲线。由这条曲线简化得到的简化折线是构件在非对称循环状态下进行疲劳强度计算的依据。

1) 非对称循环下构件的疲劳强度计算公式

若工作构件处于图 13.24(b)中循环特征为 r 的 $N(\sigma_m,\sigma_a)$ 点状态下，最大工作应力为：

$$\sigma_{\max}=\sigma_a+\sigma_m=ON(\cos\beta+\sin\beta)$$

则图中点 $M(\sigma_m^0,\sigma_{ra}^0)$ 的横、纵坐标和就代表与 N 点有相同循环特征的构件疲劳极限，即：

$$\sigma_r^0=\sigma_{ra}^0+\sigma_m^0=OM(\cos\beta+\sin\beta)$$

如图所示，作 A_1M 的平行线 N_1N，则此构件的工作安全系数可表示为：

$$n_\sigma=\frac{\sigma_r^0}{\sigma_{\max}}=\frac{OM}{ON}=\frac{OA_1}{ON_1}$$

再由图中几何关系可知：

$$\tan\gamma=\frac{\dfrac{\varepsilon_\sigma\beta}{K_\sigma}\sigma_{-1}-\dfrac{\varepsilon_\sigma\beta}{K_\sigma}\dfrac{\sigma_0}{2}}{\dfrac{\sigma_0}{2}}=\frac{\varepsilon_\sigma\beta}{K_\sigma}\psi_\sigma$$

$$OA_1=\frac{\varepsilon_\sigma\beta}{K_\sigma}\sigma_{-1}, \qquad ON_1=\sigma_a+\sigma_m\tan\gamma$$

其中，ψ_σ 是与材料有关的因素，称为材料对应力循环不对称性的敏感因素。它可由材料的 σ_{-1} 和 σ_0 求出：

$$\psi_\sigma=\frac{2\sigma_{-1}-\sigma_0}{\sigma_0} \tag{13-14}$$

也可查表或相关手册。对于普通钢材，ψ_σ 值可查表 13.5。

表 13.5 钢材的敏感因素 ψ_σ

静载强度极限 σ_b/MPa	350~500	500~700	700~1 000	1 000~1 200	1 200~1 400
拉、压、弯 ψ_σ	0	0.05	0.10	0.20	0.25
扭转 ψ_σ	0	0	0.05	0.10	0.15

由上述公式分析整理可得：

$$n_\sigma=\frac{OA_1}{ON_1}=\frac{\dfrac{\varepsilon_\sigma\beta}{K_\sigma}\sigma_{-1}}{\sigma_a+\sigma_m\dfrac{\varepsilon_\sigma\beta}{K_\sigma}\psi_\sigma}=\frac{\sigma_{-1}}{\dfrac{K_\sigma}{\varepsilon_\sigma\beta}\sigma_a+\sigma_m\psi_\sigma} \tag{13-15}$$

故可建立非对称循环下的疲劳强度条件为

$$n_\sigma=\frac{\sigma_{-1}}{\dfrac{K_\sigma}{\varepsilon_\sigma\beta}\sigma_a+\sigma_m\psi_\sigma}\geqslant n \tag{13-16}$$

$$n_\tau=\frac{\tau_{-1}}{\dfrac{K_\tau}{\varepsilon_\sigma\beta}\tau_a+\sigma_m\psi_\tau}\geqslant n \tag{13-17}$$

式中，n_σ（或 n_τ）为构件的工作安全系数，n 为构件规定的安全系数。

2) 非对称循环下构件疲劳强度计算的屈服强度条件

构件除了满足疲劳要求外，还应满足静载强度条件。一般承受交变应力的构件大都用钢等塑性材料制成，故静载作用时的破坏条件是 $\sigma_{\max}=\sigma_a+\sigma_m=\sigma_s$，而不是 $\sigma_{\max}=\sigma_a+\sigma_m=\sigma_b$。因此，在横坐标［见图 13.24(b)］上取 B_1 点（σ_s, 0），作与横轴（σ_m 轴）正向夹角为 135°的直线与 A_1C_1 线交于 D 点。直线 B_1D 为塑性破坏的控制线。这样，折线 A_1DB_1 与横、纵坐标轴围成一个区域，当构件危险点的工作应力对应点落在这个区域内时，构件既不产生疲劳破坏，又不发生塑性屈服破坏。

小　　结

1. 基本概念

交变应力、疲劳与疲劳失效、应力循环、循环特征、平均应力、应力幅、对称循环、脉冲循环、疲劳极限、疲劳强度、应力寿命(S-N)曲线、有效应力集中系数、尺寸系数、表面质量系数、构件的工作安全系数。

2. 知识要点

1) 交变应力与应力循环特性

随时间作周期性变化的应力称为交变应力。为了表示交变应力的变化规律，可以将应力随时间的变化画成曲线。

(1) **应力循环特性(应力比)**　一次应力循环中最小应力与最大应力的代数比值。

(2) **平均应力**　应力循环中最大应力与最小应力的代数平均值。

(3) **应力幅**　应力变化的幅度，应力循环中最大应力和最小应力代数差的一半。

(4) **最大应力**　应力循环中具有最大代数值的应力。

(5) **最小应力**　应力循环中具有最小代数值的应力。

(6) **对称循环**　应力循环中应力数值与正负号都反复变化，且有 $S_{\max}=-S_{\min}$，这种应力循环为"对称循环"。

(7) **脉动循环**　应力循环中仅应力数值随时间变化而变化，而应力正负号不发生变化，且最小应力值等于零，这种应力循环为"脉动循环"。

(8) **静应力**　循环应力的特例，在静应力作用下：$r=1$，$S_{\max}=S_{\min}=S_m$，$S_a=0$

(9) **非对称循环应力**　应力比 $r\neq1$ 的循环应力，均属于非对称循环应力。所以，脉动循环应力也是一种非对称循环应力。

2) 疲劳破坏的概念

金属构件在交变应力作用下会产生疲劳破坏。疲劳破坏与静应力破坏有着本质的区别，其特点是：抵抗断裂的极限应力低；需经历多次应力循环后才突然断裂；材料的破坏呈脆性断裂。疲劳破坏的过程是损伤逐渐积累的过程，分裂纹萌生、裂纹扩展和断裂三个阶段。

3) 影响构件疲劳强度的因素

影响构件疲劳强度的因素有：应力集中、构件尺寸、表面状态及工作环境等。

4) 疲劳强度计算

疲劳强度计算常常采用由安全因数表示的强度条件。

(1) 对称循环下的疲劳强度条件为：

弯曲或拉、压
$$n_\sigma = \frac{\frac{\varepsilon_\sigma \beta}{k_\sigma} \sigma_{-1}}{\sigma_{\max}} \geqslant n$$

扭转
$$n_\tau = \frac{\frac{\varepsilon_\tau \beta}{k_\sigma} \tau_{-1}}{\tau_{\max}} \geqslant n$$

(2) 非对称循环下的疲劳强度条件为：

弯曲或拉、压
$$n_\sigma = \frac{\sigma_{-1}}{\frac{K_\sigma}{\varepsilon_\sigma \beta} \sigma_a + \sigma_m \psi_\sigma} \geqslant n$$

扭转
$$n_\tau = \frac{\tau_{-1}}{\frac{K_\tau}{\varepsilon_\tau \beta} \tau_a + \sigma_m \psi_\tau} \geqslant n$$

式中，n_σ（或 n_τ）为构件的工作安全系数，n 为构件规定的安全系数。

5) 提高构件疲劳强度的措施

构件的疲劳极限是决定交变应力作用下构件强度的直接依据。因而，提高构件的疲劳极限，是使构件抵抗疲劳破坏的关键。疲劳破坏是由裂纹扩展引起的，而裂纹的形成主要在应力集中的部位和构件表面。所以提高疲劳强度应从减缓应力集中、提高表面质量等方面入手。

思 考 题

13.1 什么是交变应力？在交变应力中，什么是应力循环特征（应力比）、最大应力、最小应力、应力幅及平均应力？

13.2 什么是对称循环、不对称循环和脉动循环？应力循环特征各是多少？

13.3 试问交变应力下材料发生破坏的原因是什么？它与静载下的破坏有何区别？

13.4 什么是疲劳破坏？有何特点？导致疲劳破坏的主要原因是什么？

13.5 什么是材料的疲劳极限？与构件的疲劳极限有何区别？

13.6 影响构件疲劳极限的主要因素有哪些？如何提高构件的疲劳强度？

13.7 材料的疲劳极限与强度极限有何区别？

习 题

13.1 轴在±30°内摆动，1-1 截面上 B 点起始位置如图 13.25 所示，求 B 点的正应力循环特征。

13.2 如图 13.26 所示，试求其平均应力、应力幅值和应力比。

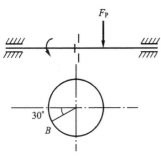

图 13.25 习题 13.1 图

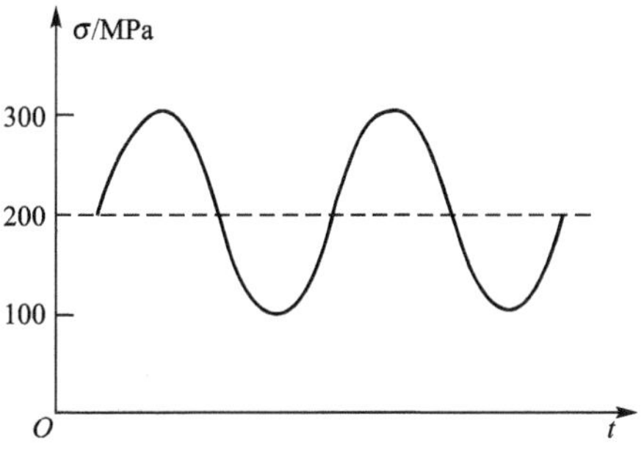

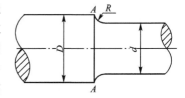

图 13.26 习题 13.2 图

13.3 如图 13.27 所示阶梯形圆截面钢杆，杆表面经精车加工，承受非对称循环的轴向荷载 F 作用，其最大和最小值分别为 $F_{\max}=100\text{kN}$ 和 $F_{\min}=10\text{kN}$，设规定的疲劳安全系数 $n=2$，且已知 $D=50\text{mm}$，$d=40\text{mm}$，$R=5\text{mm}$，$\sigma_b=600\text{MPa}$，$\sigma_{-1}^{\text{拉-压}}=170\text{MPa}$，$\psi_\sigma=0.05$，试校核该杆的疲劳强度。

图 13.27 习题 13.3 图

13.4 图 13.28 所示旋转轴，同时承受横向荷载 F_y 与轴向拉力 F_x 作用，且 $F_y=500\text{N}$，$F_x=2\text{kN}$，已知轴径 $d=10\text{mm}$，轴长 $l=100\text{mm}$，试求危险界面边缘任一点处的最大正应力、最小正应力、平均应力、应力幅与应力比。

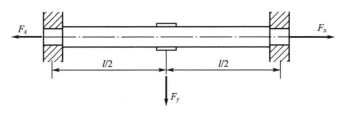

图 13.28 习题 13.4 图

13.5 如图 13.29 所示带横孔的圆截面钢杆，杆表面经磨削加工，承受非对称循环的轴向外力作用，设该力的最大值为 F，最小值为 $0.2F$，材料的强度极限 $\sigma_b=500\text{MPa}$，对称循环下拉压疲劳极限 $\sigma_{-1}^{\text{拉-压}}=150\text{MPa}$，敏感因素 $\psi_\sigma=0.05$，疲劳安全系数 $n=1.7$，试计算外力 F 的许用值。

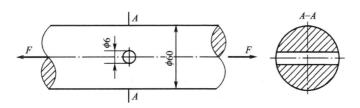

图 13.29 习题 13.5 图

附录表

型钢表

附表1 热轧等边角钢(GB 9798—1988)

符号意义：
b——边宽度；
d——边厚度；
r——内圆弧半径；
r_1——边端内圆弧半径；
I——惯性矩；
i——惯性半径；
W——截面系数；
z_0——重心距离。

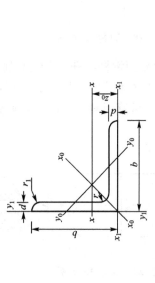

角钢号数	尺寸 mm			截面面积 cm²	理论重量 kg/m	外表面积 m²/m	参 考 数 值									
							$x-x$			x_0-x_0			y_0-y_0		x_1-x_1	z_0
	b	d	r				I_x cm⁴	i_x cm	W_x cm³	I_{x0} cm⁴	i_{x0} cm	W_{x0} cm³	I_{y0} cm⁴	i_{y0} cm	W_{y0} cm³	I_{x1} cm⁴	cm
2	20	3	3.5	1.132	0.889	0.078	0.40	0.59	0.29	0.63	0.75	0.45	0.17	0.39	0.20	0.81	0.60
		4		1.459	1.145	0.077	0.50	0.58	0.36	0.78	0.73	0.55	0.22	0.38	0.24	1.09	0.64
2.5	25	3	3.5	1.432	1.124	0.098	0.82	0.76	0.46	1.29	0.95	0.73	0.34	0.49	0.33	1.57	0.73
		4		1.859	1.459	0.097	1.03	0.74	0.59	1.62	0.93	0.92	0.43	0.48	0.40	2.11	0.76
3.0	30	3	4.5	1.749	1.373	0.117	1.46	0.91	0.68	2.31	1.15	1.09	0.61	0.59	0.51	2.71	0.85
		4		2.276	1.786	0.117	1.84	0.90	0.87	2.92	1.13	1.37	0.77	0.58	0.62	3.63	0.89

附录 型钢表

(续)

角钢号数	尺寸 mm			截面面积 cm²	理论重量 kg/m	外表面积 m²/m	参 考 数 值										z_0 cm
							$x-x$			x_0-x_0			y_0-y_0			x_1-x_1	
	b	d	r				I_x cm⁴	i_x cm	W_x cm³	I_{x0} cm⁴	i_{x0} cm	W_{x0} cm³	I_{y0} cm⁴	i_{y0} cm	W_{y0} cm³	I_{x1} cm⁴	
3.6	36	3	4.5	2.109	1.656	0.141	2.58	1.11	0.99	4.09	1.39	1.61	1.07	0.71	0.76	4.68	1.00
		4		2.756	2.163	0.141	3.29	1.09	1.28	5.22	1.38	2.05	1.37	0.70	0.93	6.25	1.04
		5		3.382	2.654	0.141	3.95	1.08	1.56	6.24	1.36	2.45	1.65	0.70	1.09	7.84	1.07
4.0	40	3	5	2.359	1.852	0.157	3.59	1.23	1.23	5.69	1.55	2.01	1.49	0.79	0.96	6.41	1.09
		4		3.086	2.422	0.157	4.60	1.22	1.60	7.29	1.54	2.58	1.91	0.79	1.19	8.56	1.13
		5		3.791	2.976	0.156	5.53	1.21	1.96	8.76	1.52	3.10	2.30	0.78	1.39	10.74	1.17
4.5	45	3	5	2.659	2.088	0.177	5.17	1.40	1.58	8.20	1.76	2.58	2.14	0.90	1.24	9.12	1.22
		4		3.486	2.736	0.177	6.65	1.38	2.05	10.56	1.74	3.32	2.75	0.89	1.54	12.18	1.26
		5		4.292	3.369	0.176	8.04	1.37	2.51	12.74	1.72	4.00	3.33	0.88	1.81	15.25	1.30
		6		5.076	3.985	0.176	9.33	1.36	2.95	14.76	1.70	4.64	3.89	0.88	2.06	18.36	1.33
5	50	3	5.5	2.971	2.332	0.197	7.18	1.55	1.96	11.37	1.96	3.22	2.98	1.00	1.57	12.50	1.34
		4		3.897	3.059	0.197	9.26	1.54	2.56	14.70	1.94	4.16	3.82	0.99	1.96	16.69	1.38
		5		4.803	3.770	0.196	11.21	1.53	3.13	17.79	1.92	5.03	4.64	0.98	2.31	20.90	1.42
		6		5.688	4.465	0.196	13.05	1.52	3.68	20.68	1.91	5.85	5.42	0.98	2.63	25.14	1.46
5.6	56	3	6	3.343	2.624	0.221	10.19	1.75	2.48	16.14	2.20	4.08	4.24	1.13	2.02	17.56	1.48
		4		4.390	3.446	0.220	13.18	1.73	3.24	20.92	2.18	5.28	5.46	1.11	2.52	23.43	1.53
		5		5.415	4.251	0.220	16.02	1.72	3.97	25.42	2.17	6.42	6.61	1.10	2.98	29.33	1.57
		8		8.367	6.568	0.219	23.63	1.68	6.03	37.37	2.11	9.44	9.89	1.09	4.16	47.24	1.68

275

(续)

角钢号数	尺寸 mm				截面面积 cm²	理论重量 kg/m	外表面积 m²/m	参 考 数 值										z_0 cm
	b	d		r				$x-x$			x_0-x_0			y_0-y_0			x_1-x_1	
								I_x cm⁴	i_x cm	W_x cm³	I_{x0} cm⁴	i_{x0} cm	W_{x0} cm³	I_{y0} cm⁴	i_{y0} cm	W_{y0} cm³	I_{x1} cm⁴	
6.3	63	4		7	4.978	3.907	0.248	19.03	1.96	4.13	30.17	2.46	6.78	7.89	1.26	3.29	33.35	1.70
		5			6.143	4.822	0.248	23.17	1.94	5.08	36.77	2.45	8.25	9.57	1.25	3.90	41.73	1.74
		6			7.288	5.721	0.247	27.12	1.93	6.00	43.03	2.43	9.66	11.20	1.24	4.46	50.14	1.78
		8			9.515	7.469	0.247	34.46	1.90	7.75	54.56	2.40	12.25	14.33	1.23	5.47	67.11	1.85
		10			11.657	9.151	0.246	41.09	1.88	9.39	64.85	2.36	14.56	17.33	1.22	6.36	84.31	1.93
7	70	4		8	5.570	4.372	0.275	26.39	2.18	5.14	41.80	2.74	8.44	10.99	1.40	4.17	45.74	1.86
		5			6.875	5.397	0.275	32.21	2.16	6.32	51.08	2.73	10.32	13.34	1.39	4.95	57.21	1.91
		6			8.160	6.406	0.275	37.77	2.15	7.48	59.93	2.71	12.11	15.61	1.38	5.67	68.73	1.95
		7			9.424	7.398	0.275	43.09	2.14	8.59	68.35	2.69	13.81	17.82	1.38	6.34	80.29	1.99
		8			10.667	8.373	0.274	48.17	2.12	9.68	76.37	2.68	15.43	19.98	1.37	6.98	91.92	2.03
7.5	75	5		9	7.412	5.818	0.295	39.97	2.33	7.32	63.30	2.92	11.94	16.63	1.50	5.77	70.56	2.04
		6			8.797	6.905	0.294	46.95	2.31	8.64	74.38	2.90	14.02	19.51	1.49	6.67	84.55	2.07
		7			10.160	7.976	0.294	53.57	2.30	9.93	84.96	2.89	16.02	22.18	1.48	7.44	98.71	2.11
		8			11.503	9.030	0.294	59.96	2.28	11.20	95.07	2.88	17.93	24.86	1.47	8.19	112.97	2.15
		10			14.126	11.089	0.293	71.98	2.26	13.64	113.92	2.84	21.48	30.05	1.46	9.56	141.71	2.22
8	80	5		9	7.912	6.211	0.315	48.79	2.48	8.34	77.33	3.13	13.67	20.25	1.60	6066	85.36	2.15
		6			9.397	7.376	0.314	57.35	2.47	9.87	90.98	3.11	16.08	23.72	1.59	7.65	102.50	2.19
		7			10.860	8.525	0.314	65.58	2.46	11.37	104.07	3.10	18.40	27.09	1.58	8.58	119.70	2.23
		8			12.303	9.658	0.314	73.49	2.44	12.83	116.60	3.08	20.61	30.39	1.57	9.46	136.97	2.27
		10			15.126	11.874	0.313	88.43	2.42	15.64	140.09	3.04	24.76	36.77	1.56	11.08	171.74	2.35

附录 型钢表

(续)

角钢号数	尺寸 mm			截面面积 cm²	理论重量 kg/m	外表面积 m²/m	参 考 数 值										z_0 cm
	b	d	r				$x-x$			x_0-x_0			y_0-y_0			x_1-x_1	
							I_x cm⁴	i_x cm	W_x cm³	I_{x0} cm⁴	i_{x0} cm	W_{x0} cm³	I_{y0} cm⁴	i_{y0} cm	W_{y0} cm³	I_{x1} cm⁴	
9	90	6	10	10.637	8.350	0.354	82.77	2.79	12.61	131.26	3.51	20.63	34.28	1.80	9.95	145.87	2.44
		7		12.301	9.656	0.354	94.83	2.78	14.54	150.47	3.50	23.64	29.18	1.78	11.19	170.30	2.48
		8		13.944	10.946	0.353	106.47	2.76	16.42	168.97	3.48	26.55	43.97	1.78	12.35	194.80	2.52
		10		17.167	13.476	0.353	128.58	2.74	20.07	203.90	3.45	32.04	53.26	1.76	14.52	244.07	2.59
		12		20.306	15.940	0.352	149.22	2.71	23.57	236.21	3.41	37.12	62.22	1.75	16.49	293.76	2.67
10	100	6	12	11.932	9.366	0.393	114.95	3.10	15.68	181.98	3.90	25.74	47.92	2.00	12.69	200.07	2.67
		7		13.796	10.830	0.393	131.86	3.09	18.10	208.97	3.89	29.55	54.74	1.99	14.26	233.54	2.71
		8		15.638	12.276	0.393	148.24	3.08	20.47	235.07	3.88	33.24	61.41	1.98	15.75	267.09	2.76
		10		19.261	15.120	0.392	179.51	3.05	25.06	284.68	3.84	40.26	74.35	1.96	18.54	334.48	2.84
		12		22.800	17.898	0.391	208.90	3.03	29.48	330.95	3.81	46.80	86.84	1.95	21.08	402.34	2.91
		14		26.256	20.611	0.391	236.53	3.00	33.73	374.06	3.77	52.90	99.00	1.94	23.44	470.75	2.99
		16		29.627	23.257	0.390	262.53	2.98	37.82	414.16	3.74	58.57	110.89	1.94	25.63	539.80	3.06
11	110	7	12	15.196	11.928	0.433	177.16	3.41	22.05	280.94	4.30	36.12	73.38	2.20	17.51	310.64	2.96
		8		17.238	13.532	0.433	199.46	3.40	24.95	316.49	4.28	40.69	82.42	2.19	19.39	355.20	3.01
		10		21.261	16.690	0.432	242.19	3.38	30.60	384.39	4.25	49.42	99.98	2.17	22.91	444.65	3.09
		12		25.200	19.782	0.431	282.55	3.35	36.05	448.17	4.22	57.62	116.93	2.15	26.15	534.60	3.16
		14		29.056	22.809	0.431	320.71	3.32	41.31	508.01	4.18	65.31	133.40	2.14	29.14	625.16	3.24
12.5	125	8	14	19.750	15.504	0.492	297.03	3.88	32.52	470.89	4.88	53.28	123.16	2.50	25.86	512.01	3.37
		10		24.373	19.133	0.491	361.67	3.85	39.97	573.89	4.85	64.93	149.46	2.48	30.62	651.93	3.45
		12		28.912	22.696	0.419	423.16	3.83	41.17	671.44	4.82	75.96	174.88	2.46	35.03	783.42	3.53
		14		33.367	26.193	0.490	481.65	3.80	54.16	763.73	4.78	86.41	199.57	2.45	39.13	915.61	3.61

(续)

角钢号数	尺寸 mm			截面面积 cm²	理论重量 kg/m	外表面积 m²/m	参 考 数 值										
							$x-x$			x_0-x_0			y_0-y_0			x_1-x_1	z_0 cm
	b	d	r				I_x cm⁴	i_x cm	W_x cm³	I_{x0} cm⁴	i_{x0} cm	W_{x0} cm³	I_{y0} cm⁴	i_{y0} cm	W_{y0} cm³	I_{x1} cm⁴	
14	140	10	14	27.373	21.488	0.551	514.65	4.34	50.58	817.27	5.46	82.56	212.04	2.78	39.20	915.11	3.82
		12		32.512	25.522	0.551	603.68	4.31	59.80	958.79	5.43	96.85	248.57	2.76	45.02	1099.28	3.90
		14		37.567	29.490	0.550	688.81	4.28	68.75	1093.56	5.40	110.47	284.06	2.75	50.45	1284.22	3.98
		16		42.539	33.393	0.549	770.24	4.26	77.46	1221.81	5.36	123.42	318.67	2.74	55.55	1470.07	4.06
16	160	10	16	31.502	24.729	0.630	779.53	4.98	66.70	1237.30	6.27	109.36	321.76	3.20	52.76	1365.33	4.31
		12		37.441	29.391	0.630	916.58	4.95	78.98	1455.68	6.24	128.67	377.49	3.18	60.74	1639.57	4.39
		14		43.296	33.987	0.629	1048.36	4.92	90.95	1665.02	6.20	147.17	431.70	3.16	68.244	1914.68	4.47
		16		49.067	38.518	0.629	1175.08	4.89	102.63	1865.57	6.17	164.89	484.59	3.14	75.31	2190.82	4.55
18	180	12	16	42.241	33.159	0.710	1321.35	5.59	100.82	2100.10	7.05	165.00	542.61	3.58	78.41	2332.80	4.89
		14		48.896	38.383	0.709	1514.48	5.56	116.25	2407.42	7.02	189.14	621.53	3.56	88.38	2723.48	4.97
		16		55.467	43.542	0.709	1700.99	5.54	131.13	2703.37	6.98	212.40	689.60	3.55	97.83	3115.29	5.05
		18		61.955	48.634	0.708	1875.12	5.50	145.64	2988.24	6.94	234.78	762.01	3.51	105.14	3502.43	5.13
20	200	14	18	54.642	42.894	0.788	2103.55	6.20	144.70	3343.26	7.82	236.40	863.83	3.98	111.82	3734.10	5.46
		16		62.013	48.680	0.788	2366.15	6.18	163.65	3760.89	7.79	265.93	971.41	3.96	123.96	4270.39	5.54
		18		69.301	54.401	0.787	2620.64	6.15	182.22	4164.54	7.75	294.48	1076.74	3.94	135.52	4808.13	5.62
		20		76.505	60.056	0.787	2867.30	6.12	200.42	4554.55	7.72	322.06	1180.04	3.93	146.55	5347.51	5.69
		24		90.661	71.168	0.785	3338.25	6.07	236.17	5294.97	7.64	374.41	1381.53	3.90	166.65	6457.16	5.87

注：截面图中 $r_1=d/3$ 及表中 r 值的数据用于孔型设计，不作为交货条件。

附表 2 热轧不等边角钢(GB 9798—1988)

符号意义：
- B——长边宽度；
- d——边厚度；
- r_1——边端内圆弧半径；
- i——惯性半径；
- z_0——重心距离；
- b——短边宽度；
- r——内圆弧半径；
- I——惯性矩；
- W——截面系数；
- y_0——重心距离。

角钢号数	尺寸 mm				截面面积 cm^2	理论重量 kg/m	外表面积 m^2/m	参 考 数 值												
								$x-x$			$y-y$			x_1-x_1	y_1-y_1		$u-u$			
	B	b	d	r				I_x cm^4	i_x cm	W_x cm^3	I_y cm^4	i_y cm	W_y cm^3	I_{x1} cm^4	y_0 cm	I_{y1} cm^4	x_0 cm	I_u cm^4	i_u cm	W_u cm^3	$\tan\alpha$
2.5/1.6	25	16	3	3.5	1.62	0.912	0.080	0.70	0.78	0.43	0.22	0.44	0.19	1.56	0.86	0.43	0.42	0.14	0.34	0.16	0.392
			4		1.499	1.176	0.079	0.88	0.77	0.55	0.27	0.43	0.24	2.09	0.90	0.59	0.46	0.17	0.34	0.20	0.381
3.2/2	32	20	3		1.492	1.171	0.102	1.53	1.01	0.72	0.46	0.55	0.30	3.27	1.08	0.82	0.49	0.28	0.43	0.25	0.382
			4		1.939	1.522	0.101	1.93	1.00	0.93	0.57	0.54	0.39	4.37	1.12	1.12	0.53	0.35	0.42	0.32	0.374
4/2.5	40	25	3	4	1.890	1.484	0.127	3.08	1.28	1.15	0.93	0.70	0.49	5.39	1.32	1.59	0.59	0.56	0.54	0.40	0.385
			4		2.467	1.936	0.127	3.93	1.26	1.49	1.18	0.69	0.63	8.53	1.37	2.14	0.63	0.71	0.54	0.52	0.381
4.5/2.8	45	28	3	5	2.149	1.687	0.143	4.45	1.44	1.47	1.34	0.79	0.62	9.10	1.47	2.23	0.64	0.80	0.61	0.51	0.383
			4		2.806	2.203	0.143	5.69	1.42	1.91	1.70	0.78	0.80	12.13	1.51	3.00	0.68	1.02	0.60	0.66	0.380
5/3.2	50	32	3	5.5	2.431	1.908	0.161	6.24	1.60	1.84	2.02	0.91	0.82	12.49	1.60	3.31	0.73	1.20	0.70	0.68	0.404
			4		3.177	2.494	0.160	8.02	1.59	2.39	2.58	0.90	1.06	16.65	1.65	4.45	0.77	1.53	0.69	0.87	0.402

(续)

角钢号数	尺寸 mm				截面面积 cm²	理论重量 kg/m	外表面积 m²/m	参 考 数 值											
								x—x			y—y			x_1—x_1		y_1—y_1		u—u			$\tan\alpha$
	B	b	d	r				I_x cm⁴	i_x cm	W_x cm³	I_y cm⁴	i_y cm	W_y cm³	I_{x1} cm⁴	y_0 cm	I_{y1} cm⁴	x_0 cm	I_u cm⁴	i_u cm	W_u cm³	
5.6/3.6	56	36	3	6	2.743	2.153	0.181	8.88	1.80	2.32	2.92	1.03	1.05	17.54	1.78	4.70	0.80	1.73	0.79	0.87	0.408
			4		3.590	2.818	0.180	11.45	1.79	3.03	3.76	1.02	1.37	23.39	1.82	6.33	0.85	2.23	0.79	1.13	0.408
			5		4.415	3.466	0.180	13.86	1.77	3.71	4.49	1.01	1.65	29.25	1.87	7.94	0.88	2.67	0.78	1.36	0.404
6.3/4	63	40	4	7	4.058	3.185	0.202	16.49	2.02	3.87	5.32	1.14	1.70	33.30	2.04	8.63	0.92	3.12	0.88	1.40	0.398
			5		4.993	3.920	0.202	20.02	2.00	4.74	6.31	1.12	2.71	41.63	2.08	10.86	0.95	3.76	0.87	1.71	0.396
			6		5.908	4.638	0.201	23.36	1.96	5.59	7.29	1.11	2.43	49.98	2.12	13.12	0.99	4.34	0.86	1.99	0.393
			7		6.802	5.339	0.201	26.53	1.98	6.40	8.24	1.10	2.78	58.07	2.15	15.47	1.03	4.97	0.86	2.29	0.389
7/4.5	70	45	4	7.5	4.547	3.570	0.226	23.17	2.26	4.86	7.55	1.29	2.17	45.92	2.24	12.26	1.02	4.40	0.98	1.77	0.410
			5		5.609	4.403	0.225	27.95	2.23	5.92	9.13	1.28	2.65	57.10	2.28	15.39	1.06	5.40	0.98	2.19	0.407
			6		6.647	5.218	0.225	32.54	2.21	6.95	10.62	1.26	3.12	68.35	2.32	18.58	1.09	6.35	0.98	2.59	0.404
			7		7.657	6.011	0.225	37.22	2.20	8.03	12.01	1.25	3.57	79.99	2.36	21.84	1.13	7.16	0.97	2.94	0.402
(7.5/5)	75	50	5	8	6.125	4.808	0.245	34.86	2.39	6.83	12.61	1.44	3.30	70.00	2.40	21.04	1.17	7.41	1.10	2.74	0.435
			6		7.260	5.699	0.245	41.12	2.38	8.12	14.70	1.42	3.88	84.30	2.44	25.37	1.21	8.54	1.08	3.19	0.435
			8		9.467	7.431	0.244	52.39	2.35	10.52	18.53	1.40	4.99	112.50	2.52	34.23	1.29	10.87	1.07	4.10	0.429
			10		11.590	9.098	0.244	62.71	2.33	12.79	21.96	1.38	6.04	140.80	2.60	43.43	1.36	13.10	1.06	4.99	0.423
8/5	80	50	5	8	6.375	5.005	0.255	41.96	2.56	7.78	12.82	1.42	3.32	85.21	2.60	21.06	1.14	7.66	1.10	2.74	0.388
			6		7.560	5.935	0.255	49.49	2.56	9.25	14.59	1.41	3.91	102.53	2.65	25.41	1.18	8.85	1.08	3.20	0.387
			7		8.742	6.848	0.255	56.16	2.54	10.58	16.96	1.39	4.48	119.33	2.69	29.82	1.21	10.18	1.08	3.70	0.384
			8		9.867	7.745	0.254	62.83	2.52	11.92	18.85	1.38	5.03	136.41	2.73	34.32	1.25	11.38	1.07	4.16	0.381

附录 型钢表

(续)

角钢号数	尺寸 mm				截面面积 cm²	理论重量 kg/m	外表面积 m²/m	参 考 数 值												
								$x-x$				$y-y$			x_1-x_1		y_1-y_1		$u-u$		
	B	b	d	r				I_x cm⁴	i_x cm	W_x cm³		I_y cm⁴	i_y cm	W_y cm³	I_{x1} cm⁴	y_0 cm	I_{y1} cm⁴	x_0 cm	I_x cm⁴	i_x cm	W_x cm³	tanα
9/5.6	90	56	5	9	7.212	5.661	0.287	60.45	2.90	9.92		18.32	1.59	4.21	121.32	2.91	29.53	1.25	10.98	1.23	3.49	0.385
			6		8.557	6.717	0.286	71.03	2.88	11.74		21.42	1.58	4.96	145.59	2.95	35.58	1.29	12.90	1.23	4.13	0.384
			7		9.880	7.756	0.286	81.01	2.86	13.49		24.36	1.57	5.70	169.60	3.00	41.71	1.33	14.67	1.22	4.72	0.382
			8		11.183	8.779	0.286	91.03	2.85	15.27		27.15	1.56	6.41	194.17	3.04	47.93	1.36	16.34	1.21	5.29	0.380
10/6.3	100	63	6	10	9.617	7.550	0.320	99.06	3.21	14.64		30.94	1.79	6.35	199.71	3.24	50.50	1.43	18.42	1.38	5.25	0.394
			7		11.111	8.722	0.320	113.45	3.20	16.88		35.26	1.78	7.29	233.00	3.28	59.14	1.47	21.00	1.38	6.02	0.394
			8		12.584	9.878	0.319	127.37	3.18	19.08		39.39	1.77	8.21	266.32	3.32	67.88	1.50	23.50	1.37	6.78	0.391
			10		15.467	12.142	0.319	153.81	3.15	23.32		47.12	1.74	9.98	333.06	3.40	85.73	1.58	28.33	1.35	8.24	0.387
10/8	100	80	6	10	10.637	8.350	0.354	107.04	3.17	15.19		61.24	2.40	10.16	199.83	2.95	102.68	1.97	31.65	1.72	8.37	0.627
			7		12.301	9.656	0.354	122.73	3.16	17.52		70.08	2.39	11.71	233.20	3.00	119.98	2.01	36.17	1.72	9.60	0.626
			8		13.944	10.946	0.353	137.92	3.14	19.81		78.58	2.37	13.21	266.61	3.04	137.37	2.05	40.58	1.71	10.80	0.625
			10		17.167	13.476	0.353	166.87	3.12	24.24		94.65	2.35	16.12	333.63	3.12	172.48	2.13	49.10	1.69	13.12	0.622
11/7	110	70	6	10	10.637	8.350	0.354	133.37	3.54	17.85		42.92	2.01	7.90	265.78	3.53	69.08	1.57	25.36	1.54	6.53	0.403
			7		12.301	9.656	0.354	153.00	3.53	20.60		49.01	2.00	9.09	310.07	3.57	80.82	1.61	28.95	1.53	7.50	0.402
			8		13.944	10.946	0.353	172.04	3.51	23.30		54.87	1.98	10.25	354.39	3.62	92.70	1.65	32.45	1.53	8.45	0.401
			10		17.167	13.476	0.353	208.39	3.48	28.54		65.88	1.96	12.48	443.13	3.70	116.83	1.72	39.20	1.51	10.29	0.397
12.5/8	125	80	7	11	14.096	11.066	0.403	227.98	4.02	26.86		74.42	2.30	12.01	454.99	4.01	120.32	1.80	43.81	1.76	9.92	0.408
			8		15.989	12.551	0.403	256.77	4.01	30.41		83.49	2.28	13.56	519.99	4.06	137.85	1.84	49.15	1.75	11.18	0.407

281

(续)

角钢号数	尺寸 mm				截面面积 cm²	理论重量 kg/m	外表面积 m²/m	参 考 数 值												
	B	b	d	r				x—x			y—y			x₁—x₁		y₁—y₁		u—u		
								I_x cm⁴	i_x cm	W_x cm³	I_y cm⁴	i_y cm	W_y cm³	I_{x1} cm⁴	y_0 cm	I_{y1} cm⁴	x_0 cm	I_x cm⁴	i_x cm	W_x cm³	tanα
12.5/8	125	80	10	11	19.712	15.474	0.402	312.04	3.98	37.33	100.67	2.26	16.56	650.09	4.14	173.40	1.92	59.45	1.74	13.64	0.404
			12		23.351	18.330	0.402	364.41	3.95	44.01	116.67	2.24	19.43	780.39	4.22	209.67	2.00	69.35	1.72	16.01	0.400
14/9	140	90	8	12	18.038	14.160	0.453	365.64	4.50	38.48	120.69	2.59	17.34	730.53	4.50	195.79	2.04	70.83	1.98	14.31	0.411
			10		22.261	17.475	0.452	445.50	4.47	47.31	146.03	2.56	21.22	931.20	4.58	245.92	2.12	85.82	1.96	17.48	0.409
			12		26.400	20.724	0.451	521.59	4.44	55.87	169.79	2.54	24.95	1096.09	4.66	296.89	2.19	100.21	1.95	20.54	0.406
			14		30.456	23.908	0.451	594.10	4.42	64.18	192.10	2.51	28.54	1279.26	4.74	348.82	2.27	114.13	1.94	23.52	0.403
16/10	160	100	10	13	25.315	19.872	0.512	668.69	5.14	62.13	205.03	2.85	26.56	1362.89	5.24	336.59	2.28	121.74	2.19	21.92	0.390
			12		30.054	23.592	0.511	784.91	5.11	73.49	239.06	2.82	31.28	1635.56	5.32	405.94	2.36	142.33	2.17	25.79	0.388
			14		34.709	27.247	0.510	896.30	5.80	84.56	271.20	2.80	35.83	1908.50	5.40	476.42	2.43	162.23	2.16	29.56	0.385
			16		39.281	30.835	0.510	1003.04	5.05	95.33	301.60	2.77	40.24	2181.79	5.48	548.22	2.51	182.57	2.16	33.44	0.382
18/11	180	110	10	14	28.373	22.273	0.571	956.25	5.08	78.96	278.11	3.13	32.49	1940.40	5.89	447.22	2.44	166.50	2.42	26.88	0.376
			12		33.712	26.464	0.571	1124.72	5.78	93.53	325.03	3.10	38.32	2328.38	5.98	538.94	2.52	194.87	2.40	31.66	0.374
			14		38.967	30.589	0.570	1286.91	5.75	107.76	369.55	3.08	43.97	2716.60	6.06	631.95	2.59	222.30	2.39	36.32	0.372
			16		44.139	34.649	0.569	1443.06	5.72	121.64	411.85	3.06	49.44	3105.15	6.14	726.46	2.67	248.94	2.38	40.87	0.369
20/12.5	200	125	12	14	37.912	29.761	0.641	1570.90	6.44	116.73	483.16	3.57	49.99	3193.85	6.54	787.74	2.83	285.79	2.74	41.23	0.392
			14		43.867	34.436	0.640	1800.97	6.41	134.65	550.83	3.54	57.44	3726.17	6.62	922.47	2.91	326.58	2.72	47.34	0.390
			16		49.739	39.045	0.639	2023.35	6.38	152.18	615.44	3.52	64.69	4258.86	6.70	1058.86	2.99	366.21	2.71	53.32	0.388
			18		55.526	43.588	0.639	2238.30	6.35	169.33	677.19	3.49	71.74	4792.00	6.78	1197.13	3.06	404.83	2.70	59.18	0.385

注：1. 括号内型号不推荐使用；2. 截面图中 $r_1 = d/3$ 及表中 r 值的数据用于孔型设计，不作为交货条件。

附表 3 热轧槽钢 (GB 707—1988)

符号意义:
- h ——高度;
- b ——腿宽度;
- d ——腰厚度;
- t ——平均腿厚度;
- r ——内圆弧半径;
- r_1 ——腿端内圆弧半径;
- I ——惯性矩;
- W ——截面系数;
- i ——惯性半径;
- z_0 —— $y-y$ 与 y_1-y_1 轴间距。

型号	尺寸 mm						截面面积 cm²	理论重量 kg/m	参 考 数 值						
									$x-x$			$y-y$			y_1-y_1	z_0 cm
	h	b	d	t	r	r_1			W_x cm³	I_x cm⁴	i_x cm	W_y cm³	I_y cm⁴	i_y cm	I_{y1} cm⁴	
5	50	37	4.5	7	7.0	3.5	6.928	5.438	10.4	26.0	1.94	3.55	8.30	1.10	20.9	1.35
6.3	63	40	4.8	7.5	7.5	3.8	8.451	6.634	16.1	50.8	2.45	4.50	11.9	1.19	28.4	1.36
8	80	43	5.0	8	8.0	4.0	10.248	8.045	25.3	101	3.15	5.79	16.6	1.27	37.4	1.43
10	100	48	5.3	8.5	8.5	4.2	12.748	10.007	39.7	198	3.95	7.80	25.6	1.41	54.9	1.52
12.6	126	53	5.5	9	9.0	4.5	15.692	12.317	62.1	391	4.95	10.2	38.0	1.57	77.1	1.59
14a	140	58	6.0	9.5	9.5	4.8	18.516	14.535	80.5	564	5.52	13.0	53.2	1.70	107	1.71
14b	140	60	8.0	9.5	9.5	4.8	12.316	16.733	87.1	609	5.35	14.1	61.1	1.69	121	1.67
16a	160	63	6.5	10	10.0	5.0	21.962	17.240	108	866	6.28	16.3	73.3	1.83	144	1.80
16	160	65	8.5	10	10.0	5.0	25.162	19.752	117	935	6.10	17.6	83.4	1.82	161	1.75
18a	180	68	7.0	10.5	10.5	5.2	25.699	20.174	141.	1272	7.04	20.0	98.6	1.96	190	1.88
18	180	70	9.0	10.5	10.5	5.2	29.299	23.000	152	1370	6.84	21.5	111	1.95	210.	1.84

(续)

型号	尺寸 mm						截面面积 cm²	理论重量 kg/m	参 考 数 值							
									$x-x$			$y-y$			y_1-y_1	z_0
	h	b	d	t	r	r_1			W_x cm³	I_x cm⁴	i_x cm	W_y cm³	I_y cm⁴	i_y cm	I_{y1} cm⁴	cm
20a	200	73	7.0	11	11.0	5.5	28.837	22.637	178	1780	7.86	24.2	128	2.11	244	2.01
20	200	75	9.0	11	11.0	5.5	32.837	25.777	191	1910	7.64	25.9	144	2.09	268	1.95
22a	220	77	7.0	11.5	11.5	5.8	31.846	24.999	218	2390	8.67	28.2	158	2.23	298	2.10
22	220	79	9.0	11.5	11.5	5.8	36.246	28.453	234	2570	8.42	30.1	176	2.21	326	2.03
25a	250	78	7.0	12	12.0	6.0	34.917	27.410	270	3370	9.82	30.6	176	2.24	322	2.07
25b	250	80	9.0	12	12.0	6.0	39.917	31.335	282	3530	9.41	32.7	196	2.22	353	1.98
25c	250	82	11.0	12	12.0	6.0	44.917	35.260	295	3690	9.07	35.9	218	2.21	384	1.92
28a	280	82	7.5	12.5	12.5	6.2	40.034	31.427	340	4760	10.9	35.7	218	2.33	388	2.10
28b	280	84	9.5	12.5	12.5	6.2	45.634	35.823	366	5130	10.6	37.9	242	2.30	428	2.02
28c	280	86	11.5	12.5	12.5	6.2	51.234	40.219	393	5500	10.4	40.3	268	2.29	463	1.95
32a	320	88	8.0	14	14.0	7.0	48.513	38.083	475	7600	12.5	46.5	305	2.5	552	2.24
32b	320	90	10.0	14	14.0	7.0	54.913	43.107	509	8144	12.2	49.2	336	2.47	530	2.16
32c	320	92	12.0	14	14.0	7.0	61.313	48.131	543	8690	11.9	52.6	374	2.47	643	2.09
36a	360	96	9.0	16	16.0	8.0	60.910	47.814	660	11900	14.0	63.5	455	2.73	818	2.44
36b	360	98	11.0	16	16.0	8.0	68.110	53.466	703	12700	13.6	66.9	497	2.70	880	2.37
36c	360	100	13.0	16	16.0	8.0	75.310	59.118	746	13400	13.4	70.0	536	2.67	948	2.34
40a	400	100	10.5	18	18.0	9.0	75.068	58.928	879	17600	15.3	78.8	592	2.81	1070	2.49
40b	400	102	12.5	18	18.0	9.0	83.068	65.208	932	18600	15.0	82.5	640	2.78	1140	2.44
40c	400	104	14.5	18	18.0	9.0	91.068	71.488	986	19700	14.7	86.2	688	2.75	1220	2.42

注：截面图和表中标注的圆弧半径 r、r_1 的数据用于孔型设计，不作为交货条件。

附表 4 热轧工字钢 (GB 706—1988)

符号意义:
- h —— 高度;
- b —— 腿宽度;
- d —— 腰厚度;
- t —— 平均腿厚度;
- r —— 内圆弧半径;
- r_1 —— 腿端内圆弧半径;
- I —— 惯性矩;
- W —— 截面系数;
- i —— 惯性半径;
- S —— 半截面的静力矩。

型号	尺寸 mm						截面面积 cm²	理论重量 kg/m	参考数值						
									x—x				y—y		
	h	b	d	t	r	r_1			I_x cm⁴	W_x cm³	i_x cm	$I_x:S_x$	I_y cm⁴	W_y cm³	i_y cm
10	100	68	4.5	7.6	6.5	3.3	14.345	11.261	245	49.0	4.14	8.59	33.0	9.72	1.52
12.6	126	74	5.0	8.4	7.0	3.5	18.118	14.223	488	77.5	5.20	10.8	46.9	12.7	1.61
14	140	80	5.5	9.1	7.5	3.8	21.516	16.890	712	102	5.76	12.0	64.4	16.1	1.73
16	160	88	6.0	9.9	8.0	4.0	26.131	20.513	1130	141	6.58	13.8	93.1	21.2	1.89
18	180	94	6.5	10.7	8.5	4.3	30.756	24.143	1660	185	7.36	15.4	122	26.0	2.00
20a	200	100	7.0	11.4	9.0	4.5	35.578	27.929	2370	237	8.15	17.2	158	31.5	2.12
20b	200	102	9.0	11.4	9.0	4.5	39.578	31.069	2500	250	7.96	16.9	169	33.1	2.06
22a	220	110	7.5	12.3	9.5	4.8	42.128	33.070	3400	309	8.99	18.9	225	40.9	2.31
22b	220	112	9.5	12.3	9.5	4.8	46.528	36.524	3570	325	8.78	18.7	239	42.7	2.27
25a	250	116	8.0	13.0	10.0	5.0	48.541	38.105	5020	402	10.2	21.6	280	48.3	2.40
25b	250	118	10.0	13.0	10.0	5.0	53.541	42.030	5280	423	9.94	21.3	309	52.4	2.40
28a	280	122	8.5	13.7	10.5	5.3	55.404	43.492	7110	508	11.3	24.6	345	56.6	2.50
28b	280	124	10.5	13.7	10.5	5.3	61.004	47.888	7480	534	11.1	24.2	379	61.2	2.49

(续)

型号	尺寸 mm						截面面积 cm²	理论重量 kg/m	参 考 数 值						
									x—x				y—y		
	h	b	d	t	r	r₁			I_x cm⁴	W_x cm³	i_x cm	$I_x:S_x$ cm	I_y cm⁴	W_y cm³	i_y cm
32a	320	130	9.5	15.0	11.5	5.8	67.156	52.717	11100	692	12.8	27.5	460	70.8	2.62
32b	320	132	11.5	15.0	11.5	5.8	73.556	57.741	11600	726	12.6	27.1	502	76.0	2.61
32c	320	134	13.5	15.0	11.5	5.8	79.956	62.765	12200	760	12.3	26.8	544	81.2	2.61
36a	360	136	10.0	15.8	12.0	6.0	76.480	60.037	15800	875	14.4	30.7	552	81.2	2.69
36b	360	138	12.0	15.8	12.0	6.0	83.480	65.689	16500	919	14.1	30.3	582	84.3	2.64
36c	360	140	14.0	15.8	12.0	6.0	90.880	71.341	17300	962	13.8	29.9	612	87.4	2.60
40a	400	142	10.5	16.5	12.5	6.3	86.112	67.598	21700	1090	15.9	34.1	660	93.2	2.77
40b	400	144	12.5	16.5	12.5	6.3	94.112	73.878	22800	1140	15.6	33.6	692	96.2	2.71
40c	400	146	14.5	16.5	12.5	6.3	102.112	80.158	23900	1190	15.2	33.2	727	99.6	2.65
45a	450	150	11.5	18.0	13.5	6.8	102.446	80.420	32200	1430	17.7	38.6	855	114	2.89
45b	450	152	13.5	18.0	13.5	6.8	111.446	87.485	33800	1500	17.4	38	894	118	2.84
45c	450	154	15.5	18.0	13.5	6.8	120.446	94.550	35300	1570	17.1	37.6	938	122	2.79
50a	500	158	12.0	20.0	14.0	7.0	119.304	93.654	46500	1860	19.7	42.8	1120	142	3.07
50b	500	160	14.0	20.0	14.0	7.0	129.304	101.504	48600	1940	19.4	42.4	1170	146	3.01
50c	500	162	16.0	20.0	14.0	7.0	139.304	109.354	50600	2080	19.0	41.8	1220	151	2.96
56a	560	166	12.5	21.0	14.5	7.3	135.435	106.316	65600	2340	22.0	47.7	1370	165	3.18
56b	560	168	14.5	21.0	14.5	7.3	146.635	115.108	68500	2450	21.6	47.2	1490	174	3.16
56c	560	170	16.5	21.0	14.5	7.3	157.835	123.900	71400	2550	21.3	46.7	1560	183	3.16
63a	630	176	13.0	22.0	15.0	7.5	154.658	121.407	93900	2980	24.5	54.2	1700	193	3.31
63b	630	178	15.0	22.0	15.0	7.5	167.258	131.298	98100	3160	24.2	53.5	1810	204	3.29
63c	630	180	17.0	22.0	15.0	7.5	179.858	141.189	102000	33004	23.8	52.9	1920	214	3.27

注：截面图和表中标注的圆弧半径 r、r_1 的数据用于孔型设计，不作为交货条件。

习题参考答案

第1章

1.1 AB杆属于弯曲，$F_S=1$kN，$M=1$kN·m；BC杆属于拉伸，$F_N=2$kN

1.2 $F_{N1}=\dfrac{x}{l\sin\alpha}F$，$F_{N1,\max}=\dfrac{F}{\sin\alpha}$；

$F_{N2}=\dfrac{x\cot\alpha}{l}F$，$F_{S2}=\left(1-\dfrac{x}{l}\right)F$，$M_2=\dfrac{x(l-x)}{l}F$；

$F_{N2,\max}=F\cot\alpha$，$F_{S2,\max}=F$，$M_{2,\max}=\dfrac{Fl}{4}$

1.3 $\varepsilon_m=5\times 10^{-4}$

1.4 $\varepsilon_m=2.5\times 10^{-4}$，$\gamma=2.5\times 10^{-4}$ rad

1.5 $\varepsilon_{径}=\varepsilon_{周}=3.75\times 10^{-5}$

第2章

2.1 (a) $F_{N1}=8F$，$F_{N2}=5F$；(b) $F_{N1}=-2F$，$F_{N2}=4F$；

(c) $F_{N1}=50$kN，$F_{N2}=10$kN，$F_{N3}=-20$kN；

(d) $F_{N1}=0$kN，$F_{N2}=4F$，$F_{N3}=3F$

2.2 略

2.3 $\sigma_1=93$MPa，$\sigma_2=64$MPa

2.4 $\tau_{\max}=63.7$MPa，$\sigma_{30°}=95.6$MPa，$\tau_{30°}=55.2$MPa

2.5 $\sigma=2$MPa

2.6 $\sigma_{AB}=25$MPa，$\sigma_{BC}=-41.7$MPa，$\sigma_{AC}=33.3$MPa，$\sigma_{CD}=-25$MPa

2.7 $\Delta l=0.042$mm

2.8 $F=3.2$kN

2.9 (1) $\sigma_1=3$MPa，$\sigma_2=5.33$MPa；(2) $\tau_{\max}=2.67$MPa；(3) $\Delta l=2.57$mm

2.10 $E=208$GPa，$\mu=0.32$

2.11 $\mu=0.28$

2.12 (1) $\sigma_{AC}=-2.5$MPa，$\sigma_{CB}=-6.5$MPa；(2) $\varepsilon_{AC}=-2.5\times 10^{-4}$，$\varepsilon_{CB}=-6.5\times 10^{-4}$；

(3) $\Delta l=-1.33$mm

2.13 $\Delta_A=1.365$mm

2.14 $A_1=0.576$m²，$A_2=0.665$m²，$\Delta_A=2.24$mm

2.15 (1) $\sigma=\dfrac{pr}{\delta}$；(2) $\Delta r=\dfrac{pr^2}{E\delta}$

2.16 $x=\dfrac{ll_1E_2A_2}{l_1E_2A_2+l_2E_1A_1}$

2.17 $d\geqslant 23$mm

2.18 $\sigma_1=103$MPa，$\sigma_2=93.2$MPa，均安全

2.19 $F=40.4$kN

2.20 (1) $n_s=4.12$；(2) 14 个

2.21 $F_{NCD}=30$kN，$\sigma_{CD}=30$MPa，$F_{NEF}=60$kN，$\sigma_{EF}=60$MPa

2.22 $\sigma_{CE}=96$MPa，$\sigma_{BD}=161$MPa，安全

2.23 $[F]=2.5A[\sigma]$

2.24 $[F]=742.6$kN

2.25 $\sigma_1=33.3$MPa，$\sigma_2=66.6$MPa，均为压应力

2.26 $\delta=5$mm

2.27 $e=\dfrac{b(E_1-E_2)}{2(E_1+E_2)}$

2.28 温度降低，$\Delta T=-26.5°$

2.29 $F_1=F_2=5.33$kN，$F_3=-10.66$kN

2.30 $\tau=77$MPa$<[\tau]$，$\sigma_{bs}=103$MPa$<[\sigma_{bs}]$，满足强度条件，安全

2.31 $F=771$kN

2.32 $\tau=66.3$MPa$<[\tau]$，$\sigma_{bs}=102$MPa$<[\sigma_{bs}]$，安全

2.33 $d=2.4h$

2.34 $\tau=0.952$MPa，$\sigma_{bs}=7.41$MPa

2.35 $l=112$mm

2.36 $\tau=30.3$MPa$<[\tau]$，$\sigma_{bs}=44$MPa$<[\sigma_{bs}]$，安全

2.37 $\delta=80$mm

2.38 $d=14$mm

2.39 $\tau=52.6$MPa，$\sigma_{bs}=90.9$MPa，$\sigma=166.7$MPa

第 3 章

3.1 (a) $y_C=65$mm；(b) $y_C=56.7$mm

3.2 $S_z=\dfrac{b}{2}\left(\dfrac{h^2}{4}-y^2\right)$

3.3 $y_C=\dfrac{2d}{3\pi}$，$S_z=\dfrac{d^3}{12}$

3.4 $I_{z_2}=\dfrac{bh^3}{12}$

3.5 $I_{x_C}=\dfrac{bh^3}{36}$

3.6 $I_x=\dfrac{b(H^3-h^3)}{12}$，$I_y=\dfrac{b^3(H-h)}{12}$

3.7 (a) $\alpha_0=22°$ 或 $112°$，$I_{y_0}=4522$mm^4，$I_{x_0}=398$mm^4；
(b) $\alpha_0=-22.5°$ 或 $67.5°$，$I_{y_0}=6.61\times10^4$mm^4，$I_{x_0}=34.89\times10^4$mm^4

第 4 章

4.1 (a) $|M_T|_{max}=2M_e$；(b) $|M_T|_{max}=4M_e$；(c) $|M_T|_{max}=4$kN·m；
(d) $|M_T|_{max}=6$kN·m

4.2 $\tau=135.3\text{MPa}$

4.3 $P=18.5\text{kW}$

4.4 $\tau_K=9.95\text{MPa}$, $\tau_{\max}=29.8\text{MPa}$

4.5 $\tau_{\max}=35.7\text{MPa}<[\tau]$，满足强度条件，安全

4.6 第二根圆轴能承受较大的扭矩

4.7 $d=33.2\text{mm}$

4.8 $\tau_{\max 1}=46.4\text{MPa}<[\tau]$, $\tau_{\max 2}=41.9\text{MPa}<[\tau]$，满足强度条件，安全

4.9 $d\geqslant 19.7\text{mm}$

4.10 $d_1=22\text{mm}$, $D=26.2\text{mm}$, $d=21\text{mm}$, $\dfrac{W_1}{W_2}=1.98$

4.11 $P_1=42.4\text{kW}$, $P_2=84.8\text{kW}$

4.12 $M_T=9.88\text{kN}\cdot\text{m}$, $\tau_{\max}=53.7\text{MPa}$

4.13 $\varphi=2.01°$, $d=70.1\text{mm}$

4.14 $G=96.4\text{GPa}$

4.15 $\varphi_{BC}=2.48\times 10^{-3}\text{rad}$, $\varphi_D=1.24\times 10^{-3}\text{rad}$

4.16 $d=91.4\text{mm}$

4.17 (1) $\tau_{\max}=69.8\text{MPa}$；(2) $\varphi_{DA}=3°$

4.18 $d\geqslant 74.4\text{mm}$

4.19 AE 段：$\tau_{\max}=43.8\text{MPa}$, $\varphi'=0.44°/\text{m}$；BC 段：$\tau_{\max}=71.3\text{MPa}$, $\varphi'=1.02°/\text{m}$，均满足强度条件和刚度条件，安全

4.20 $V_\varepsilon=\dfrac{16m_e^2 l^3}{3G\pi d^4}$

4.21 $M_A=\dfrac{32}{33}M_e$, $M_B=\dfrac{1}{33}M_e$，扭矩图略

4.22 (1) 截面 C 左侧 $\tau_{\max}=59.8\text{MPa}$；截面 C 右侧 $\tau_{\max}=29.9\text{MPa}$；(2) $\varphi_{AC}=\varphi_{BC}=0.714°$

4.23 (1) $\tau_{\max}=40.1\text{MPa}$，长边中点处；(2) $\tau_1=34.4\text{MPa}$；(3) $\varphi'=0.565°/\text{m}$

第 5 章

5.1 (a) $F_{S1}=-2F$, $M_1=-Fa$；$F_{S2}=0$, $M_2=-Fa$；$F_{S3}=-2F$, $M_3=Fa$；

(b) $F_{S1}=2qa$, $M_1=-\dfrac{7}{2}qa^2$；$F_{S2}=2qa$, $M_2=-\dfrac{3}{2}qa^2$；$F_{S3}=2qa$, $M_3=-\dfrac{3}{2}qa^2$；

(c) $F_{S1}=qa$, $M_1=0$；$F_{S2}=qa$, $M_2=0$；$F_{S3}=qa$, $M_3=-qa^2$；

(d) $F_{S1}=-\dfrac{1}{4}ql$, $M_1=-\dfrac{1}{8}ql^2$；$F_{S2}=\dfrac{5}{8}ql$, $M_2=-\dfrac{1}{8}ql^2$；

(e) $F_{S1}=2\text{kN}$, $M_1=0$；$F_{S2}=-2\text{kN}$, $M_2=0$；$F_{S3}=-2\text{kN}$, $M_3=3\text{kN}\cdot\text{m}$；

(f) $F_{S2}=0$, $M_2=\dfrac{4}{3}q_0 a^2$；$F_{S3}=0$, $M_3=\dfrac{4}{3}q_0 a^2$；$F_{S4}=-\dfrac{4}{3}q_0 a$, $M_4=\dfrac{3}{4}q_0 a^2$

5.2 (a) $|F_S|_{\max}=2F$, $|M|_{\max}=Fa$；(b) $|F_S|_{\max}=qa$, $|M|_{\max}=\dfrac{1}{2}qa^2$；

(c) $|F_S|_{\max}=2qa$, $|M|_{\max}=qa^2$；(d) $|F_S|_{\max}=F$, $|M|_{\max}=Fa$；

(e) $|F_S|_{\max}=\dfrac{5}{3}F$, $|M|_{\max}=\dfrac{5}{3}Fa$；(f) $|F_S|_{\max}=\dfrac{3M}{2a}$, $|M|_{\max}=\dfrac{3}{2}M$；

(g) $|F_S|_{max}=\dfrac{5}{8}qa$，$|M|_{max}=\dfrac{1}{8}qa^2$；(h) $|F_S|_{max}=\dfrac{7}{2}F$，$|M|_{max}=\dfrac{5}{2}Fa$

5.3 (a) $|F_S|_{max}=\dfrac{9}{4}qa$，$|M|_{max}=\dfrac{49}{32}qa^2$；(b) $|F_S|_{max}=\dfrac{5}{8}ql$，$|M|_{max}=\dfrac{1}{8}ql^2$；

(c) $|F_S|_{max}=14\text{kN}$，$|M|_{max}=20\text{kN}\cdot\text{m}$；(d) $|F_S|_{max}=8\text{kN}$，$|M|_{max}=16\text{kN}\cdot\text{m}$；

(e) $|F_S|_{max}=25\text{kN}$，$|M|_{max}=31.25\text{kN}\cdot\text{m}$；(f) $|F_S|_{max}=\dfrac{5}{3}qa$，$|M|_{max}=\dfrac{25}{18}qa^2$

5.4 略

5.5 略

第 6 章

6.1 (1) $\sigma_1=\sigma_2=-61.7\text{MPa}$；(2) $\sigma_{max}=104.2\text{MPa}$

6.2 $\sigma_{max}=200\text{MPa}$

6.3 $\sigma_{tmax}=73.7\text{MPa}$，在 C 截面下缘，$\sigma_{cmax}=147\text{MPa}$，在 A 截面下缘

6.4 实心轴 $\sigma_{max}=159\text{MPa}$，空心轴 $\sigma_{max}=93.6\text{MPa}$，空心截面比实心截面的最大正应力减少了 41%

6.5 $\sigma_{max}=163.4\text{MPa}$

6.6 $b\geqslant 277\text{mm}$，$h\geqslant 416\text{mm}$

6.7 $F=56.8\text{kN}$

6.8 (1) $\sigma_{max}=138.9\text{MPa}<[\sigma]$，安全；(2) $\sigma_{max}=278\text{MPa}>[\sigma]$，不安全

6.9 $\sigma_{max}=33.2\text{MPa}<[\sigma]$，安全

6.10 (1) 最大正弯矩截面：$\sigma_{t,max}=61.6\text{MPa}$，$\sigma_{c,max}=123.2\text{MPa}$，

最大负弯矩截面：$\sigma_{t,max}=80.5\text{MPa}$，$\sigma_{c,max}=40.3\text{MPa}$；

(2) $\sigma_{tmax}=80.5\text{MPa}$，$\sigma_{c,max}=123.2\text{MPa}$

6.11 (1) $d\geqslant 108\text{mm}$，$A\geqslant 9160\text{mm}^2$；

(2) $b\geqslant 57.2\text{mm}$，$h\geqslant 114.4\text{mm}$，$A\geqslant 6543\text{mm}^2$；

(3) No.10 号工字钢，$A=2610\text{mm}^2$

6.12 $h=\dfrac{\sqrt{6}}{3}d$，$b=\dfrac{\sqrt{3}}{3}d$

6.13 $\delta=24\text{mm}$

6.14 $q=15.68\text{kN/m}$，$d=17\text{mm}$

6.15 $\tau=0.374\text{MPa}<[\tau]$，安全

6.16 $\sigma_{t,max}=45.3\text{MPa}<[\sigma_t]$，$\sigma_{c,max}=60.4\text{MPa}<[\sigma_c]$，$\tau_{max}=3.48\text{MPa}<[\tau]$，安全

第 7 章

7.1 略

7.2 (a) $w_A=\dfrac{ql^4}{8EI}$，$\theta_A=-\dfrac{ql^3}{6EI}$；(b) $w_C=\dfrac{Ml^2}{16EI}$，$\theta_A=\dfrac{Ml}{6EI}$；

(c) $w_C=\dfrac{qa^3}{24EI}(3a+4l)$，$\theta_C=\dfrac{qa^2}{6EI}(l+a)$；(d) $w_B=\dfrac{71qa^4}{24EI}$，$\theta_B=\dfrac{13qa^3}{6EI}$

7.3 (a) $w=\dfrac{7Fa^3}{2EI}$，$\theta=-\dfrac{5Fa^2}{2EI}$；(b) $w=\dfrac{71ql^4}{384EI}$，$\theta=\dfrac{13ql^3}{48EI}$

7.4 (a) $w_B=\dfrac{7Fa^3}{2EI}$, $\theta_B=\dfrac{5Fa^2}{2EI}$; (b) $w_C=\dfrac{5ql^4}{384EI}$, $\theta_A=\dfrac{ql^3}{12EI}$;

(c) $w_B=\dfrac{41qa^4}{24EI}$, $\theta_C=\dfrac{qa^3}{EI}$; (d) $w_C=\dfrac{-qal^2}{24EI}(5l+6a)$, $\theta_C=\dfrac{ql^2}{24EI}(5l+12a)$

7.5 $w=\dfrac{F}{3E}\left(\dfrac{l_1^3}{I_1}+\dfrac{l_2^3}{I_2}\right)+\dfrac{Fl_1l_2}{EI_2}(l_1+l_2)$, $\theta=\dfrac{Fl_1^2}{2EI_1}+\dfrac{Fl_2}{EI_2}\left(\dfrac{l_2}{2}+l_1\right)$

7.6 (a) $w_B=\dfrac{Fa^2}{6EI}(3l-a)$, $\theta_B=\dfrac{Fa^2}{2EI}$; (b) $w_B=\dfrac{M_e a}{EI}\left(l-\dfrac{a}{2}\right)$, $\theta_B=\dfrac{M_e a}{EI}$

7.7 $\Delta l=0.228\text{mm}$, $w_D=6.364\text{mm}$

7.8 $w_{\max}=12.1\text{mm}<[f]$，安全

7.9 No.18 号槽钢两根

7.10 略

第 8 章

8.1 (a) $\sigma_\alpha=35\text{MPa}$, $\tau_\alpha=60.6\text{MPa}$; (b) $\sigma_\alpha=70\text{MPa}$, $\tau_\alpha=0$;

(c) $\sigma_\alpha=62.5\text{MPa}$, $\tau_\alpha=21.6\text{MPa}$; (d) $\sigma_\alpha=-12.5\text{MPa}$, $\tau_\alpha=65\text{MPa}$

8.2 (a) $\sigma_1=57\text{MPa}$, $\sigma_3=-7\text{MPa}$, $\alpha_0=-19°20'$, $\tau_{\max}=32\text{MPa}$;

(b) $\sigma_1=57\text{MPa}$, $\sigma_3=-7\text{MPa}$, $\alpha_0=19°20'$, $\tau_{\max}=32\text{MPa}$;

(c) $\sigma_1=25\text{MPa}$, $\sigma_3=-25\text{MPa}$, $\alpha_0=-45°$, $\tau_{\max}=25\text{MPa}$;

(d) $\sigma_1=11.2\text{MPa}$, $\sigma_3=-71.2\text{MPa}$, $\alpha_0=-37°59'$, $\tau_{\max}=41.2\text{MPa}$;

(e) $\sigma_1=4.7\text{MPa}$, $\sigma_3=-84.7\text{MPa}$, $\alpha_0=-13°17'$, $\tau_{\max}=44.7\text{MPa}$;

(f) $\sigma_1=37\text{MPa}$, $\sigma_3=-27\text{MPa}$, $\alpha_0=19°20'$, $\tau_{\max}=32\text{MPa}$;

8.3 $\sigma_1=70\text{MPa}$, $\sigma_2=10\text{MPa}$, $\sigma_3=0$, $\alpha_0=23.5°$

8.4 $\sigma_1=80\text{MPa}$, $\sigma_2=40\text{MPa}$, $\sigma_3=0$

8.5 $\sigma_1=120\text{MPa}$, $\sigma_2=20\text{MPa}$, $\sigma_3=0$, $\alpha_0=30°$

8.6 1 点：$\sigma_1=0$, $\sigma_2=0$, $\sigma_3=-120\text{MPa}$

2 点：$\sigma_1=36\text{MPa}$, $\sigma_2=0$, $\sigma_3=-36\text{MPa}$

3 点：$\sigma_1=70.3\text{MPa}$, $\sigma_2=0$, $\sigma_3=-10.3\text{MPa}$

4 点：$\sigma_1=120\text{MPa}$, $\sigma_2=0$, $\sigma_3=0$

8.7 (a) $\sigma_1=60\text{MPa}$, $\sigma_2=30\text{MPa}$, $\sigma_3=-70\text{MPa}$, $\sigma_{\max}=60\text{MPa}$, $\tau_{\max}=65\text{MPa}$;

(b) $\sigma_1=50\text{MPa}$, $\sigma_2=30\text{MPa}$, $\sigma_3=-50\text{MPa}$, $\sigma_{\max}=50\text{MPa}$, $\tau_{\max}=50\text{MPa}$;

8.8 $\Delta l=-47.5\times10^{-3}\text{mm}$, $\mu=0.255$

8.9 $M_T=125.7\text{N}\cdot\text{m}$

8.10 $\tau_{30°}=0.183\text{MPa}$，满足

8.11 $\sigma_{r1}=32.4\text{MPa}<[\sigma_t]$，安全；$\sigma_{r2}=33.1\text{MPa}<[\sigma_t]$，安全

8.12 $\sigma_{r3}=250\text{MPa}>[\sigma]$，不安全；$\sigma_{r4}=240.6\text{MPa}>[\sigma]$，不安全

8.13 $\sigma_{r3}=110\text{MPa}<[\sigma]$，安全；$\sigma_{r4}=101.5\text{MPa}<[\sigma]$，安全

第 9 章

9.1 No.22a 槽钢

9.2 $\sigma_{t,\max}=6.75\text{MPa}$, $\sigma_{c,\max}=6.99\text{MPa}$

9.3 $\sigma_{max}=117.6\text{MPa}<[\sigma]$,安全

9.4 $x=5.21\text{mm}$

9.5 $\sigma_{max}=0.648\text{MPa}$,$\sigma_{min}=-6.019\text{MPa}$,$h=0.372\text{m}$

9.6 $\sigma_{t,max}=26.8\text{MPa}<[\sigma_t]$,$\sigma_{c,max}=32.2\text{MPa}<[\sigma_c]$,安全

9.7 $d\geqslant 64\text{mm}$

9.8 $l=545\text{mm}$

9.9 $F_{max}=968\text{N}$

9.10 $\sigma_{r3}=107.4\text{MPa}\leqslant[\sigma]$,安全

9.11 $\sigma_{max}=245.9\text{MPa}>[\sigma]$,不安全

9.12 $\sigma_a=0.2\text{MPa}$,$\sigma_b=10.2\text{MPa}$,$\sigma_c=-0.2\text{MPa}$,$\sigma_d=-10.2\text{MPa}$

第 10 章

10.1 $\lambda=69.3>\lambda_P=62.8$,属于大柔度杆

10.2 $F_{cr}=151\text{kN}$

10.3 $F_{cr}=150.5\text{kN}$

10.4 $l_{min}=1.83\text{m}$

10.5 $F=34\text{kN}$

10.6 $n=8.25>n_{st}$,安全

10.7 $n=3.08$

10.8 $d\geqslant 46.23\text{mm}$

10.9 $n=3.07>n_{st}$,稳定

10.10 $[F]=22.1\text{kN}$

10.11 $[F]=164\text{kN}$

10.12 $F=\dfrac{\pi^2\sqrt{2}EI}{a^2}$;力的方向改为向外时,$F=\dfrac{\pi^2 EI}{2a^2}$

10.13 (1) $n=2.1>n_{st}$,安全;(2)选 No.10 号工字钢

10.14 AC 杆

第 11 章

11.1 (a) $U=\dfrac{F^2 l^3}{96EI}$; (b) $U=\dfrac{17q^2 l^5}{15360EI}$; (c) $U=\dfrac{3q^2 l^5}{20EI}$; (d) $U=\dfrac{F^2 l^3}{16EI}+\dfrac{3F^2 l}{4EA}$

11.2 (a) $y_A=\dfrac{Fl^3}{48EI}(\downarrow)$; (b) $y_A=\dfrac{5ql^4}{768EI}(\downarrow)$;

(c) $y_A=\dfrac{5ql^4}{8EI}(\downarrow)$; (d) $y_A=\dfrac{Fl^3}{8EI}+\dfrac{3Fl}{2EA}(\downarrow)$

11.3 $U=\displaystyle\int_l \dfrac{(m-F_P x)^2 \mathrm{d}x}{2EI_Z}=\dfrac{1}{2EI}\left(m^2 L-F_P m L^2+\dfrac{F_P^2 L^3}{3}\right)$

11.4 $\delta_C=\dfrac{4F_P l^3}{3EI}$

11.5 $\delta_{Cy}=\dfrac{7F_P a}{2EI}$

11.6 $U=\dfrac{32M_e^2 l}{G\pi d^4}$

11.7 $f_c=\dfrac{1}{EI}\left[\int_0^a Px_1^2 \mathrm{d}x_1+\int_0^{2a} P(x_2-2a)^2 \mathrm{d}x_2\right]+\dfrac{4\times 2P\times\sqrt{2}a}{EA}=\dfrac{2Pa^3}{3EI}+\dfrac{8\sqrt{2}Pa}{EA}$ (↓)

11.8 (a) $U=\dfrac{2F^2 l}{\pi Ed^2}$; (b) $U=\dfrac{7F^2 l}{8\pi Ed^2}$; (c) $U=\dfrac{2F^2 l}{3\pi Ed^2}$; (d) $U=\dfrac{14F^2 l}{3\pi Ed^2}$

11.9 证明略

第 12 章

12.1 (a) $F_{IR}=0$，$M_{IR}=0$；(b) $F_{IR}=me\omega^2$，沿 OC，背离背心，$M_{I0}=0$；

(c) $F_{IR}=0$，$M_{IR}=mp_C^2 a$，逆时针；

(d) $F_{IR}^t=mea$，垂直于 OC，使轮绕 O 逆时针转，$F_{IR}^n=me\omega^2$，沿 OC，背离圆心，$M_{I0}=M(P_C^2+e^2)_a$，逆时针

12.2 $\sigma_d=\dfrac{1}{A}\left[F_1+\dfrac{x}{l}(F_2-F_1)\right]$

12.3 $\sigma_{d,\max}=\rho gl\left(1+\dfrac{a}{g}\right)$

12.4 $A=0.352\times 10^{-3}\mathrm{m/s^2}$

12.5 $M_{d,\max}=\dfrac{Wl}{3}\left(1+\dfrac{\omega^2 s}{g}\right)$

12.6 $\sigma_{d,\max}=107\mathrm{MPa}$

12.7 $\sigma_{d,\max}=2.66\mathrm{MPa}$

12.8 $F_N=48.2\mathrm{kN}$，$\sigma_{d,\max}=127.3\mathrm{MPa}$

12.9 (1) $\sigma_{d,\max}=572\mathrm{MPa}$；(2) $\sigma_{d,\max}=58.7\mathrm{MPa}$；

12.10 (1) $\sigma_{st,\max}=0.0707\mathrm{MPa}$；(2) $\sigma_{d,\max}=15.4\mathrm{MPa}$；(3) $\sigma_{d,\max}=3.69\mathrm{MPa}$

12.11 $\sigma_{d,\max}=105.4\mathrm{MPa}$

12.12 $\sigma_{d,\max}=137.9\mathrm{MPa}$

第 13 章

13.1 $r=\dfrac{\sigma_{\min}}{\sigma_{\max}}=\dfrac{0}{\sigma_{60°}}=0$

13.2 $\sigma_m=200\mathrm{MPa}$；$\sigma_a=100\mathrm{MPa}$；$r=0.333$

13.3 $n_\sigma=2.4$

13.4 $\sigma_{\max}=152.8\mathrm{MPa}$；$\sigma_{\min}=101.8\mathrm{MPa}$；$\sigma_m=25.5\mathrm{MPa}$；$\sigma_a=127.3\mathrm{MPa}$；$r=-0.666$

13.5 $F_{\max}=212\mathrm{kN}$

参 考 文 献

[1] 刘鸿文. 材料力学(I) [M]. 4版, 北京：高等教育出版社，2004.
[2] 孙训方，方孝淑，关来泰. 材料力学(I) [M]. 5版. 北京：高等教育出版社，2009.
[3] 龚良贵，章宝华. 工程力学 [M]. 北京：中国水利水电出版社，2007.
[4] 邹建奇，崔亚平，材料力学 [M]. 北京：清华大学出版社，2007.
[5] 干光瑜，秦惠民. 材料力学 [M]. 4版，北京：高等教育出版社，2001.
[6] 中国机械工业教育出版协会组编. 工程力学 [M]. 北京：机械工业出版社，2001.
[7] 张秉荣. 工程力学 [M]. 北京：机械工业出版社，1999.

北京大学出版社土木建筑系列教材(已出版)

序号	书名	主编	定价	序号	书名	主编	定价
1	*房屋建筑学(第3版)	聂洪达	56.00	53	特殊土地基处理	刘起霞	50.00
2	房屋建筑学	宿晓萍 隋艳娥	43.00	54	地基处理	刘起霞	45.00
3	房屋建筑学(上:民用建筑)(第2版)	钱 坤	40.00	55	*工程地质(第3版)	倪宏革 周建波	40.00
4	房屋建筑学(下:工业建筑)(第2版)	钱 坤	36.00	56	工程地质(第2版)	何培玲 张 婷	26.00
5	土木工程制图(第2版)	张会平	45.00	57	土木工程地质	陈文昭	32.00
6	土木工程制图习题集(第2版)	张会平	28.00	58	*土力学(第2版)	高向阳	45.00
7	土建工程制图(第2版)	张黎骅	38.00	59	土力学(第2版)	肖仁成 俞 晓	25.00
8	土建工程制图习题集(第2版)	张黎骅	34.00	60	土力学	曹卫平	34.00
9	*建筑材料	胡新萍	49.00	61	土力学	杨雪强	40.00
10	土木工程材料	赵志曼	38.00	62	土力学教程(第2版)	孟祥波	34.00
11	土木工程材料(第2版)	王春阳	50.00	63	土力学	贾彩虹	38.00
12	土木工程材料(第2版)	柯国军	45.00	64	土力学(中英双语)	郎煜华	38.00
13	*建筑设备(第3版)	刘源全 张国军	52.00	65	土质学与土力学	刘红军	36.00
14	土木工程测量(第2版)	陈久强 刘文生	40.00	66	土力学试验	孟云梅	32.00
15	土木工程专业英语	霍俊芳 姜丽云	35.00	67	土工试验原理与操作	高向阳	25.00
16	土木工程专业英语	宿晓萍 赵庆明	40.00	68	砌体结构(第2版)	何培玲 尹维新	26.00
17	土木工程基础英语教程	陈 平 王凤池	32.00	69	混凝土结构设计原理(第2版)	邵永健	52.00
18	工程管理专业英语	王竹芳	24.00	70	混凝土结构设计原理习题集	邵永健	32.00
19	建筑工程管理专业英语	杨云会	36.00	71	结构抗震设计(第2版)	祝英杰	37.00
20	*建设工程监理概论(第4版)	巩天真 张泽平	48.00	72	建筑抗震与高层结构设计	周锡武 朴福顺	36.00
21	工程项目管理(第2版)	仲景冰 王红兵	45.00	73	荷载与结构设计方法(第2版)	许成祥 何培玲	30.00
22	工程项目管理	董良峰 张瑞敏	43.00	74	建筑结构优化及应用	朱杰江	30.00
23	工程项目管理	王 华	42.00	75	钢结构设计原理	胡习兵	30.00
24	工程项目管理	邓铁军 杨亚频	48.00	76	钢结构设计	胡习兵 张再华	42.00
25	土木工程项目管理	郑文新	41.00	77	特种结构	孙 克	30.00
26	工程项目投资控制	曲 娜 陈顺良	32.00	78	建筑结构	苏明会 赵 亮	50.00
27	建设项目评估	黄明知 尚华艳	38.00	79	*工程结构	金恩平	49.00
28	建设项目评估(第2版)	王 华	46.00	80	土木工程结构试验	叶成杰	39.00
29	工程经济学(第2版)	冯为民 付晓灵	42.00	81	土木工程试验	王吉民	34.00
30	工程经济学	都沁军	42.00	82	*土木工程系列实验综合教程	周瑞荣	56.00
31	工程经济与项目管理	都沁军	45.00	83	土木工程CAD	王玉岚	42.00
32	工程合同管理	方 俊 胡向真	23.00	84	土木建筑CAD实用教程	王文达	30.00
33	建设工程合同管理	余群舟	36.00	85	建筑结构CAD教程	崔钦淑	36.00
34	*建设法规(第3版)	潘安平 肖 铭	40.00	86	工程设计软件应用	孙香红	39.00
35	建设法规	刘红霞 柳立生	36.00	87	土木工程计算机绘图	袁 果 张渝生	28.00
36	工程招标投标管理(第2版)	刘昌明	30.00	88	有限单元法(第2版)	丁 科 殷水平	30.00
37	建设工程招标投标与合同管理实务(第2版)	崔东红	49.00	89	*BIM应用:Revit建筑案例教程	林标锋	58.00
38	工程招标投标与合同管理(第2版)	吴 芳 冯 宁	43.00	90	*BIM建模与应用教程	曾浩	39.00
39	土木工程施工	石海均 马 哲	40.00	91	工程事故分析与工程安全(第2版)	谢征勋 罗 章	38.00
40	土木工程施工	邓寿昌 李晓目	42.00	92	建设工程质量检验与评定	杨建明	40.00
41	土木工程施工	陈泽世 凌平平	58.00	93	建筑工程安全管理与技术	高向阳	40.00
42	建筑工程施工	叶 良	55.00	94	大跨桥梁	王解军 周先雁	30.00
43	*土木工程施工与管理	李华锋 徐 芸	65.00	95	桥梁工程(第2版)	周先雁 王解军	37.00
44	高层建筑施工	张厚先 陈德方	32.00	96	交通工程基础	王富	24.00
45	高层与大跨建筑结构施工	王绍君	45.00	97	道路勘测与设计	凌平平 余婵娟	42.00
46	地下工程施工	江学良 杨 慧	54.00	98	道路勘测设计	刘文生	43.00
47	建筑工程施工组织与管理(第2版)	余群舟 宋会莲	31.00	99	建筑节能概论	余晓平	34.00
48	工程施工组织	周国恩	28.00	100	建筑电气	李 云	45.00
49	高层建筑结构设计	张仲先 王海波	23.00	101	空调工程	战乃岩 王建辉	45.00
50	基础工程	王协群 章宝华	32.00	102	*建筑公共安全技术与设计	陈继斌	45.00
51	基础工程	曹 云	43.00	103	水分析化学	宋吉娜	42.00
52	土木工程概论	邓友生	34.00	104	水泵与水泵站	张 伟 周书葵	35.00

序号	书名	主编	定价	序号	书名	主编	定价
105	工程管理概论	郑文新 李献涛	26.00	130	*安装工程计量与计价	冯钢	58.00
106	理论力学(第2版)	张俊彦 赵荣国	40.00	131	室内装饰工程预算	陈祖建	30.00
107	理论力学	欧阳辉	48.00	132	*工程造价控制与管理(第2版)	胡新萍 王芳	42.00
108	材料力学	章宝华	36.00	133	建筑学导论	裘鞠 常悦	32.00
109	结构力学	何春保	45.00	134	建筑美学	邓友生	36.00
110	结构力学	边亚东	42.00	135	建筑美术教程	陈希平	45.00
111	结构力学实用教程	常伏德	47.00	136	色彩景观基础教程	阮正仪	42.00
112	工程力学(第2版)	罗迎社 喻小明	39.00	137	建筑表现技法	冯柯	42.00
113	工程力学	杨云芳	42.00	138	建筑概论	钱坤	28.00
114	工程力学	王明斌 庞永平	37.00	139	建筑构造	宿晓萍 隋艳娥	36.00
115	房地产开发	石海均 王宏	34.00	140	建筑构造原理与设计(上册)	陈玲玲	34.00
116	房地产开发与管理	刘薇	38.00	141	建筑构造原理与设计(下册)	梁晓慧 陈玲玲	38.00
117	房地产策划	王直民	42.00	142	城市与区域规划实用模型	郭志恭	45.00
118	房地产估价	沈良峰	45.00	143	城市详细规划原理与设计方法	姜云	36.00
119	房地产法规	潘安平	36.00	144	中外城市规划与建设史	李合群	58.00
120	房地产测量	魏德宏	28.00	145	中外建筑史	吴薇	36.00
121	工程财务管理	张学英	38.00	146	外国建筑简史	吴薇	38.00
122	工程造价管理	周国恩	42.00	147	城市与区域认知实习教程	邹君	30.00
123	建筑工程施工组织与概预算	钟吉湘	52.00	148	城市生态与城市环境保护	梁彦兰 阎利	36.00
124	建筑工程造价	郑文新	39.00	149	幼儿园建筑设计	龚兆先	37.00
125	工程造价管理	车春鹏 杜春艳	24.00	150	园林与环境景观设计	董智 曾伟	46.00
126	土木工程计量与计价	王翠琴 李春燕	35.00	151	室内设计原理	冯柯	28.00
127	建筑工程计量与计价	张叶田	50.00	152	景观设计	陈玲玲	49.00
128	市政工程计量与计价	赵志曼 张建平	38.00	153	中国传统建筑构造	李合群	35.00
129	园林工程计量与计价	温日琨 舒美英	45.00	154	中国文物建筑保护及修复工程学	郭志恭	45.00

标*号为高等院校土建类专业"互联网+"创新规划教材。

如您需要更多教学资源如电子课件、电子样章、习题答案等，请登录北京大学出版社第六事业部官网www.pup6.cn 搜索下载。

如您需要浏览更多专业教材，请扫下面的二维码，关注北京大学出版社第六事业部官方微信（微信号：pup6book），随时查询专业教材、浏览教材目录、内容简介等信息，并可在线申请纸质样书用于教学。

感谢您使用我们的教材，欢迎您随时与我们联系，我们将及时做好全方位的服务。联系方式：010-62750667，donglu2004@163.com，pup_6@163.com，lihu80@163.com，欢迎来电来信。客户服务 QQ 号：1292552107，欢迎随时咨询。